新世纪高等学校公共课重点建设教材

简明线性代数

（第2版）

王海敏 主编

浙江工商大学出版社
ZHEJIANG GONGSHANG UNIVERSITY PRESS | 杭州

图书在版编目(CIP)数据

简明线性代数 / 王海敏主编. — 2版. — 杭州 : 浙江工商大学出版社, 2019.1(2023.4 重印)

ISBN 978-7-5178-2627-9

Ⅰ. ①简… Ⅱ. ①王… Ⅲ. ①线性代数—教材 Ⅳ. ①O151.2

中国版本图书馆 CIP 数据核字(2018)第 042938 号

简明线性代数(第2版)

JIANMING XIANXING DAISHU(DI 2 BAN)

王海敏 主编

责任编辑 吴岳婷

封面设计 林朦朦

责任印制 包建辉

出版发行 浙江工商大学出版社

(杭州市教工路198号 邮政编码 310012)

(E-mail:zjgsupress@163.com)

(网址:http://www.zjgsupress.com)

电话:0571-88904980,88831806(传真)

排　　版 杭州朝曦图文设计有限公司

印　　刷 浙江全能工艺美术印刷有限公司

开　　本 787mm×960mm 1/16

印　　张 15.25

字　　数 283千

版 印 次 2019年1月第1版 2023年4月第5次印刷

书　　号 ISBN 978-7-5178-2627-9

定　　价 38.00元

前　言

线性问题广泛存在于科学技术的各个领域，尤其是在计算机普及和发展的今天，线性代数课程的重要性日益凸显。

本教材是我们在多年教学实践的基础上参照成人高等教育线性代数课程的基本要求编写的。全书共分5章，第1章介绍了行列式的概念、性质以及行列式的计算方法；第2章介绍了矩阵这一重要工具，讨论了矩阵的运算、矩阵的初等变换和矩阵的秩；第3章以矩阵为工具，讨论了线性方程组的解法和线性方程组解的结构；第4章介绍了矩阵的特征值和特征向量，并以矩阵的特征值和特征向量为工具研究了矩阵的对角化问题；第5章介绍了二次型概念、二次型化标准型和判断二次型为正定的方法。在编写过程中，我们充分考虑了成人教育的特点，论述上力求详尽、易懂，注重基本概念的直观阐述，重要的结果以定理的形式给出，其他有用的事实以注解的方式说明、展示。大多数的定理有正式证明，证法易于理解。例题清晰，步骤详细。为了方便自学，我们不仅在各个章节后面精心配置了习题，而且在附录中提供了全部习题的详细解答，以方便学生检查对所学内容的掌握程度，巩固学习效果。

本书的第1、2、3章由王海敏执笔；第4、5章由韩兆秀执笔；习题详解由袁中扬执笔，全书最后由王海敏统稿、定稿。

本书编写过程中参考了大量的国内外教材；浙江工商大学成人教育重点建设教材基金资助了本书的出版；浙江工商大学出版社对本书的编审和出版给予了热情支持和帮助；浙江工商大学统计与数学学院自始至终对本书的出版给予了大力支持，在此一并致谢！

由于编者水平有限，加之时间比较仓促，教材中一定存在不妥之处，恳请专家、同行、读者批评指正，使本书在教学实践中不断完善。

编　者

2018年12月于浙江工商大学

目 录

Contents

第1章 行列式

行列式的概念起源于线性方程组的求解. 在线性代数中,行列式是一个基本工具. 本章首先介绍二阶和三阶行列式,进而递归定义 n 阶行列式并讨论它的性质及其应用.

§1.1 行列式的定义

1.1.1 二阶和三阶行列式

给出二元一次线性方程组

$$\begin{cases} a_{11}x_1+a_{12}x_2=b_1 \\ a_{21}x_1+a_{22}x_2=b_2 \end{cases}, \tag{1-1}$$

以 a_{22} 乘第一个方程,以 a_{12} 乘第二个方程,然后两式相加,消去 x_2 得

$$(a_{11}a_{22}-a_{12}a_{21})x_1=b_1a_{22}-a_{12}b_2.$$

类似消去 x_1 得

$$(a_{11}a_{22}-a_{12}a_{21})x_2=a_{11}b_2-b_1a_{21}.$$

当 $a_{11}a_{22}-a_{12}a_{21}\neq 0$ 时,方程组(1-1)有唯一解

$$x_1=\frac{b_1a_{22}-a_{12}b_2}{a_{11}a_{22}-a_{12}a_{21}},\ x_2=\frac{a_{11}b_2-b_1a_{21}}{a_{11}a_{22}-a_{12}a_{21}}. \tag{1-2}$$

为了找出解的表达式(1-2)的规律,便于推广,我们引入定义 1.1.

定义 1.1 下述记号:

$$\begin{vmatrix} a_{11} & a_{12} \\ a_{21} & a_{22} \end{vmatrix} \tag{1-3}$$

表示 $a_{11}a_{22}-a_{12}a_{21}$,称这个记号为**二阶行列式**. 即

$$\begin{vmatrix} a_{11} & a_{12} \\ a_{21} & a_{22} \end{vmatrix}=a_{11}a_{22}-a_{12}a_{21}. \tag{1-4}$$

构成二阶行列式的四个数 a_{11},a_{12},a_{21},a_{22} 叫做行列式的**元素**,横排称为**行**,竖排称为**列**. 元素 a_{ij} 中的下标第一个指标 i 表示它在行列式的第 i 行,称为元素 a_{ij} 的**行下标**;第二个指标 j 表示 a_{ij} 在行列式的第 j 列,称为**列下标**. 行列式通常用大

写字母 D 表示.

从(1-4)式可知,二阶行列式是两项的代数和,一项是从左上角到右下角的对角线上两元素的乘积,取正号.另一项是从右上角到左下角的对角线上两元素的乘积,取负号.

利用二阶行列式的概念,(1-2)式中 x_1,x_2 的分子也可写成二阶行列式:

$$b_1a_{22}-a_{12}b_2=\begin{vmatrix} b_1 & a_{12} \\ b_2 & a_{22} \end{vmatrix}, \qquad a_{11}b_2-b_1a_{21}=\begin{vmatrix} a_{11} & b_1 \\ a_{21} & b_2 \end{vmatrix}.$$

记

$$D=\begin{vmatrix} a_{11} & a_{12} \\ a_{21} & a_{22} \end{vmatrix}, \qquad D_1=\begin{vmatrix} b_1 & a_{12} \\ b_2 & a_{22} \end{vmatrix}, \qquad D_2=\begin{vmatrix} a_{11} & b_1 \\ a_{21} & b_2 \end{vmatrix},$$

则当 $D\neq 0$ 时,方程组(1-1)的唯一解(1-2)可表示为

$$x_1=\frac{D_1}{D}, \qquad x_2=\frac{D_2}{D}.$$

用行列式表示方程组(1-1)的解,我们很容易发现其规律性:分母都是方程组(1-1)中 x_1 及 x_2 的系数构成的行列式 D,因此也称为方程组(1-1)的**系数行列式**;x_1 的分子 D_1 是将系数行列式 D 中对应 x_1 系数的列换成常数项后得到的行列式,x_2 的分子 D_2 是将系数行列式 D 中对应 x_2 系数的列换成常数项后得到的行列式.

例 1.1 解二元线性方程组 $\begin{cases} 2x_1+3x_2=8 \\ x_1-2x_2=-3 \end{cases}$.

解 $D=\begin{vmatrix} 2 & 3 \\ 1 & -2 \end{vmatrix}=2\times(-2)-3\times 1=-7,$

$$D_1=\begin{vmatrix} 8 & 3 \\ -3 & -2 \end{vmatrix}=8\times(-2)-3\times(-3)=-7,$$

$$D_2=\begin{vmatrix} 2 & 8 \\ 1 & -3 \end{vmatrix}=2\times(-3)-8\times 1=-14.$$

因为 $D=-7\neq 0$,所以所给方程组有唯一解:

$$x_1=\frac{D_1}{D}=\frac{-7}{-7}=1, \quad x_2=\frac{D_2}{D}=\frac{-14}{-7}=2.$$

类似地,对于三个未知数三个方程的线性方程组

$$\begin{cases} a_{11}x_1+a_{12}x_2+a_{13}x_3=b_1 \\ a_{21}x_1+a_{22}x_2+a_{23}x_3=b_2, \\ a_{31}x_1+a_{32}x_2+a_{33}x_3=b_3 \end{cases} \tag{1-5}$$

为了简洁地表达它的解,我们引入三阶行列式的概念.

定义 1.2 称符号

$$\begin{vmatrix} a_{11} & a_{12} & a_{13} \\ a_{21} & a_{22} & a_{23} \\ a_{31} & a_{32} & a_{33} \end{vmatrix}$$

为**三阶行列式**，它定义为其元素的下列代数和

$$a_{11}a_{22}a_{33}+a_{12}a_{23}a_{31}+a_{13}a_{21}a_{32}-a_{13}a_{22}a_{31}-a_{12}a_{21}a_{33}-a_{11}a_{23}a_{32},$$

即

$$\begin{vmatrix} a_{11} & a_{12} & a_{13} \\ a_{21} & a_{22} & a_{23} \\ a_{31} & a_{32} & a_{33} \end{vmatrix} =a_{11}a_{22}a_{33}+a_{12}a_{23}a_{31}+a_{13}a_{21}a_{32}-a_{13}a_{22}a_{31}-a_{12}a_{21}a_{33}-a_{11}a_{23}a_{32}. \quad (1-6)$$

关于三阶行列式的元素、行、列等概念与二阶行列式的相应概念类似，不再重复.

上述定义表明三阶行列式含有 3! =6 项，每项均为不同行不同列三个元素的乘积并带有正负号，并且式子恰恰就是由所有这种可能的乘积组成. 三阶行列式的计算可借助图 1-1 的对角线法则来记忆：行列式中从左上角到右下角的直线称为**主对角线**，从右上角到左下角的直线称为**次对角线**. 主对角线上元素的乘积以及位于主对角线的平行线上的元素与对角上的元素的乘积，前面都取正号. 次对角线上元素的乘积以及位于次对角线的平行线上的元素与对角上的元素的乘积，前面都取负号.

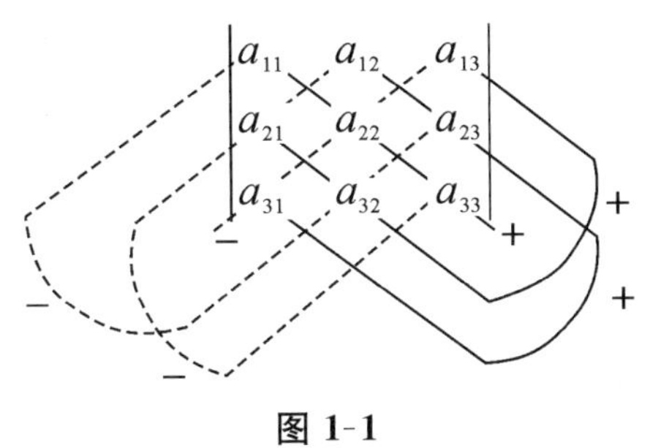

图 1-1

例 1.2 计算三阶行列式

$$D=\begin{vmatrix} 2 & 1 & 2 \\ -4 & 3 & 1 \\ 2 & 3 & 5 \end{vmatrix}.$$

解 按对角线法则，有

$D=2\times3\times5+1\times1\times2+2\times(-4)\times3-2\times3\times2-1\times(-4)\times5-2\times1\times3$

$=30+2-24-12+20-6=10.$

有了三阶行列式的概念,利用加减消元法或代入消元法,我们可以把方程组(1-5)的解用三阶行列式较简洁地表示出来. 当方程组(1-5)的系数行列式,即三阶行列式

$$D=\begin{vmatrix} a_{11} & a_{12} & a_{13} \\ a_{21} & a_{22} & a_{23} \\ a_{31} & a_{32} & a_{33} \end{vmatrix}\neq 0$$

时,三元线性方程组(1-5)有唯一解,解为

$$x_1=\frac{D_1}{D},\quad x_2=\frac{D_2}{D},\quad x_3=\frac{D_3}{D},$$

其中

$$D_1=\begin{vmatrix} b_1 & a_{12} & a_{13} \\ b_2 & a_{22} & a_{23} \\ b_3 & a_{32} & a_{33} \end{vmatrix},\quad D_2=\begin{vmatrix} a_{11} & b_1 & a_{13} \\ a_{21} & b_2 & a_{23} \\ a_{31} & b_3 & a_{33} \end{vmatrix},\quad D_3=\begin{vmatrix} a_{11} & a_{12} & b_1 \\ a_{21} & a_{22} & b_2 \\ a_{31} & a_{32} & b_3 \end{vmatrix}.$$

1.1.2 *n* 阶行列式

一阶行列式$|a_{11}|$的值定义为数a_{11},即$|a_{11}|=a_{11}$,则二阶行列式

$$\begin{vmatrix} a_{11} & a_{12} \\ a_{21} & a_{22} \end{vmatrix}=a_{11}a_{22}-a_{12}a_{21}=a_{11}A_{11}+a_{12}A_{12},$$

其中$A_{11}=(-1)^{1+1}|a_{22}|$,$A_{12}=(-1)^{1+2}|a_{21}|$.

对于三阶行列式,利用数的交换律和结合律,我们把(1-6)式改写如下:

$$\begin{vmatrix} a_{11} & a_{12} & a_{13} \\ a_{21} & a_{22} & a_{23} \\ a_{31} & a_{32} & a_{33} \end{vmatrix}=a_{11}(a_{22}a_{33}-a_{23}a_{32})-a_{12}(a_{21}a_{33}-a_{23}a_{31})+a_{13}(a_{21}a_{32}-a_{22}a_{31})$$

$$=a_{11}\begin{vmatrix} a_{22} & a_{23} \\ a_{32} & a_{33} \end{vmatrix}-a_{12}\begin{vmatrix} a_{21} & a_{23} \\ a_{31} & a_{33} \end{vmatrix}+a_{13}\begin{vmatrix} a_{21} & a_{22} \\ a_{31} & a_{32} \end{vmatrix}. \qquad (1-7)$$

我们记

$$M_{11}=\begin{vmatrix} a_{22} & a_{23} \\ a_{32} & a_{33} \end{vmatrix},\quad M_{12}=\begin{vmatrix} a_{21} & a_{23} \\ a_{31} & a_{33} \end{vmatrix},\quad M_{13}=\begin{vmatrix} a_{21} & a_{22} \\ a_{31} & a_{32} \end{vmatrix},$$

分别称为元素a_{11},a_{12},a_{13}的**余子式**,并称

$$A_{11}=(-1)^{1+1}M_{11},\quad A_{12}=(-1)^{1+2}M_{12},\quad A_{13}=(-1)^{1+3}M_{13}$$

为其**代数余子式**,则三阶行列式可表示为

$$\begin{vmatrix} a_{11} & a_{12} & a_{13} \\ a_{21} & a_{22} & a_{23} \\ a_{31} & a_{32} & a_{33} \end{vmatrix} = a_{11}A_{11} + a_{12}A_{12} + a_{13}A_{13}. \tag{1-8}$$

(1-8)式称为三阶行列式**按第一行的展开式**.

例 1.3　将例 1.2 中的行列式按第一行展开并计算它的值.

解
$$\begin{vmatrix} 2 & 1 & 2 \\ -4 & 3 & 1 \\ 2 & 3 & 5 \end{vmatrix} = 2\times(-1)^{1+1}\begin{vmatrix} 3 & 1 \\ 3 & 5 \end{vmatrix} + 1\times(-1)^{1+2}\begin{vmatrix} -4 & 1 \\ 2 & 5 \end{vmatrix}$$
$$+2\times(-1)^{1+3}\begin{vmatrix} -4 & 3 \\ 2 & 3 \end{vmatrix}$$
$$=2(3\times5-1\times3)-[(-4)\times5-1\times2]+2[(-4)\times3-3\times2]$$
$$=2\times12-(-22)+2\times(-18)=24+22-36=10.$$

结合(1-8)式我们发现,可以用一阶行列式定义二阶行列式,用二阶行列式定义三阶行列式.自然我们设想用这种递归的方法来定义一般的 n 阶行列式.显然,对于这样定义的各阶行列式将会有一样的运算性质.

定义 1.3　n 阶行列式

$$D_n = \begin{vmatrix} a_{11} & a_{12} & \cdots & a_{1n} \\ a_{21} & a_{22} & \cdots & a_{2n} \\ \vdots & \vdots & & \vdots \\ a_{n1} & a_{n2} & \cdots & a_{nn} \end{vmatrix}$$

是一个算式:

当 $n=1$ 时,$D_1=|a_{11}|=a_{11}$.

当 $n\geqslant2$ 时,$D_n=a_{11}A_{11}+a_{12}A_{12}+\cdots+a_{1n}A_{1n}=\sum\limits_{j=1}^{n}a_{1j}A_{1j}$,

其中　$A_{1j}=(-1)^{1+j}M_{1j}$,

$$M_{ij} = \begin{vmatrix} a_{21} & \cdots & a_{2,j-1} & a_{2,j+1} & \cdots & a_{2n} \\ a_{31} & \cdots & a_{3,j-1} & a_{3,j+1} & \cdots & a_{3n} \\ \vdots & & \vdots & \vdots & & \vdots \\ a_{n1} & \cdots & a_{n,j-1} & a_{n,j+1} & \cdots & a_{nn} \end{vmatrix}, \quad j=1,2,\cdots,n.$$

并称 M_{1j} 为元素 a_{1j} 的**余子式**,A_{1j} 为元素 a_{1j} 的**代数余子式**.

由定义可以看出,n 阶行列式是由 $n!$ 项组成的,每一项是取自不同行不同列的 n 个元素的乘积.在全部 $n!$ 项中,带正号的项和带负号的项各占一半.

例 1.4　计算四阶行列式

$$D=\begin{vmatrix}2&1&-2&4\\3&0&1&1\\0&-1&2&3\\2&0&5&1\end{vmatrix}.$$

解 按行列式定义,有

$$\begin{aligned}D&=a_{11}A_{11}+a_{12}A_{12}+a_{13}A_{13}+a_{14}A_{14}\\&=2\times(-1)^{1+1}\begin{vmatrix}0&1&1\\-1&2&3\\0&5&1\end{vmatrix}+1\times(-1)^{1+2}\begin{vmatrix}3&1&1\\0&2&3\\2&5&1\end{vmatrix}\\&\quad+(-2)\times(-1)^{1+3}\begin{vmatrix}3&0&1\\0&-1&3\\2&0&1\end{vmatrix}+4\times(-1)^{1+4}\begin{vmatrix}3&0&1\\0&-1&2\\2&0&5\end{vmatrix}\\&=2(-5+1)-(6+6-4-45)-2(-3+2)-4(-15+2)\\&=-8+37+2+52=83.\end{aligned}$$

例 1.5 计算下三角形行列式

$$D=\begin{vmatrix}a_{11}&0&0&\cdots&0\\a_{21}&a_{22}&0&\cdots&0\\\vdots&\vdots&\vdots&&\vdots\\a_{n1}&a_{n2}&a_{n3}&\cdots&a_{nn}\end{vmatrix}.$$

解 按行列式定义,依第一行展开得

$$D=a_{11}(-1)^{1+1}\begin{vmatrix}a_{22}&0&\cdots&0\\a_{32}&a_{33}&\cdots&0\\\vdots&\vdots&&\vdots\\a_{n2}&a_{n3}&\cdots&a_{nn}\end{vmatrix}=a_{11}\times a_{22}(-1)^{1+1}\begin{vmatrix}a_{33}&0&\cdots&0\\a_{43}&a_{44}&\cdots&0\\\vdots&\vdots&&\vdots\\a_{n3}&a_{n4}&\cdots&a_{nn}\end{vmatrix}$$

$$=\cdots=a_{11}a_{22}\cdots a_{nn}.$$

下三角形行列式的性质是主对角线(从左上角到右下角这条对角线)上的元素全为零.这个行列式就等于主对角线上元素的乘积.

作为下三角形行列式的特殊情形,有

$$\begin{vmatrix}d_1&0&\cdots&0\\0&d_2&\cdots&0\\\vdots&\vdots&&\vdots\\0&0&\cdots&d_n\end{vmatrix}=d_1d_2\cdots d_n.$$

主对角线以外的元素全为零的行列式称为**对角形行列式**.上式说明了对角形行列式的值等于主对角线上元素的乘积.

习题 1.1

1. 利用二阶行列式解下列方程组：

(1) $\begin{cases}5x_1-x_2=2\\3x_1+2x_2=9\end{cases}$；　　(2) $\begin{cases}3x_1+4x_2=2\\2x_1+3x_2=7\end{cases}$.

2. 利用对角线法则，计算下列各行列式：

(1) $\begin{vmatrix}2&0&1\\1&-4&-1\\-1&8&3\end{vmatrix}$；　　(2) $\begin{vmatrix}4&-2&4\\10&2&12\\1&2&2\end{vmatrix}$；

(3) $\begin{vmatrix}3&4&2\\7&5&1\\3&2&4\end{vmatrix}$；　　(4) $\begin{vmatrix}1&1&1\\1&1+a&1\\1&1&1+b\end{vmatrix}$.

3. 将下列行列式按第一行展开并计算它们的值：

(1) $\begin{vmatrix}1&2&3\\3&1&2\\2&3&1\end{vmatrix}$；　　(2) $\begin{vmatrix}-1&2&2\\2&-1&2\\2&2&-1\end{vmatrix}$.

4. 证明下列等式：

(1) $\begin{vmatrix}a_{11}&a_{12}&a_{13}\\a_{21}&a_{22}&a_{23}\\a_{31}&a_{32}&a_{33}\end{vmatrix}=-a_{21}\begin{vmatrix}a_{12}&a_{13}\\a_{32}&a_{33}\end{vmatrix}+a_{22}\begin{vmatrix}a_{11}&a_{13}\\a_{31}&a_{33}\end{vmatrix}-a_{23}\begin{vmatrix}a_{11}&a_{12}\\a_{31}&a_{32}\end{vmatrix}$；

(2) $\begin{vmatrix}a_{11}&a_{12}&a_{13}\\a_{21}&a_{22}&a_{23}\\a_{31}&a_{32}&a_{33}\end{vmatrix}=a_{31}\begin{vmatrix}a_{12}&a_{13}\\a_{22}&a_{23}\end{vmatrix}-a_{32}\begin{vmatrix}a_{11}&a_{13}\\a_{21}&a_{23}\end{vmatrix}+a_{33}\begin{vmatrix}a_{11}&a_{12}\\a_{21}&a_{22}\end{vmatrix}$.

注　上面这两个等式分别称为三阶行列式按第二行和按第三行的展开式.

5. 计算 n 阶行列式

$$D_n=\begin{vmatrix}0&0&\cdots&0&1\\0&0&\cdots&2&0\\\vdots&\vdots&&\vdots&\vdots\\0&n-1&\cdots&0&0\\n&0&\cdots&0&0\end{vmatrix}.$$

§1.2 行列式的性质

行列式的计算是一个重要的问题,也是一个很麻烦的问题,n 阶行列式一共有 $n!$ 项,计算它需做 $n!(n-1)$ 个乘法,当 n 较大时,这是一个相当大的数字,因此直接从定义来计算行列式几乎是不可能的事.所以,我们有必要讨论行列式的性质,利用这些性质可以化简行列式的计算.

性质 1.1 行列互换,行列式不变.即

$$\begin{vmatrix} a_{11} & a_{12} & \cdots & a_{1n} \\ a_{21} & a_{22} & \cdots & a_{2n} \\ \vdots & \vdots & & \vdots \\ a_{n1} & a_{n2} & \cdots & a_{nn} \end{vmatrix} = \begin{vmatrix} a_{11} & a_{21} & \cdots & a_{n1} \\ a_{12} & a_{22} & \cdots & a_{n2} \\ \vdots & \vdots & & \vdots \\ a_{1n} & a_{2n} & \cdots & a_{nn} \end{vmatrix}.$$

性质 1.1 表明,在行列式中行与列的地位是对称的,因此凡是有关行的性质,对列也同样成立.例如,由上节例 1.2 即得上三角形行列式

$$\begin{vmatrix} a_{11} & a_{12} & \cdots & a_{1n} \\ 0 & a_{22} & \cdots & a_{2n} \\ \vdots & \vdots & & \vdots \\ 0 & 0 & \cdots & a_{nn} \end{vmatrix} = a_{11}a_{22}\cdots a_{nn}.$$

下面所述的行列式的性质大多是对行来叙述的,对于列也有相同的性质,就不重复了.

性质 1.2 **(行列式按行展开)**设

$$D=\begin{vmatrix} a_{11} & a_{12} & \cdots & a_{1n} \\ a_{21} & a_{22} & \cdots & a_{2n} \\ \vdots & \vdots & & \vdots \\ a_{n1} & a_{n2} & \cdots & a_{nn} \end{vmatrix},$$

则下列公式成立:

$$a_{k1}A_{i1}+a_{k2}A_{i2}+\cdots+a_{kn}A_{in}=\begin{cases} D, & \text{当 } k=i \text{ 时} \\ 0, & \text{当 } k\neq i \text{ 时} \end{cases},$$

其中 $A_{ij}=(-1)^{i+j}M_{ij}$ 为 a_{ij} 的代数余子式.

性质 1.3 行列式中一行的公因子可以提出去,或者说以一数乘行列式的一行就相当于用这个数乘此行列式,即

$$\begin{vmatrix} a_{11} & a_{12} & \cdots & a_{1n} \\ \vdots & \vdots & & \vdots \\ ka_{i1} & ka_{i2} & \cdots & ka_{in} \\ \vdots & \vdots & & \vdots \\ a_{n1} & a_{n2} & \cdots & a_{nn} \end{vmatrix} = k\begin{vmatrix} a_{11} & a_{12} & \cdots & a_{1n} \\ \vdots & \vdots & & \vdots \\ a_{i1} & a_{i2} & \cdots & a_{in} \\ \vdots & \vdots & & \vdots \\ a_{n1} & a_{n2} & \cdots & a_{nn} \end{vmatrix}.$$

证

$$\begin{aligned}\begin{vmatrix} a_{11} & a_{12} & \cdots & a_{1n} \\ \vdots & \vdots & & \vdots \\ ka_{i1} & ka_{i2} & \cdots & ka_{in} \\ \vdots & \vdots & & \vdots \\ a_{n1} & a_{n2} & \cdots & a_{nn} \end{vmatrix} &\xlongequal{\text{按第}i\text{行展开}} ka_{i1}A_{i1}+ka_{i2}A_{i2}+\cdots+ka_{in}A_{in} \\ &= k(a_{i1}A_{i1}+a_{i2}A_{i2}+\cdots+a_{in}A_{in}) \\ &= k\begin{vmatrix} a_{11} & a_{12} & \cdots & a_{1n} \\ \vdots & \vdots & & \vdots \\ a_{i1} & a_{i2} & \cdots & a_{in} \\ \vdots & \vdots & & \vdots \\ a_{n1} & a_{n2} & \cdots & a_{nn} \end{vmatrix}.\end{aligned}$$

推论 令 $k=0$,即如果行列式中一行为0,那么行列式为0.

性质1.4 如果行列式的某一行是两组数的和,那么这个行列式就等于两个行列式的和,而这两个行列式除这一行以外全与原来的行列式的对应的行一样,即

$$\begin{vmatrix} a_{11} & a_{12} & \cdots & a_{1n} \\ \vdots & \vdots & & \vdots \\ b_1+c_1 & b_2+c_2 & \cdots & b_n+c_n \\ \vdots & \vdots & & \vdots \\ a_{n1} & a_{n2} & \cdots & a_{nn} \end{vmatrix} = \begin{vmatrix} a_{11} & a_{12} & \cdots & a_{1n} \\ \vdots & \vdots & & \vdots \\ b_1 & b_2 & \cdots & b_n \\ \vdots & \vdots & & \vdots \\ a_{n1} & a_{n2} & \cdots & a_{nn} \end{vmatrix} + \begin{vmatrix} a_{11} & a_{12} & \cdots & a_{1n} \\ \vdots & \vdots & & \vdots \\ c_1 & c_2 & \cdots & c_n \\ \vdots & \vdots & & \vdots \\ a_{n1} & a_{n2} & \cdots & a_{nn} \end{vmatrix}.$$

证 设这一行是第 i 行,由性质1.2得

$$\begin{aligned}&\begin{vmatrix} a_{11} & a_{12} & \cdots & a_{1n} \\ \vdots & \vdots & & \vdots \\ b_1+c_1 & b_2+c_2 & \cdots & b_n+c_n \\ \vdots & \vdots & & \vdots \\ a_{n1} & a_{n2} & \cdots & a_{nn} \end{vmatrix} \\ &= (b_1+c_1)A_{i1}+(b_2+c_2)A_{i2}+\cdots+(b_n+c_n)A_{in} \\ &= (b_1A_{i1}+b_2A_{i2}+\cdots+b_nA_{in})+(c_1A_{i1}+c_2A_{i2}+\cdots+c_nA_{in})\end{aligned}$$

$$=\begin{vmatrix} a_{11} & a_{12} & \cdots & a_{1n} \\ \vdots & \vdots & & \vdots \\ b_1 & b_2 & \cdots & b_n \\ \vdots & \vdots & & \vdots \\ a_{n1} & a_{n2} & \cdots & a_{nn} \end{vmatrix}+\begin{vmatrix} a_{11} & a_{12} & \cdots & a_{1n} \\ \vdots & \vdots & & \vdots \\ c_1 & c_2 & \cdots & c_n \\ \vdots & \vdots & & \vdots \\ a_{n1} & a_{n2} & \cdots & a_{nn} \end{vmatrix}.$$

性质 1.5 如果行列式中有两行的对应元素相等,那么行列式为 0,即

$$\begin{vmatrix} a_{11} & a_{12} & \cdots & a_{1n} \\ \vdots & \vdots & & \vdots \\ a_{i1} & a_{i2} & \cdots & a_{in} \\ \vdots & \vdots & & \vdots \\ a_{i1} & a_{i2} & \cdots & a_{in} \\ \vdots & \vdots & & \vdots \\ a_{n1} & a_{n2} & \cdots & a_{nn} \end{vmatrix}\begin{matrix} \\ \\ i\text{ 行} \\ \\ j\text{ 行} \\ \\ \\ \end{matrix}=0.$$

证 用数学归纳法证明.显然结论对 2 阶行列式成立.假设结论对 $n-1$ 阶行列式成立,在 n 阶行列式的情况下,按第 k 行($k\neq i, j$)展开,有

$$D=a_{k1}A_{k1}+a_{k2}A_{k2}+\cdots+a_{kn}A_{kn}.$$

由于 M_{kl},$l=1, 2, \cdots, n$ 是 $n-1$ 阶行列式,且其中都有两行对应元素相同,按假设 $M_{kl}=0$,故 $A_{kl}=(-1)^{k+l}M_{kl}=0$,$l=1, 2, \cdots, n$,即 $D=0$.

性质 1.6 如果行列式中有两行对应元素成比例,那么行列式为 0.

证

$$\begin{vmatrix} a_{11} & a_{12} & \cdots & a_{1n} \\ \vdots & \vdots & & \vdots \\ a_{i1} & a_{i2} & \cdots & a_{in} \\ \vdots & \vdots & & \vdots \\ ka_{i1} & ka_{i2} & \cdots & ka_{in} \\ \vdots & \vdots & & \vdots \\ a_{n1} & a_{n2} & \cdots & a_{nn} \end{vmatrix}\begin{matrix} \\ \\ i\text{ 行} \\ \\ j\text{ 行} \\ \\ \\ \end{matrix}\xlongequal{\text{由性质 1.3}}k\begin{vmatrix} a_{11} & a_{12} & \cdots & a_{1n} \\ \vdots & \vdots & & \vdots \\ a_{i1} & a_{i2} & \cdots & a_{in} \\ \vdots & \vdots & & \vdots \\ a_{i1} & a_{i2} & \cdots & a_{in} \\ \vdots & \vdots & & \vdots \\ a_{n1} & a_{n2} & \cdots & a_{nn} \end{vmatrix}\xlongequal{\text{由性质 1.5}}k\times 0=0.$$

性质 1.7 把行列式中某一行的倍数加到另一行,行列式不变,即

$$\begin{vmatrix} a_{11} & a_{12} & \cdots & a_{1n} \\ \vdots & \vdots & & \vdots \\ a_{i1} & a_{i2} & \cdots & a_{in} \\ \vdots & \vdots & & \vdots \\ a_{j1} & a_{j2} & \cdots & a_{jn} \\ \vdots & \vdots & & \vdots \\ a_{n1} & a_{n2} & \cdots & a_{nn} \end{vmatrix}=\begin{vmatrix} a_{11} & a_{12} & \cdots & a_{1n} \\ \vdots & \vdots & & \vdots \\ a_{i1}+ka_{j1} & a_{i2}+ka_{j2} & \cdots & a_{in}+ka_{jn} \\ \vdots & \vdots & & \vdots \\ a_{j1} & a_{j2} & \cdots & a_{jn} \\ \vdots & \vdots & & \vdots \\ a_{n1} & a_{n2} & \cdots & a_{nn} \end{vmatrix}.$$

证 右端

$$\xlongequal{\text{由性质 1.4}}\begin{vmatrix} a_{11} & a_{12} & \cdots & a_{1n} \\ \vdots & \vdots & & \vdots \\ a_{i1} & a_{i2} & \cdots & a_{in} \\ \vdots & \vdots & & \vdots \\ a_{j1} & a_{j2} & \cdots & a_{jn} \\ \vdots & \vdots & & \vdots \\ a_{n1} & a_{n2} & \cdots & a_{nn} \end{vmatrix}+\begin{vmatrix} a_{11} & a_{12} & \cdots & a_{1n} \\ \vdots & \vdots & & \vdots \\ ka_{j1} & ka_{j2} & \cdots & ka_{jn} \\ \vdots & \vdots & & \vdots \\ a_{j1} & a_{j2} & \cdots & a_{jn} \\ \vdots & \vdots & & \vdots \\ a_{n1} & a_{n2} & \cdots & a_{nn} \end{vmatrix}$$

$$\xlongequal{\text{由性质 1.6}}\begin{vmatrix} a_{11} & a_{12} & \cdots & a_{1n} \\ \vdots & \vdots & & \vdots \\ a_{i1} & a_{i2} & \cdots & a_{in} \\ \vdots & \vdots & & \vdots \\ a_{j1} & a_{j2} & \cdots & a_{jn} \\ \vdots & \vdots & & \vdots \\ a_{n1} & a_{n2} & \cdots & a_{nn} \end{vmatrix}+0=\begin{vmatrix} a_{11} & a_{12} & \cdots & a_{1n} \\ \vdots & \vdots & & \vdots \\ a_{i1} & a_{i2} & \cdots & a_{in} \\ \vdots & \vdots & & \vdots \\ a_{j1} & a_{j2} & \cdots & a_{jn} \\ \vdots & \vdots & & \vdots \\ a_{n1} & a_{n2} & \cdots & a_{nn} \end{vmatrix}=\text{左端}.$$

性质 1.8 对换行列式中两行的位置,行列式反号,即

$$\begin{matrix} \\ \\ i\text{行} \\ \\ j\text{行} \\ \\ \\ \end{matrix}\begin{vmatrix} a_{11} & a_{12} & \cdots & a_{1n} \\ \vdots & \vdots & & \vdots \\ a_{i1} & a_{i2} & \cdots & a_{in} \\ \vdots & \vdots & & \vdots \\ a_{j1} & a_{j2} & \cdots & a_{jn} \\ \vdots & \vdots & & \vdots \\ a_{n1} & a_{n2} & \cdots & a_{nn} \end{vmatrix}=-\begin{vmatrix} a_{11} & a_{12} & \cdots & a_{1n} \\ \vdots & \vdots & & \vdots \\ a_{j1} & a_{j2} & \cdots & a_{jn} \\ \vdots & \vdots & & \vdots \\ a_{j1} & a_{j2} & \cdots & a_{jn} \\ \vdots & \vdots & & \vdots \\ a_{n1} & a_{n2} & \cdots & a_{nn} \end{vmatrix}\begin{matrix} \\ \\ i\text{行} \\ \\ j\text{行} \\ \\ \\ \end{matrix}.$$

证 左端

$$\xlongequal{\text{第 } j \text{ 行加到第 } i \text{ 行}}\begin{vmatrix} a_{11} & a_{12} & \cdots & a_{1n} \\ \vdots & \vdots & & \vdots \\ a_{i1}+a_{j1} & a_{i2}+a_{j2} & \cdots & a_{in}+a_{jn} \\ \vdots & \vdots & & \vdots \\ a_{j1} & a_{j2} & \cdots & a_{jn} \\ \vdots & \vdots & & \vdots \\ a_{n1} & a_{n2} & \cdots & a_{nn} \end{vmatrix}$$

$$\xlongequal{\text{第 } j \text{ 行减去第 } i \text{ 行}} \begin{vmatrix} a_{11} & a_{12} & \cdots & a_{1n} \\ \vdots & \vdots & & \vdots \\ a_{i1}+a_{j1} & a_{i2}+a_{j2} & \cdots & a_{in}+a_{jn} \\ \vdots & \vdots & & \vdots \\ -a_{i1} & -a_{i2} & \cdots & -a_{in} \\ \vdots & \vdots & & \vdots \\ a_{n1} & a_{n2} & \cdots & a_{nn} \end{vmatrix}$$

$$\xlongequal{\text{由性质 1.4}} \begin{vmatrix} a_{11} & a_{12} & \cdots & a_{1n} \\ \vdots & \vdots & & \vdots \\ a_{i1} & a_{i2} & \cdots & a_{in} \\ \vdots & \vdots & & \vdots \\ -a_{i1} & -a_{i2} & \cdots & -a_{in} \\ \vdots & \vdots & & \vdots \\ a_{n1} & a_{n2} & \cdots & a_{nn} \end{vmatrix} + \begin{vmatrix} a_{11} & a_{12} & \cdots & a_{1n} \\ \vdots & \vdots & & \vdots \\ a_{j1} & a_{j2} & \cdots & a_{jn} \\ \vdots & \vdots & & \vdots \\ -a_{i1} & -a_{i2} & \cdots & -a_{in} \\ \vdots & \vdots & & \vdots \\ a_{n1} & a_{n2} & \cdots & a_{nn} \end{vmatrix}$$

$$\xlongequal{\text{由性质 1.6 及性质 1.3}} 0 - \begin{vmatrix} a_{11} & a_{12} & \cdots & a_{1n} \\ \vdots & \vdots & & \vdots \\ a_{j1} & a_{j2} & \cdots & a_{jn} \\ \vdots & \vdots & & \vdots \\ a_{i1} & a_{i2} & \cdots & a_{in} \\ \vdots & \vdots & & \vdots \\ a_{n1} & a_{n2} & \cdots & a_{nn} \end{vmatrix} = - \begin{vmatrix} a_{11} & a_{12} & \cdots & a_{1n} \\ \vdots & \vdots & & \vdots \\ a_{j1} & a_{j2} & \cdots & a_{jn} \\ \vdots & \vdots & & \vdots \\ a_{i1} & a_{i2} & \cdots & a_{in} \\ \vdots & \vdots & & \vdots \\ a_{n1} & a_{n2} & \cdots & a_{nn} \end{vmatrix}.$$

例 1.6 已知 $\begin{vmatrix} a_1 & b_1 & c_1 \\ a_2 & b_2 & c_2 \\ a_3 & b_3 & c_3 \end{vmatrix} = m$,求 $\begin{vmatrix} 2a_1 & b_1+c_1 & 3c_1 \\ 2a_2 & b_2+c_2 & 3c_2 \\ 2a_3 & b_3+c_3 & 3c_3 \end{vmatrix}$.

解 由性质 1.3,1.4,有

$$\begin{vmatrix} 2a_1 & b_1+c_1 & 3c_1 \\ 2a_2 & b_2+c_2 & 3c_2 \\ 2a_3 & b_3+c_3 & 3c_3 \end{vmatrix} = 2\times 3 \begin{vmatrix} a_1 & b_1+c_1 & c_1 \\ a_2 & b_2+c_2 & c_2 \\ a_3 & b_3+c_3 & c_3 \end{vmatrix}$$

$$= 6\left[\begin{vmatrix} a_1 & b_1 & c_1 \\ a_2 & b_2 & c_2 \\ a_3 & b_3 & c_3 \end{vmatrix} + \begin{vmatrix} a_1 & c_1 & c_1 \\ a_2 & c_2 & c_2 \\ a_3 & c_3 & c_3 \end{vmatrix}\right]$$

$$= 6(m+0) = 6m.$$

例 1.7 计算四阶行列式

$$\begin{vmatrix} a_1 & 0 & 0 & b_1 \\ 0 & a_2 & b_2 & 0 \\ 0 & b_3 & a_3 & 0 \\ b_4 & 0 & 0 & a_4 \end{vmatrix}.$$

解 $$\begin{vmatrix} a_1 & 0 & 0 & b_1 \\ 0 & a_2 & b_2 & 0 \\ 0 & b_3 & a_3 & 0 \\ b_4 & 0 & 0 & a_4 \end{vmatrix} \xlongequal{\text{按第 1 行展开}} a_1(-1)^{1+1}\begin{vmatrix} a_2 & b_2 & 0 \\ b_3 & a_3 & 0 \\ 0 & 0 & a_4 \end{vmatrix}$$

$$+b_1(-1)^{1+4}\begin{vmatrix} 0 & a_2 & b_2 \\ 0 & b_3 & a_3 \\ b_4 & 0 & 0 \end{vmatrix}$$

$$=a_1a_4(-1)^{3+3}\begin{vmatrix} a_2 & b_2 \\ b_3 & a_3 \end{vmatrix} - b_1b_4(-1)^{1+3}\begin{vmatrix} a_2 & b_2 \\ b_3 & a_3 \end{vmatrix}$$

$$=a_1a_4(a_2a_3-b_2b_3)-b_1b_4(a_2a_3-b_2b_3)$$

$$=(a_1a_4-b_1b_4)(a_2a_3-b_2b_3).$$

例 1.8 计算 n 阶行列式

$$D=\begin{vmatrix} a & b & b & \cdots & b \\ b & a & b & \cdots & b \\ b & b & a & \cdots & b \\ \vdots & \vdots & \vdots & & \vdots \\ b & b & b & \cdots & a \end{vmatrix}.$$

解 这个行列式的特点是每一行有一个元素是 a，其余 $n-1$ 个元素是 b. 根据性质 1.7，把第 2 列加到第 1 列，行列式不变，再把第 3 列加到第 1 列，行列式也不变，一直到第 n 列也加到第 1 列，即得

$$D=\begin{vmatrix} a+(n-1)b & b & b & \cdots & b \\ a+(n-1)b & a & b & \cdots & b \\ a+(n-1)b & b & a & \cdots & b \\ \vdots & \vdots & \vdots & & \vdots \\ a+(n-1)b & b & b & \cdots & a \end{vmatrix} = [a+(n-1)b]\begin{vmatrix} 1 & b & b & \cdots & b \\ 1 & a & b & \cdots & b \\ 1 & b & a & \cdots & b \\ \vdots & \vdots & \vdots & & \vdots \\ 1 & b & b & \cdots & a \end{vmatrix},$$

把第 2 行到第 n 行都分别加上第 1 行的 -1 倍，有

$$D=[a+(n-1)b]\begin{vmatrix} 1 & b & b & \cdots & b \\ 0 & a-b & 0 & \cdots & 0 \\ 0 & 0 & a-b & \cdots & 0 \\ \vdots & \vdots & \vdots & & \vdots \\ 0 & 0 & 0 & \cdots & a-b \end{vmatrix},$$

这是一个上三角形的行列式,则有

$$D=[a+(n-1)b](a-b)^{n-1}.$$

例 1.9 一个 n 阶行列式,如果它的元素满足

$$a_{ij}=-a_{ji},\quad i,j=1,2,\cdots,n.$$

证明:当 n 为奇数时,此行列式为 0.

证 由题设立即推知,$a_{ii}=-a_{ii}$,即 $a_{ii}=0$,$i=1,2,\cdots,n$. 因此,此行列式可写成

$$\begin{vmatrix} 0 & a_{12} & a_{13} & \cdots & a_{1n} \\ -a_{12} & 0 & a_{23} & \cdots & a_{2n} \\ -a_{13} & -a_{23} & 0 & \cdots & a_{3n} \\ \vdots & \vdots & \vdots & & \vdots \\ -a_{1n} & -a_{2n} & -a_{3n} & \cdots & 0 \end{vmatrix}.$$

由性质 1.1 及 1.3 有

$$D=\begin{vmatrix} 0 & a_{12} & a_{13} & \cdots & a_{1n} \\ -a_{12} & 0 & a_{23} & \cdots & a_{2n} \\ -a_{13} & -a_{23} & 0 & \cdots & a_{3n} \\ \vdots & \vdots & \vdots & & \vdots \\ -a_{1n} & -a_{2n} & -a_{3n} & \cdots & 0 \end{vmatrix}$$

$$=\begin{vmatrix} 0 & -a_{12} & -a_{13} & \cdots & -a_{1n} \\ a_{12} & 0 & -a_{23} & \cdots & -a_{2n} \\ a_{13} & a_{23} & 0 & \cdots & -a_{3n} \\ \vdots & \vdots & \vdots & & \vdots \\ a_{1n} & a_{2n} & a_{3n} & \cdots & 0 \end{vmatrix}$$

$$=(-1)^n\begin{vmatrix} 0 & a_{12} & a_{13} & \cdots & a_{1n} \\ -a_{12} & 0 & a_{23} & \cdots & a_{2n} \\ -a_{13} & -a_{23} & 0 & \cdots & a_{3n} \\ \vdots & \vdots & \vdots & & \vdots \\ -a_{1n} & -a_{2n} & -a_{3n} & \cdots & 0 \end{vmatrix}=(-1)^nD,$$

当 n 为奇数时,得 $D=-D$,即 $D=0$.

习题 1.2

1. 计算 4 阶行列式

$$D=\begin{vmatrix} a & 1 & 0 & 0 \\ -1 & b & 1 & 0 \\ 0 & -1 & c & 1 \\ 0 & 0 & -1 & d \end{vmatrix}.$$

2. 设行列式

$$D=\begin{vmatrix} 3 & 0 & 4 & 0 \\ 2 & 2 & 2 & 2 \\ 0 & -7 & 0 & 0 \\ 5 & 3 & -2 & 2 \end{vmatrix},$$

求第 4 行各元素的余子式之和的值.

3. 证明：$\begin{vmatrix} a_1+b_1 & b_1+c_1 & c_1+a_1 \\ a_2+b_2 & b_2+c_2 & c_2+a_2 \\ a_3+b_3 & b_3+c_3 & c_3+a_3 \end{vmatrix}=2\begin{vmatrix} a_1 & b_1 & c_1 \\ a_2 & b_2 & c_2 \\ a_3 & b_3 & c_3 \end{vmatrix}$.

4. 试证：n 阶行列式中零元素的个数如果多于 n^2-n 个，则此行列式等于 0.

§ 1.3　行列式的计算

在这节，我们将通过例题介绍利用行列式性质计算行列式的一些方法.

在计算行列式时，为了使计算过程表达得简明、醒目，我们约定以下记号：

(1) $r_i \leftrightarrow r_j$ $(c_i \leftrightarrow c_j)$ 表示将行列式的第 i 行(列)与第 j 行(列)交换；

(2) $r_i \div k$ $(c_i \div k)$ 表示将行列式第 i 行(列)提出公因子 k；

(3) r_i+kr_j (c_i+kc_j) 表示将行列式第 j 行(列)的 k 倍加到第 i 行(列)上.

在 § 1.2、§ 1.3 我们看到，一个上(下)三角形行列式的值等于它主对角线上元素的乘积，这个计算是很简单的. 所以我们可以想办法把所给的行列式化为上(下)三角形行列式来计算.

例 1.10　计算

$$D=\begin{vmatrix} -2 & 5 & -1 & 3 \\ 1 & -9 & 13 & 7 \\ 3 & -1 & 5 & -5 \\ 2 & 8 & -7 & -10 \end{vmatrix}.$$

解 $D\xlongequal{r_1\leftrightarrow r_2}-\begin{vmatrix}1&-9&13&7\\-2&5&-1&3\\3&-1&5&-5\\2&8&-7&-10\end{vmatrix}\xlongequal[r_4-2r_1]{r_2+2r_1\\r_3-3r_1}-\begin{vmatrix}1&-9&13&7\\0&-13&25&17\\0&26&-34&-26\\0&26&-33&-24\end{vmatrix}$

$\xlongequal[r_4+2r_2]{r_3+2r_2}-\begin{vmatrix}1&-9&13&7\\0&-13&25&17\\0&0&16&8\\0&0&17&10\end{vmatrix}\xlongequal{r_4-\frac{17}{16}r_3}-\begin{vmatrix}1&-9&13&7\\0&-13&25&17\\0&0&16&8\\0&0&0&\frac{3}{2}\end{vmatrix}$

$=-1\times(-13)\times16\times\dfrac{3}{2}=312.$

用这个方法计算一个 n 阶数字行列式只需要做$\dfrac{n^3+2n-3}{3}$次的乘法和除法，当 n 比较大时，这个方法就有明显的优越性. 同时，这个方法完全是机械的，因而可以用计算机按此方法进行行列式的计算.

在计算数字行列式时，直接应用展开式(性质 1.2)并不一定简化计算，因为把一个 n 阶行列式的计算换成 n 个 $n-1$ 阶行列式的计算并不减少计算量，只是在行列式中某一行或列含有较多零时，应用公式才有意义. 如果我们利用行列式性质将某行或某列化为只有一个非零元，然后再对该行或列展开，就可以简化计算.

例 1.11 计算 4 阶行列式

$$D=\begin{vmatrix}2&-4&2&0\\2&1&4&1\\1&7&4&2\\-3&-2&1&1\end{vmatrix}.$$

解 $D\xlongequal[c_2+2c_3]{c_1-c_3}\begin{vmatrix}0&0&2&0\\-2&9&4&1\\-3&15&4&2\\-4&0&1&1\end{vmatrix}\xlongequal{\text{按第 1 行展开}}2(-1)^{1+3}\begin{vmatrix}-2&9&1\\-3&15&2\\-4&0&1\end{vmatrix}$

$\xlongequal{c_1+4c_3}2\begin{vmatrix}2&9&1\\5&15&2\\0&0&1\end{vmatrix}\xlongequal{\text{按第 3 行展开}}2(-1)^{3+3}\begin{vmatrix}2&9\\5&15\end{vmatrix}$

$=2(30-45)=-30.$

例 1.12 计算

$$D=\begin{vmatrix} 2 & 201 & -1 \\ 3 & 292 & 8 \\ -1 & -95 & -5 \end{vmatrix}.$$

解　注意到第2行元素均接近百位整数,于是

$$D=\begin{vmatrix} 2 & 200+1 & -1 \\ 3 & 300-8 & 8 \\ -1 & -100+5 & -5 \end{vmatrix} \xlongequal{\text{由性质 1.4}} \begin{vmatrix} 2 & 200 & -1 \\ 3 & 300 & 8 \\ -1 & -100 & -5 \end{vmatrix} + \begin{vmatrix} 2 & 1 & -1 \\ 3 & -8 & 8 \\ -1 & 5 & -5 \end{vmatrix}$$

$$\xlongequal{\text{由性质 1.6}} 0+0=0.$$

例 1.13　计算5阶行列式

$$D_5=\begin{vmatrix} 1-a & a & 0 & 0 & 0 \\ -1 & 1-a & a & 0 & 0 \\ 0 & -1 & 1-a & a & 0 \\ 0 & 0 & -1 & 1-a & a \\ 0 & 0 & 0 & -1 & 1-a \end{vmatrix}.$$

解　$D_5 \xlongequal{c_1+c_2+c_3+c_4+c_5} \begin{vmatrix} 1 & a & 0 & 0 & 0 \\ 0 & 1-a & a & 0 & 0 \\ 0 & -1 & 1-a & a & 0 \\ 0 & 0 & -1 & 1-a & a \\ -a & 0 & 0 & -1 & 1-a \end{vmatrix}$

$$\xlongequal{\text{按第 1 列展开}} \begin{vmatrix} 1-a & a & 0 & 0 \\ -1 & 1-a & a & 0 \\ 0 & -1 & 1-a & a \\ 0 & 0 & -1 & 1-a \end{vmatrix}$$

$$+(-a)(-1)^{5+1}\begin{vmatrix} a & 0 & 0 & 0 \\ 1-a & a & 0 & 0 \\ -1 & 1-a & a & 0 \\ 0 & -1 & 1-a & a \end{vmatrix}$$

$$=D_4+(-a)(-1)^{5+1}a^4,$$

即
$$D_5=D_4+(-a)(-1)^{5+1}a^4,$$

类似地
$$D_4=D_3+(-a)(-1)^{4+1}a^3,$$

$$D_3=D_2+(-a)(-1)^{3+1}a^2,$$

将这三个式子相加得 $D_5=D_2-a^3+a^4-a^5$,而 $D_2=\begin{vmatrix} 1-a & a \\ -1 & 1-a \end{vmatrix}=1-a+a^2$,所以

$$D_5=1-a+a^2-a^3+a^4-a^5.$$

例 1.14 行列式

$$D_n=\begin{vmatrix} 1 & 1 & 1 & \cdots & 1 \\ a_1 & a_2 & a_3 & \cdots & a_n \\ a_1^2 & a_2^2 & a_3^2 & \cdots & a_n^2 \\ \vdots & \vdots & \vdots & & \vdots \\ a_1^{n-1} & a_2^{n-1} & a_3^{n-1} & \cdots & a_n^{n-1} \end{vmatrix}$$

称为 n 阶的范德蒙(Vandermonde)行列式. 证明:对任意的 n,n 阶范德蒙行列式等于 $a_1,a_2,\cdots,a_n$ 这 n 个数的所有可能差 $a_i-a_j(1\leqslant j\leqslant i\leqslant n)$ 的乘积.

证 从 n 行起依次从每一行减去它前一行的 a_1 位,有

$$D_n=\begin{vmatrix} 1 & 1 & 1 & \cdots & 1 \\ 0 & a_2-a_1 & a_3-a_1 & \cdots & a_n-a_1 \\ 0 & a_2^2-a_1a_2 & a_3^2-a_1a_3 & \cdots & a_n^2-a_1a_n \\ \vdots & \vdots & \vdots & & \vdots \\ 0 & a_2^{n-1}-a_1a_2^{n-2} & a_3^{n-1}-a_1a_3^{n-2} & \cdots & a_n^{n-1}-a_1a_n^{n-2} \end{vmatrix}$$

$$=\begin{vmatrix} a_2-a_1 & a_3-a_1 & \cdots & a_n-a_1 \\ a_2^2-a_1a_2 & a_3^2-a_1a_3 & \cdots & a_n^2-a_1a_n \\ \vdots & \vdots & & \vdots \\ a_2^{n-1}-a_1a_2^{n-2} & a_3^{n-1}-a_1a_3^{n-2} & \cdots & a_n^{n-1}-a_1a_n^{n-2} \end{vmatrix}$$

$$=(a_2-a_1)(a_3-a_1)\cdots(a_n-a_1)\begin{vmatrix} 1 & 1 & \cdots & 1 \\ a_2 & a_3 & \cdots & a_n \\ a_2^2 & a_3^2 & \cdots & a_n^2 \\ \vdots & \vdots & & \vdots \\ a_n^{n-2} & a_3^{n-2} & \cdots & a_n^{n-2} \end{vmatrix},$$

后面这行列式是一个 $n-1$ 阶的范德蒙行列式,记为 D_{n-1},则

$$D_n=(a_2-a_1)(a_3-a_1)\cdots(a_n-a_1)D_{n-1}.$$

同样可得

$$D_{n-1}=(a_3-a_2)(a_4-a_2)\cdots(a_n-a_2)D_{n-2},$$

此处 D_{n-2} 是一个 $n-2$ 阶的范德蒙行列式. 如此进行下去,最后得

$$\begin{aligned} D_n=&(a_2-a_1)(a_3-a_1)\cdots(a_n-a_1) \\ &\cdot(a_3-a_2)\cdots(a_n-a_2) \\ &\cdots\cdots \\ &\cdot(a_n-a_{n-1}). \end{aligned}$$

习题 1.3

1. 计算下列行列式：

(1) $\begin{vmatrix} 1 & -2 & 3 \\ 0 & 1 & 1 \\ 101 & 98 & 103 \end{vmatrix}$；　　(2) $\begin{vmatrix} x & y & x+y \\ y & x+y & x \\ x+y & x & y \end{vmatrix}$.

2. 计算下列行列式：

(1) $\begin{vmatrix} 0 & 1 & 2 & -1 \\ 2 & 5 & -7 & 3 \\ 0 & 3 & 6 & 2 \\ -2 & -5 & 4 & -2 \end{vmatrix}$；　　(2) $\begin{vmatrix} 1 & 4 & -1 & 4 \\ 2 & 1 & 4 & 3 \\ 4 & 2 & 3 & 11 \\ 3 & 0 & 9 & 2 \end{vmatrix}$；

(3) $\begin{vmatrix} 1 & 1 & 1 & 1 \\ 1 & 2 & 3 & 4 \\ 1 & 4 & 9 & 16 \\ 1 & 8 & 27 & 64 \end{vmatrix}$；　　(4) $\begin{vmatrix} 1 & 2 & 3 & 4 \\ 2 & 3 & 4 & 1 \\ 3 & 4 & 1 & 2 \\ 4 & 1 & 2 & 3 \end{vmatrix}$；

(5) $\begin{vmatrix} 1 & -1 & 1 & x-1 \\ 1 & -1 & x+1 & -1 \\ 1 & x-1 & 1 & -1 \\ x+1 & -1 & 1 & -1 \end{vmatrix}$；　　(6) $\begin{vmatrix} 1 & 1 & 2 & 3 \\ 1 & 2-x^2 & 2 & 3 \\ 2 & 3 & 1 & 5 \\ 2 & 3 & 1 & 9-x^2 \end{vmatrix}$.

3. 计算下列 n 阶行列式：

(1) $\begin{vmatrix} 0 & 1 & 1 & \cdots & 1 & 1 \\ 1 & 0 & 1 & \cdots & 1 & 1 \\ 1 & 1 & 0 & \cdots & 1 & 1 \\ \vdots & \vdots & \vdots & & \vdots & \vdots \\ 1 & 1 & 1 & \cdots & 0 & 1 \\ 1 & 1 & 1 & \cdots & 1 & 0 \end{vmatrix}$；　　(2) $\begin{vmatrix} 1 & 1 & 1 & \cdots & 1 \\ 1 & 2 & 0 & \cdots & 0 \\ 1 & 0 & 3 & \cdots & 0 \\ \vdots & \vdots & \vdots & & \vdots \\ 1 & 0 & 0 & \cdots & n \end{vmatrix}$.

§1.4　克莱姆法则

现在我们应用行列式来解决线性方程组的问题. 在这里只考虑方程个数与未知量的个数相等的情形，至于更一般的情形留到第 3 章讨论.

定理 1.1　**(克莱姆(Gramer)法则)** 如果线性方程组

$$\begin{cases} a_{11}x_1+a_{12}x_2+\cdots+a_{1n}x_n=b_1 \\ a_{21}x_1+a_{22}x_2+\cdots+a_{2n}x_n=b_2 \\ \qquad\cdots\cdots \\ a_{n1}x_1+a_{n2}x_2+\cdots+a_{nn}x_n=b_n \end{cases} \tag{1-9}$$

的系数行列式

$$D=\begin{vmatrix} a_{11} & a_{12} & \cdots & a_{1n} \\ a_{21} & a_{22} & \cdots & a_{2n} \\ \vdots & \vdots & & \vdots \\ a_{n1} & a_{n2} & \cdots & a_{nn} \end{vmatrix}\neq 0,$$

那么方程组(1-9)有唯一解：

$$x_1=\frac{D_1}{D},x_2=\frac{D_2}{D},\cdots,x_i=\frac{D_i}{D},\cdots,x_n=\frac{D_n}{D},$$

其中 D_i 是把系数行列式中的第 i 列换成方程组的常数项 $b_1,b_2,\cdots,b_n$ 所成的行列式，即

$$D_i=\begin{vmatrix} a_{11} & \cdots & a_{1,i-1} & b_1 & a_{1,i+1} & \cdots & a_{1n} \\ a_{2n} & \cdots & a_{2,i-1} & b_2 & a_{2,i+1} & \cdots & a_{2n} \\ \vdots & & \vdots & \vdots & \vdots & & \vdots \\ a_{n1} & \cdots & a_{n,i-1} & b_n & a_{n,i+1} & \cdots & a_{nn} \end{vmatrix},\ i=1,2,\cdots,n.$$

因为这个定理在第 2 章中可利用矩阵的性质简捷地推得，故在此叙而不证.

例 1.15 解线性方程组

$$\begin{cases} 2x_1+x_2-5x_3+x_4=8 \\ x_1-3x_2-6x_4=9 \\ 2x_2-x_3+2x_4=-5 \\ x_1+4x_2-7x_3+6x_4=0 \end{cases}.$$

解 方程组的系数行列式

$$D=\begin{vmatrix} 2 & 1 & -5 & 1 \\ 1 & -3 & 0 & -6 \\ 0 & 2 & -1 & 2 \\ 1 & 4 & -7 & 6 \end{vmatrix} \xlongequal[r_4-r_2]{r_1-2r_2} \begin{vmatrix} 0 & 7 & -5 & 13 \\ 1 & -3 & 0 & -6 \\ 0 & 2 & -1 & 2 \\ 0 & 7 & -7 & 12 \end{vmatrix}$$

$$\xlongequal{\text{按第 1 列展开}} -\begin{vmatrix} 7 & -5 & 13 \\ 2 & -1 & 2 \\ 7 & -7 & 12 \end{vmatrix} \xlongequal[c_3+2c_2]{c_1+2c_2} -\begin{vmatrix} -3 & -5 & 3 \\ 0 & -1 & 0 \\ -7 & -7 & -2 \end{vmatrix}$$

$$\xlongequal{\text{按第2行展开}}\begin{vmatrix}-3 & 3\\ -7 & -2\end{vmatrix}=27\neq 0,$$

因此可以应用克莱姆法则.进一步计算,有

$$D_1=\begin{vmatrix}8 & 1 & -5 & 1\\ 9 & -3 & 0 & -6\\ -5 & 2 & -1 & 2\\ 0 & 4 & -7 & 6\end{vmatrix}=81,\quad D_2=\begin{vmatrix}2 & 8 & -5 & 1\\ 1 & 9 & 0 & -6\\ 0 & -5 & -1 & 2\\ 1 & 0 & -7 & 6\end{vmatrix}=-108,$$

$$D_3=\begin{vmatrix}2 & 1 & 8 & 1\\ 1 & -3 & 9 & -6\\ 0 & 2 & -5 & 2\\ 1 & 4 & 0 & 6\end{vmatrix}=-27,\quad D_4=\begin{vmatrix}2 & 1 & -5 & 8\\ 1 & -3 & 0 & 9\\ 0 & 2 & -1 & -5\\ 1 & 4 & -7 & 0\end{vmatrix}=27.$$

所以方程组有唯一解:

$$x_1=\frac{D_1}{D}=3,\ x_2=\frac{D_2}{D}=-4,\ x_3=\frac{D_3}{D}=-1,\ x_4=\frac{D_4}{D}=1.$$

如果线性方程组(1-9)右端的常数项 $b_1,b_2,\cdots,b_n$ 不全为零时,线性方程组(1-9)称为**非齐次线性方程组**,当 $b_1,b_2,\cdots,b_n$ 全为零时,线性方程组(1-9)称为**齐次线性方程组**.

关于齐次线性方程组,要注意到:

(1)齐次线性方程组总是有解的,$x_1=x_2=\cdots=x_n=0$ 就是它的一个解,称之为**零解**.

(2)对于齐次线性方程组,我们关心的问题常常是,它除去零解以外还有没有其他解,或者说,它有没有**非零解**.

定理 1.2　如果齐次线性方程组

$$\begin{cases}a_{11}x_1+a_{12}x_2+\cdots+a_{1n}x_n=0\\ a_{21}x_1+a_{22}x_2+\cdots+a_{2n}x_n=0\\ \qquad\cdots\cdots\\ a_{n1}x_1+a_{n2}x_2+\cdots+a_{nn}x_n=0\end{cases}\tag{1-10}$$

的系数行列式 $D\neq 0$,那么它只有零解.换句话说,如果方程组(1-10)有非零解,那么必有 $D=0$.

证　应用克莱姆法则,因为行列式 D_i 中有一列为零,所以

$$D_i=0,\ i=1,2,\cdots,n.$$

这就是说,它的唯一解是

$$x_i=\frac{D_i}{D}=0,\ i=1,2,\cdots,n.$$

例 1.16 问 λ 为何值时,齐次线性方程组

$$\begin{cases} x_1 + x_2 + \lambda x_3 = 0 \\ x_1 + \lambda x_2 + x_3 = 0 \\ \lambda x_1 + x_2 + x_3 = 0 \end{cases}$$

有非零解?

解 方程组的系数行列式

$$D = \begin{vmatrix} \lambda & 1 & 1 \\ 1 & \lambda & 1 \\ 1 & 1 & \lambda \end{vmatrix} \xlongequal{c_1+c_2+c_3} \begin{vmatrix} \lambda+2 & 1 & \lambda \\ \lambda+2 & \lambda & 1 \\ \lambda+2 & 1 & 1 \end{vmatrix} \xlongequal{c_1 \div (\lambda+2)} (\lambda+2) \begin{vmatrix} 1 & 1 & \lambda \\ 1 & \lambda & 1 \\ 1 & 1 & 1 \end{vmatrix}$$

$$\xlongequal[r_3-r_1]{r_2-r_1} (\lambda+2) \begin{vmatrix} 1 & 1 & \lambda \\ 0 & \lambda-1 & 1-\lambda \\ 0 & 0 & 1-\lambda \end{vmatrix} = -(\lambda+2)(\lambda-1)^2,$$

当 $D=0$,即 $\lambda=1$ 或 $\lambda=-2$ 时,方程组有非零解.

应该注意到,克莱姆法则只能应用于方程个数与未知量个数相等的线性方程组.它的意义不仅在于给出了方程组(1-9)有唯一解的条件,而且给出了解与系数的明显关系,这一点在以后许多问题的讨论中是重要的.但是用克莱姆法则进行计算是不方便的,因为用克莱姆法则解一个 n 个未知量 n 个方程组就要计算 $n+1$ 个 n 阶行列式,当 n 较大时,这个计算量是很大的.

习题 1.4

1. 问 λ 取何值时,齐次线性方程组

$$\begin{cases} \lambda x_1 + x_2 + x_3 = 0 \\ x_1 + \lambda x_2 + x_3 = 0 \\ x_1 + x_2 + x_3 = 0 \end{cases}$$

只有零解?

2. 用克莱姆法则解下列线性方程组:

$$(1)\begin{cases} 2x_1 + 3x_2 + 11x_3 + 5x_4 = 2 \\ x_1 + x_2 + 5x_3 + 2x_4 = 1 \\ 2x_1 + x_2 + 3x_3 + 2x_4 = -3 \\ x_1 + x_2 + 3x_3 + 4x_4 = -3 \end{cases}; \qquad (2)\begin{cases} x_1 + 3x_2 - 2x_3 + x_4 = 1 \\ 2x_1 + 5x_2 - 3x_3 + 2x_4 = 3 \\ -3x_1 + 4x_2 + 8x_3 - 2x_4 = 4 \\ 6x_1 - x_2 - 6x_3 + 4x_4 = 2 \end{cases}.$$

复习题1

一、单项选择题

1. 若$\begin{vmatrix} 3 & 1 & x \\ 4 & x & 0 \\ 1 & 0 & x \end{vmatrix} \neq 0$,则$x$的范围为 ( )

A. $x\neq 0$且$x\neq 2$ B. $x\neq 0$或$x\neq 2$ C. $x\neq 0$ D. $x\neq 2$

2. 下列行列式中不等于零的有 ( )

A. 行列式D中有两行对应元素成比例

B. 行列式D中有两行对应元素之和均为零

C. 行列式D满足$2D-3D^{\mathrm{T}}=6$

D. 行列式D中有一行的元素均为零

3. 下列n阶行列式的值必为零的是 ( )

A. 主对角元全为零

B. 三角形行列式中有一个主对角元为零

C. 零元素的个数多于n个

D. 非零元素的个数小于零元素的个数

4. 设齐次线性方程组$\begin{cases} kx+ \quad\quad z=0 \\ 2x+ky+z=0 \\ kx-2y+z=0 \end{cases}$有非零解,则$k$的值为 ( )

A. 2 B. 0 C. -1 D. -2

5. 设$\begin{vmatrix} a_{11} & a_{12} & a_{13} \\ a_{21} & a_{22} & a_{23} \\ a_{31} & a_{32} & a_{33} \end{vmatrix}=1$,则$\begin{vmatrix} 4a_{11} & 2a_{11}-3a_{12} & a_{13} \\ 4a_{21} & 2a_{21}-3a_{22} & a_{23} \\ 4a_{31} & 2a_{31}-3a_{32} & a_{33} \end{vmatrix}=$ ( )

A. 8 B. -12 C. 24 D. -24

6. 设$\begin{vmatrix} a_{11} & a_{12} & a_{13} \\ a_{21} & a_{22} & a_{23} \\ a_{31} & a_{32} & a_{33} \end{vmatrix}=d=2$,则$\begin{vmatrix} -da_{11} & -da_{12} & -da_{13} \\ -da_{21} & -da_{22} & -da_{23} \\ -da_{31} & -da_{32} & -da_{33} \end{vmatrix}=$ ( )

A. 4 B. -4 C. 16 D. -16

7. 若$\begin{vmatrix} a_{11} & a_{12} \\ a_{21} & a_{22} \end{vmatrix}=6$,则$\begin{vmatrix} a_{12} & 2a_{11} & 0 \\ a_{22} & 2a_{21} & 0 \\ 0 & -2 & 1 \end{vmatrix}=$ ( )

A. 12 B. -12 C. 18 D. 0

8. $\begin{vmatrix} a & 1 & 0 \\ 1 & a & 0 \\ 4 & 1 & 1 \end{vmatrix}>0$ 的充分必要条件是 ( )

A. $|a|>1$　　B. $|a|<1$　　C. $a>1$　　D. $a<1$

二、填空题

1. 设 $\begin{vmatrix} a_{11} & a_{12} & a_{13} \\ a_{21} & a_{22} & a_{23} \\ a_{31} & a_{32} & a_{33} \end{vmatrix}=d$,则 $\begin{vmatrix} 3a_{31} & 3a_{32} & 3a_{33} \\ 2a_{21} & 2a_{22} & 2a_{23} \\ -a_{11} & -a_{12} & -a_{13} \end{vmatrix}=$________.

2. 各列元素之和为零的 n 阶行列式的值等于________.

3. 行列式 $D=\begin{vmatrix} 0 & 0 & 0 & 1 \\ 0 & 0 & 2 & 0 \\ 0 & 3 & 0 & 0 \\ 4 & 0 & 0 & 0 \end{vmatrix}=$________.

4. 设四阶行列式 $D=\begin{vmatrix} 1 & 4 & 0 & -2 \\ 0 & 5 & 3 & 7 \\ 1 & 8 & -2 & 0 \\ 1 & 2 & 0 & 1 \end{vmatrix}$,则 $A_{34}=$________.

5. 设 $A_{ij}\ (i,j=1,2)$ 为行列式 $D=\begin{vmatrix} 2 & 1 \\ 3 & 1 \end{vmatrix}$ 中元素 a_{ij} 的代数余子式,则 $\begin{vmatrix} A_{11} & A_{12} \\ A_{21} & A_{22} \end{vmatrix}=$________.

6. 设 $\begin{vmatrix} a_{11} & a_{12} & \cdots & a_{1n} \\ a_{21} & a_{22} & \cdots & a_{2n} \\ \vdots & \vdots & & \vdots \\ a_{n1} & a_{n2} & \cdots & a_{nn} \end{vmatrix}=d$,则 $\begin{vmatrix} a_{21} & a_{22} & \cdots & a_{2n} \\ a_{31} & a_{32} & \cdots & a_{3n} \\ \vdots & \vdots & & \vdots \\ a_{n1} & a_{n2} & \cdots & a_{nn} \\ a_{11} & a_{12} & \cdots & a_{1n} \end{vmatrix}=$________.

三、计算题

1. 计算行列式的值:

(1) $\begin{vmatrix} a & 1 & a \\ -1 & a & 1 \\ a & -1 & a \end{vmatrix}$;　　(2) $\begin{vmatrix} -1 & 0 & 3 \\ 2 & -1 & 4 \\ 1 & 3 & 5 \end{vmatrix}$;

(3) $\begin{vmatrix} 1 & 2 & 3 & 4 \\ -2 & 1 & -4 & 3 \\ 3 & -4 & -1 & 2 \\ 4 & 3 & -2 & -1 \end{vmatrix}$；　　(4) $\begin{vmatrix} 0 & 0 & 0 & 1 & 0 \\ 0 & 0 & 2 & 7 & 0 \\ 0 & 3 & 6 & 9 & 0 \\ 4 & 10 & 11 & -5 & 0 \\ 8 & 1 & 3 & 7 & 5 \end{vmatrix}$.

2. 设 $D=\begin{vmatrix} -1 & 2 & 5 & -3 \\ 2 & 4 & 6 & 8 \\ 1 & 2 & 0 & 3 \\ 5 & 6 & 4 & 3 \end{vmatrix}$，求 $A_{41}+2A_{42}+3A_{44}$ 的值，其中 A_{4j} 为元素 a_{4j} $(j=1,2,4)$ 的代数余子式.

3. 计算 $\begin{vmatrix} a+b+2c & a & b \\ c & 2a+b+c & b \\ c & a & a+2b+c \end{vmatrix}$.

4. 计算 $D_{n+1}=\begin{vmatrix} -a_1 & a_1 & 0 & \cdots & 0 & 0 \\ 0 & -a_2 & a_2 & \cdots & 0 & 0 \\ \vdots & \vdots & \vdots & & \vdots & \vdots \\ 0 & 0 & 0 & \cdots & -a_n & a_n \\ 1 & 1 & 1 & \cdots & 1 & 1 \end{vmatrix}$.

5. 用克莱姆法则解方程组 $\begin{cases} 2x_1+5x_2=1 \\ 3x_1+7x_2=2 \end{cases}$.

6. 判断齐次线性方程组 $\begin{cases} 2x_1+2x_2-x_3=0 \\ x_1-2x_2+4x_3=0 \\ 5x_1+8x_2-2x_3=0 \end{cases}$ 是否仅有零解？

四、证明题

利用行列式的性质证明：$\begin{vmatrix} a_1+kb_1 & b_1+c_1 & c_1 \\ a_2+kb_2 & b_2+c_2 & c_2 \\ a_3+kb_3 & b_3+c_3 & c_3 \end{vmatrix}=\begin{vmatrix} a_1 & b_1 & c_1 \\ a_2 & b_2 & c_2 \\ a_3 & b_3 & c_3 \end{vmatrix}$.

第2章　矩　　阵

矩阵是线性代数的主要研究对象之一，也是一个重要的数学工具．在科学技术的各个分支及经济定量分析、经济管理等许多领域，矩阵的应用非常广泛．今天，矩阵又为我们应用计算机来处理各类问题带来很大方便与可能．

本章的主要内容有：矩阵的概念，矩阵的基本运算——加法、数乘、乘法、求逆以及矩阵分块运算，矩阵的初等变换与矩阵的秩．

§2.1　矩阵的概念

2.1.1　矩阵的概念

定义2.1　由 $m\times n$ 个数 $a_{ij}(i=1,2,\cdots,m;j=1,2,\cdots,n)$ 排成的一个 m 行 n 列的矩形数表

$$\begin{pmatrix} a_{11} & a_{12} & \cdots & a_{1n} \\ a_{21} & a_{22} & \cdots & a_{2n} \\ \vdots & \vdots & & \vdots \\ a_{m1} & a_{m2} & \cdots & a_{mn} \end{pmatrix},$$

称为一个 $m\times n$ **矩阵**．其中 a_{ij} 称为矩阵的第 i 行第 j 列的元素．当 a_{ij} 均为实数时，称为**实矩阵**．

通常用大写斜体字母 $\boldsymbol{A},\boldsymbol{B},\boldsymbol{C}$ 等表示矩阵．为了指明矩阵的行数和列数，可以将 m 行 n 列的矩阵 $\boldsymbol{A}$ 记作 $\boldsymbol{A}_{m\times n}$ 或 $\boldsymbol{A}=(a_{ij})_{m\times n}$，在不致引起混淆时，也可简记为 $\boldsymbol{A}=(a_{ij})$．特别地，当 $m=n$ 时，$\boldsymbol{A}=(a_{ij})_{n\times n}=\boldsymbol{A}_n$ 称为 **n 阶方阵或 n 阶矩阵**，元素 $a_{11},a_{22},\cdots,a_{nn}$ 叫做方阵 $\boldsymbol{A}$ 的**主对角元**，它们所在位置叫做方阵 $\boldsymbol{A}$ 的**主对角线**，方阵的另一条对角线叫做**副对角线**．显然一阶矩阵就是一个数．

对 n 阶方阵 $\boldsymbol{A}=(a_{ij})_{n\times n}$ 而言，可联系一个 n 阶行列式

$$\begin{vmatrix} a_{11} & a_{12} & \cdots & a_{1n} \\ a_{21} & a_{22} & \cdots & a_{2n} \\ \vdots & \vdots & & \vdots \\ a_{n1} & a_{n2} & \cdots & a_{nn} \end{vmatrix},$$

记为$|\boldsymbol{A}|$或$\det\boldsymbol{A}$,称为**方阵$\boldsymbol{A}$的行列式**.

当$n>1$时方阵$\boldsymbol{A}$和它的行列式$|\boldsymbol{A}|$是两个完全不同的概念.$|\boldsymbol{A}|$是一个数,而$\boldsymbol{A}$仅仅是一个数表.当然两者有一定的联系.这一点,我们以后会看到.

定义 2.2 设矩阵$\boldsymbol{A}=(a_{ij})_{m\times n}$,$\boldsymbol{B}=(b_{ij})_{s\times r}$,如果$m=s$,$n=r$且$a_{ij}=b_{ij}$($i=1,2,\cdots,m$;$j=1,2,\cdots,n$),则称矩阵$\boldsymbol{A}$和$\boldsymbol{B}$**相等**,记作$\boldsymbol{A}=\boldsymbol{B}$.

也就是说只有完全一样的矩阵才叫做相等.

例 2.1 设$\boldsymbol{A}=\begin{pmatrix}2&-3&4\\0&-4&5\end{pmatrix}$,$\boldsymbol{B}=\begin{pmatrix}2&x&4\\y&-4&z\end{pmatrix}$,且$\boldsymbol{A}=\boldsymbol{B}$,求$x,y,z$的值.

解 已知$\boldsymbol{A}=\boldsymbol{B}$,则$x=-3$,$y=0$,$z=5$.

2.1.2 一些特殊矩阵

(1) 零矩阵

元素全为零的$m\times n$矩阵称为**零矩阵**,记为$\boldsymbol{O}_{m\times n}$,在不致引起含混的情况下,可简记为$\boldsymbol{O}$.

(2) 上三角形矩阵与下三角形矩阵

方阵中,如果在主对角线之下的所有元素都是零(即当$i>j$时,$a_{ij}=0$),即形如

$$\begin{pmatrix}a_{11}&a_{12}&\cdots&a_{1n}\\0&a_{22}&\cdots&a_{2n}\\\vdots&\vdots&&\vdots\\0&0&\cdots&a_{nn}\end{pmatrix}$$

的方阵,称为**上三角形矩阵**.类似地,在主对角线之上的所有元素都是零(即当$i<j$时,$a_{ij}=0$),即形如

$$\begin{pmatrix}a_{11}&0&\cdots&0\\a_{21}&a_{22}&\cdots&0\\\vdots&\vdots&&\vdots\\a_{n1}&a_{n2}&\cdots&a_{nn}\end{pmatrix}$$

的方阵,称为下三角形矩阵.

(3) 对角矩阵

如果方阵中非主对角线上的所有元素都是零(即当$i\neq j$时,$a_{ij}=0$),即形如

$$\begin{pmatrix}a_{11}&0&\cdots&0\\0&a_{22}&\cdots&0\\\vdots&\vdots&&\vdots\\0&0&\cdots&a_{nn}\end{pmatrix}$$

的方阵称为**对角矩阵**,记作 $\mathrm{diag}(a_{11},a_{22},\cdots,a_{nn})$.

(4) 数量矩阵

当对角矩阵的主对角上的元都相同且非零时,$\mathrm{diag}(\lambda,\lambda,\cdots,\lambda)$称为**数量矩阵**.特别地,当 $\lambda=1$ 时,称 n 阶数量矩阵

$$\begin{pmatrix} 1 & 0 & \cdots & 0 \\ 0 & 1 & \cdots & 0 \\ \vdots & \vdots & & \vdots \\ 0 & 0 & \cdots & 1 \end{pmatrix}$$

为 n 阶**单位矩阵**,记作 $\boldsymbol{E}_n$ 或 $\boldsymbol{E}$.

(5) 行矩阵与列矩阵

只有一行的 $1\times n$ 矩阵

$$(a_1 \quad a_2 \quad \cdots \quad a_n)$$

称为**行矩阵**,又称为 ***n* 维行向量**.为了避免混淆,一般用逗号将各个元素隔开.行向量也记作

$$(a_1,a_2,\cdots,a_n).$$

这样,矩阵 $\boldsymbol{A}=(a_{ij})_{m\times n}$ 可理解为由 m 个 n 维行向量构成:

$$\boldsymbol{A}=\begin{pmatrix} a_{11} & a_{12} & \cdots & a_{1n} \\ a_{21} & a_{22} & \cdots & a_{2n} \\ \vdots & \vdots & & \vdots \\ a_{m1} & a_{m2} & \cdots & a_{mn} \end{pmatrix}=\begin{pmatrix} \boldsymbol{\alpha}_1 \\ \boldsymbol{\alpha}_2 \\ \vdots \\ \boldsymbol{\alpha}_m \end{pmatrix},$$

其中

$$\boldsymbol{\alpha}_1=(a_{11},\ a_{12},\ \cdots,\ a_{1n}),$$
$$\boldsymbol{\alpha}_2=(a_{21},\ a_{22},\ \cdots,\ a_{2n}),$$
$$\cdots\cdots$$
$$\boldsymbol{\alpha}_m=(a_{m1},\ a_{m2},\ \cdots,\ a_{mn}).$$

只有一列的 $n\times 1$ 矩阵

$$\begin{pmatrix} a_1 \\ a_2 \\ \vdots \\ a_n \end{pmatrix}$$

称为**列矩阵**,又称为 ***n* 维列向量**.

这样,矩阵 $\boldsymbol{A}=(a_{ij})_{m\times n}$ 也可理解为由 n 维列向量构成:

$$A=\begin{pmatrix} a_{11} & a_{12} & \cdots & a_{1n} \\ a_{21} & a_{22} & \cdots & a_{2n} \\ \vdots & \vdots & & \vdots \\ a_{m1} & a_{m2} & \cdots & a_{mn} \end{pmatrix}=(\boldsymbol{\beta}_1, \boldsymbol{\beta}_2, \cdots, \boldsymbol{\beta}_n).$$

其中
$$\boldsymbol{\beta}_1=\begin{pmatrix} a_{11} \\ a_{21} \\ \vdots \\ a_{m1} \end{pmatrix}, \boldsymbol{\beta}_2=\begin{pmatrix} a_{12} \\ a_{22} \\ \vdots \\ a_{m2} \end{pmatrix}, \cdots, \boldsymbol{\beta}_n=\begin{pmatrix} a_{1n} \\ a_{2n} \\ \vdots \\ a_{mn} \end{pmatrix}.$$

§2.2　矩阵的运算

矩阵的意义不仅在于将一些数据排成数表形式，而且在于我们在矩阵中引入了运算，使之反映了某些数学研究对象的客观规律，从而使矩阵成为进行理论研究和解决实际问题的有力工具.

2.1.1　矩阵的加法

定义 2.3　设 $\boldsymbol{A}=(a_{ij})_{m\times n}$，$\boldsymbol{B}=(b_{ij})_{m\times n}$，我们定义矩阵

$$\boldsymbol{C}=(a_{ij}+b_{ij})_{m\times n}.$$

称为 $\boldsymbol{A}$ 与 $\boldsymbol{B}$ 的**和**，记作 $\boldsymbol{C}=\boldsymbol{A}+\boldsymbol{B}$.

$\boldsymbol{A}+\boldsymbol{B}$ 就是将 $\boldsymbol{A}$ 和 $\boldsymbol{B}$ 的所有对应元素相加得到. 当然，只有行数和列数相同的矩阵才可以相加. 由于矩阵的加法归结为它们元素的相加，由定义不难验证，它满足以下运算法则：

(1) 交换律：$\boldsymbol{A}+\boldsymbol{B}=\boldsymbol{B}+\boldsymbol{A}$；

(2) 结合律：$\boldsymbol{A}+(\boldsymbol{B}+\boldsymbol{C})=(\boldsymbol{A}+\boldsymbol{B})+\boldsymbol{C}$；

(3) $\boldsymbol{A}+\boldsymbol{O}=\boldsymbol{O}+\boldsymbol{A}$.

(4) 矩阵

$$\begin{pmatrix} -a_{11} & -a_{12} & \cdots & -a_{1n} \\ -a_{21} & -a_{22} & \cdots & -a_{2n} \\ \vdots & \vdots & & \vdots \\ -a_{m1} & -a_{m2} & \cdots & -a_{mn} \end{pmatrix}$$

称为矩阵 $\boldsymbol{A}$ 的**负矩阵**，记为 $-\boldsymbol{A}$. 显然有

$$\boldsymbol{A}+(-\boldsymbol{A})=\boldsymbol{O}.$$

利用负矩阵，我们如下定义矩阵的**减法**：

$$\boldsymbol{A}-\boldsymbol{B}=\boldsymbol{A}+(-\boldsymbol{B}).$$

于是就有

$$\boldsymbol{A}+\boldsymbol{B}=\boldsymbol{C} \Leftrightarrow \boldsymbol{A}=\boldsymbol{C}-\boldsymbol{B}.$$

这就是我们熟悉的移项规则.

2.1.2 矩阵的数量乘法

定义 2.4 设 $\boldsymbol{A}=(a_{ij})_{m\times n}$,我们定义矩阵

$$(\lambda a_{ij})_{m\times n},$$

称为数 λ 与矩阵 $\boldsymbol{A}$ 的**数量乘法**,简称为数乘,记为 $\lambda\boldsymbol{A}$.

换句话说,数 λ 乘矩阵 $\boldsymbol{A}$ 就是把矩阵 $\boldsymbol{A}$ 的每一个元素都乘上 λ.

不难验证,数乘运算满足以下四条规则:

(1) $1\boldsymbol{A}=\boldsymbol{A}$;

(2) $\lambda(\mu\boldsymbol{A})=(\lambda\mu)\boldsymbol{A}$;

(3) $(\lambda+\mu)\boldsymbol{A}=\lambda\boldsymbol{A}+\mu\boldsymbol{A}$;

(4) $\lambda(\boldsymbol{A}+\boldsymbol{B})=\lambda\boldsymbol{A}+\lambda\boldsymbol{B}$.

由定义 2.4 可知,$\boldsymbol{A}$ 的负矩阵 $-\boldsymbol{A}$ 也可看做是用 -1 乘以 $\boldsymbol{A}$,即 $-\boldsymbol{A}=(-1)\boldsymbol{A}$.当矩阵 $\boldsymbol{A}$ 的所有元素都有公因子 λ 时,可将 λ 提到矩阵外面.例如

$$\begin{pmatrix}3 & 9\\ 6 & 0\end{pmatrix}=3\begin{pmatrix}1 & 3\\ 2 & 0\end{pmatrix},\quad \operatorname{diag}(\lambda,\lambda,\cdots,\lambda)=\lambda\boldsymbol{E}.$$

例 2.2 设 $\boldsymbol{A}=\begin{pmatrix}1 & 1 & 0\\ 2 & -1 & 4\end{pmatrix}$,$\boldsymbol{B}=\begin{pmatrix}2 & 2 & 1\\ -3 & 1 & 2\end{pmatrix}$,求 $2\boldsymbol{A}-\boldsymbol{B}$.

解

$$\begin{aligned}2\boldsymbol{A}-\boldsymbol{B}&=2\begin{pmatrix}1 & 1 & 0\\ 2 & -1 & 4\end{pmatrix}-\begin{pmatrix}2 & 2 & 1\\ -3 & 1 & 2\end{pmatrix}\\&=\begin{pmatrix}2\times1 & 2\times1 & 2\times0\\ 2\times2 & 2\times(-1) & 2\times4\end{pmatrix}+\begin{pmatrix}-2 & -2 & -1\\ 3 & -1 & -2\end{pmatrix}\\&=\begin{pmatrix}2+(-2) & 2+(-2) & 0+(-1)\\ 4+3 & -2+(-1) & 8+(-2)\end{pmatrix}\\&=\begin{pmatrix}0 & 0 & -1\\ 7 & -3 & 6\end{pmatrix}.\end{aligned}$$

2.1.3 矩阵的乘法

定义 2.5 $m\times n$ 矩阵 $\boldsymbol{A}=(a_{ij})_{m\times n}$ 与 $n\times p$ 矩阵 $\boldsymbol{B}=(b_{ij})_{n\times p}$ 的乘积 $\boldsymbol{AB}$ 指的是这样一个 $m\times p$ 矩阵 $\boldsymbol{C}=(c_{ij})_{m\times p}$,它的第 i 行第 j 列的元素 c_{ij} 等于 $\boldsymbol{A}$ 的第 i 行元素与 $\boldsymbol{B}$ 的第 j 列对应元素乘积的和,即

$$c_{ij}=a_{i1}b_{1j}+a_{i2}b_{2j}+\cdots+a_{in}b_{nj},$$

其中 $i=1,2,\cdots,m;j=1,2,\cdots,p$. 记为 $\boldsymbol{C}=\boldsymbol{AB}$,称为矩阵的**乘法**.

这个乘法可表示如下：

$$\begin{pmatrix} a_{11} & a_{12} & \cdots & a_{in} \\ \vdots & \vdots & & \vdots \\ \boxed{a_{i1} \quad a_{i2} \quad \cdots \quad a_{in}} \\ \vdots & \vdots & & \vdots \\ a_{m1} & a_{m2} & \cdots & a_{mn} \end{pmatrix} \begin{pmatrix} b_{11} & \cdots & \boxed{b_{1j}} & \cdots & b_{1p} \\ b_{21} & \cdots & \boxed{b_{2j}} & \cdots & b_{2p} \\ \vdots & & \boxed{\vdots} & & \vdots \\ b_{1n} & \cdots & \boxed{b_{nj}} & \cdots & b_{np} \end{pmatrix} = \begin{pmatrix} c_{11} & \cdots & c_{1j} & \cdots & c_{1p} \\ \vdots & & \vdots & & \vdots \\ c_{i1} & \cdots & \boxed{c_{ij}} & \cdots & c_{ip} \\ \vdots & & \vdots & & \vdots \\ c_{m1} & \cdots & c_{mj} & \cdots & c_{mp} \end{pmatrix}.$$

由矩阵乘法的定义可以看出,只有当第一个矩阵 $\boldsymbol{A}$ 的列数等于第二个矩阵 $\boldsymbol{B}$ 的行数时,$\boldsymbol{A}$ 与 $\boldsymbol{B}$ 才能相乘,乘积 $\boldsymbol{AB}$ 的行数为 $\boldsymbol{A}$ 的行数,$\boldsymbol{AB}$ 的列数为 $\boldsymbol{B}$ 的列数.

例 2.3　设

$$\boldsymbol{A}=\begin{pmatrix} a_1 \\ a_2 \\ \vdots \\ a_n \end{pmatrix}, \qquad \boldsymbol{B}=(b_1,b_2,\cdots,b_n).$$

求 $\boldsymbol{AB}$ 与 $\boldsymbol{BA}$.

解　$$\boldsymbol{AB}=\begin{pmatrix} a_1 \\ a_2 \\ \vdots \\ a_n \end{pmatrix}(b_1,b_2,\cdots,b_n)=\begin{pmatrix} a_1b_1 & a_1b_2 & \cdots & a_1b_n \\ a_2b_1 & a_2b_2 & \cdots & a_2b_n \\ \vdots & \vdots & & \vdots \\ a_nb_1 & a_nb_2 & \cdots & a_nb_n \end{pmatrix},$$

$$\boldsymbol{BA}=(b_1,b_2,\cdots,b_n)\begin{pmatrix} a_1 \\ a_2 \\ \vdots \\ a_n \end{pmatrix}=b_1a_1+b_2a_2+\cdots+b_na_n,$$

即 $\boldsymbol{AB}$ 是 n 阶矩阵,而 $\boldsymbol{BA}$ 是一阶矩阵.

例 2.4　设

$$\boldsymbol{A}=\begin{pmatrix} -2 & 4 & 2 \\ 5 & -3 & 1 \\ -1 & 0 & 1 \end{pmatrix}, \qquad \boldsymbol{B}=\begin{pmatrix} 1 & 3 \\ 2 & 1 \\ -1 & 4 \end{pmatrix}.$$

求 $\boldsymbol{AB}$.

解　$$\boldsymbol{AB}=\begin{pmatrix} -2\times1+4\times2+2\times(-1) & -2\times3+4\times1+2\times4 \\ 5\times1+(-3)\times2+1\times(-1) & 5\times3+(-3)\times1+1\times4 \\ -1\times1+0\times2+1\times(-1) & -1\times3+0\times1+1\times4 \end{pmatrix}=\begin{pmatrix} 4 & 6 \\ -2 & 16 \\ -2 & 1 \end{pmatrix}.$$

注意,$\boldsymbol{B}$ 是 3×2 矩阵,$\boldsymbol{A}$ 为 3×3 矩阵,$\boldsymbol{B}$ 的列数不等于 $\boldsymbol{A}$ 的行数,所以 $\boldsymbol{B}$ 与 $\boldsymbol{A}$

不能相乘,即 $\boldsymbol{BA}$ 无意义.

例 2.5 设

$$\boldsymbol{A}=\begin{pmatrix}1&1\\-1&-1\end{pmatrix},\ \boldsymbol{B}=\begin{pmatrix}1&-1\\-1&1\end{pmatrix},\ \boldsymbol{C}=\begin{pmatrix}-1&1\\1&-1\end{pmatrix},$$

计算 $\boldsymbol{AB}$,$\boldsymbol{AC}$ 及 $\boldsymbol{BA}$.

解 $\boldsymbol{AB}=\begin{pmatrix}1&1\\-1&-1\end{pmatrix}\begin{pmatrix}1&-1\\-1&1\end{pmatrix}=\begin{pmatrix}0&0\\0&0\end{pmatrix}$,

$$\boldsymbol{AC}=\begin{pmatrix}1&1\\-1&-1\end{pmatrix}\begin{pmatrix}-1&1\\1&-1\end{pmatrix}=\begin{pmatrix}0&0\\0&0\end{pmatrix},$$

$$\boldsymbol{BA}=\begin{pmatrix}1&-1\\-1&1\end{pmatrix}\begin{pmatrix}1&1\\-1&-1\end{pmatrix}=\begin{pmatrix}2&2\\-2&-2\end{pmatrix}.$$

从上面的例题中可以看出,矩阵的乘法与我们熟悉的数的乘法有许多不同之处:

(1) 矩阵的乘法不满足交换律,即一般说来,$\boldsymbol{AB}\neq\boldsymbol{BA}$. 首先,当 $m\neq p$ 时,$\boldsymbol{A}_{m\times n}\boldsymbol{B}_{n\times p}$ 有意义,但 $\boldsymbol{B}_{n\times p}\boldsymbol{A}_{m\times n}$ 没有意义(如例 2.4). 其次,$\boldsymbol{A}_{m\times n}\boldsymbol{B}_{n\times m}$ 和 $\boldsymbol{B}_{n\times m}\boldsymbol{A}_{m\times n}$ 虽然都有意义,但当 $m\neq n$ 时,第一个矩阵是 $m\times m$ 矩阵而第二个矩阵是 $n\times n$ 矩阵,它们不能相等(如例 2.3). 最后,即使 $\boldsymbol{A}_{n\times n}\boldsymbol{B}_{n\times n}$ 和 $\boldsymbol{B}_{n\times n}\boldsymbol{A}_{n\times n}$ 都是 $n\times n$ 矩阵,但它们也未必相等(如例 2.5).

由于矩阵的乘法不满足交换律,为此将 $\boldsymbol{AB}$ 称为 $\boldsymbol{A}$ 左乘 $\boldsymbol{B}$,或者说成 $\boldsymbol{B}$ 右乘 $\boldsymbol{A}$.

(2) 两个非零矩阵的乘积可以是零矩阵(如例 4),即当 $\boldsymbol{AB}=\boldsymbol{O}$ 时不一定有 $\boldsymbol{A}=\boldsymbol{O}$或 $\boldsymbol{B}=\boldsymbol{O}$. 这是矩阵乘法的一个特点.

(3) 矩阵乘法的消去律不成立,即当 $\boldsymbol{AB}=\boldsymbol{AC}$ 时不一定有 $\boldsymbol{B}=\boldsymbol{C}$(如例 2.5).

根据矩阵的乘法定义,可以验证矩阵的乘法满足以下运算规律:

(1) 结合律:$(\boldsymbol{AB})\boldsymbol{C}=\boldsymbol{A}(\boldsymbol{BC})$;

(2) 左分配律:$\boldsymbol{A}(\boldsymbol{B}+\boldsymbol{C})=\boldsymbol{AB}+\boldsymbol{AC}$;

(3) 右分配律:$(\boldsymbol{B}+\boldsymbol{C})\boldsymbol{A}=\boldsymbol{BA}+\boldsymbol{CA}$;

(4) $\lambda(\boldsymbol{AB})=(\lambda\boldsymbol{A})\boldsymbol{B}=\boldsymbol{A}(\lambda\boldsymbol{B})$,其中 λ 是常数.

例 2.6 如果 $\boldsymbol{AB}=\boldsymbol{BA}$,矩阵 $\boldsymbol{B}$ 就称为与 $\boldsymbol{A}$ **可交换**. 设

$$\boldsymbol{A}=\begin{pmatrix}1&1\\0&1\end{pmatrix},$$

试求出所有与 $\boldsymbol{A}$ 可交换的矩阵.

解 由条件可知,如果 $\boldsymbol{A}$ 与 $\boldsymbol{B}$ 可交换,则 $\boldsymbol{A}$ 与 $\boldsymbol{B}$ 必为同阶方阵. 故设

$$X=\begin{pmatrix} x_{11} & x_{12} \\ x_{21} & x_{22} \end{pmatrix}$$

为与 $\boldsymbol{A}$ 可交换的矩阵. 由于

$$AX=\begin{pmatrix} 1 & 1 \\ 0 & 1 \end{pmatrix}\begin{pmatrix} x_{11} & x_{12} \\ x_{21} & x_{22} \end{pmatrix}=\begin{pmatrix} x_{11}+x_{21} & x_{12}+x_{22} \\ x_{21} & x_{22} \end{pmatrix},$$

$$XA=\begin{pmatrix} x_{11} & x_{12} \\ x_{21} & x_{22} \end{pmatrix}\begin{pmatrix} 1 & 1 \\ 0 & 1 \end{pmatrix}=\begin{pmatrix} x_{11} & x_{11}+x_{12} \\ x_{21} & x_{21}+x_{22} \end{pmatrix}.$$

则由 $AX=XA$ 可推得 $x_{21}=0, x_{11}=x_{22}$,且 x_{11}, x_{12} 可取任意值,即

$$X=\begin{pmatrix} x_{11} & x_{12} \\ 0 & x_{11} \end{pmatrix}.$$

例 2.7 对于单位矩阵 $\boldsymbol{E}_n$,可直接计算知有如下的性质:

$$A_{m\times n}E_n=A_{m\times n}, \quad E_nA_{n\times p}=A_{n\times p}.$$

特别地有

$$A_{n\times n}E_n=A_{n\times n}=E_nA_{n\times n}.$$

可见,单位矩阵在矩阵的乘法中的作用类似于数“1”在数的乘法中的作用.

例 2.8 对于一般线性方程组

$$\begin{cases} a_{11}x_1+a_{12}x_2+\cdots+a_{1n}x_n=b_1 \\ a_{21}x_1+a_{22}x_2+\cdots+a_{2n}x_n=b_2 \\ \quad\cdots\cdots \\ a_{m1}x_1+a_{m2}x_2+\cdots+a_{mn}x_n=b_m \end{cases},$$

若定义下列矩阵

$$A=\begin{pmatrix} a_{11} & a_{12} & \cdots & a_{1n} \\ a_{21} & a_{22} & \cdots & a_{2n} \\ \vdots & \vdots & & \vdots \\ a_{m1} & a_{m2} & \cdots & a_{mn} \end{pmatrix}, \quad X=\begin{pmatrix} x_1 \\ x_2 \\ \vdots \\ x_n \end{pmatrix}, \quad b=\begin{pmatrix} b_1 \\ b_2 \\ \vdots \\ b_n \end{pmatrix}.$$

则线性方程组可以简洁地用矩阵等式

$$AX=b$$

来表示. 其中 $\boldsymbol{A}$ 称为线性方程组的**系数矩阵**,而且矩阵

$$\begin{pmatrix} a_{11} & a_{12} & \cdots & a_{1n} & b_1 \\ a_{21} & a_{22} & \cdots & a_{2n} & b_2 \\ \vdots & \vdots & & \vdots & \vdots \\ a_{m1} & a_{m2} & \cdots & a_{mn} & b_n \end{pmatrix}$$

是由 $\boldsymbol{b}$ 结合到 $\boldsymbol{A}$ 所得,称为方程组的**增广矩阵**,可记为 $\overline{A}$ 或 $(\boldsymbol{A},\boldsymbol{b})$.

由矩阵的乘法满足结合律,我们还可以定义**方阵的幂**的概念.

设 $\boldsymbol{A}$ 为 n 阶矩阵,对于正整数 m,有

$$\boldsymbol{A}^m=\underbrace{\boldsymbol{A}\boldsymbol{A}\cdots\boldsymbol{A}}_{m\text{个}}=\boldsymbol{A}^{m-1}\boldsymbol{A}.$$

我们再规定

$$\boldsymbol{A}^0=\boldsymbol{E}.$$

这样,一个 n 阶矩阵的任意非负整数次方幂就有意义了. 不难证明

$$\boldsymbol{A}^k\boldsymbol{A}^l=\boldsymbol{A}^{k+l},\quad (\boldsymbol{A}^k)^l=\boldsymbol{A}^{kl}.$$

其中 k,l 为任意非负整数. 应该注意的是,因为矩阵的乘法不适合交换律,所以一般 $(\boldsymbol{AB})^k$ 与 $\boldsymbol{A}^k\boldsymbol{B}^k$ 不相等.

例 2.9 设 $\boldsymbol{A}=\begin{pmatrix}-1&1&1&-1\\1&-1&-1&1\\1&-1&-1&1\\-1&1&1&-1\end{pmatrix}$,求 $\boldsymbol{A}^6$.

解
$$\boldsymbol{A}^2=\begin{pmatrix}-1&1&1&-1\\1&-1&-1&1\\1&-1&-1&1\\-1&1&1&-1\end{pmatrix}\begin{pmatrix}-1&1&1&-1\\1&-1&-1&1\\1&-1&-1&1\\-1&1&1&-1\end{pmatrix}$$

$$=\begin{pmatrix}4&-4&-4&4\\-4&4&4&-4\\-4&4&4&-4\\4&-4&-4&4\end{pmatrix}=-4\begin{pmatrix}-1&1&1&-1\\1&-1&-1&1\\1&-1&-1&1\\-1&1&1&-1\end{pmatrix}$$

$$=-4\boldsymbol{A}.$$

$$\boldsymbol{A}^3=\boldsymbol{A}^2\boldsymbol{A}=(-4\boldsymbol{A})\boldsymbol{A}=-4\boldsymbol{A}^2=-4(-4\boldsymbol{A})=16\boldsymbol{A}=4^2\boldsymbol{A},$$

$$\boldsymbol{A}^6=\boldsymbol{A}^3\boldsymbol{A}^3=(4^2\boldsymbol{A})(4^2\boldsymbol{A})=4^4\boldsymbol{A}^2=-4^5\boldsymbol{A}.$$

前面我们引入了 n 阶方阵 $\boldsymbol{A}$ 联系着一个 n 阶行列式 $|\boldsymbol{A}|$,在矩阵的运算中这种联系是否还保持呢?

定理 2.1 两个方阵乘积的行列式等于方阵行列式的乘积,即若 $\boldsymbol{A},\boldsymbol{B}$ 为 n 阶方阵,则

$$|\boldsymbol{AB}|=|\boldsymbol{A}||\boldsymbol{B}|.$$

例 2.10 设 $\boldsymbol{A}=\begin{pmatrix}1&2\\3&4\end{pmatrix}$, $\boldsymbol{B}=\begin{pmatrix}2&-1\\1&2\end{pmatrix}$,则

$$|\boldsymbol{A}|=-2,\quad |\boldsymbol{B}|=5.$$

又

$$AB=\begin{pmatrix}1&2\\3&4\end{pmatrix}\begin{pmatrix}2&-1\\1&2\end{pmatrix}=\begin{pmatrix}4&3\\10&5\end{pmatrix},$$

且

$$|AB|=-10=|A||B|.$$

利用数学归纳法,定理 2.1 不难推广到多个因子的情形,即有

推论　对于 m 个 n 阶矩阵 $A_1,A_2,\cdots,A_m$,总有

$$|A_1A_2\cdots A_m|=|A_1||A_2|\cdots|A_m|.$$

定理 2.2　设 A 为 n 阶矩阵,则 $|\lambda A|=\lambda^n|A|$.

证　设 $A=(a_{ij})_{n\times n}$,则

$$|\lambda A|=\begin{vmatrix}\lambda a_{11}&\lambda a_{12}&\cdots&\lambda a_{1n}\\\lambda a_{21}&\lambda a_{22}&\cdots&\lambda a_{2n}\\\vdots&\vdots&&\vdots\\\lambda a_{n1}&\lambda a_{n2}&\cdots&\lambda a_{nn}\end{vmatrix}=\lambda^n\begin{vmatrix}a_{11}&a_{12}&\cdots&a_{1n}\\a_{21}&a_{22}&\cdots&a_{2n}\\\vdots&\vdots&&\vdots\\a_{n1}&a_{n2}&\cdots&a_{nn}\end{vmatrix}=\lambda^n|A|.$$

注意,不要将这一结论与行列式的性质 1.3 混淆.

2.1.4　矩阵的转置

定义 2.6　设 $m\times n$ 矩阵

$$A=\begin{pmatrix}a_{11}&a_{12}&\cdots&a_{1n}\\a_{21}&a_{22}&\cdots&a_{2n}\\\vdots&\vdots&&\vdots\\a_{m1}&a_{m2}&\cdots&a_{mn}\end{pmatrix},$$

把 A 的行列依次互换所得到的 $n\times m$ 矩阵

$$\begin{pmatrix}a_{11}&a_{21}&\cdots&a_{m1}\\a_{12}&a_{22}&\cdots&a_{m2}\\\vdots&\vdots&&\vdots\\a_{1n}&a_{2n}&\cdots&a_{mn}\end{pmatrix}$$

称为 A 的**转置矩阵**,记为 A^{T}(或 A').

例如

$$A=\begin{pmatrix}4&-2&3\\0&5&-2\end{pmatrix},\quad 则\ A^{\mathrm{T}}=\begin{pmatrix}4&0\\-2&5\\3&-2\end{pmatrix};$$

又如

$$A=(a_1,a_2,\cdots,a_n),\quad 则\ A^{\mathrm{T}}=\begin{pmatrix}a_1\\a_2\\\vdots\\a_n\end{pmatrix}.$$

矩阵的转置满足以下的运算法则：

(1) $(A^{\mathrm{T}})^{\mathrm{T}}=A$；

(2) $(A+B)^{\mathrm{T}}=A^{\mathrm{T}}+B^{\mathrm{T}}$；

(3) $(\lambda A)^{\mathrm{T}}=\lambda A^{\mathrm{T}}$($\lambda$ 是常数)；

(4) $(AB)^{\mathrm{T}}=B^{\mathrm{T}}A^{\mathrm{T}}$.

运算法则(1)表示两次转置就还原，这是显然的.(2)(3)也很容易由定义直接验证.下面证明(4).

设 $A=(a_{ij})_{m\times n}$，$A^{\mathrm{T}}=(a'_{ij})_{n\times m}$，$B=(b_{ij})_{n\times p}$，$B^{\mathrm{T}}=(b'_{ij})_{p\times n}$(其中 $a_{ji}=a'_{ij}$，$b_{ji}=b'_{ij}$)，则$(AB)^{\mathrm{T}}$ 与 $B^{\mathrm{T}}A^{\mathrm{T}}$ 都是 $p\times m$ 矩阵，且若 c_{ji} 为 AB 中的第 j 行第 i 列元素，则$(AB)^{\mathrm{T}}$中的第 i 行第 j 列元素

$$\begin{aligned}c'_{ij}=c_{ji}&=a_{j1}b_{1i}+a_{j2}b_{2i}+\cdots+a_{jn}b_{ni}\\&=a'_{1j}b'_{i1}+a'_{2j}b'_{i2}+\cdots+a'_{nj}b'_{in}\\&=b'_{i1}a'_{1j}+b'_{i2}a'_{2j}+\cdots+b'_{in}a'_{nj}.\end{aligned}$$

以上亦为 $B^{\mathrm{T}}A^{\mathrm{T}}$ 中的第 i 行第 j 列元素.于是$(AB)^{\mathrm{T}}$ 与 $B^{\mathrm{T}}A^{\mathrm{T}}$ 的对应元素均相同，因此有

$$(AB)^{\mathrm{T}}=B^{\mathrm{T}}A^{\mathrm{T}}.$$

运算法则(4)可以推广到多个矩阵乘积的情形.由数学归纳法容易证明：

$$(A_1A_2\cdots A_s)^{\mathrm{T}}=A_s^{\mathrm{T}}\cdots A_2^{\mathrm{T}}A_1^{\mathrm{T}}.$$

例 2.11 设

$$A=\begin{pmatrix}1&3&2\\2&-1&3\end{pmatrix},\quad B=\begin{pmatrix}0&1\\2&2\\3&-1\end{pmatrix}.$$

于是

$$AB=\begin{pmatrix}1&3&2\\2&-1&3\end{pmatrix}\begin{pmatrix}0&1\\2&2\\3&-1\end{pmatrix}=\begin{pmatrix}12&5\\7&-3\end{pmatrix};$$

$$B^{\mathrm{T}}A^{\mathrm{T}}=\begin{pmatrix}0&2&3\\1&2&-1\end{pmatrix}\begin{pmatrix}1&2\\3&-1\\2&3\end{pmatrix}=\begin{pmatrix}12&7\\5&-3\end{pmatrix}=(AB)^{\mathrm{T}}.$$

定义 2.7 设 $A=(a_{ij})_{n\times n}$，若 $A^{\mathrm{T}}=A$，即 $a_{ij}=a_{ji}(i,j=1,2,\cdots,n)$，则称 A 为

对称矩阵. 若 $\boldsymbol{A}^{\mathrm{T}}=-\boldsymbol{A}$,即 $a_{ij}=-a_{ji}(i,j=1,2,\cdots,n)$,则称 $\boldsymbol{A}$ 为**反对称矩阵**.

例如

$$\begin{pmatrix}1 & 2 & 3\\2 & 4 & 5\\3 & 5 & 6\end{pmatrix}$$

是一个三阶对称矩阵. 又例如

$$\begin{pmatrix}0 & 2 & 3\\-2 & 0 & 5\\-3 & -5 & 0\end{pmatrix}$$

是一个三阶反对称矩阵.

应该注意到,对称矩阵中的元素关于其主对角线对称,反对称矩阵的主对角线上的元素皆为零.

例 2.12 设 $\boldsymbol{A},\boldsymbol{B}$ 都是 n 阶对称矩阵,试证 $\boldsymbol{A}+\boldsymbol{B}$ 为对称矩阵.

证 由已知条件知 $\boldsymbol{A}^{\mathrm{T}}=\boldsymbol{A},\boldsymbol{B}^{\mathrm{T}}=\boldsymbol{B}$,所以

$$(\boldsymbol{A}+\boldsymbol{B})^{\mathrm{T}}=\boldsymbol{A}^{\mathrm{T}}+\boldsymbol{B}^{\mathrm{T}}=\boldsymbol{A}+\boldsymbol{B},$$

即 $\boldsymbol{A}+\boldsymbol{B}$ 为对称矩阵.

必须注意的是,两个矩阵 $\boldsymbol{A}$ 和 $\boldsymbol{B}$ 的乘积不一定是对称矩阵. 因为 $(\boldsymbol{AB})^{\mathrm{T}}=\boldsymbol{B}^{\mathrm{T}}\boldsymbol{A}^{\mathrm{T}}=\boldsymbol{BA}$,而 $\boldsymbol{BA}$ 不一定等于 $\boldsymbol{AB}$. 只有当 $\boldsymbol{A},\boldsymbol{B}$ 可交换时,$\boldsymbol{AB}$ 才是对称矩阵.

例 2.13 设 $\boldsymbol{A}$ 是 $m\times n$ 矩阵,试证 $\boldsymbol{A}^{\mathrm{T}}\boldsymbol{A}$ 和 $\boldsymbol{AA}^{\mathrm{T}}$ 都是对称矩阵.

证 因为 $\boldsymbol{A}^{\mathrm{T}}\boldsymbol{A}$ 是 n 阶矩阵,且

$$(\boldsymbol{A}^{\mathrm{T}}\boldsymbol{A})^{\mathrm{T}}=\boldsymbol{A}^{\mathrm{T}}(\boldsymbol{A}^{\mathrm{T}})^{\mathrm{T}}=\boldsymbol{A}^{\mathrm{T}}\boldsymbol{A},$$

故 $\boldsymbol{A}^{\mathrm{T}}\boldsymbol{A}$ 是 n 阶对称矩阵.

同理可证 $\boldsymbol{AA}^{\mathrm{T}}$ 是 m 阶对称矩阵.

例 2.14 证明:若 $\boldsymbol{A}^{\mathrm{T}}=\boldsymbol{A}$,且 $\boldsymbol{A}^2=\boldsymbol{O}$,则 $\boldsymbol{A}=\boldsymbol{O}$.

证 设 $\boldsymbol{A}=(a_{ij})_{n\times n}$,由 $\boldsymbol{A}^2=\boldsymbol{AA}^{\mathrm{T}}=\boldsymbol{O}$ 得

$$\boldsymbol{A}^2=\begin{pmatrix}a_{11} & a_{12} & \cdots & a_{1n}\\a_{21} & a_{22} & \cdots & a_{2n}\\\vdots & \vdots & & \vdots\\a_{n1} & a_{n2} & \cdots & a_{nn}\end{pmatrix}\begin{pmatrix}a_{11} & a_{21} & \cdots & a_{n1}\\a_{12} & a_{22} & \cdots & a_{n2}\\\vdots & \vdots & & \vdots\\a_{n1} & a_{2n} & \cdots & a_{nn}\end{pmatrix}=\boldsymbol{O}.$$

取 $\boldsymbol{A}^2$ 的主对角线上的元素有

$$a_{i1}^2+a_{i2}^2+\cdots+a_{in}^2=0,\quad i=1,2,\cdots,n.$$

由此得 $a_{ij}=0,i=1,2,\cdots,n;j=1,2,\cdots,n$.

故 $\boldsymbol{A}=\boldsymbol{O}$.

习题 2.2

1. 设$\boldsymbol{A}=\begin{pmatrix}1&-3\\2&1\\-1&2\end{pmatrix}$，$\boldsymbol{B}=\begin{pmatrix}2&1\\1&0\\3&-1\end{pmatrix}$，求 $3\boldsymbol{A}+2\boldsymbol{B}$.

2. 设$\boldsymbol{A}=\begin{pmatrix}x&0\\7&y\end{pmatrix}$，$\boldsymbol{B}=\begin{pmatrix}u&v\\y&2\end{pmatrix}$，$\boldsymbol{C}=\begin{pmatrix}3&-4\\x&v\end{pmatrix}$，且 $\boldsymbol{A}+2\boldsymbol{B}-\boldsymbol{C}=0$，求 x,y,u,v 的值.

3. 计算：

(1) $(1\ \ 2\ \ 3)\begin{pmatrix}4\\5\\6\end{pmatrix}$；　　(2) $\begin{pmatrix}4\\5\\6\end{pmatrix}(1\ \ 2\ \ 3)$；

(3) $\begin{pmatrix}1&2&3\\-2&1&2\end{pmatrix}\begin{pmatrix}1&2&0\\0&1&1\\3&0&-1\end{pmatrix}$；　　(4) $\begin{pmatrix}3&-2\\5&-4\end{pmatrix}\begin{pmatrix}3&4\\2&5\end{pmatrix}$.

4. 求下列方阵的幂：

(1) $\begin{pmatrix}1&1&1\\0&1&1\\0&0&1\end{pmatrix}^2$；　　(2) $\begin{pmatrix}a&0&0\\0&b&0\\0&0&c\end{pmatrix}^n$.

5. 设 $\boldsymbol{A}=\begin{pmatrix}-1&3&1\\0&4&2\end{pmatrix}$，$\boldsymbol{B}=\begin{pmatrix}4&1\\2&5\\3&4\end{pmatrix}$，$\boldsymbol{C}=\begin{pmatrix}2&-1&0\\4&0&2\end{pmatrix}$，求 $3\boldsymbol{A}-2\boldsymbol{B}^{\mathrm{T}}$ 及 $(\boldsymbol{ABC})^{\mathrm{T}}$.

6. 设$\boldsymbol{A}$,$\boldsymbol{B}$ 均为 n 阶矩阵，如果 $\boldsymbol{A}=\dfrac{1}{2}(\boldsymbol{B}+\boldsymbol{E})$，证明：$\boldsymbol{A}^2=\boldsymbol{A}$ 当且仅当 $\boldsymbol{B}^2=\boldsymbol{E}$.

7. 设$\boldsymbol{A}$,$\boldsymbol{B}$ 均为 n 阶矩阵，且 $\boldsymbol{A}$ 是对称矩阵，求证：$\boldsymbol{B}^{\mathrm{T}}\boldsymbol{AB}$ 也是对称矩阵.

8. 设方阵 $\boldsymbol{A}$ 满足 $\boldsymbol{A}^2=\boldsymbol{A}$，求$|\boldsymbol{A}|$.

9. 如果 $\boldsymbol{AB}=\boldsymbol{BA}$，矩阵 $\boldsymbol{B}$ 就称为与 $\boldsymbol{A}$ 可交换. 设 $\boldsymbol{A}=\begin{pmatrix}1&1\\0&1\end{pmatrix}$，试求出所有与 $\boldsymbol{A}$ 可交换的矩阵.

§2.3　矩阵的逆

在上一节矩阵运算中我们看到，矩阵与数相仿，有加、减、乘三种运算. 矩阵的乘法是否也和数的乘法一样有逆运算——除法呢？我们知道，只有非零数 a，才有“逆”a^{-1}，即$\frac{1}{a}$（a 的倒数）. a 与它的倒数 a^{-1} 我们可以用等式 $aa^{-1}=1$ 来刻画.

注意到单位矩阵在矩阵乘法中的地位类似于“1”在数中的地位. 相仿地，我们引入

定义 2.8 设 $\boldsymbol{A}$ 是 n 阶矩阵，如果存在 n 阶矩阵 $\boldsymbol{B}$，使得

$$\boldsymbol{AB}=\boldsymbol{BA}=\boldsymbol{E}, \tag{2-1}$$

则称 $\boldsymbol{A}$ 为**可逆矩阵**，简称 $\boldsymbol{A}$ **可逆**，而 $\boldsymbol{B}$ 就称为 $\boldsymbol{A}$ 的**逆矩阵**，记为 $\boldsymbol{A}^{-1}$.

应该指出的是：首先，由矩阵的乘法规则，只有方阵才能满足(2-1)式，也就是说，只有对方阵，我们才论及其是否可逆的概念. 其次，若 $\boldsymbol{A}$ 是可逆矩阵，则其逆矩阵是唯一的. 事实上，若 $\boldsymbol{B}$,$\boldsymbol{C}$ 均是 $\boldsymbol{A}$ 的逆矩阵，则有

$$\boldsymbol{AB}=\boldsymbol{BA}=\boldsymbol{E}, \qquad \boldsymbol{AC}=\boldsymbol{CA}=\boldsymbol{E}.$$

从而

$$\boldsymbol{B}=\boldsymbol{BE}=\boldsymbol{B}(\boldsymbol{AC})=(\boldsymbol{BA})\boldsymbol{C}=\boldsymbol{EC}=\boldsymbol{C}.$$

矩阵 $\boldsymbol{A}$ 在什么条件下是可逆的呢？如果 $\boldsymbol{A}$ 可逆，怎样求 $\boldsymbol{A}^{-1}$？下面我们解决这一问题.

定义 2.9 如果 n 阶矩阵 $\boldsymbol{A}$ 的行列式 $|\boldsymbol{A}|\neq 0$，则称 $\boldsymbol{A}$ 是**非奇异的**（或**非退化的**），否则称 $\boldsymbol{A}$ 为**奇异的**（或**退化的**）.

定义 2.10 设 n 阶矩阵 $\boldsymbol{A}=(a_{ij})_{n\times n}$，$\boldsymbol{A}_{ij}$ 为 $\boldsymbol{A}$ 中元素 a_{ij} 的代数余子式，矩阵

$$\begin{pmatrix} \boldsymbol{A}_{11} & \boldsymbol{A}_{21} & \cdots & \boldsymbol{A}_{n1} \\ \boldsymbol{A}_{12} & \boldsymbol{A}_{22} & \cdots & \boldsymbol{A}_{n2} \\ \vdots & \vdots & & \vdots \\ \boldsymbol{A}_{1n} & \boldsymbol{A}_{2n} & \cdots & \boldsymbol{A}_{nn} \end{pmatrix}$$

称为 $\boldsymbol{A}$ 的伴随矩阵，记为 $\boldsymbol{A}^*$ 或 adj$\boldsymbol{A}$.

回忆前面行列式按行展开的重要公式

$$a_{k1}A_{i1}+a_{k2}A_{i2}+\cdots+a_{kn}A_{in}=\begin{cases} |\boldsymbol{A}|, & i=k \\ 0, & i\neq k \end{cases},$$

我们得到

$$\boldsymbol{AA}^*=\begin{pmatrix} a_{11} & a_{12} & \cdots & a_{1n} \\ a_{21} & a_{22} & \cdots & a_{2n} \\ \vdots & \vdots & & \vdots \\ a_{n1} & a_{n2} & \cdots & a_{nn} \end{pmatrix}\begin{pmatrix} A_{11} & A_{21} & \cdots & A_{n1} \\ A_{12} & A_{22} & \cdots & A_{n2} \\ \vdots & \vdots & & \vdots \\ A_{1n} & A_{2n} & \cdots & A_{nn} \end{pmatrix}$$

$$
=\begin{pmatrix} |\boldsymbol{A}| & 0 & \cdots & 0 \\ 0 & |\boldsymbol{A}| & \cdots & 0 \\ \vdots & \vdots & & \vdots \\ 0 & 0 & \cdots & |\boldsymbol{A}| \end{pmatrix}=|\boldsymbol{A}|\begin{pmatrix} 1 & 0 & \cdots & 0 \\ 0 & 1 & \cdots & 0 \\ \vdots & \vdots & & \vdots \\ 0 & 0 & \cdots & 1 \end{pmatrix},
$$

即

$$\boldsymbol{A}\boldsymbol{A}^*=|\boldsymbol{A}|\boldsymbol{E}. \tag{2-2}$$

类似地可得

$$\boldsymbol{A}^*\boldsymbol{A}=|\boldsymbol{A}|\boldsymbol{E}. \tag{2-3}$$

由此,我们可得到

定理 2.3 矩阵 $\boldsymbol{A}$ 是可逆的充分必要条件是 $\boldsymbol{A}$ 是非奇异的. 且当 $\boldsymbol{A}$ 可逆时,有

$$\boldsymbol{A}^{-1}=\frac{1}{|\boldsymbol{A}|}\boldsymbol{A}^*. \tag{2-4}$$

证 如果 $\boldsymbol{A}$ 可逆,则存在 $\boldsymbol{B}$,使得

$$\boldsymbol{A}\boldsymbol{B}=\boldsymbol{E}.$$

两边取行列式,得

$$|\boldsymbol{A}||\boldsymbol{B}|=|\boldsymbol{E}|=1.$$

因而 $|\boldsymbol{A}|\neq 0$,即 $\boldsymbol{A}$ 非奇异. 必要性得证.

下面证明充分性.

如果 $|\boldsymbol{A}|$ 非奇异,即 $|\boldsymbol{A}|\neq 0$. 由(2-2),(2-3)式可知

$$\boldsymbol{A}\left(\frac{1}{|\boldsymbol{A}|}\boldsymbol{A}^*\right)=\left(\frac{1}{|\boldsymbol{A}|}\boldsymbol{A}^*\right)\boldsymbol{A}=\boldsymbol{E}.$$

故矩阵 $\boldsymbol{A}$ 可逆,并且

$$\boldsymbol{A}^{-1}=\frac{1}{|\boldsymbol{A}|}\boldsymbol{A}^*.$$

推论 设 $\boldsymbol{A},\boldsymbol{B}$ 都是 n 阶矩阵,若 $\boldsymbol{A}\boldsymbol{B}=\boldsymbol{E}$,则 $\boldsymbol{A},\boldsymbol{B}$ 均可逆,且

$$\boldsymbol{A}^{-1}=\boldsymbol{B},\quad \boldsymbol{B}=\boldsymbol{A}^{-1}.$$

证 由 $\boldsymbol{A}\boldsymbol{B}=\boldsymbol{E}$,可得 $|\boldsymbol{A}\boldsymbol{B}|=|\boldsymbol{A}||\boldsymbol{B}|=1$,故 $|\boldsymbol{A}|\neq 0$ 且 $|\boldsymbol{B}|\neq 0$. 由定理 2.3 知 $\boldsymbol{A},\boldsymbol{B}$ 都可逆,从而 $\boldsymbol{A}^{-1},\boldsymbol{B}^{-1}$ 存在. 在 $\boldsymbol{A}\boldsymbol{B}=\boldsymbol{E}$ 两边左乘 $\boldsymbol{A}^{-1}$,得

$$\boldsymbol{A}^{-1}(\boldsymbol{A}\boldsymbol{B})=\boldsymbol{A}^{-1}\boldsymbol{E},\ \text{即}\ \boldsymbol{B}=\boldsymbol{A}^{-1}.$$

同理,在等式 $\boldsymbol{A}\boldsymbol{B}=\boldsymbol{E}$ 两边右乘 $\boldsymbol{B}^{-1}$ 可得 $\boldsymbol{A}=\boldsymbol{B}^{-1}$.

这个推论表明,若 $\boldsymbol{A}\boldsymbol{B}=\boldsymbol{E}$,则必有 $\boldsymbol{B}\boldsymbol{A}=\boldsymbol{E}$,即 $\boldsymbol{A},\boldsymbol{B}$ 互为逆矩阵. 因此,以后若要证明"$\boldsymbol{A}$ 可逆,且其逆为 $\boldsymbol{B}$"这样的命题,只要验证一个 $\boldsymbol{A}\boldsymbol{B}=\boldsymbol{E}$ 或 $\boldsymbol{B}\boldsymbol{A}=\boldsymbol{E}$ 即可,不必像定义 2.8 那样,既检验 $\boldsymbol{A}\boldsymbol{B}=\boldsymbol{E}$,又检验 $\boldsymbol{B}\boldsymbol{A}=\boldsymbol{E}$.

定理 2.3 不仅给出了一个矩阵可逆的条件,同时也给出了求逆矩阵的一种方

法,我们称之为**伴随矩阵法**.

例 2.15 单位矩阵 $\boldsymbol{E}$ 是可逆的,且 $\boldsymbol{E}^{-1}=\boldsymbol{E}$,因为 $\boldsymbol{EE}=\boldsymbol{E}$.

例 2.16 主对角线上元素都是非零数的对角阵是可逆的,且

$$\begin{pmatrix} a_1 & & & \\ & a_2 & & \\ & & \ddots & \\ & & & a_n \end{pmatrix}^{-1}=\begin{pmatrix} a_1^{-1} & & & \\ & a_2^{-1} & & \\ & & \ddots & \\ & & & a_n^{-1} \end{pmatrix}.$$

例 2.17 设

$$\boldsymbol{A}=\begin{pmatrix} a & b \\ c & d \end{pmatrix},$$

试证此矩阵可逆的充要条件为 $ad-bc\neq 0$.若此条件成立,求 $\boldsymbol{A}^{-1}$.

证 由定理 2.3 知,$\boldsymbol{A}$ 可逆$\Leftrightarrow|\boldsymbol{A}|\neq 0$,即

$$\begin{vmatrix} a & b \\ c & d \end{vmatrix}=ad-bc\neq 0.$$

又

$$\boldsymbol{A}^{*}=\begin{pmatrix} \boldsymbol{A}_{11} & \boldsymbol{A}_{21} \\ \boldsymbol{A}_{12} & \boldsymbol{A}_{22} \end{pmatrix}=\begin{pmatrix} d & -b \\ -c & a \end{pmatrix},$$

则

$$\boldsymbol{A}^{-1}=\frac{1}{|\boldsymbol{A}|}\boldsymbol{A}^{*}=\frac{1}{ad-bc}\begin{pmatrix} d & -b \\ -c & a \end{pmatrix}.$$

从这个例子可以看出,当一个二阶矩阵可逆时,利用伴随矩阵法,很容易求出其逆矩阵(注意到 $\boldsymbol{A}^{*}$ 的元与 $\boldsymbol{A}$ 的元间的关系,便可直接写出 $\boldsymbol{A}^{*}$).这个结论要记住.

例 2.18 试判断三阶矩阵

$$\boldsymbol{A}=\begin{pmatrix} 1 & 1 & 1 \\ 1 & 2 & 1 \\ 1 & 1 & 3 \end{pmatrix}$$

是否可逆?若可逆,求出其逆矩阵.

解 由于

$$|\boldsymbol{A}|=\begin{vmatrix} 1 & 1 & 1 \\ 1 & 2 & 1 \\ 1 & 1 & 3 \end{vmatrix}=\begin{vmatrix} 1 & 1 & 1 \\ 0 & 1 & 0 \\ 0 & 0 & 2 \end{vmatrix}=2\neq 0,$$

所以 $\boldsymbol{A}$ 可逆,并且

$$A^{-1}=\frac{1}{|A|}A^{*}=\frac{1}{|A|}\begin{pmatrix}A_{11}&A_{21}&A_{31}\\A_{12}&A_{22}&A_{32}\\A_{13}&A_{23}&A_{33}\end{pmatrix},$$

其中

$$A_{11}=\begin{vmatrix}2&1\\1&3\end{vmatrix}=5,\quad A_{12}=-\begin{vmatrix}1&1\\1&3\end{vmatrix}=-2,\quad A_{13}=\begin{vmatrix}1&2\\1&1\end{vmatrix}=-1,$$

$$A_{21}=-\begin{vmatrix}1&1\\1&3\end{vmatrix}=-2,A_{22}=\begin{vmatrix}1&1\\1&3\end{vmatrix}=2,\quad A_{23}=-\begin{vmatrix}1&1\\1&1\end{vmatrix}=0,$$

$$A_{31}=\begin{vmatrix}1&1\\2&1\end{vmatrix}=-1,\quad A_{32}=-\begin{vmatrix}1&1\\1&1\end{vmatrix}=0,\quad A_{33}=\begin{vmatrix}1&1\\1&2\end{vmatrix}=1.$$

所以

$$A^{-1}=\frac{1}{2}\begin{pmatrix}5&-2&-1\\-2&2&0\\-1&0&1\end{pmatrix}=\begin{pmatrix}\frac{5}{2}&-1&-\frac{1}{2}\\-1&1&0\\-\frac{1}{2}&0&\frac{1}{2}\end{pmatrix}.$$

对于三阶以上的矩阵，用伴随矩阵法求逆矩阵，计算量一般是非常大的，在以后我们将给出另一种求法.

例 2.19 已知 n 阶方阵 $\boldsymbol{A}$ 满足矩阵方程 $\boldsymbol{A}^2-3\boldsymbol{A}-2\boldsymbol{E}=\boldsymbol{0}$，其中 $\boldsymbol{A}$ 给定.证明 $\boldsymbol{A}$ 和 $\boldsymbol{A}+2\boldsymbol{E}$ 都可逆，并求出它们的逆矩阵.

证 由 $\boldsymbol{A}^2-3\boldsymbol{A}-2\boldsymbol{E}=\boldsymbol{0}$，得 $\boldsymbol{A}^2-3\boldsymbol{A}=2\boldsymbol{E}$.从而，有

$$\boldsymbol{A}\left[\frac{1}{2}(\boldsymbol{A}-3\boldsymbol{E})\right]=\boldsymbol{E}.$$

由定理 2.3 推论知 $\boldsymbol{A}$ 可逆，且

$$\boldsymbol{A}^{-1}=\frac{1}{2}(\boldsymbol{A}-3\boldsymbol{E}).$$

又由 $\boldsymbol{A}^2-3\boldsymbol{A}-2\boldsymbol{E}=\boldsymbol{0}$，得$(\boldsymbol{A}+2\boldsymbol{E})(\boldsymbol{A}-5\boldsymbol{E})=-8\boldsymbol{E}$，从而有

$$(\boldsymbol{A}+2\boldsymbol{E})\left[-\frac{1}{8}(\boldsymbol{A}-5\boldsymbol{E})\right]=\boldsymbol{E}.$$

故 $\boldsymbol{A}+2\boldsymbol{E}$ 可逆，且

$$(\boldsymbol{A}+2\boldsymbol{E})^{-1}=-\frac{1}{8}(\boldsymbol{A}-5\boldsymbol{E}).$$

例 2.20 设 $\boldsymbol{A}=\begin{pmatrix}1&0&0\\2&2&0\\3&4&5\end{pmatrix}$，$\boldsymbol{A}^*$ 是 $\boldsymbol{A}$ 的伴随矩阵，求$(\boldsymbol{A}^*)^{-1}$.

解 由于 $\boldsymbol{A}\boldsymbol{A}^*=|\boldsymbol{A}|\boldsymbol{E}$，$|\boldsymbol{A}|=1\times2\times5=10\neq0$，故 $\dfrac{\boldsymbol{A}}{|\boldsymbol{A}|}\boldsymbol{A}^*=\boldsymbol{E}$，

$$(\boldsymbol{A}^*)^{-1}=\frac{\boldsymbol{A}}{|\boldsymbol{A}|}=\frac{1}{10}\begin{pmatrix}1&0&0\\2&2&0\\3&4&5\end{pmatrix}=\begin{pmatrix}\frac{1}{10}&0&0\\\frac{1}{5}&\frac{1}{5}&0\\\frac{3}{10}&\frac{2}{5}&\frac{1}{2}\end{pmatrix}.$$

利用定理 2.3，可简洁地证明第 1 章的克莱姆法则. 首先将线性方程组

$$\begin{cases}a_{11}x_1+a_{12}x_2+\cdots+a_{1n}x_n=b_1\\a_{21}x_1+a_{22}x_2+\cdots+a_{2n}x_n=b_2\\\quad\cdots\cdots\\a_{n1}x_1+a_{n2}x_2+\cdots+a_{nn}x_n=b_n\end{cases}$$

改写为矩阵形式

$$\boldsymbol{A}\boldsymbol{X}=\boldsymbol{b}. \tag{2-5}$$

其中 $\boldsymbol{A}=(a_{ij})_{n\times n}$ 为系数矩阵，$\boldsymbol{X}=(x_1,x_2,\cdots,x_n)^{\mathrm{T}}$，$\boldsymbol{b}=(b_1,b_2,\cdots,b_n)^{\mathrm{T}}$.

克莱姆法则的条件是 $D=|\boldsymbol{A}|\neq0$，即 $\boldsymbol{A}$ 可逆，故 $\boldsymbol{A}^{-1}$ 存在. 在(2-5)式两边左乘 $\boldsymbol{A}^{-1}$ 得

$$\boldsymbol{X}=\boldsymbol{A}^{-1}\boldsymbol{b}=\frac{1}{|\boldsymbol{A}|}\boldsymbol{A}^*\boldsymbol{b},$$

即

$$\begin{pmatrix}x_1\\x_2\\\vdots\\x_n\end{pmatrix}=\frac{1}{D}\begin{pmatrix}A_{11}&A_{21}&\cdots&A_{n1}\\A_{21}&A_{22}&\cdots&A_{n2}\\\vdots&\vdots&&\vdots\\A_{n1}&A_{2n}&\cdots&A_{nn}\end{pmatrix}\begin{pmatrix}b_1\\b_2\\\vdots\\b_n\end{pmatrix},$$

亦即

$$x_j=\frac{1}{D}(b_1A_{1i}+b_2A_{2i}+\cdots+b_nA_{ni}),\quad j=1,2,\cdots,n.$$

最后一个等式与将 D_j 按第 j 列展开计算 D_j 相同，故

$$x_j=\frac{D_j}{D}.$$

假设 $\boldsymbol{X}_1,\boldsymbol{X}_2$ 均为(2-5)式的解，即 $\boldsymbol{A}\boldsymbol{X}_1=\boldsymbol{b}$，$\boldsymbol{A}\boldsymbol{X}_2=\boldsymbol{b}$，$\boldsymbol{A}\boldsymbol{X}_1=\boldsymbol{A}\boldsymbol{X}_2$，两边同左乘 $\boldsymbol{A}^{-1}$，即得 $\boldsymbol{X}_1=\boldsymbol{X}_2$. 唯一性得证.

例 2.21 若 $\boldsymbol{A}$ 为可逆矩阵，在矩阵方程 $\boldsymbol{A}\boldsymbol{X}=\boldsymbol{C}$ 两边同左乘 $\boldsymbol{A}^{-1}$，得其唯一解 $\boldsymbol{X}=\boldsymbol{A}^{-1}\boldsymbol{C}$；在矩阵方程 $\boldsymbol{X}\boldsymbol{A}=\boldsymbol{C}$ 两边同右乘 $\boldsymbol{A}^{-1}$，得其唯一解 $\boldsymbol{X}=\boldsymbol{C}\boldsymbol{A}^{-1}$. 若 $\boldsymbol{A},\boldsymbol{B}$ 均

为可逆矩阵,则在矩阵方程 $\boldsymbol{AXB}=\boldsymbol{C}$ 两边同左乘 $\boldsymbol{A}^{-1}$,右乘 $\boldsymbol{B}^{-1}$,得其唯一解 $\boldsymbol{X}=\boldsymbol{A}^{-1}\boldsymbol{C}\boldsymbol{B}^{-1}$.

例 2.22 已知 $\boldsymbol{AB}-\boldsymbol{B}=\boldsymbol{A}$,其中 $\boldsymbol{B}=\begin{pmatrix}1&-2&0\\2&1&0\\0&0&2\end{pmatrix}$,求 $\boldsymbol{A}$.

解 由 $\boldsymbol{AB}-\boldsymbol{B}=\boldsymbol{A}$,得 $\boldsymbol{AB}-\boldsymbol{A}=\boldsymbol{B}$,即 $\boldsymbol{A}(\boldsymbol{B}-\boldsymbol{E})=\boldsymbol{B}$,因为

$$|\boldsymbol{B}-\boldsymbol{E}|=\begin{vmatrix}0&-2&0\\2&0&0\\0&0&1\end{vmatrix}=4\neq0,$$

所以 $\boldsymbol{B}-\boldsymbol{E}$ 可逆. 在 $\boldsymbol{A}(\boldsymbol{B}-\boldsymbol{E})=\boldsymbol{B}$ 两边右乘 $(\boldsymbol{B}-\boldsymbol{E})^{-1}$,得 $\boldsymbol{A}=\boldsymbol{B}(\boldsymbol{B}-\boldsymbol{E})^{-1}$.
而

$$(\boldsymbol{B}-\boldsymbol{E})^{-1}=\begin{pmatrix}0&-2&0\\2&0&0\\0&0&1\end{pmatrix}^{-1}=\frac{1}{4}\begin{pmatrix}0&2&0\\-2&0&0\\0&0&4\end{pmatrix}=\frac{1}{2}\begin{pmatrix}0&1&0\\-1&0&0\\0&0&2\end{pmatrix}.$$

故

$$\boldsymbol{A}=\frac{1}{2}\begin{pmatrix}1&-2&0\\2&1&0\\0&0&2\end{pmatrix}\begin{pmatrix}0&1&0\\-1&0&0\\0&0&2\end{pmatrix}=\frac{1}{2}\begin{pmatrix}2&1&0\\-1&2&0\\0&0&4\end{pmatrix}=\begin{pmatrix}1&\frac{1}{2}&0\\-\frac{1}{2}&1&0\\0&0&2\end{pmatrix}.$$

可逆矩阵具有以下性质:

性质 2.1 如果 $\boldsymbol{A}$ 可逆,则 $\boldsymbol{A}^{-1}$ 也可逆,且 $(\boldsymbol{A}^{-1})^{-1}=\boldsymbol{A}$.

证 由 $\boldsymbol{AA}^{-1}=\boldsymbol{E}$,即得 $\boldsymbol{A}^{-1}$ 可逆,且 $(\boldsymbol{A}^{-1})^{-1}=\boldsymbol{A}$.

性质 2.2 如果 $\boldsymbol{A}$ 可逆,则 $\lambda\boldsymbol{A}(\lambda\neq0)$ 也可逆,且 $(\lambda\boldsymbol{A})^{-1}=\frac{1}{\lambda}\boldsymbol{A}^{-1}$.

证 由于 $(\lambda\boldsymbol{A})\left(\frac{1}{\lambda}\boldsymbol{A}^{-1}\right)=\left(\lambda\cdot\frac{1}{\lambda}\right)(\boldsymbol{AA}^{-1})=1\boldsymbol{E}=\boldsymbol{E}$,所以 $\lambda\boldsymbol{A}$ 也可逆,且 $(\lambda\boldsymbol{A})^{-1}=\frac{1}{\lambda}\boldsymbol{A}^{-1}$.

性质 2.3 如果 $\boldsymbol{A}$ 可逆,则 $\boldsymbol{A}^{\mathrm{T}}$ 也可逆,且 $(\boldsymbol{A}^{\mathrm{T}})^{-1}=(\boldsymbol{A}^{-1})^{\mathrm{T}}$.

证 由于 $\boldsymbol{A}^{\mathrm{T}}(\boldsymbol{A}^{-1})^{\mathrm{T}}=(\boldsymbol{A}^{-1}\boldsymbol{A})^{\mathrm{T}}=\boldsymbol{E}^{\mathrm{T}}=\boldsymbol{E}$,所以 $\boldsymbol{A}^{\mathrm{T}}$ 可逆,且 $(\boldsymbol{A}^{\mathrm{T}})^{-1}=(\boldsymbol{A}^{-1})^{\mathrm{T}}$.

性质 2.4 $\boldsymbol{A},\boldsymbol{B}$ 都可逆,则 $\boldsymbol{AB}$ 也可逆,且 $(\boldsymbol{AB})^{-1}=\boldsymbol{B}^{-1}\boldsymbol{A}^{-1}$.

证 由于 $(\boldsymbol{AB})(\boldsymbol{B}^{-1}\boldsymbol{A}^{-1})=\boldsymbol{A}(\boldsymbol{BB}^{-1})\boldsymbol{A}^{-1}=\boldsymbol{AEA}^{-1}=\boldsymbol{AA}^{-1}=\boldsymbol{E}$,所以 $\boldsymbol{AB}$ 可逆,且 $(\boldsymbol{AB})^{-1}=\boldsymbol{B}^{-1}\boldsymbol{A}^{-1}$.

性质 2.4 可推广到多个 n 阶可逆矩阵乘积的情形. 即,若 $\boldsymbol{A}_1,\boldsymbol{A}_2,\cdots,\boldsymbol{A}_r$ 都可

逆，则 $\boldsymbol{A}_1\boldsymbol{A}_2\cdots\boldsymbol{A}_r$ 也可逆，且

$$(\boldsymbol{A}_1\boldsymbol{A}_2\cdots\boldsymbol{A}_r)^{-1}=\boldsymbol{A}_r^{-1}\boldsymbol{A}_{r-1}^{-1}\cdots\boldsymbol{A}_1^{-1}.$$

注意：若 $\boldsymbol{A},\boldsymbol{B}$ 都可逆，而 $\boldsymbol{A}+\boldsymbol{B}$ 不一定可逆，即使 $\boldsymbol{A}+\boldsymbol{B}$ 可逆，一般地，$(\boldsymbol{A}+\boldsymbol{B})^{-1}\neq\boldsymbol{A}^{-1}+\boldsymbol{B}^{-1}$. 读者不难举出这样的例子（可用对角阵举例）.

例 2.23 设 $\boldsymbol{A},\boldsymbol{B},\boldsymbol{C}$ 为同阶方阵，$\boldsymbol{AB}=\boldsymbol{AC}$. 若 $\boldsymbol{A}$ 可逆，则 $\boldsymbol{B}=\boldsymbol{C}$.

证 由于 $\boldsymbol{A}$ 可逆，故 $\boldsymbol{A}^{-1}$ 存在. 在等式 $\boldsymbol{AB}=\boldsymbol{AC}$ 两边同左乘 $\boldsymbol{A}^{-1}$ 即得 $\boldsymbol{B}=\boldsymbol{C}$.

这个例子说明，对于可逆矩阵而言，矩阵的消去律成立.

例 2.24 若 $\boldsymbol{A}$ 可逆，试证 $\boldsymbol{A}^*$ 也可逆，且 $(\boldsymbol{A}^*)^{-1}=(\boldsymbol{A}^{-1})^*$.

证 在 $\boldsymbol{AA}^*=|\boldsymbol{A}|\boldsymbol{E}$ 两边取行列式得

$$|\boldsymbol{A}||\boldsymbol{A}^*|=|\boldsymbol{A}|^n.$$

因为 $\boldsymbol{A}$ 可逆，故 $|\boldsymbol{A}|\neq 0$. 所以 $|\boldsymbol{A}^*|=|\boldsymbol{A}|^{n-1}\neq 0$，说明 $\boldsymbol{A}^*$ 可逆.

在 $\boldsymbol{AA}^*=|\boldsymbol{A}|\boldsymbol{E}$ 两边取逆矩阵，得

$$(\boldsymbol{A}^*)^{-1}\boldsymbol{A}^{-1}=\frac{1}{|\boldsymbol{A}|}\boldsymbol{E}^{-1}=\frac{1}{|\boldsymbol{A}|}\boldsymbol{E},$$

上式两边同右乘 $\boldsymbol{A}$，得

$$(\boldsymbol{A}^*)^{-1}=\frac{1}{|\boldsymbol{A}|}\boldsymbol{A}.$$

而

$$(\boldsymbol{A}^{-1})^*=|\boldsymbol{A}^{-1}|(\boldsymbol{A}^{-1})^{-1}=\frac{1}{|\boldsymbol{A}|}\boldsymbol{A},$$

所以 $(\boldsymbol{A}^*)^{-1}=(\boldsymbol{A}^{-1})^*$.

例 2.25 设 $\boldsymbol{A}$ 为 n 阶方阵，且 $|\boldsymbol{A}|=3$，求 $|2\boldsymbol{A}^*-7\boldsymbol{A}^{-1}|$.

解 由于 $\boldsymbol{A}^*=|\boldsymbol{A}|\boldsymbol{A}^{-1}=3\boldsymbol{A}^{-1}$，所以

$$|2\boldsymbol{A}^*-7\boldsymbol{A}^{-1}|=|6\boldsymbol{A}^{-1}-7\boldsymbol{A}^{-1}|=|-\boldsymbol{A}^{-1}|=(-1)^n|\boldsymbol{A}^{-1}|=\frac{(-1)^n}{|\boldsymbol{A}|}=\frac{(-1)^n}{3}.$$

习题 2.3

1. 判断下列方阵是否可逆，如果可逆，求其逆矩阵.

(1) $\begin{pmatrix}2&5\\1&3\end{pmatrix}$；

(2) $\begin{pmatrix}1&1&-1\\2&1&0\\1&-1&0\end{pmatrix}$；

(3) $\begin{pmatrix}2&2&3\\1&-1&0\\-1&2&1\end{pmatrix}$；

(4) $\begin{pmatrix}1&0&0\\0&2&0\\0&0&3\end{pmatrix}$.

2. 设方阵 $\boldsymbol{A}$ 满足 $\boldsymbol{A}^2-\boldsymbol{A}-2\boldsymbol{E}=\boldsymbol{0}$,证明:$\boldsymbol{A}$ 与 $\boldsymbol{A}+2\boldsymbol{E}$ 都是可逆矩阵,并求它们的逆矩阵.

3. 如果对称矩阵 $\boldsymbol{A}$ 为可逆矩阵,则 $\boldsymbol{A}^{-1}$ 也是对称的.

4. 设 $\boldsymbol{A},\boldsymbol{B},\boldsymbol{C}$ 为同阶矩阵,且 $\boldsymbol{C}$ 可逆,满足 $\boldsymbol{C}^{-1}\boldsymbol{A}\boldsymbol{C}=\boldsymbol{B}$,求证:$\boldsymbol{C}^{-1}\boldsymbol{A}^m\boldsymbol{C}=\boldsymbol{B}^m$.

§2.4 矩阵的分块

在这一节中,我们将介绍一种在处理阶数较高的矩阵时常用的方法,即矩阵的分块.

设 $\boldsymbol{A}$ 是一个矩阵,我们在它的行或列之间加上一些线,把这个矩阵分成若干小块.例如 $\boldsymbol{A}=(a_{ij})_{4\times 3}$ 分成

$$\boldsymbol{A}=\left(\begin{array}{c:cc} a_{11} & a_{12} & a_{13} \\ a_{21} & a_{22} & a_{23} \\ \hdashline a_{31} & a_{32} & a_{33} \\ a_{41} & a_{42} & a_{43} \end{array}\right).$$

用这种方法分成若干小块的矩阵称为一个**分块矩阵**.

在一个分块矩阵中,每一小块也可以看成一个小矩阵(称为**子矩阵**或**子块**).例如,上面的分块矩阵中,记

$$\boldsymbol{A}_{11}=\begin{pmatrix} a_{11} \\ a_{21} \end{pmatrix},\qquad \boldsymbol{A}_{12}=\begin{pmatrix} a_{12} & a_{13} \\ a_{22} & a_{23} \end{pmatrix},$$

$$\boldsymbol{A}_{21}=\begin{pmatrix} a_{31} \\ a_{41} \end{pmatrix},\qquad \boldsymbol{A}_{22}=\begin{pmatrix} a_{32} & a_{33} \\ a_{42} & a_{43} \end{pmatrix}.$$

则有

$$\boldsymbol{A}=\begin{pmatrix} \boldsymbol{A}_{11} & \boldsymbol{A}_{12} \\ \boldsymbol{A}_{21} & \boldsymbol{A}_{22} \end{pmatrix}.$$

给了一个矩阵可以有各种不同的分块方法,如上面矩阵 $\boldsymbol{A}$ 也可分成

$$\boldsymbol{A}=\left(\begin{array}{ccc} a_{11} & a_{12} & a_{13} \\ \hdashline a_{21} & a_{22} & a_{23} \\ a_{31} & a_{32} & a_{33} \\ a_{41} & a_{42} & a_{43} \end{array}\right),\qquad \boldsymbol{A}=\left(\begin{array}{c:cc} a_{11} & a_{12} & a_{13} \\ \hdashline a_{21} & a_{22} & a_{23} \\ a_{31} & a_{32} & a_{33} \\ \hdashline a_{41} & a_{42} & a_{43} \end{array}\right).$$

矩阵分块的目的是把一个大矩阵看成是由一些小矩阵组成的.在矩阵运算中可把这些小矩阵当作数来处理.某些矩阵经过适当分块后,可以使其结构简洁明了,便于运算.

下面我们讨论分块矩阵的运算.

(1) 加法

设 $\boldsymbol{A},\boldsymbol{B}$ 都是 $m\times n$ 矩阵,将 $\boldsymbol{A},\boldsymbol{B}$ 按相同的方法进行分块

$$\boldsymbol{A}=\begin{pmatrix}\boldsymbol{A}_{11} & \boldsymbol{A}_{12} & \cdots & \boldsymbol{A}_{1t}\\ \boldsymbol{A}_{21} & \boldsymbol{A}_{22} & \cdots & \boldsymbol{A}_{2t}\\ \vdots & \vdots & & \vdots\\ \boldsymbol{A}_{s1} & \boldsymbol{A}_{s2} & \cdots & \boldsymbol{A}_{st}\end{pmatrix},\qquad \boldsymbol{B}=\begin{pmatrix}\boldsymbol{B}_{11} & \boldsymbol{B}_{12} & \cdots & \boldsymbol{B}_{1t}\\ \boldsymbol{B}_{21} & \boldsymbol{B}_{22} & \cdots & \boldsymbol{B}_{2t}\\ \vdots & \vdots & & \vdots\\ \boldsymbol{B}_{s1} & \boldsymbol{B}_{s2} & \cdots & \boldsymbol{B}_{st}\end{pmatrix},$$

其中 $\boldsymbol{A}_{ij},\boldsymbol{B}_{ij}$ 都是 $m_i\times n_j$ 矩阵($i=1,2,\cdots,s;j=1,2,\cdots,t$),且 $\sum\limits_{i=1}^{s}m_i=m,\sum\limits_{j=1}^{t}n_j=n$. 则有

$$\boldsymbol{A}+\boldsymbol{B}=\begin{pmatrix}\boldsymbol{A}_{11}+\boldsymbol{B}_{11} & \boldsymbol{A}_{12}+\boldsymbol{B}_{12} & \cdots & \boldsymbol{A}_{1t}+\boldsymbol{B}_{1t}\\ \boldsymbol{A}_{21}+\boldsymbol{B}_{21} & \boldsymbol{A}_{22}+\boldsymbol{B}_{22} & \cdots & \boldsymbol{A}_{2t}+\boldsymbol{B}_{2t}\\ \vdots & \vdots & & \vdots\\ \boldsymbol{A}_{s1}+\boldsymbol{B}_{s1} & \boldsymbol{A}_{s2}+\boldsymbol{B}_{s2} & \cdots & \boldsymbol{A}_{st}+\boldsymbol{B}_{st}\end{pmatrix}.$$

(2) 数乘

设 λ 是一个数,$\boldsymbol{A}$ 分法如上,则有

$$\lambda\boldsymbol{A}=\begin{pmatrix}\lambda\boldsymbol{A}_{11} & \lambda\boldsymbol{A}_{12} & \cdots & \lambda\boldsymbol{A}_{1t}\\ \lambda\boldsymbol{A}_{21} & \lambda\boldsymbol{A}_{22} & \cdots & \lambda\boldsymbol{A}_{2t}\\ \vdots & \vdots & & \vdots\\ \lambda\boldsymbol{A}_{s1} & \lambda\boldsymbol{A}_{s2} & \cdots & \lambda\boldsymbol{A}_{st}\end{pmatrix}.$$

由于矩阵的加法与数乘比较简单,一般不需用分块计算.

(3) 乘法

设 $\boldsymbol{A}=(a_{ij})_{m\times n},\boldsymbol{B}=(b_{ij})_{n\times p}$. 若对矩阵 $\boldsymbol{A}$ 的列的分法与对矩阵 $\boldsymbol{B}$ 的行的分法一致,即

$$\boldsymbol{A}=\begin{matrix} & \begin{matrix}n_1 & n_2 & \cdots & n_l\end{matrix} & \\ & \begin{pmatrix}\boldsymbol{A}_{11} & \boldsymbol{A}_{12} & \cdots & \boldsymbol{A}_{1l}\\ \boldsymbol{A}_{21} & \boldsymbol{A}_{22} & \cdots & \boldsymbol{A}_{2l}\\ \vdots & \vdots & & \vdots\\ \boldsymbol{A}_{t1} & \boldsymbol{A}_{t2} & \cdots & \boldsymbol{A}_{tl}\end{pmatrix} & \begin{matrix}m_1\\ m_2\\ \vdots\\ m_t\end{matrix}\end{matrix},\qquad \boldsymbol{B}=\begin{matrix} & \begin{matrix}p_1 & p_2 & \cdots & p_r\end{matrix} & \\ & \begin{pmatrix}\boldsymbol{B}_{11} & \boldsymbol{B}_{12} & \cdots & \boldsymbol{B}_{1r}\\ \boldsymbol{B}_{21} & \boldsymbol{B}_{22} & \cdots & \boldsymbol{B}_{2r}\\ \vdots & \vdots & & \vdots\\ \boldsymbol{B}_{l1} & \boldsymbol{B}_{l2} & \cdots & \boldsymbol{B}_{lr}\end{pmatrix} & \begin{matrix}n_1\\ n_2\\ \vdots\\ n_l\end{matrix}\end{matrix},$$

其中 $\sum\limits_{i=1}^{t}m_i=m,\sum\limits_{i=1}^{l}n_i=n,\sum\limits_{i=1}^{r}p_i=p$. $\boldsymbol{A}_{ij}$ 是 $m_i\times n_j$ 小矩阵,$\boldsymbol{B}_{ij}$ 是 $n_i\times p_j$ 小矩阵,则有

$$C=AB=\begin{pmatrix} c_{11} & c_{12} & \cdots & c_{1r} \\ c_{21} & c_{22} & \cdots & c_{2r} \\ \vdots & \vdots & & \vdots \\ c_{t1} & c_{t2} & \cdots & c_{tr} \end{pmatrix}\begin{matrix} m_1 \\ m_2 \\ \vdots \\ m_t \end{matrix}.$$

（列标：$p_1 \quad p_2 \quad \cdots \quad p_r$）

其中

$$C_{ij}=A_{i1}B_{1j}+A_{i2}B_{2j}+\cdots+A_{il}B_{lj}=\sum_{k=1}^{l}A_{ik}B_{kj}\,(i=1,2,\cdots,t;j=1,2,\cdots,r).$$

例 2.26 设

$$A=\begin{pmatrix} 2 & 0 & 0 & 1 & 0 \\ 0 & 2 & 0 & 0 & 1 \\ 0 & 0 & 2 & 2 & -1 \\ 0 & 0 & 0 & 1 & 4 \\ 0 & 0 & 0 & 0 & 1 \end{pmatrix}, \quad B=\begin{pmatrix} 1 & 1 & 1 \\ 1 & 1 & 1 \\ 1 & 1 & 1 \\ 0 & 1 & 0 \\ 0 & 0 & 1 \end{pmatrix}.$$

利用分块矩阵计算 AB.

解 将矩阵 A,B 分块(比如先确定 A 的分法,再确定 B 的分法,因为 A 的列的分法必须与 B 的行的分法一致).

$$A=\begin{pmatrix} 2 & 0 & 0 & 1 & 0 \\ 0 & 2 & 0 & 0 & 1 \\ 0 & 0 & 2 & 2 & -1 \\ 0 & 0 & 0 & 1 & 4 \\ 0 & 0 & 0 & 0 & 1 \end{pmatrix}=\left(\begin{array}{ccc:cc} 2 & 0 & 0 & 1 & 0 \\ 0 & 2 & 0 & 0 & 1 \\ 0 & 0 & 2 & 2 & -1 \\ \hdashline 0 & 0 & 0 & 1 & 4 \\ 0 & 0 & 0 & 0 & 1 \end{array}\right)\xlongequal{\text{记为}}\begin{pmatrix} 2E_3 & A_{12} \\ O_{2\times 3} & A_{21} \end{pmatrix},$$

$$B=\begin{pmatrix} 1 & 1 & 1 \\ 1 & 1 & 1 \\ 1 & 1 & 1 \\ 0 & 1 & 0 \\ 0 & 0 & 1 \end{pmatrix}=\left(\begin{array}{c:cc} 1 & 1 & 1 \\ 1 & 1 & 1 \\ 1 & 1 & 1 \\ \hdashline 0 & 1 & 0 \\ 0 & 0 & 1 \end{array}\right)=\begin{pmatrix} B_{11} & B_{12} \\ O_{2\times 1} & E_2 \end{pmatrix}.$$

则有

$$AB=\begin{pmatrix} 2E_3 & A_{12} \\ O_{2\times 3} & A_{21} \end{pmatrix}\begin{pmatrix} B_{11} & B_{12} \\ O_{2\times 1} & E_2 \end{pmatrix}=\begin{pmatrix} 2B_{11} & 2B_{12}+A_{12} \\ O_{2\times 1} & A_{21} \end{pmatrix},$$

这样 $2B_{11},A_{21}$ 可直接写出,仅需计算

$$2B_{12}+A_{12}=2\begin{pmatrix} 1 & 1 \\ 1 & 1 \\ 1 & 1 \end{pmatrix}+\begin{pmatrix} 1 & 0 \\ 0 & 1 \\ 2 & -1 \end{pmatrix}=\begin{pmatrix} 3 & 2 \\ 2 & 3 \\ 4 & 1 \end{pmatrix}.$$

因此

$$\boldsymbol{AB}=\begin{pmatrix}2&3&2\\2&2&3\\2&4&1\\0&1&4\\0&0&1\end{pmatrix}.$$

例 2.27　设矩阵 $\boldsymbol{A}=(a_{ij})_{m\times n}$，$\boldsymbol{B}=(b_{ij})_{n\times s}$. 若将 $\boldsymbol{B}$ 按列分成 s 块

$$\boldsymbol{B}=(\boldsymbol{B}_1,\boldsymbol{B}_2,\cdots,\boldsymbol{B}_s),$$

其中 $\boldsymbol{B}_j=(b_{1j},b_{2j},\cdots,b_{nj})^{\mathrm{T}}(j=1,2,\cdots,s)$，则

$$\boldsymbol{AB}=\boldsymbol{A}(\boldsymbol{B}_1,\boldsymbol{B}_2,\cdots,\boldsymbol{B}_s)=(\boldsymbol{AB}_1,\boldsymbol{AB}_2,\cdots,\boldsymbol{AB}_s).$$

若设 $\boldsymbol{AB}=\boldsymbol{O}$，则 $\boldsymbol{B}$ 按上述方法分块后，有

$$\boldsymbol{AB}=(\boldsymbol{AB}_1,\boldsymbol{AB}_2,\cdots,\boldsymbol{AB}_s)=(\boldsymbol{O},\boldsymbol{O},\cdots,\boldsymbol{O}).$$

从而有 $\boldsymbol{AB}_j=\boldsymbol{O}_{m\times 1}(j=1,2,\cdots,s)$，即 $\boldsymbol{B}$ 的每一列都是线性方程组 $\boldsymbol{AX}=\boldsymbol{O}$ 的解.

(4) 转置

设分块矩阵

$$\boldsymbol{A}=\begin{pmatrix}\boldsymbol{A}_{11}&\boldsymbol{A}_{12}&\cdots&\boldsymbol{A}_{1q}\\\boldsymbol{A}_{21}&\boldsymbol{A}_{22}&\cdots&\boldsymbol{A}_{2q}\\\vdots&\vdots&&\vdots\\\boldsymbol{A}_{p1}&\boldsymbol{A}_{p2}&\cdots&\boldsymbol{A}_{pq}\end{pmatrix},$$

则有

$$\boldsymbol{A}^{\mathrm{T}}=\begin{pmatrix}\boldsymbol{A}_{11}^{\mathrm{T}}&\boldsymbol{A}_{21}^{\mathrm{T}}&\cdots&\boldsymbol{A}_{p1}^{\mathrm{T}}\\\boldsymbol{A}_{12}^{\mathrm{T}}&\boldsymbol{A}_{22}^{\mathrm{T}}&\cdots&\boldsymbol{A}_{p2}^{\mathrm{T}}\\\vdots&\vdots&&\vdots\\\boldsymbol{A}_{1q}^{\mathrm{T}}&\boldsymbol{A}_{2q}^{\mathrm{T}}&\cdots&\boldsymbol{A}_{pq}^{\mathrm{T}}\end{pmatrix}.$$

注意：分块矩阵转置时，不但要将行列互换，而且行列互换后的各子矩阵都应转置.

(5) 求逆

利用矩阵分块，可以将高阶矩阵求逆归结为低阶矩阵求逆，从而简化计算.

例 2.28　设 n 阶矩阵

$$\boldsymbol{D}=\begin{pmatrix}\boldsymbol{A}&\boldsymbol{O}\\\boldsymbol{C}&\boldsymbol{B}\end{pmatrix},$$

其中 $\boldsymbol{A}$，$\boldsymbol{B}$ 分别是 k 阶和 r 阶的可逆矩阵，$\boldsymbol{C}$ 是 $r\times k$ 矩阵，$\boldsymbol{O}$ 是 $k\times r$ 零矩阵，$k+r=n$. 证明 $\boldsymbol{D}$ 可逆，并求 $\boldsymbol{D}^{-1}$.

证　先假定 $\boldsymbol{D}$ 有逆矩阵 $\boldsymbol{X}$，将 $\boldsymbol{X}$ 按 $\boldsymbol{D}$ 的分法进行分块：

$$X=\begin{pmatrix}X_{11} & X_{12}\\ X_{21} & X_{22}\end{pmatrix},$$

那么应该有

$$\begin{pmatrix}A & O\\ C & B\end{pmatrix}\begin{pmatrix}X_{11} & X_{12}\\ X_{21} & X_{22}\end{pmatrix}=\begin{pmatrix}E_k & O\\ O & E_r\end{pmatrix}.$$

乘出并比较等式两边，得

$$\begin{cases}AX_{11}=E_k & ①\\ AX_{12}=O & ②\\ CX_{11}+BX_{21}=O & ③\\ CX_{12}+BX_{22}=E_r & ④\end{cases}.$$

因为 A 可逆，用 A^{-1} 左乘①②式得

$$X_{11}=A^{-1},\qquad X_{12}=A^{-1}O=O.$$

将 $X_{12}=O$ 代入④式得 $BX_{22}=E_r$，再以 B^{-1} 左乘，得

$$X_{22}=B^{-1}.$$

将 $X_{11}=A^{-1}$ 代入③式得 $BX_{21}=-CX_{11}=-CA^{-1}$，以 B^{-1} 左乘，得

$$X_{21}=-B^{-1}CA^{-1}.$$

于是

$$X=\begin{pmatrix}A^{-1} & O\\ -B^{-1}CA^{-1} & B^{-1}\end{pmatrix}.$$

直接验证可知 $DX=E$，即 D 可逆.

特别地，当 $C=O$ 时，有

$$\begin{pmatrix}A & O\\ O & B\end{pmatrix}^{-1}=\begin{pmatrix}A^{-1} & O\\ O & B^{-1}\end{pmatrix}.$$

最后我们介绍一类分块矩阵，它的运算性质非常简明.

(6) 准对角矩阵

形式如

$$\begin{pmatrix}A_1 & O & \cdots & O\\ O & A_2 & \cdots & O\\ \vdots & \vdots & & \vdots\\ O & O & \cdots & A_l\end{pmatrix}$$

的分块矩阵，其中 A_i 是 $n_i\times n_i$ 矩阵（$i=1,2,\cdots,l$），称为**准对角矩阵**.

对于两个有相同分块的准对角阵

$$A=\begin{pmatrix} A_1 & O & \cdots & O \\ O & A_2 & \cdots & O \\ \vdots & \vdots & & \vdots \\ O & O & \cdots & A_l \end{pmatrix}, \qquad B=\begin{pmatrix} B_1 & O & \cdots & O \\ O & B_2 & \cdots & O \\ \vdots & \vdots & & \vdots \\ O & O & \cdots & B_l \end{pmatrix}.$$

如果它们相应的分块是同阶的,则根据分块的运算,有

$$A+B=\begin{pmatrix} A_1+B_1 & O & \cdots & O \\ O & A_2+B_2 & \cdots & O \\ \vdots & \vdots & & \vdots \\ O & O & \cdots & A_l+B_l \end{pmatrix},$$

$$AB=\begin{pmatrix} A_1B_1 & O & \cdots & O \\ O & A_2B_2 & \cdots & O \\ \vdots & \vdots & & \vdots \\ O & O & \cdots & A_lB_l \end{pmatrix}.$$

如果 $A_1,A_2,\cdots,A_l$ 都是可逆矩阵,则 A 也可逆,并且

$$A^{-1}=\begin{pmatrix} A_1 & O & \cdots & O \\ O & A_2 & \cdots & O \\ \vdots & \vdots & & \vdots \\ O & O & \cdots & A_l \end{pmatrix}^{-1}=\begin{pmatrix} A_1^{-1} & O & \cdots & O \\ O & A_2^{-1} & \cdots & O \\ \vdots & \vdots & & \vdots \\ O & O & \cdots & A_l^{-1} \end{pmatrix}.$$

例 2.29 设

$$A=\begin{pmatrix} 1 & 1 & 0 & 0 & 0 \\ -1 & 3 & 0 & 0 & 0 \\ 0 & 0 & -2 & 0 & 0 \\ 0 & 0 & 0 & 1 & 2 \\ 0 & 0 & 0 & 0 & 1 \end{pmatrix},$$

求 A^{-1}.

解 设 $A_1=\begin{pmatrix} 1 & 1 \\ -1 & 3 \end{pmatrix}$,$A_2=(-2)$,$A_3=\begin{pmatrix} 1 & 2 \\ 0 & 1 \end{pmatrix}$,则

$$A=\begin{pmatrix} A_1 & O & O \\ O & A_2 & O \\ O & O & A_3 \end{pmatrix},$$

而

$$A_1^{-1}=\frac{1}{4}\begin{pmatrix}3 & -1\\1 & 1\end{pmatrix}=\begin{pmatrix}\frac{3}{4} & -\frac{1}{4}\\ \frac{1}{4} & \frac{1}{4}\end{pmatrix},\quad A_2^{-1}=\left(-\frac{1}{2}\right),\quad A_3^{-1}=\begin{pmatrix}1 & -2\\0 & 1\end{pmatrix}.$$

故

$$A^{-1}=\begin{pmatrix}A_1^{-1} & O & O\\ O & A_2^{-1} & O\\ O & O & A_3^{-1}\end{pmatrix}=\begin{pmatrix}\frac{3}{4} & -\frac{1}{4} & 0 & 0 & 0\\ \frac{1}{4} & \frac{1}{4} & 0 & 0 & 0\\ 0 & 0 & -\frac{1}{2} & 0 & 0\\ 0 & 0 & 0 & 1 & -2\\ 0 & 0 & 0 & 0 & 1\end{pmatrix}.$$

例 2.30 设

$$A=\begin{pmatrix}1 & 1 & 0 & 0\\0 & 1 & 0 & 0\\0 & 0 & 1 & -1\\0 & 0 & -1 & 1\end{pmatrix}.$$

求 A^n.

解 设 $A=\begin{pmatrix}B & O\\O & C\end{pmatrix}$,则 $A^n=\begin{pmatrix}B^n & O\\O & C^n\end{pmatrix}$,

其中 $B=\begin{pmatrix}1 & 1\\0 & 1\end{pmatrix}$,$C=\begin{pmatrix}1 & -1\\-1 & 1\end{pmatrix}$,

$$B^2=\begin{pmatrix}1 & 1\\0 & 1\end{pmatrix}\begin{pmatrix}1 & 1\\0 & 1\end{pmatrix}=\begin{pmatrix}1 & 2\\0 & 1\end{pmatrix},$$

$$B^3=B^2B=\begin{pmatrix}1 & 2\\0 & 1\end{pmatrix}\begin{pmatrix}1 & 1\\0 & 1\end{pmatrix}=\begin{pmatrix}1 & 3\\0 & 1\end{pmatrix},$$

……

用数学归纳法可推得 $B^n=\begin{pmatrix}1 & n\\0 & 1\end{pmatrix}$,

$$C^2=\begin{pmatrix}1 & -1\\-1 & 1\end{pmatrix}\begin{pmatrix}1 & -1\\-1 & 1\end{pmatrix}=\begin{pmatrix}2 & -2\\-2 & 2\end{pmatrix}=2\begin{pmatrix}1 & -1\\-1 & 1\end{pmatrix}=2C,$$

故 $C^n=C^2C^{n-2}=2C^{n-1}=2^2C^{n-2}=\cdots=2^{n-1}C$.

从而

$$A^n=\begin{pmatrix}B^n & O\\ O & C^n\end{pmatrix}=\begin{pmatrix}1 & n & 0 & 0\\ 0 & 1 & 0 & 0\\ 0 & 0 & 2^{n-1} & -2^{n-1}\\ 0 & 0 & -2^{n-1} & 2^{n-1}\end{pmatrix}.$$

习题 2.4

1. 设 $\boldsymbol{A}$ 为三阶矩阵，且 $|\boldsymbol{A}|=-2$，若将 $\boldsymbol{A}$ 按列分块为 $\boldsymbol{A}=(\boldsymbol{A}_1,\boldsymbol{A}_2,\boldsymbol{A}_3)$，其中 $\boldsymbol{A}_j$ 为 $\boldsymbol{A}$ 的第 j 列($j=1,2,3$)，计算下列行列式：

(1) $|\boldsymbol{A}_1,2\boldsymbol{A}_3,\boldsymbol{A}_2|$；　　(2) $|\boldsymbol{A}_3-2\boldsymbol{A}_1,3\boldsymbol{A}_2,\boldsymbol{A}_1|$.

2. 用分块矩阵求逆公式求出下面矩阵的逆矩阵：

(1) $\begin{pmatrix}1 & 2 & 0 & 0\\ 3 & 4 & 0 & 0\\ 0 & 0 & 5 & 6\\ 0 & 0 & 7 & 8\end{pmatrix}$；　　(2) $\begin{pmatrix}0 & 0 & 1 & 2\\ 0 & 0 & 3 & 4\\ 5 & 6 & 0 & 0\\ 7 & 8 & 0 & 0\end{pmatrix}$；

(3) $\begin{pmatrix}1 & 0 & 1 & 2\\ 0 & 1 & 3 & 4\\ 0 & 0 & 1 & 0\\ 0 & 0 & 0 & 1\end{pmatrix}$；　　(4) $\begin{pmatrix}0 & a_1 & 0 & \cdots & 0\\ 0 & 0 & a_2 & \cdots & 0\\ \vdots & \vdots & \vdots & & \vdots\\ 0 & 0 & 0 & \cdots & a_{n-1}\\ a_n & 0 & 0 & \cdots & 0\end{pmatrix}$，其中 $\prod\limits_{i=1}^{n}a_i\neq 0$.

§2.5　矩阵的初等变换

这一节我们介绍矩阵的初等变换，以及它与矩阵乘法运算之间的联系. 在此基础上，给出用初等变换求逆矩阵的方法.

2.5.1　矩阵的初等变换与初等矩阵

定义 2.11　矩阵的**初等行(列)变换**指的是对一个矩阵施行的下列变换：

(1)交换矩阵的某两行(列)的位置. 如将第 i,j 行(列)对换，记为 $r_i\leftrightarrow r_j$ ($c_i\leftrightarrow c_j$)，称为**对换行(列)变换**.

(2)用一个非零常数 k 乘以矩阵的某一行(列). 即将第 i 行(列)的每一个元素乘 k，记为 kr_i (kc_i)，称为**倍乘行(列)变换**.

(3)将矩阵的某一行(列)乘以非零数 k 后加到另一行(列). 即将第 j 行(列)的每一元素乘以 k 后加到第 i 行(列)的对应元素上，记为 r_i+kr_j (c_i+kc_j). 称为**倍加**

行(列)变换.

定义 2.12 将单位矩阵 $\boldsymbol{E}$ 作一次初等变换所得到的矩阵称为**初等矩阵**.

当然,每个初等变换都有一个与之相应的初等矩阵.

(1) 对换矩阵 $\boldsymbol{E}$ 的第 i,j 行(列)的位置,得

$$\boldsymbol{P}(i,j)=\begin{pmatrix} 1 & & & & & & & & \\ & \ddots & & & & & & & \\ & & 1 & & & & & & \\ & & & 0 & \cdots & 1 & & & \\ & & & & 1 & & & & \\ & & & \vdots & \ddots & \vdots & & & \\ & & & & & 1 & & & \\ & & & 1 & \cdots & 0 & & & \\ & & & & & & 1 & & \\ & & & & & & & \ddots & \\ & & & & & & & & 1 \end{pmatrix}\begin{matrix} \\ \\ \\ i\text{ 行} \\ \\ \\ \\ j\text{ 行} \\ \\ \\ \\ \end{matrix}.$$

(其中 0 所在列依次为 i 列、j 列)

(2) 用非零数 k 乘 $\boldsymbol{E}$ 的第 i 行(列),得

$$\boldsymbol{P}(i(k))=\begin{pmatrix} 1 & & & & & & \\ & \ddots & & & & & \\ & & 1 & & & & \\ & & & k & & & \\ & & & & 1 & & \\ & & & & & \ddots & \\ & & & & & & 1 \end{pmatrix} i\text{ 行}.$$

i 列

(3) 把矩阵 $\boldsymbol{E}$ 的第 j 行的 k 倍加到第 i 行(或第 i 列的 k 倍加到第 j 列),有

$$\boldsymbol{P}(i,j(k))=\begin{pmatrix} 1 & & & & & \\ & \ddots & & & & \\ & & 1 & \cdots & k & & \\ & & & \ddots & \vdots & & \\ & & & & 1 & & \\ & & & & & \ddots & \\ & & & & & & 1 \end{pmatrix}\begin{matrix} \\ \\ i\text{ 行} \\ \\ j\text{ 行} \\ \\ \\ \end{matrix}.$$

(其中 1 和 k 所在列依次为 i 列、j 列)

由矩阵的乘法运算的特点，我们发现，矩阵的初等行(列)变换可用初等矩阵与该矩阵作乘法运算来实现.

定理 2.4　对一个 $m\times n$ 矩阵 $\boldsymbol{A}$ 作一次初等行变换相当于在 $\boldsymbol{A}$ 的左边乘上相应的 m 阶初等矩阵；对 $\boldsymbol{A}$ 作一次初等列变换就相当于在 $\boldsymbol{A}$ 的右边乘上相应的 n 阶初等矩阵.

证　我们只证行变换的情形，列变换的情形可同样证明.

设 $\boldsymbol{B}=(b_{ij})$ 为任意一个 m 阶矩阵. 将 $\boldsymbol{A}$ 按行分块，$\boldsymbol{A}_i$ 为第 i 行($i=1,2,\cdots,m$)，则由矩阵的分块乘法，

$$\boldsymbol{BA}=\begin{pmatrix} b_{11}\boldsymbol{A}_1+b_{12}\boldsymbol{A}_2+\cdots+b_{1m}\boldsymbol{A}_m \\ b_{21}\boldsymbol{A}_1+b_{22}\boldsymbol{A}_2+\cdots+b_{2m}\boldsymbol{A}_m \\ \vdots \\ b_{m1}\boldsymbol{A}_1+b_{m2}\boldsymbol{A}_2+\cdots+b_{mm}\boldsymbol{A}_m \end{pmatrix}.$$

特别地，令 $\boldsymbol{B}=\boldsymbol{P}(i,j)$，得

$$\boldsymbol{P}(i,j)\boldsymbol{A}=\begin{pmatrix} \boldsymbol{A}_1 \\ \vdots \\ \boldsymbol{A}_j \\ \vdots \\ \boldsymbol{A}_i \\ \vdots \\ \boldsymbol{A}_m \end{pmatrix}\begin{matrix} \\ \\ i\text{ 行} \\ \\ j\text{ 行} \\ \\ \\ \end{matrix},$$

这相当于把 $\boldsymbol{A}$ 得第 i 行与第 j 行互换. 令 $\boldsymbol{B}=\boldsymbol{P}(i(k))$，得

$$\boldsymbol{P}(i(k))\boldsymbol{A}=\begin{pmatrix} \boldsymbol{A}_1 \\ \vdots \\ k\boldsymbol{A}_i \\ \vdots \\ \boldsymbol{A}_m \end{pmatrix} i\text{ 行},$$

这相当于用非零数 k 乘 $\boldsymbol{A}$ 的第 i 行. 令 $\boldsymbol{B}=\boldsymbol{P}(i,j(k))$，得

$$\boldsymbol{P}(i,\ j(k))\boldsymbol{A}=\begin{pmatrix} \boldsymbol{A}_1 \\ \vdots \\ \boldsymbol{A}_i+k\boldsymbol{A}_j \\ \vdots \\ \boldsymbol{A}_j \\ \vdots \\ \boldsymbol{A}_m \end{pmatrix}\begin{matrix} \\ \\ i\text{ 行} \\ \\ j\text{ 行} \\ \\ \\ \end{matrix},$$

这相当于把 $\boldsymbol{A}$ 的第 j 行的 k 倍加到第 i 行.

初等矩阵都是可逆的.这是因为对初等矩阵再作一次同类型的初等变换都可化为单位矩阵,即

$$\boldsymbol{P}(i,j)\boldsymbol{P}(i,j)=\boldsymbol{E},\quad \boldsymbol{P}\left(i\left(\frac{1}{k}\right)\right)\boldsymbol{P}(i(k))=\boldsymbol{E},$$

$$\boldsymbol{P}(i,j(-k))\boldsymbol{P}(i,j(k))=\boldsymbol{E}.$$

由此可见,初等矩阵的逆矩阵还是同类型的初等矩阵,并且

$$\boldsymbol{P}(i,\ j)^{-1}=\boldsymbol{P}(i,\ j),\ \boldsymbol{P}(i(k))^{-1}=\boldsymbol{P}\left(i\left(\frac{1}{k}\right)\right),$$

$$\boldsymbol{P}(i,j(k))^{-1}=\boldsymbol{P}(i,j(-k)).$$

例 2.31 设 $\boldsymbol{A}$ 是 n 阶可逆方阵,将 $\boldsymbol{A}$ 的第 i 行和第 j 行对换后得到的矩阵记为 $\boldsymbol{B}$.

(1) 证明 $\boldsymbol{B}$ 可逆;

(2) 求 $\boldsymbol{AB}^{-1}$.

解 (1) 因为 $|\boldsymbol{A}|\neq 0$,及 $|\boldsymbol{B}|=-|\boldsymbol{A}|\neq 0$,故 $\boldsymbol{B}$ 可逆.

(2) 由定理 2.4 知,则 $\boldsymbol{B}=\boldsymbol{P}(i,j)\boldsymbol{A}$.因而

$$\boldsymbol{AB}^{-1}=\boldsymbol{A}(\boldsymbol{P}(i,j)\boldsymbol{A})^{-1}=\boldsymbol{AA}^{-1}\boldsymbol{P}(i,j)^{-1}=\boldsymbol{P}(i,j)^{-1}=\boldsymbol{P}(i,j).$$

2.5.2 求逆矩阵的初等变换法

定义 2.13 如果矩阵 $\boldsymbol{B}$ 可以由矩阵 $\boldsymbol{A}$ 经过有限次初等变换得到,则称矩阵 $\boldsymbol{A}$ 和 $\boldsymbol{B}$ **为等价的**,记作 $\boldsymbol{A}\cong\boldsymbol{B}$.

不难证明,矩阵间的等价关系具有下列性质:

(1) **反身性** $\boldsymbol{A}\cong\boldsymbol{A}$;

(2) **对称性** 若 $\boldsymbol{A}\cong\boldsymbol{B}$,则 $\boldsymbol{B}\cong\boldsymbol{A}$;

(3) **传递性** 若 $\boldsymbol{A}\cong\boldsymbol{B}$,$\boldsymbol{B}\cong\boldsymbol{C}$,则 $\boldsymbol{A}\cong\boldsymbol{C}$.

定理 2.5 任意一个 $m\times n$ 矩阵 $\boldsymbol{A}$ 都与一个形式为

$$\begin{pmatrix}\boldsymbol{E}_r & \boldsymbol{O}\\ \boldsymbol{O} & \boldsymbol{O}\end{pmatrix}_{m\times n}$$

的矩阵等价,称它为 $\boldsymbol{A}$ 的**标准形**.

证 如果 $\boldsymbol{A}=\boldsymbol{O}$,那么它已经是标准形了.如果 $\boldsymbol{A}\neq\boldsymbol{O}$,则不妨设 $a_{11}\neq 0$.(假设 $a_{11}=0$,因为 $\boldsymbol{A}\neq\boldsymbol{O}$,则 $\boldsymbol{A}$ 中必存在一个 $a_{ij}\neq 0$.经过交换行与列的初等变换,$\boldsymbol{A}$ 一定可以变成一个左上角元素不为零的矩阵.)把其余的行减去第一行的 $\dfrac{a_{i1}}{a_{11}}(i=1,2,\cdots,m)$ 倍,其余的列减去第一列的 $\dfrac{a_{1j}}{a_{11}}(j=1,2,\cdots,n)$ 倍,然后,用 $\dfrac{1}{a_{11}}$ 乘第一行,$\boldsymbol{A}$ 就

等价于

$$\begin{pmatrix} 1 & \boldsymbol{O} \\ \boldsymbol{O} & \boldsymbol{A}_1 \end{pmatrix}.$$

其中 $\boldsymbol{A}_1$ 是一个$(m-1)\times(n-1)$矩阵. 对 $\boldsymbol{A}_1$ 重复以上的步骤,这样就可得出所要的标准形.

例 2.32 对于矩阵

$$\boldsymbol{A}=\begin{pmatrix} 0 & 1 & 2 & -3 \\ -3 & 0 & 1 & 2 \\ 2 & -3 & 0 & 1 \\ 1 & 2 & -3 & 0 \end{pmatrix},$$

由

$$\boldsymbol{A}\xrightarrow{r_1\leftrightarrow r_4}\begin{pmatrix} 1 & 2 & -3 & 0 \\ -3 & 0 & 1 & 2 \\ 2 & -3 & 0 & 1 \\ 0 & 1 & 2 & -3 \end{pmatrix}\xrightarrow[r_3-2r_1]{r_2+3r_1}\begin{pmatrix} 1 & 2 & -3 & 0 \\ 0 & 6 & -8 & 2 \\ 0 & -7 & 6 & 1 \\ 0 & 1 & 2 & -3 \end{pmatrix}$$

$$\xrightarrow{r_2\leftrightarrow r_4}\begin{pmatrix} 1 & 2 & -3 & 0 \\ 0 & 1 & 2 & -3 \\ 0 & -7 & 6 & 1 \\ 0 & 6 & -8 & 2 \end{pmatrix}\xrightarrow[r_4-6r_2]{r_3+7r_2}\begin{pmatrix} 1 & 2 & -3 & 0 \\ 0 & 1 & 2 & -3 \\ 0 & 0 & 20 & -20 \\ 0 & 0 & -20 & 20 \end{pmatrix}$$

$$\xrightarrow[\substack{r_4+r_3 \\ r_3\div 20}]{r_1-2r_2}\begin{pmatrix} 1 & 0 & -7 & 6 \\ 0 & 1 & 2 & -3 \\ 0 & 0 & 1 & -1 \\ 0 & 0 & 0 & 0 \end{pmatrix}\xrightarrow[r_2-2r_3]{r_1+7r_3}\begin{pmatrix} 1 & 0 & 0 & -1 \\ 0 & 1 & 0 & -1 \\ 0 & 0 & 1 & -1 \\ 0 & 0 & 0 & 0 \end{pmatrix}$$

$$\xrightarrow{c_4+c_1+c_2+c_3}\begin{pmatrix} 1 & 0 & 0 & 0 \\ 0 & 1 & 0 & 0 \\ 0 & 0 & 1 & 0 \\ 0 & 0 & 0 & 0 \end{pmatrix}.$$

故 $\boldsymbol{A}$ 的标准形为 $\begin{pmatrix} 1 & 0 & 0 & 0 \\ 0 & 1 & 0 & 0 \\ 0 & 0 & 1 & 0 \\ 0 & 0 & 0 & 0 \end{pmatrix}$,写成分块矩阵形式,即 $\begin{pmatrix} \boldsymbol{E}_3 & \boldsymbol{O} \\ \boldsymbol{O} & \boldsymbol{O} \end{pmatrix}$.

由定理 2.4 知,对一矩阵作初等变换就相当于用相应的初等矩阵去乘这个矩阵,因之,矩阵 $\boldsymbol{A},\boldsymbol{B}$ 等价的充分必要条件是:有初等矩阵 $\boldsymbol{P}_1,\cdots,\boldsymbol{P}_s,\boldsymbol{Q}_1,\cdots,\boldsymbol{Q}_t$,使

$$\boldsymbol{B}=\boldsymbol{P}_1\boldsymbol{P}_2\cdots\boldsymbol{P}_s\boldsymbol{A}\boldsymbol{Q}_1\boldsymbol{Q}_2\cdots\boldsymbol{Q}_t.$$

由于初等矩阵是可逆的，而可逆矩阵的乘积仍为可逆矩阵. 令 $\boldsymbol{P}=\boldsymbol{P}_1\boldsymbol{P}_2\cdots\boldsymbol{P}_s$，$\boldsymbol{Q}=\boldsymbol{Q}_1\boldsymbol{Q}_2\cdots\boldsymbol{Q}_t$，则 $\boldsymbol{P}$，$\boldsymbol{Q}$ 为可逆矩阵. 因而有

推论 1　对于任意 $m\times n$ 矩阵 $\boldsymbol{A}$，存在 m 阶可逆矩阵 $\boldsymbol{P}$ 和 n 阶可逆矩阵 $\boldsymbol{Q}$，使得

$$\boldsymbol{PAQ}=\begin{pmatrix}\boldsymbol{E}_r & \boldsymbol{O}\\ \boldsymbol{O} & \boldsymbol{O}\end{pmatrix}.$$

如果 $\boldsymbol{A}$ 是 n 阶可逆矩阵，则上式左端的 3 个矩阵的乘积也是可逆的，即 $\boldsymbol{A}$ 的标准形

$$\boldsymbol{U}=\begin{pmatrix}\boldsymbol{E}_r & \boldsymbol{O}\\ \boldsymbol{O} & \boldsymbol{O}\end{pmatrix}$$

是可逆矩阵，从而 $\boldsymbol{U}$ 不能有全为零的行，于是 $\boldsymbol{U}$ 必是 n 阶单位矩阵. 这样就有下面的推论.

推论 2　n 阶矩阵 $\boldsymbol{A}$ 可逆的充分必要条件是它与 n 阶单位矩阵等价.

推论 3　n 阶矩阵 $\boldsymbol{A}$ 为可逆的充分必要条件是它能表成一些初等矩阵的乘积.

证　因为 $\boldsymbol{A}$ 可逆的充分必要条件是存在 n 阶初等矩阵 $\boldsymbol{P}_1,\boldsymbol{P}_2,\cdots,\boldsymbol{P}_s$ 和 $\boldsymbol{Q}_1,\boldsymbol{Q}_2,\cdots,\boldsymbol{Q}_t$ 使得

$$\boldsymbol{P}_1\boldsymbol{P}_2\cdots\boldsymbol{P}_s\boldsymbol{A}\boldsymbol{Q}_1\boldsymbol{Q}_2\cdots\boldsymbol{Q}_t=\boldsymbol{E}.$$

从而有

$$\boldsymbol{A}=\boldsymbol{P}_s^{-1}\cdots\boldsymbol{P}_2^{-1}\boldsymbol{P}_1^{-1}\boldsymbol{E}\boldsymbol{Q}_t^{-1}\cdots\boldsymbol{Q}_2^{-1}\boldsymbol{Q}_1^{-1}=\boldsymbol{P}_s^{-1}\cdots\boldsymbol{P}_2^{-1}\boldsymbol{P}_1^{-1}\boldsymbol{Q}_t^{-1}\cdots\boldsymbol{Q}_2^{-1}\boldsymbol{Q}_1^{-1}.$$

因初等矩阵的逆矩阵还是初等矩阵，故推论 3 得证.

以上的讨论事实上也提供了一个求逆矩阵的方法.

设 $\boldsymbol{A}$ 是 n 阶可逆矩阵，则 $\boldsymbol{A}^{-1}$ 也是 n 阶可逆矩阵. 由推论 3，有一系列的初等矩阵 $\boldsymbol{Q}_1,\boldsymbol{Q}_2,\cdots,\boldsymbol{Q}_m$ 使得

$$\boldsymbol{A}^{-1}=\boldsymbol{Q}_m\cdots\boldsymbol{Q}_1,$$

即

$$\boldsymbol{Q}_m\cdots\boldsymbol{Q}_1\boldsymbol{E}=\boldsymbol{A}^{-1}. \tag{2-6}$$

(2-6)式两边右乘 $\boldsymbol{A}$ 即得

$$\boldsymbol{Q}_m\cdots\boldsymbol{Q}_1\boldsymbol{A}=\boldsymbol{E}. \tag{2-7}$$

比较(2-6)，(2-7)两个式子可以看出，如果用一系列初等行变换把可逆矩阵 $\boldsymbol{A}$ 化为单位矩阵 $\boldsymbol{E}$，那么同样地用这些初等行变换就把单位矩阵 $\boldsymbol{E}$ 化为 $\boldsymbol{A}^{-1}$.

按矩阵的分块乘法，(2-6)，(2-7)两个式子可以合并写成

$$\boldsymbol{Q}_m\cdots\boldsymbol{Q}_1(\boldsymbol{A},\ \boldsymbol{E})=(\boldsymbol{Q}_m\cdots\boldsymbol{Q}_1\boldsymbol{A},\ \boldsymbol{Q}_m\cdots\boldsymbol{Q}_1\boldsymbol{E})=(\boldsymbol{E},\ \boldsymbol{A}^{-1}). \tag{2-8}$$

(2-8)式提供了一个具体求逆矩阵的方法. 作 $n\times 2n$ 矩阵$(\boldsymbol{A},\boldsymbol{E})$，用初等行变换把它的左边一半化成 $\boldsymbol{E}$，这时，右边的一半就是 $\boldsymbol{A}^{-1}$.

例 2.33　设

$$A=\begin{pmatrix}2&1&1\\3&1&2\\1&-1&0\end{pmatrix},$$

求 A^{-1}.

解　$(A,E)=\left(\begin{array}{ccc:ccc}2&1&1&1&0&0\\3&1&2&0&1&0\\1&-1&0&0&0&1\end{array}\right)\xrightarrow{r_1\leftrightarrow r_3}\left(\begin{array}{ccc:ccc}1&-1&0&0&0&1\\3&1&2&0&1&0\\2&1&1&1&0&0\end{array}\right)$

$$\xrightarrow[r_3-2r_1]{r_2-3r_1}\left(\begin{array}{ccc:ccc}1&-1&0&0&0&1\\0&4&2&0&1&-3\\0&3&1&1&0&-2\end{array}\right)\xrightarrow{r_2-r_3}\left(\begin{array}{ccc:ccc}1&-1&0&0&0&1\\0&1&1&-1&1&-1\\0&3&1&1&0&-2\end{array}\right)$$

$$\xrightarrow{r_3-3r_2}\left(\begin{array}{ccc:ccc}1&-1&0&0&0&1\\0&1&1&-1&1&-1\\0&0&-2&4&-3&1\end{array}\right)\xrightarrow[r_3\div(-2)]{r_2+\frac{1}{2}r_3}\left(\begin{array}{ccc:ccc}1&-1&0&0&0&1\\0&1&0&1&-\frac{1}{2}&-\frac{1}{2}\\0&0&1&-2&\frac{3}{2}&-\frac{1}{2}\end{array}\right)$$

$$\xrightarrow{r_1+r_2}\left(\begin{array}{ccc:ccc}1&0&0&1&-\frac{1}{2}&\frac{1}{2}\\0&1&0&1&-\frac{1}{2}&-\frac{1}{2}\\0&0&1&-2&\frac{3}{2}&-\frac{1}{2}\end{array}\right).$$

于是

$$A^{-1}=\begin{pmatrix}1&-\frac{1}{2}&\frac{1}{2}\\1&-\frac{1}{2}&-\frac{1}{2}\\-2&\frac{3}{2}&-\frac{1}{2}\end{pmatrix}=\frac{1}{2}\begin{pmatrix}2&-1&1\\2&-1&-1\\-4&3&-1\end{pmatrix}.$$

注意，求逆矩阵容易算错，求得 A^{-1} 后，应验算 $AA^{-1}=E$.

例 2.34　假设矩阵 A 和 B 满足关系式：$AB=A+2B$，其中

$$A=\begin{pmatrix}4&2&3\\1&1&0\\-1&2&3\end{pmatrix}.$$

求矩阵 B.

解　由 $AB=A+2B$ 可得 $(A-2E)B=A$. 矩阵

$$A-2E=\begin{pmatrix}4&2&3\\1&1&0\\-1&2&3\end{pmatrix}-2\begin{pmatrix}1&0&0\\0&1&0\\0&0&1\end{pmatrix}=\begin{pmatrix}2&2&3\\1&-1&0\\-1&2&1\end{pmatrix}.$$

又

$$|A-2E|=\begin{vmatrix}2&2&3\\1&-1&0\\-1&2&1\end{vmatrix}=-1\neq 0,$$

故 $A-2E$ 可逆，从而 $B=(A-2E)^{-1}A$.

下面用初等行变换法求 $(A-2E)^{-1}$.

$$(A-2E,E)=\left(\begin{array}{ccc:ccc}2&2&3&1&0&0\\1&-1&0&0&1&0\\-1&2&1&0&0&1\end{array}\right)\xrightarrow{r_1\leftrightarrow r_2}\left(\begin{array}{ccc:ccc}1&-1&0&0&1&0\\2&2&3&1&0&0\\-1&2&1&0&0&1\end{array}\right)$$

$$\xrightarrow[r_3+r_1]{r_2-2r_1}\left(\begin{array}{ccc:ccc}1&-1&0&0&1&0\\0&4&3&1&-2&0\\0&1&1&0&1&1\end{array}\right)\xrightarrow{r_3\leftrightarrow r_4}\left(\begin{array}{ccc:ccc}1&-1&0&0&1&0\\0&1&1&0&1&1\\0&4&3&1&-2&0\end{array}\right)$$

$$\xrightarrow{r_3-4r_2}\left(\begin{array}{ccc:ccc}1&-1&0&0&1&0\\0&1&1&0&1&1\\0&0&-1&1&-6&-4\end{array}\right)\xrightarrow{r_2+r_3}\left(\begin{array}{ccc:ccc}1&-1&0&0&1&0\\0&1&0&1&-5&-3\\0&0&-1&1&-6&-4\end{array}\right)$$

$$\xrightarrow[r_3\times(-1)]{r_1+r_2}\left(\begin{array}{ccc:ccc}1&0&0&1&-4&-3\\0&1&0&1&-5&-3\\0&0&1&-1&6&4\end{array}\right).$$

于是

$$(A-2E)^{-1}=\begin{pmatrix}1&-4&-3\\1&-5&-3\\-1&6&4\end{pmatrix}.$$

因此

$$B=(A-2E)^{-1}A=\begin{pmatrix}1&-4&-3\\1&-5&-3\\-1&6&4\end{pmatrix}\begin{pmatrix}4&2&3\\1&1&0\\-1&2&3\end{pmatrix}=\begin{pmatrix}3&-8&-6\\2&-9&-6\\-2&12&9\end{pmatrix}.$$

例 2.35 设矩阵 A,X,B 满足方程 $AX=B$，且 A 为可逆矩阵. 证明：用初等行变换把矩阵 (A,B) 化为 (E,C) 时，有 $C=X=A^{-1}B$.

证 因为 A 为可逆矩阵，故有 $X=A^{-1}B$. 又 A 可表示为一系列初等矩阵的乘积，设为

$$A=P_1P_2\cdots P_s,$$

则有

$$\boldsymbol{A}^{-1}=(\boldsymbol{P}_1\boldsymbol{P}_2\cdots\boldsymbol{P}_s)^{-1}=\boldsymbol{P}_s^{-1}\cdots\boldsymbol{P}_2^{-1}\boldsymbol{P}_1^{-1}.$$

因初等行变换化$(\boldsymbol{A},\boldsymbol{B})$为$(\boldsymbol{E},\boldsymbol{C})$，相当于在方程 $\boldsymbol{AX}=\boldsymbol{B}$ 两边同时左乘初等矩阵$\boldsymbol{P}_s^{-1}\cdots\boldsymbol{P}_2^{-1}\boldsymbol{P}_1^{-1}$. 由此知

$$\boldsymbol{A}^{-1}\boldsymbol{AX}=\boldsymbol{X}=\boldsymbol{A}^{-1}\boldsymbol{B}=\boldsymbol{C}.$$

习题 2.5

1. 利用初等变换法求下列矩阵的逆矩阵：

(1) $\boldsymbol{A}=\begin{pmatrix}1&2&3\\2&2&1\\3&4&3\end{pmatrix}$；　(2) $\boldsymbol{A}=\begin{pmatrix}1&2&3&4\\2&3&1&2\\1&1&1&-1\\1&0&-2&-6\end{pmatrix}$；

(3) $\boldsymbol{A}=\begin{pmatrix}2&2&-1\\1&-2&4\\5&8&2\end{pmatrix}$；　(4) $\boldsymbol{A}=\begin{pmatrix}0&0&0&1\\0&0&2&0\\0&3&0&0\\4&0&0&0\end{pmatrix}$.

2. 解矩阵方程 $\boldsymbol{AX}+\boldsymbol{B}=\boldsymbol{X}$，其中 $\boldsymbol{A}=\begin{pmatrix}0&1&0\\-1&1&1\\-1&0&1\end{pmatrix}$，$\boldsymbol{B}=\begin{pmatrix}1&-1\\2&0\\5&-3\end{pmatrix}$.

3. 应用逆矩阵解下列矩阵方程，求未知矩阵 $\boldsymbol{X}$.

(1) $\begin{pmatrix}1&1&-1\\-2&1&1\\1&1&1\end{pmatrix}\boldsymbol{X}=\begin{pmatrix}2\\3\\6\end{pmatrix}$；　(2) $\boldsymbol{X}\begin{pmatrix}1&1&-1\\2&1&0\\1&-1&1\end{pmatrix}=\begin{pmatrix}1&1&3\\4&3&2\\1&2&5\end{pmatrix}$.

§2.6　矩阵的秩

矩阵的秩在矩阵理论和应用中有重要作用. 在这一节里，我们介绍矩阵秩的概念及其求法.

定义 2.14　在一个 $m\times n$ 矩阵 $\boldsymbol{A}$ 中任意选定 k 行 k 列 $(k\leqslant\min(m,n))$，位于这些选定的行和列的交点上的 k^2 个元素按原来的顺序所组成的 k 阶行列式，称为 **$\boldsymbol{A}$ 的一个 k 阶子式.**

例 2.36 在矩阵

$$A=\begin{pmatrix}1&1&-1&1&1\\0&3&-1&1&2\\0&0&0&2&3\\0&0&0&0&0\end{pmatrix}$$

中，选第 1,2 行和第 3,5 列，它们交点上的元素所组成的二阶行列式

$$\begin{vmatrix}-1&1\\-1&2\end{vmatrix}=-1$$

就是一个二阶子式. 又如选第 1,2,3 行和第 1,2,4 列，相应的三阶子式就是

$$\begin{vmatrix}1&1&1\\0&3&1\\0&0&2\end{vmatrix}=6.$$

因为第 4 行元素全为零，所以所有四阶子式都为零.

由于行和列的选法很多，所以 k 阶子式也是很多的. 一个 $m\times n$ 矩阵的 k 阶子式有 $C_m^kC_n^k$ 个.

定义 2.15 设 A 是 $m\times n$ 矩阵，若 A 中有一个 r 阶子式不为零，同时所有 $r+1$ 阶子式全为零，则称 r 为 A 的**秩**，记为秩(A)或 $r(A)$.

零矩阵的秩规定为 0. 若 A 为非零矩阵，则 $r(A)\geqslant 1$.

从矩阵秩的定义不难看出：

(1) 若 A 为 $m\times n$ 矩阵，则 $0\leqslant r(A)\leqslant \min(m,n)$.

(2) $r(A^{T})=r(A)$；　$r(kA)=r(A)\ (k\neq 0)$.

(3) 若 A 有一个 r 阶子式不为零，则 $r(A)\geqslant r$；若 A 的所有 $r+1$ 阶子式全为零，则 $r(A)\leqslant r$.

(4) 对于 n 阶矩阵 A 而言，它的 n 阶子式只有一个 $|A|$，且 A 不存在 $n+1$ 阶子式，则 $r(A)=n\Leftrightarrow |A|\neq 0$；$r(A)<n\Leftrightarrow |A|=0$.

由于 n 阶可逆矩阵的秩等于 n，所以可逆矩阵也称为**满秩矩阵**.

例 2.37 设 A,B 是任意两个行数相同的矩阵，试证 A 的秩不超过分块矩阵 (A,B) 的秩，即 $r(A)\leqslant r(A,B)$.

证 设 $r(A)=r$，则 A 中有一个不为零的 r 阶子式，这个子式也是分块矩阵 (A,B) 中的一个 r 阶子式，于是 $r(A,B)\geqslant r$，即 $r(A)\leqslant r(A,B)$.

定义 2.16 满足下列条件的矩阵称为**阶梯形矩阵**：

(1) 元素全为零的行（如果有的话），皆在矩阵的底层；

(2) 自上而下每行中第一个非零元素前面零的个数逐行增加.

例如

$$\begin{pmatrix} 2 & 3 & 2 & 0 & 4 \\ 0 & 1 & -2 & 5 & 0 \\ 0 & 0 & 7 & 1 & -3 \\ 0 & 0 & 0 & 0 & 0 \end{pmatrix}, \quad \begin{pmatrix} 1 & 2 & 0 & 0 & 2 \\ 0 & 3 & 0 & 0 & -1 \\ 0 & 0 & 0 & 4 & 5 \end{pmatrix},$$

$$\begin{pmatrix} 1 & 2 & 3 \\ 0 & 0 & 4 \\ 0 & 0 & 0 \\ 0 & 0 & 0 \end{pmatrix}, \quad \begin{pmatrix} 0 & 1 & 3 & 0 & 0 \\ 0 & 0 & 0 & 1 & 0 \\ 0 & 0 & 0 & 0 & 1 \\ 0 & 0 & 0 & 0 & 0 \end{pmatrix}$$

都是阶梯形矩阵.

定理 2.6 任意一个矩阵都可以经过一系列的初等行变换化为阶梯形矩阵.

证 设

$$\boldsymbol{A}=\begin{pmatrix} a_{11} & a_{12} & \cdots & a_{1n} \\ a_{21} & a_{22} & \cdots & a_{2n} \\ \vdots & \vdots & & \vdots \\ a_{m1} & a_{m2} & \cdots & a_{mn} \end{pmatrix},$$

我们看到第一列的元素 $a_{11}, a_{12}, \cdots, a_{mn}$,只要其中有一个不为零,用对换行变换,总能使第一列的第一个元素不为零,然后从第二行开始,每一行都加上第一行的一个适当的倍数,于是第一列除去第一个元素外就全是零了. 这就是说,经过一系列初等行变换后

$$\boldsymbol{A}\to\boldsymbol{A}'=\begin{pmatrix} a'_{11} & a'_{12} & \cdots & a'_{1n} \\ 0 & a'_{22} & \cdots & a'_{2n} \\ \vdots & \vdots & & \vdots \\ 0 & a'_{m2} & \cdots & a'_{mn} \end{pmatrix}.$$

对于 $\boldsymbol{A}'$的右下角一块

$$\begin{pmatrix} a'_{12} & \cdots & a'_{2n} \\ a'_{22} & \cdots & a'_{2n} \\ \vdots & & \vdots \\ a'_{m2} & \cdots & a'_{mn} \end{pmatrix}$$

再重复以上的做法. 如此做下去直到变成阶梯形为止. 如果原来矩阵 $\boldsymbol{A}$ 中的第一列的元素全为零,那么依次考虑它的第二列的元素,等等.

定理 2.7 初等变换不改变矩阵的秩.

* **证** 先证明,若 $\boldsymbol{A}$ 经过一次初等行变换为 $\boldsymbol{B}$,则 $r(\boldsymbol{A})\leqslant r(\boldsymbol{B})$.

设 $r(\boldsymbol{A})=r$,且 $\boldsymbol{A}$ 的某个 r 阶子式 $D_r\neq 0$.

当 $\boldsymbol{A}\xrightarrow{r_i\leftrightarrow r_j}\boldsymbol{B}$ 或 $\boldsymbol{A}\xrightarrow{r_i\times k}\boldsymbol{B}$ 时，在 $\boldsymbol{B}$ 中总能找到与 D_r 相对应的 r 阶子式 D'_r，由于 $D'_r=D_r$ 或 $D'_r=-D_r$ 或 $D'_r=kD_r$，因此 $D'_r\neq 0$，从而 $r(\boldsymbol{B})\geqslant r$.

当 $\boldsymbol{A}\xrightarrow{r_i+kr_j}\boldsymbol{B}$ 时，分三种情形讨论：①D_r 中不含第 i 行；②D_r 中同时含第 i 行和第 j 行；③D_r 中含第 i 行但不含第 j 行.

对①②两种情形，显然 B 中与 D_r 对应的 r 阶子式 $D'_r=D_r\neq 0$，从而 $r(\boldsymbol{B})\geqslant r$.

对于情形③，由

$$D'_r=\begin{vmatrix}\vdots\\ \alpha_i+k\alpha_j\\ \vdots\end{vmatrix}=\begin{vmatrix}\vdots\\ \alpha_i\\ \vdots\end{vmatrix}+k\begin{vmatrix}\vdots\\ \alpha_j\\ \vdots\end{vmatrix}=D_r+kD''.$$

若 $D''_r\neq 0$，则因 D''_r 中不含第 i 行知 $\boldsymbol{A}$ 有不含第 i 行的 r 阶非零子式，从而知 $r(\boldsymbol{B})\geqslant r$；若 $D''_r=0$，则 $D'_r=D_r\neq 0$，也有 $r(\boldsymbol{B})\geqslant r$.

这样就证明了，若 $\boldsymbol{A}$ 经过一次初等行变换为 $\boldsymbol{B}$，则 $r(\boldsymbol{A})\leqslant r(\boldsymbol{B})$. 由于 $\boldsymbol{B}$ 亦可以经过一次初等行变换变为 $\boldsymbol{A}$，故也有 $r(\boldsymbol{B})\leqslant r(\boldsymbol{A})$. 因此 $r(\boldsymbol{A})=r(\boldsymbol{B})$.

矩阵的秩经过一次初等行变换不变，即可知经过有限次初等行变换矩阵的秩仍不变.

设 $\boldsymbol{A}$ 经初等列变换变为 $\boldsymbol{B}$，则 $\boldsymbol{A}^{\mathrm{T}}$ 经过初等行变换变为 $\boldsymbol{B}^{\mathrm{T}}$，由上面的证明知 $r(\boldsymbol{A})=r(\boldsymbol{B})$. 而 $r(\boldsymbol{A}^{\mathrm{T}})=r(\boldsymbol{A})$，$r(\boldsymbol{B}^{\mathrm{T}})=r(\boldsymbol{B})$，因此 $r(\boldsymbol{A})=r(\boldsymbol{B})$.

总之，初等变换不改变矩阵的秩.

定理 2.8　阶梯形矩阵的秩等于其中非零行的个数.

证　设 $\boldsymbol{A}$ 是一阶梯形矩阵，不为零的行数是 r. 因为初等列变换不改变矩阵的秩，所以适当调换列的顺序，不妨设

$$\boldsymbol{A}=\begin{pmatrix}a_{11} & a_{12} & \cdots & a_{1r} & \cdots & a_{1n}\\ 0 & a_{22} & \cdots & a_{2r} & \cdots & a_{2n}\\ \vdots & \vdots & & \vdots & & \vdots\\ 0 & 0 & \cdots & a_{rr} & \cdots & a_{rn}\\ 0 & 0 & \cdots & 0 & \cdots & 0\\ \vdots & \vdots & & \vdots & & \vdots\\ 0 & 0 & \cdots & 0 & \cdots & 0\end{pmatrix},$$

其中 $a_{ii}\neq 0$，$i=1,2,\cdots,r$. 显然，$\boldsymbol{A}$ 的左上角的 r 阶子式

$$\begin{vmatrix}a_{11} & a_{12} & \cdots & a_{1r}\\ 0 & a_{22} & \cdots & a_{2r}\\ \vdots & \vdots & & \vdots\\ 0 & 0 & \cdots & a_{rr}\end{vmatrix}=a_{11}a_{22}\cdots a_{rr}\neq 0.$$

而 $\boldsymbol{A}$ 的任一 $r+1$ 阶子式中必有一行全为零，所以，$\boldsymbol{A}$ 的所有 $r+1$ 阶子式全为零. 因此，$\boldsymbol{A}$ 的秩为 r.

利用定义 2.15 确定一个矩阵的秩既不容易，也不方便. 而上面三个定理告诉我们：为了计算一个矩阵的秩，只要用初等行变换把它变成阶梯形，这个阶梯形矩阵中的非零行的个数就是所求矩阵的秩.

例 2.38 设

$$\boldsymbol{A}=\begin{pmatrix}1 & 3 & -2 & 5 & 4\\ 1 & 4 & 1 & 3 & 5\\ 1 & 4 & 2 & 4 & 3\\ 2 & 7 & -3 & 6 & 13\end{pmatrix},$$

求 $r(\boldsymbol{A})$.

解 $$\boldsymbol{A}=\begin{pmatrix}1 & 3 & -2 & 5 & 4\\ 1 & 4 & 1 & 3 & 5\\ 1 & 4 & 2 & 4 & 3\\ 2 & 7 & -3 & 6 & 13\end{pmatrix}\xrightarrow[r_4-2r_1]{\substack{r_2-r_1\\ r_3-r_1}}\begin{pmatrix}1 & 3 & -2 & 5 & 4\\ 0 & 1 & 3 & -2 & 1\\ 0 & 1 & 4 & -1 & -1\\ 0 & 1 & 1 & -4 & 5\end{pmatrix}$$

$$\xrightarrow[r_4-r_2]{r_3-r_2}\begin{pmatrix}1 & 3 & -2 & 5 & 4\\ 0 & 1 & 3 & -2 & 1\\ 0 & 0 & 1 & 1 & -2\\ 0 & 0 & -2 & -2 & 4\end{pmatrix}\xrightarrow{r_4+2r_3}\begin{pmatrix}1 & 3 & -2 & 5 & 4\\ 0 & 1 & 3 & -2 & 1\\ 0 & 0 & 1 & 1 & -2\\ 0 & 0 & 0 & 0 & 0\end{pmatrix}.$$

因此 $r(\boldsymbol{A})=3$.

例 2.39 设

$$\boldsymbol{A}=\begin{pmatrix}a_1b_1 & a_1b_2 & \cdots & a_1b_n\\ a_2b_1 & a_2b_2 & \cdots & a_2b_n\\ \vdots & \vdots & & \vdots\\ a_nb_1 & a_nb_2 & \cdots & a_nb_n\end{pmatrix},$$

其中 $a_i\neq 0, b_i\neq 0, (i=1,2,\cdots,n)$，求矩阵 $\boldsymbol{A}$ 的秩 $r(\boldsymbol{A})$.

解 由于 $a_i\neq 0, b_j\neq 0(i,j=1,2,\cdots,n)$，故 $\boldsymbol{A}\neq\boldsymbol{O}$. 所以 $r(\boldsymbol{A})\geqslant 1$. 但由于 $\boldsymbol{A}$ 中任意两行或两列成比例，故 $\boldsymbol{A}$ 的任意二阶子式为零，因而 $r(\boldsymbol{A})<2$. 因此 $r(\boldsymbol{A})=1$.

例 2.40 设可逆矩阵 $\boldsymbol{P},\boldsymbol{Q}$ 使 $\boldsymbol{PAQ}=\boldsymbol{B}$，试证 $r(\boldsymbol{A})=r(\boldsymbol{B})$.

证 因为 $\boldsymbol{P},\boldsymbol{Q}$ 是可逆矩阵，故它们都可表示为一系列初等矩阵的乘积. $\boldsymbol{P}$ 左乘 $\boldsymbol{A}$ 相当于对 $\boldsymbol{A}$ 作一系列的初等行变换，$\boldsymbol{Q}$ 右乘 $\boldsymbol{A}$ 相当于对 $\boldsymbol{A}$ 作一系列的初等列变换. 由定理 2.7 知初等变换不改变矩阵的秩，因而 $r(\boldsymbol{A})=r(\boldsymbol{B})$.

例 2.41 设 $\boldsymbol{A},\boldsymbol{B}$ 均为 n 阶非零矩阵，证明：若 $\boldsymbol{AB}=\boldsymbol{O}$，则必有 $r(\boldsymbol{A})<n$ 和 $r(\boldsymbol{B})<n$.

证 用反证法. 假设 $r(\boldsymbol{A})=n$,即 $\boldsymbol{A}$ 是满秩矩阵,故 $\boldsymbol{A}$ 可逆. 用 $\boldsymbol{A}^{-1}$ 左乘 $\boldsymbol{AB}=\boldsymbol{O}$ 得 $\boldsymbol{A}^{-1}\boldsymbol{AB}=\boldsymbol{O}$,即 $\boldsymbol{B}=\boldsymbol{O}$. 这与题设 $\boldsymbol{B}\neq\boldsymbol{O}$ 矛盾. 故 $r(\boldsymbol{A})<n$. 同理可证 $r(\boldsymbol{B})<n$.

习题 2.6

1. 求下列矩阵的秩:

(1) $\begin{pmatrix} 1 & -1 & 2 \\ 2 & -3 & 1 \\ -2 & 2 & -4 \end{pmatrix}$;

(2) $\begin{pmatrix} 1 & -1 & 1 & 1 \\ -2 & 1 & 0 & 2 \\ 1 & 2 & -2 & 1 \\ 4 & -4 & 0 & 4 \end{pmatrix}$;

(3) $\begin{pmatrix} 1 & 2 & 3 & 4 \\ 1 & -2 & 4 & 5 \\ 1 & 10 & 1 & 2 \end{pmatrix}$;

(4) $\begin{pmatrix} 0 & 1 & 1 & -1 & 2 \\ 0 & 2 & 2 & 2 & 0 \\ 0 & -1 & -1 & 1 & 1 \\ 1 & 1 & 0 & 0 & -1 \end{pmatrix}$.

2. 证明:$m\times n$ 矩阵 $\boldsymbol{A}$ 和矩阵 $\boldsymbol{B}$ 等价的充分必要条件是 $r(\boldsymbol{A})=r(\boldsymbol{B})$.

3. 设 $\boldsymbol{A}=\begin{pmatrix} 0 & 0 & 1 \\ 0 & 1 & 0 \\ 1 & 0 & 0 \end{pmatrix}$,求 $r(\boldsymbol{A}-2\boldsymbol{E}_3)+r(\boldsymbol{A}-\boldsymbol{E}_3)$ 的值.

复习题 2

一、单项选择题

1. 已知矩阵 $\boldsymbol{A}_{3\times 2}$,$\boldsymbol{B}_{2\times 3}$,$\boldsymbol{C}_{3\times 3}$,则下列运算可行的是 ( )

A. $\boldsymbol{AC}$　　B. $\boldsymbol{CB}$　　C. $\boldsymbol{ABC}$　　D. $\boldsymbol{AB}-\boldsymbol{BC}$

2. 若 $\boldsymbol{A}$,$\boldsymbol{B}$ 均为 n 阶非零矩阵,且 $(\boldsymbol{A}+\boldsymbol{B})(\boldsymbol{A}-\boldsymbol{B})=\boldsymbol{A}^2-\boldsymbol{B}^2$,则必有 ( )

A. $\boldsymbol{A}$,$\boldsymbol{B}$ 为对称矩阵　　B. $\boldsymbol{AB}=\boldsymbol{BA}$

C. $\boldsymbol{A}=\boldsymbol{E}$　　D. $\boldsymbol{B}=\boldsymbol{E}$

3. 设 $\boldsymbol{A}$ 和 $\boldsymbol{B}$ 均为 $n\times n$ 矩阵,则必有 ( )

A. $|\boldsymbol{A}+\boldsymbol{B}|=|\boldsymbol{A}|+|\boldsymbol{B}|$　　B. $\boldsymbol{AB}=\boldsymbol{BA}$

C. $|\boldsymbol{AB}|=|\boldsymbol{BA}|$　　D. $(\boldsymbol{A}+\boldsymbol{B})^{-1}=\boldsymbol{A}^{-1}+\boldsymbol{B}^{-1}$

4. 设 $\boldsymbol{A}$ 是 n 阶可逆矩阵,$\boldsymbol{A}^*$ 是 $\boldsymbol{A}$ 的伴随矩阵,则 $|\boldsymbol{A}^*|=$ ( )

A. $|\boldsymbol{A}|^{n-1}$　　B. $|\boldsymbol{A}|$　　C. $|\boldsymbol{A}|^n$　　D. $|\boldsymbol{A}^{-1}|$

5. 设 $\boldsymbol{A}$,$\boldsymbol{B}$ 是同阶实对称矩阵,则 $\boldsymbol{AB}$ 是 ( )

A. 对称矩阵　　B. 非对称矩阵

C. 反对称矩阵　　D. 以上均不对

6. 设A是n阶可逆矩阵，$\boldsymbol{B}$是n阶不可逆矩阵，则　（　）

A. $\boldsymbol{A}+\boldsymbol{B}$是可逆矩阵　　B. $\boldsymbol{A}+\boldsymbol{B}$是不可逆矩阵

C. $\boldsymbol{AB}$是可逆矩阵　　D. $\boldsymbol{AB}$是不可逆矩阵

7. 设$\boldsymbol{A},\boldsymbol{B}$为$n$阶非零矩阵满足$\boldsymbol{AB}=\boldsymbol{O}$，则$\boldsymbol{A}$和$\boldsymbol{B}$的秩为　（　）

A. 必有一个等于零　　B. 都小于n

C. 都等于n　　D. 一个小于n一个等于n

8. 设$|\boldsymbol{A}|,|\boldsymbol{B}|$均为$n\ (n>2)$阶行列式，则　（　）

A. $|\boldsymbol{A}+\boldsymbol{B}|=|\boldsymbol{A}|+|\boldsymbol{B}|$　　B. $|\boldsymbol{A}-\boldsymbol{B}|=|\boldsymbol{A}|-|\boldsymbol{B}|$

C. $|\boldsymbol{AB}|=|\boldsymbol{A}|\cdot|\boldsymbol{B}|$　　D. $\begin{vmatrix}\boldsymbol{O} & \boldsymbol{A}\\ \boldsymbol{B} & \boldsymbol{O}\end{vmatrix}=|\boldsymbol{A}|\cdot|\boldsymbol{B}|$

二、填空题

1. 设$\boldsymbol{A}=\begin{pmatrix}0&0&0&1\\0&0&1&0\\0&1&0&0\\1&0&0&0\end{pmatrix}$，则$\boldsymbol{A}^{-1}=$______.

2. $\boldsymbol{A},\boldsymbol{B}$均为三阶方阵，$\boldsymbol{A}=2\boldsymbol{B}$，且$|\boldsymbol{A}|=3$，则$|\boldsymbol{B}|=$______.

3. 设$\boldsymbol{A},\boldsymbol{B},\boldsymbol{C}$为同阶方阵，且$\boldsymbol{ABC}=\boldsymbol{E}$，则$\boldsymbol{A}^{-1}=$______.

4. 设$\boldsymbol{A}=\begin{pmatrix}a_1&b_1&c_1\\a_2&b_2&c_2\\a_3&b_3&c_3\end{pmatrix}$，$\boldsymbol{B}=\begin{pmatrix}a_1&b_1&d_1\\a_2&b_2&d_2\\a_3&b_3&d_3\end{pmatrix}$，$|\boldsymbol{A}|=2$，$|\boldsymbol{B}|=3$，则$|2\boldsymbol{A}-\boldsymbol{B}|=$______.

5. 设$\boldsymbol{A}$为n阶方阵，且$|\boldsymbol{A}|=-2$，则$|(-\frac{1}{3}\boldsymbol{A})^{-1}+\boldsymbol{A}^*|=$______.

6. $\boldsymbol{A}$为三阶矩阵，$\boldsymbol{A}^*$为$\boldsymbol{A}$的伴随矩阵，已知$|\boldsymbol{A}|=-2$，则$|\boldsymbol{A}^*|=$______.

7. 设$\boldsymbol{A}^{-1}=\begin{pmatrix}1&3\\-1&5\end{pmatrix}$，则$(8\boldsymbol{A})^{\mathrm{T}}=$______.

8. 设$\boldsymbol{A}=\begin{pmatrix}1&2\\3&4\end{pmatrix}$，$\boldsymbol{B}=\begin{pmatrix}2&1\\2&x\end{pmatrix}$，如果$\boldsymbol{AB}=\boldsymbol{BA}$，则$x=$______.

9. 设方阵$\boldsymbol{A}$满足$\boldsymbol{A}^2=\boldsymbol{A}$，则$|\boldsymbol{A}|=$______.

三、计算题

1. 设$\boldsymbol{A}=\begin{pmatrix}3&0&7\\0&2&1\\1&6&0\end{pmatrix}$，$\boldsymbol{B}=\begin{pmatrix}0&4&2\\0&-1&0\\1&0&6\end{pmatrix}$，$\boldsymbol{C}=\begin{pmatrix}1&0&4\\-1&1&6\\2&0&6\end{pmatrix}$，

(1) 若$\boldsymbol{A}-3(\boldsymbol{B}-\boldsymbol{X})=\boldsymbol{X}-\boldsymbol{C}$，求矩阵$\boldsymbol{X}$；

(2) 求$(\boldsymbol{AB})\boldsymbol{C}^{\mathrm{T}}$；

(3) 求$\boldsymbol{A}^2$.

2. 设$\boldsymbol{A}^2-\boldsymbol{AB}=\boldsymbol{E}$，且$\boldsymbol{A}=\begin{pmatrix}1&1&-1\\0&1&1\\0&0&-1\end{pmatrix}$，求矩阵$\boldsymbol{B}$.

3. 设$\boldsymbol{A}=\begin{pmatrix}1&0&0\\2&2&0\\3&4&5\end{pmatrix}$，$\boldsymbol{A}^*$是$\boldsymbol{A}$的伴随矩阵，求$(\boldsymbol{A}^*)^{-1}$.

4. 求矩阵$\begin{pmatrix}1&4&1&0&0\\2&1&-1&-3&3\\1&0&-3&-1&2\\0&2&-6&3&0\end{pmatrix}$的秩.

5. 设$\boldsymbol{A}$，$\boldsymbol{B}$为三阶矩阵，$\boldsymbol{E}$为三阶单位矩阵，满足$\boldsymbol{AB}+\boldsymbol{E}=\boldsymbol{A}^2+\boldsymbol{B}$，又知

$$\boldsymbol{A}=\begin{pmatrix}1&0&1\\0&2&0\\-1&0&1\end{pmatrix},$$

求矩阵$\boldsymbol{B}$.

6. 设$\boldsymbol{A}=\begin{pmatrix}2&1&-1\\2&1&0\\1&-1&1\end{pmatrix}$，$\boldsymbol{B}=\begin{pmatrix}1&-1&3\\4&3&2\end{pmatrix}$，求满足$\boldsymbol{XA}=\boldsymbol{B}$的矩阵$\boldsymbol{X}$.

四、证明题

1. 已知n阶方阵$\boldsymbol{A}$满足矩阵方程$\boldsymbol{A}^2-3\boldsymbol{A}-3\boldsymbol{E}=\boldsymbol{O}$，其中$\boldsymbol{A}$给定，而$\boldsymbol{E}$是单位矩阵，证明$\boldsymbol{A}$可逆，并求出其逆矩阵$\boldsymbol{A}^{-1}$.

2. 证明：如果$\boldsymbol{A}^2=\boldsymbol{A}$，但$\boldsymbol{A}$不是单位矩阵，则$\boldsymbol{A}$必为不可逆矩阵.

第 3 章　线性方程组

求解线性方程组或许是数学问题中最重要的问题. 超过 75%的科学研究和工程应用中的数学问题，在某个阶段都涉及或可转化为求解线性方程组. 在第 1 章中导出的克莱姆法则在理论上是一个非常完美的结果. 它不仅判定了此时解的存在且唯一，而且还用公式把解用系数和常数项通过四则运算表示了出来. 然而克莱姆法则只对方程个数与未知量个数相等的且系数行列式不为零的线性方程组有效，所以应用范围有局限性. 鉴于此，在这一章我们讨论一般形式的 n 个未知数 m 个方程的线性方程组

$$\begin{cases} a_{11}x_1+a_{12}x_2+\cdots+a_{1n}x_n=b_1 \\ a_{21}x_1+a_{22}x_2+\cdots+a_{2n}x_n=b_2 \\ \quad\cdots\cdots \\ a_{m1}x_1+a_{m2}x_2+\cdots+a_{mn}x_n=b_m \end{cases} \tag{3-1}$$

的求解问题. 具体地说，我们将讨论两方面的问题：

(1) 探讨 n 个未知数 m 个方程的线性方程组的解法(即下面介绍的高斯消元法).

(2) 从理论上探讨解的形式，一个方程组在什么情况下无解，在什么情况下有解. 若有解，则有多少组解；若有无穷多解，解与解之间有什么关系.

运用 n 维向量的理论可全面地解决第二个方面的问题.

§3.1　高斯消元法

高斯(Gauss)消元法实质上是中学里消元法(加减消元法和代入消元法)的程序化，它的基本思想是：把方程组中一部分方程变成未知量较少的方程.

下面我们先看一个具体的例子.

例 3.1　求解线性方程组

$$\begin{cases} 2x_1-x_2+3x_3=1 \\ 4x_1+2x_2+5x_3=4. \\ 2x_1\qquad+2x_3=6 \end{cases}$$

解　将第二个方程减去第一个方程的 2 倍，第三个方程减去第一个方程，方程

组变成

$$\begin{cases}2x_1-x_2+3x_3=1\\ \quad 4x_2-x_3=2.\\ \quad x_2-x_3=6\end{cases}$$

第二个方程减去第三个方程的 4 倍，把第二、第三两个方程的次序互换，即得

$$\begin{cases}2x_1-x_2+3x_3=1\\ \quad x_2-x_3=5\\ \quad\quad 3x_3=-18\end{cases}. \tag{3-2}$$

像(3-2)式这样形状的方程组称为**阶梯形方程组**. 将原方程组化为阶梯形方程组的过程称为**消元过程**. 在此基础上，再从后往前依次求出未知量 x_3,x_2,x_1 的过程称为**回代过程**，即将第三个方程乘$\frac{1}{3}$得 $x_3=-6$；再将 $x_3=-6$ 代入第二个方程得(9，−1，−6)；再将，$x_2=-1$ 代入第一个方程得 $x_1=9$. 这样，方程组的解为(9，−1，−6).

分析上面的解题过程，不难看出，用消元法求解线性方程组就是对方程组反复施行以下三种变换：

(1) 用一非零的数乘某一方程；

(2) 把一个方程的倍数加到另一个方程；

(3) 互换两个方程的位置.

这三种变换称为**线性方程组的初等变换**. 容易证明，初等变换总是把方程组变成**同解的方程组**. 经过初等变换，把原方程组变成阶梯形方程组，然后去解阶梯形方程组，求得的解就是原方程组的解.

我们再来研究线性方程组的消元解法. 实际上在进行消元及回代的过程中，真正参与运算的仅是未知量前面的系数及常数项. 因此可以对方程组的求解过程进行必要的简化，只写出未知数的系数与常数项，而不必写出未知数. 只需约定：写在第一个的为 x_1 的系数，第二个为 x_2 的系数，…，最后一个为常数项(这时要注意不要打乱系数的排列顺序).

显然，如果知道了一个线性方程组的全部系数和常数项，那么这个线性方程组就完全确定下来了. 借助于上一章中矩阵及矩阵的初等变换的概念，也就是说，线性方程组(3-1)可以用它的增广矩阵

$$\bar{\mathbf{A}}=\begin{pmatrix}a_{11} & a_{12} & \cdots & a_{1n} & b_1\\ a_{21} & a_{22} & \cdots & a_{2n} & b_2\\ \vdots & \vdots & & \vdots & \vdots\\ a_{m1} & a_{m2} & \cdots & a_{mn} & b_m\end{pmatrix}$$

来表示.我们可以看到,对方程组(3-1)施行初等变换,将其化成阶梯形方程组的过程,相当于是对方程组的增广矩阵施以初等行变换化其为阶梯形矩阵的过程.

用增广矩阵来表示线性方程组,则例3.1的消元过程可以写成:

$$\overline{\mathbf{A}}=\begin{pmatrix}2&-1&3&1\\4&2&-5&4\\2&0&2&6\end{pmatrix}\xrightarrow[r_3-r_1]{r_2-2r_1}\begin{pmatrix}2&-1&3&1\\0&4&-1&2\\0&1&-1&5\end{pmatrix}\xrightarrow{r_2-4r_3}\begin{pmatrix}2&-1&3&1\\0&0&3&-18\\0&1&-1&5\end{pmatrix}$$

$$\xrightarrow{r_2\leftrightarrow r_3}\begin{pmatrix}2&-1&3&1\\0&1&-1&5\\0&0&3&-18\end{pmatrix}.$$

最后这个矩阵所对应的线性方程组就是阶梯形方程组(3-2).

回代过程就是继续对这阶梯形矩阵施行初等行变换,将之变成**行简化阶梯形矩阵**.所谓行简化阶梯形矩阵指的是它的每一个非零行(元素不全为零的行)的第一个不为零的元素(简称**首非零元**)都是1,且首非零元所在列的其余元都为0.仍看例3.1:

$$\begin{pmatrix}2&-1&3&1\\0&1&-1&5\\0&0&3&-18\end{pmatrix}\xrightarrow{r_3\times\frac{1}{3}}\begin{pmatrix}2&-1&3&1\\0&1&-1&5\\0&0&1&-6\end{pmatrix}\xrightarrow[r_1-3r_3]{r_2+r_3}\begin{pmatrix}2&-1&0&19\\0&1&0&-1\\0&0&1&-6\end{pmatrix}$$

$$\xrightarrow{r_1+r_2}\begin{pmatrix}2&0&0&18\\0&1&0&-1\\0&0&1&-6\end{pmatrix}\xrightarrow{r_1\times\frac{1}{2}}\begin{pmatrix}1&0&0&9\\0&1&0&-1\\0&0&1&-6\end{pmatrix}.$$

这样,我们就可以直接从这种行简化阶梯形矩阵"读出"原方程组的解:

$$\begin{cases}x_1=9\\x_2=-1.\\x_3=-6\end{cases}$$

我们可以归纳出高斯消元法的主要步骤:写出方程组的增广矩阵,用矩阵的初等行变换化为阶梯形,再还原成方程组的形式,若有解,自下而上分别解出未知量.

例3.2　求解线性方程组

$$\begin{cases}x_1-x_2+2x_3=3\\2x_1+3x_2-4x_3=2\\4x_1+x_2=8\\5x_1+2x_3=9\end{cases}.$$

解　对增广矩阵作初等行变换:

$$\overline{\boldsymbol{A}}=\begin{pmatrix}1&-1&2&3\\2&3&-4&2\\4&1&0&8\\5&0&2&9\end{pmatrix}\xrightarrow[r_4-5r_1]{\substack{r_2-2r_1\\r_3-4r_1}}\begin{pmatrix}1&-1&2&3\\0&5&-8&-4\\0&5&-8&-4\\0&5&-8&-6\end{pmatrix}$$

$$\xrightarrow[r_4-r_2]{r_3-r_2}\begin{pmatrix}1&-1&2&3\\0&5&-8&-4\\0&0&0&0\\0&0&0&-2\end{pmatrix}\longrightarrow\begin{pmatrix}1&-1&2&3\\0&5&-8&-4\\0&0&0&-2\\0&0&0&0\end{pmatrix},$$

还原成方程组的形式,得

$$\begin{cases}x_1-x_2+2x_3=3\\ \quad 5x_2-8x_3=-4,\\ \qquad\qquad 0=-2\end{cases}$$

这里略去了最后一个方程 $0=0$. 显然,这是矛盾方程组,因此原方程组无解.

例 3.3 求解线性方程组

$$\begin{cases}x_1+3x_2+4x_3=-2\\2x_1+5x_2+9x_3=3\\3x_1+7x_2+14x_3=8\end{cases}.$$

解 对增广矩阵作初等行变换:

$$\overline{\boldsymbol{A}}=\begin{pmatrix}1&3&4&-2\\2&5&9&3\\3&7&14&8\end{pmatrix}\xrightarrow[r_3-3r_1]{r_2-2r_1}\begin{pmatrix}1&3&4&-2\\0&-1&1&7\\0&-2&2&14\end{pmatrix}\xrightarrow[r_2\times(-1)]{r_3-2r_2}\begin{pmatrix}1&3&4&-2\\0&1&-1&-7\\0&0&0&0\end{pmatrix}$$

$$\xrightarrow{r_1-3r_2}\begin{pmatrix}1&0&7&19\\0&1&-1&-7\\0&0&0&0\end{pmatrix}.$$

还原成方程组的形式,得

$$\begin{cases}x_1\quad+7x_3=19\\ \quad x_2-x_3=-7\end{cases},$$

把 x_3 移到右边,得

$$\begin{cases}x_1=19-7x_3\\x_2=-7+x_3\end{cases},\tag{3-3}$$

此时,任取 x_3 的某个值,都可以唯一地确定出其余的两个未知量即 x_1,x_2 的值,我们称 x_3 为**自由未知量**. 这时,方程组有无穷多解. (3-3)式即为方程组的全部解.

必须指出:自由未知量并非唯一确定,本例中我们如果把 x_2 作为自由未知量,那么可以把非自由未知量即 x_1,x_3 用自由未知量表示出来(请读者自行写出这种解的表示式).

下面我们把利用初等变换来解一般的线性方程组的讨论归纳一下.

对于方程组(3-1),利用矩阵的初等行变换将其增广矩阵 $\overline{\mathbf{A}}$ 化为阶梯形:

$$\overline{\mathbf{A}} \longrightarrow \begin{pmatrix} c_{11} & c_{12} & \cdots & c_{1r} & \cdots & c_{1n} & d_1 \\ 0 & c_{22} & \cdots & c_{2r} & \cdots & c_{2n} & d_2 \\ \vdots & \vdots & & \vdots & & \vdots & \vdots \\ 0 & 0 & \cdots & c_{rr} & \cdots & c_{rn} & d_r \\ 0 & 0 & \cdots & 0 & \cdots & 0 & d_{r+1} \\ 0 & 0 & \cdots & 0 & \cdots & 0 & 0 \\ \vdots & \vdots & & \vdots & & \vdots & \vdots \\ 0 & 0 & \cdots & 0 & \cdots & 0 & 0 \end{pmatrix}, \tag{3-4}$$

将(3-4)还原成方程组的形式为

$$\begin{cases} c_{11}x_1 + c_{12}x_2 + \cdots + c_{1r}x_r + \cdots + c_{1n}x_n = d_1 \\ \qquad c_{22}x_2 + \cdots + c_{2r}x_r + \cdots + c_{2n}x_n = d_2 \\ \qquad\qquad \cdots\cdots \\ \qquad\qquad c_{rr}x_r + \cdots + c_{rn}x_n = d_r \\ \qquad\qquad\qquad 0 = d_{r+1} \\ \qquad\qquad\qquad 0 = 0 \\ \qquad\qquad\qquad \cdots\cdots \\ \qquad\qquad\qquad 0 = 0 \end{cases}, \tag{3-5}$$

为方便讨论不妨设 $c_{ii} \neq 0(i=1,\cdots,r)$,如某个 $c_{kk}=0$ 时,可对未知量进行重新编号,消除这种现象.例如:某一方程组的增广矩阵化成阶梯形为

$$\begin{pmatrix} 2 & -3 & 0 & 5 & -1 \\ 0 & 1 & -1 & 4 & 2 \\ 0 & 0 & 0 & -3 & 1 \end{pmatrix},$$

还原后的方程组为

$$\begin{cases} 2x_1 - 3x_2 \qquad + 5x_4 = -1 \\ \qquad x_2 - x_3 + 4x_4 = 2 \\ \qquad\qquad -3x_4 = 1 \end{cases},$$

只需令 $x_1=y_1, x_2=y_2, x_3=y_4, x_4=y_3$,则对应于新方程组

$$\begin{cases} 2y_1 - 3y_2 + 5y_3 \qquad = -1 \\ \qquad y_2 + 4y_3 - y_4 = 2 \\ \qquad -3y_3 \qquad = 1 \end{cases}$$

的阶梯形矩阵为

$$\begin{pmatrix} 2 & -3 & 5 & 0 & -1 \\ 0 & 1 & 4 & -1 & 2 \\ 0 & 0 & -3 & 0 & 1 \end{pmatrix},$$

便符合我们的要求：$c_{ii} \neq 0(i=1,\ 2,\ 3)$.

方程组(3-1)与(3-5)是同解的，而方程组(3-5)是否有解取决于其中最后一个方程 $0=d_{r+1}$ 是否成立.

结论：方程组(3-1)有解的充分必要条件是 $d_{r+1}=0$.

在有解的情况下，又分两种情形：

(1) 若 $r=n$，则此时阶梯形方程组为

$$\begin{cases} c_{11}x_1+c_{12}x_2+\cdots+c_{1n}x_n=d_1 \\ \qquad c_{22}x_2+\cdots+c_{2n}x_n=d_2 \\ \qquad\qquad \cdots\cdots \\ \qquad\qquad c_{nn}x_n=d_n \end{cases}, \tag{3-6}$$

其中 $c_{ii} \neq 0, i=1,2,\cdots,n$. 从最后一个方程解出 x_n，再自下而上可得到 $x_{n-1}, x_{n-2}, \cdots, x_1$，在这个情形下，方程组(3-1)有唯一解.

(2) 若 $r<n$，则此时阶梯形方程组为

$$\begin{cases} c_{11}x_1+c_{12}x_2+\cdots+c_{1r}x_r+c_{1,\ r+1}x_{r+1}+\cdots+c_{1n}x_n=d_1 \\ \qquad c_{22}x_2+\cdots+c_{2r}x_r+c_{2,\ r+1}x_{r+1}+\cdots+c_{2n}x_n=d_2 \\ \qquad\qquad \cdots\cdots \\ \qquad\qquad c_{rr}x_r+c_{r,\ r+1}x_{r+1}+\cdots+c_{rn}x_n=d_r \end{cases},$$

其中 $c_{ii} \neq 0, i=1,2,\cdots,r$. 把它改写成

$$\begin{cases} c_{11}x_1+c_{12}x_2+\cdots+c_{1r}x_r=d_1-c_{1,\ r+1}x_{r+1}-\cdots-c_{1n}x_n \\ \qquad c_{22}x_2+\cdots+c_{2r}x_r=d_2-c_{2,\ r+1}x_{r+1}-\cdots-c_{2n}x_n \\ \qquad\qquad \cdots\cdots \\ \qquad\qquad c_{rr}x_r=d_r-c_{r,\ r+1}x_{r+1}-\cdots-c_{rn}x_n \end{cases}. \tag{3-7}$$

可见，任给 $x_{r+1}, \cdots, x_n$ 一组解，就唯一地定出 $x_1, x_2, \cdots, x_r$ 的值，也就是定出方程组(3-7)的一个解. 一般地，由(3-7)我们可以把 $x_1, x_2, \cdots, x_r$ 通过 $x_{r+1}, \cdots, x_n$ 表示出来. 这样一组表达式称为方程组(3-1)的**一般解**，而 $x_{r+1}, \cdots, x_n$ 称为一组**自由未知量**.

综上讨论，可得如下结论：

①$d_{r+1} \neq 0$ 时，方程组无解；

②$d_{r+1}=0$ 且 $r=n$ 时，方程组有唯一解；

③$d_{r+1}=0$ 且 $r<n$ 时，方程组有无穷多解.

注意到(3-7)式的通解中自由未知量的个数为 $n-r$，对此我们有三点需要说明：

(1) r 是有具体含义的，它等于增广阵 $\overline{\mathbf{A}}$ 对应的阶梯形矩阵去掉最后一列得到的矩阵非零行的行数. 由第 2 章 § 2.6 定理知道，$r=r(\mathbf{A})$.

(2) $r(\mathbf{A})$表示方程组中独立的同解方程的个数，n 表示方程组未知量的个数. 因此在有解的条件下，当 $r(\mathbf{A})<n$ 时，则意味着方程组有自由变量，解有无穷多个. 当 $r(\mathbf{A})=n$，方程组的个数和自变量的个数相同，没有自由变量，即解是唯一的.

(3) 自由变量的选取是有策略的. 习惯上，阶梯形矩阵每一行第一个非零元所在的列对应的未知量是不取成自由的.

由此，我们得到下面的定理.

定理 3.1　如果线性方程组(3-1)对应的阶梯形矩阵为(3-4)，则方程组有解当且仅当 $d_{r+1}=0$，即 $r(\mathbf{A})=r(\overline{\mathbf{A}})$. 在有解的条件下，当 $r(\mathbf{A})=n$ 时，方程组的解是唯一的；而 $r(\mathbf{A})<n$ 时，方程组有无穷多解.

把定理 3.1 应用到齐次线性方程组

$$\begin{cases} a_{11}x_1+a_{12}x_2+\cdots+a_{1n}x_n=0 \\ a_{21}x_1+a_{22}x_2+\cdots+a_{2n}x_n=0 \\ \quad\cdots\cdots \\ a_{m1}x_1+a_{m2}x_2+\cdots+a_{mn}x_n=0 \end{cases}, \tag{3-8}$$

显然 $r(\mathbf{A})=r(\overline{\mathbf{A}})$，齐次线性方程组一定有解. 如果 $r(\mathbf{A})<n$，则意味着阶梯形矩阵对应的独立方程组中含有自由变量，所以方程组有无数的解，即有非零解. 而当 $r(\mathbf{A})=n$，独立的方程组中没有自由变量，即只有零解. 因此我们有下面的定理.

定理 3.2　对于齐次线性方程组(3-8)，若 $r(\mathbf{A})<n$，则方程组有非零解，而若 $r(\mathbf{A})=n$，则方程组只有零解.

特别地，如果方程组中方程的个数 m 少于未知量的个数 n，即 $m<n$，则 $r(\mathbf{A})<n$. 因此，方程组(3-8)有非零解. 即下面的推论也成立.

推论　齐次线性方程组(3-8)必有零解. 如果方程组中方程的个数小于未知量的个数，则它有非零解.

例 3.4　λ 为何值时，线性方程组

$$\begin{cases} x_1 \qquad\quad +x_3=\lambda \\ 4x_1+x_2+2x_3=\lambda+2 \\ 6x_1+x_2+4x_3=2\lambda+3 \end{cases}$$

有解？并求解.

解　将方程组的增广矩阵作初等行变换得

$$\overline{\boldsymbol{A}}=\begin{pmatrix}1&0&1&\lambda\\4&1&2&\lambda+2\\6&1&4&2\lambda+3\end{pmatrix}\xrightarrow[r_3-6r_1]{r_2-4r_1}\begin{pmatrix}1&0&1&\lambda\\0&1&-2&-3\lambda+2\\0&1&-2&-4\lambda+3\end{pmatrix}$$

$$\xrightarrow{r_3-r_2}\begin{pmatrix}1&0&1&\lambda\\0&1&-2&-3\lambda+2\\0&0&0&-\lambda+1\end{pmatrix}.$$

当$-\lambda+1=0$即$\lambda=1$时，$r(\boldsymbol{A})=r(\overline{\boldsymbol{A}})=2$方程组有解.还原成方程组的形式

$$\begin{cases}x_1\quad+x_3=1\\ \quad x_2-2x_3=-1\end{cases},$$

自由未知量$3-2=1$个，则方程组的一般解为

$$\begin{cases}x_1=1-x_3\\x_2=-1+2x_3\end{cases},$$

其中x_3为自由未知量.

习题 3.1

1. 用高斯消元法解下列方程组：

(1) $\begin{cases}4x_1+2x_2-x_3=2\\3x_1-2x_2+2x_3=10\\11x_1+x_2\qquad=8\end{cases}$；　(2) $\begin{cases}2x_1+3x_2+x_3=4\\x_1-2x_2+4x_3=-5\\3x_1+8x_2-2x_3=13\\4x_1-x_2+9x_3=-16\end{cases}$；

(3) $\begin{cases}x_1+5x_2-x_3-x_4=-1\\x_1-2x_2+x_3+3x_4=3\\3x_1+8x_2-x_3+x_4=1\\x_1-9x_2+3x_3+7x_4=7\end{cases}$.

2. 确定a,b的值使下列线性方程组有解并求解：

(1) $\begin{cases}x_1+x_2+x_3=a\\ax_1+x_2+x_3=1\\x_1+x_2+ax_3=1\end{cases}$；　(2) $\begin{cases}x_1+x_2+x_3+x_4+x_5=1\\3x_1+2x_2+x_3+x_4-3x_5=a\\x_2+2x_3+2x_4+6x_5=3\\5x_1+4x_2+3x_3+3x_4-x_5=b\end{cases}$.

§3.2　n 维向量

对于具体地解线性方程组,高斯消元法是一个最有效和最基本的方法.为了进一步揭示线性方程组中方程与方程之间、解与解之间的关系,我们引入 n 维向量的概念.

定义 3.1　由 n 个数 $a_1,a_2,\cdots,a_n$ 组成的有序数组 $(a_1,a_2,\cdots,a_n)$,称为一个 **n 维向量**,其中数 a_i 称为此向量的第 i 个分量.

向量通常用希腊字母 $\boldsymbol{\alpha},\boldsymbol{\beta},\boldsymbol{\gamma}$ 等表示.通常,向量写成行的形式,有时候为了讨论方便,n 维向量也可以写成列的形式

$$\boldsymbol{\alpha}=\begin{pmatrix}a_1\\a_2\\\vdots\\a_n\end{pmatrix},$$

为了区别,前者称为 n 维行向量,后者称为 n 维列向量.

从矩阵的角度来看,一个 n 维行向量可看做一个 $1\times n$ 矩阵,而一个 n 维列向量则可看做一个 $n\times 1$ 矩阵,从而可以将列向量看做是行向量的转置.

定义 3.2　如果两个 n 维向量 $\boldsymbol{\alpha}=(a_1,a_2,\cdots,a_n)$,$\boldsymbol{\beta}=(b_1,b_2,\cdots,b_n)$ 的对应分量都相等,即 $a_i=b_i(i=1,2,\cdots,n)$,则称这两个向量是**相等**的,记作 $\boldsymbol{\alpha}=\boldsymbol{\beta}$.

与矩阵一样,n 维向量也可以作加法及数乘等运算.

定义 3.3　设 $\boldsymbol{\alpha}=(a_1,a_2,\cdots,a_n)$,$\boldsymbol{\beta}=(b_1,b_2,\cdots,b_n)$ 是两个 n 维向量,则向量

$$(a_1+b_1,a_2+b_2,\cdots,a_n+b_n)$$

称为向量 $\boldsymbol{\alpha}$ 与 $\boldsymbol{\beta}$ 的**和**,记为 $\boldsymbol{\alpha}+\boldsymbol{\beta}$.

定义 3.4　设 $\boldsymbol{\alpha}=(a_1,a_2,\cdots,a_n)$ 为 n 维向量,k 为数,则向量

$$(ka_1,ka_2,\cdots,ka_n)$$

称为向量 $\boldsymbol{\alpha}$ 与数 k 的**数乘**,记为 $k\boldsymbol{\alpha}$.

特别地,分量全为零的向量 $(0,0,\cdots,0)$ 称为**零向量**;向量 $(-a_1,-a_2,\cdots,-a_n)$ 称为向量 $\boldsymbol{\alpha}=(a_1,a_2,\cdots,a_n)$ 的**负向量**,记为 $-\boldsymbol{\alpha}$,从而向量的**减法**可以定义为

$$\boldsymbol{\alpha}-\boldsymbol{\beta}=(a_1-b_1,a_2-b_2,\cdots,a_n-b_n).$$

利用上述定义,容易验证向量的加法与数乘满足下列运算规律:

(1) $\boldsymbol{\alpha}+\boldsymbol{\beta}=\boldsymbol{\beta}+\boldsymbol{\alpha}$(加法交换律);

(2) $(\boldsymbol{\alpha}+\boldsymbol{\beta})+\boldsymbol{\gamma}=\boldsymbol{\alpha}+(\boldsymbol{\beta}+\boldsymbol{\gamma})$(加法结合律);

(3) $\boldsymbol{\alpha}+\mathbf{0}=\boldsymbol{\alpha}$;

(4) $\boldsymbol{\alpha}+(-\boldsymbol{\alpha})=\mathbf{0}$;

(5) $k(\boldsymbol{\alpha}+\boldsymbol{\beta})=k\boldsymbol{\alpha}+k\boldsymbol{\beta}$(数乘分配律)；

(6) $(k+l)\boldsymbol{\alpha}=k\boldsymbol{\alpha}+l\boldsymbol{\alpha}$(数乘分配律)；

(7) $(kl)\boldsymbol{\alpha}=k(l\boldsymbol{\alpha})$；

(8) $1\cdot\boldsymbol{\alpha}=\boldsymbol{\alpha}$.

例 3.5 设向量 $\boldsymbol{\alpha}_1=(1,2,1)$，$\boldsymbol{\alpha}_2=(1,-1,0)$，$\boldsymbol{\alpha}_3=(0,1,-1)$，满足

$$3(\boldsymbol{\alpha}_1-\boldsymbol{\beta})+4(\boldsymbol{\alpha}_2+\boldsymbol{\beta})=2(\boldsymbol{\alpha}_3-\boldsymbol{\beta}),$$

求向量 $\boldsymbol{\beta}$.

解 由 $3(\boldsymbol{\alpha}_1-\boldsymbol{\beta})+4(\boldsymbol{\alpha}_2+\boldsymbol{\beta})=2(\boldsymbol{\alpha}_3-\boldsymbol{\beta})$ 解得

$$\boldsymbol{\beta}=\frac{1}{3}(-3\boldsymbol{\alpha}_1-4\boldsymbol{\alpha}_2+2\boldsymbol{\alpha}_3)=\frac{1}{3}[-3(1,2,1)-4(1,-1,0)+2(0,1,-1)]$$

$$=\frac{1}{3}(-7,0,-5)=\left(-\frac{7}{3},0,-\frac{5}{3}\right).$$

例 3.6 设 $m\times n$ 矩阵

$$\boldsymbol{A}=\begin{pmatrix} a_{11} & a_{12} & \cdots & a_{1n} \\ a_{21} & a_{22} & \cdots & a_{2n} \\ \vdots & \vdots & & \vdots \\ a_{m1} & a_{m2} & \cdots & a_{mn} \end{pmatrix},$$

把 $\boldsymbol{A}$ 中的每一行看做一个 n 维行向量，记

$$\boldsymbol{\alpha}_i=(a_{i1},a_{i2},\cdots,a_{in}),\quad i=1,2,\cdots,m,$$

称向量组 $\boldsymbol{\alpha}_1,\boldsymbol{\alpha}_2,\cdots,\boldsymbol{\alpha}_m$ 为矩阵 $\boldsymbol{A}$ 的**行向量组**；把 $\boldsymbol{A}$ 中的每一列看做一个 m 维列向量，记

$$\boldsymbol{\beta}_j=\begin{pmatrix} a_{1j} \\ a_{2j} \\ \vdots \\ a_{mj} \end{pmatrix},\ j=1,2,\cdots,n,$$

称向量组 $\boldsymbol{\beta}_1,\boldsymbol{\beta}_2,\cdots,\boldsymbol{\beta}_n$ 为矩阵 $\boldsymbol{A}$ 的**列向量组**. 这样矩阵 $\boldsymbol{A}$ 可以写成如下两种分块矩阵的形式

$$\boldsymbol{A}=\begin{pmatrix} \boldsymbol{\alpha}_1 \\ \boldsymbol{\alpha}_2 \\ \vdots \\ \boldsymbol{\alpha}_m \end{pmatrix} \quad 或 \quad \boldsymbol{A}=(\boldsymbol{\beta}_1,\boldsymbol{\beta}_2,\cdots,\boldsymbol{\beta}_n).$$

利用 n 维向量的加法，数乘运算及两个 n 维向量相等的定义，我们可以把 n 个未知量、m 个方程的线性方程组写成向量方程的形式. 对于线性方程组(3-1)，

$$\begin{cases} a_{11}x_1+\cdots+a_{1n}x_n=b_1 \\ a_{21}x_1+\cdots+a_{2n}x_n=b_2 \\ \quad\cdots\cdots \\ a_{m1}x_1+\cdots+a_{mn}x_n=b_m \end{cases},$$

令

$$\boldsymbol{\alpha}_1=\begin{pmatrix} a_{11} \\ a_{21} \\ \vdots \\ a_{m1} \end{pmatrix},\boldsymbol{\alpha}_2=\begin{pmatrix} a_{12} \\ a_{22} \\ \vdots \\ a_{m2} \end{pmatrix},\cdots,\boldsymbol{\alpha}_n=\begin{pmatrix} a_{1n} \\ a_{2n} \\ \vdots \\ a_{mn} \end{pmatrix},\boldsymbol{\beta}=\begin{pmatrix} b_1 \\ b_2 \\ \vdots \\ b_m \end{pmatrix},$$

则方程组(3－1)的向量方程的形式为

$$x_1\boldsymbol{\alpha}_1+x_2\boldsymbol{\alpha}_2+\cdots+x_n\boldsymbol{\alpha}_n=\boldsymbol{\beta}. \tag{3-9}$$

由此可知：

(1) 方程组(3－1)是否有解⇔向量 $\boldsymbol{\beta}$ 能否被向量组 $\boldsymbol{\alpha}_1,\cdots,\boldsymbol{\alpha}_n$ 表示出来；

(2) 方程组(3－1)有多少解⇔向量 $\boldsymbol{\beta}$ 有多少种方式被 $\boldsymbol{\alpha}_1,\cdots,\boldsymbol{\alpha}_n$ 表示出来.

下一节我们将着重讨论一个向量能否被某一个向量组表示出来以及表示法是否唯一的问题.

习题 3.2

1. 设 $\boldsymbol{\alpha}=(2,1,3)$，$\boldsymbol{\beta}=(-1,3,6)$，$\boldsymbol{\gamma}=(2,-1,4)$,求向量 $2\boldsymbol{\alpha}+3\boldsymbol{\beta}-\boldsymbol{\gamma}$.

2. 已知向量 $\boldsymbol{\alpha}_1=(4,5,-5,3)$，$\boldsymbol{\alpha}_2=(10,1,5,10)$，$\boldsymbol{\alpha}_3=(4,1,-1,1)$,如果 $3(\boldsymbol{\alpha}_1-\boldsymbol{\alpha})+2(\boldsymbol{\alpha}_2+\boldsymbol{\alpha})-5(\boldsymbol{\alpha}_3-\boldsymbol{\alpha})=\mathbf{0}$,求 $\boldsymbol{\alpha}$.

§ 3.2　向量组的线性相关性

3.2.1　向量间的线性关系

定义 3.5　给定 n 维向量组：$\boldsymbol{\alpha}_1,\cdots,\boldsymbol{\alpha}_s,\boldsymbol{\beta}$,若存在 s 个数 $k_1,\cdots,k_s$,使

$$\boldsymbol{\beta}=k_1\boldsymbol{\alpha}_1+k_2\boldsymbol{\alpha}_2+\cdots+k_s\boldsymbol{\alpha}_s, \tag{3-10}$$

则称 $\boldsymbol{\beta}$ 是向量组 $\boldsymbol{\alpha}_1,\cdots,\boldsymbol{\alpha}_s$ 的一个**线性组合**,或称 $\boldsymbol{\beta}$ 能被向量组 $\boldsymbol{\alpha}_1,\cdots,\boldsymbol{\alpha}_s$ **线性表示**(或**线性表出**),其中 $k_i(i=1,\cdots,s)$为**表出系数**.

例 3.7　零向量能被任何向量组 $\boldsymbol{\alpha}_1,\cdots,\boldsymbol{\alpha}_s$ 线性表示,这是因为

$$\mathbf{0}=0\boldsymbol{\alpha}_1+0\boldsymbol{\alpha}_2+\cdots+0\boldsymbol{\alpha}_s.$$

例 3.8　给定 n 维向量组：

$$\boldsymbol{\varepsilon}_1=(1,0,\cdots,0)^{\mathrm{T}},\boldsymbol{\varepsilon}_2=(0,1,\cdots,0)^{\mathrm{T}},\cdots,\boldsymbol{\varepsilon}_n=(0,0,\cdots,1)^{\mathrm{T}},$$

则对于任意一个 n 维向量 $\boldsymbol{\alpha}=(a_1,a_2,\cdots,a_n)^{\mathrm{T}}$，由于

$$\boldsymbol{\alpha}=a_1\boldsymbol{\varepsilon}_1+a_2\boldsymbol{\varepsilon}_2+\cdots+a_n\boldsymbol{\varepsilon}_n,$$

因此，它总能被向量组 $\boldsymbol{\varepsilon}_1,\boldsymbol{\varepsilon}_2,\cdots,\boldsymbol{\varepsilon}_n$，线性表示，其表出系数恰好是它的分量. 通常称 $\boldsymbol{\varepsilon}_1,\boldsymbol{\varepsilon}_2,\cdots,\boldsymbol{\varepsilon}_n$ 为 n 维**基本向量组**.

例 3.9 设 $\boldsymbol{\alpha}_1=(1,2,3)^{\mathrm{T}},\boldsymbol{\alpha}_2=(1,3,4)^{\mathrm{T}},\boldsymbol{\alpha}_3=(2,-1,1)^{\mathrm{T}}$，问 $\boldsymbol{\beta}=(2,5,8)^{\mathrm{T}}$ 能否由 $\boldsymbol{\alpha}_1,\boldsymbol{\alpha}_2,\boldsymbol{\alpha}_3$ 线性表示？

解 设 $k_1\boldsymbol{\alpha}_1+k_2\boldsymbol{\alpha}_2+k_3\boldsymbol{\alpha}_3=\boldsymbol{\beta}$，即

$$k_1\begin{pmatrix}1\\2\\3\end{pmatrix}+k_2\begin{pmatrix}1\\3\\4\end{pmatrix}+k_3\begin{pmatrix}2\\-1\\1\end{pmatrix}=\begin{pmatrix}2\\5\\8\end{pmatrix},$$

由此得方程组

$$\begin{cases}k_1+k_2+2k_3=2\\2k_1+3k_2-k_3=5.\\3k_1+4k_2+k_3=8\end{cases}$$

方程组的增广矩阵

$$\overline{\mathbf{A}}=\begin{pmatrix}1&1&2&2\\2&3&-1&5\\3&4&1&8\end{pmatrix}\rightarrow\begin{pmatrix}1&1&2&2\\0&1&-5&1\\0&1&-5&2\end{pmatrix}\rightarrow\begin{pmatrix}1&1&2&2\\0&1&-5&0\\0&0&0&1\end{pmatrix}.$$

由于 $r(\mathbf{A})\neq r(\overline{\mathbf{A}})$，所以线性方程组 $k_1\boldsymbol{\alpha}_1+k_2\boldsymbol{\alpha}_2+k_3\boldsymbol{\alpha}_3=\boldsymbol{\beta}$ 无解，即 $\boldsymbol{\beta}$ 不能由向量 $\boldsymbol{\alpha}_1,\boldsymbol{\alpha}_2,\boldsymbol{\alpha}_3$ 线性表示.

可见，一个向量 $\boldsymbol{\beta}$ 能否由 $\boldsymbol{\alpha}_1,\cdots,\boldsymbol{\alpha}_s$ 线性表示，相当于一个线性方程组是否有解；有多少种表示方式，相当于方程组有唯一解还是无穷多组解，而该方程组的增广矩阵由向量 $\boldsymbol{\alpha}_1,\cdots,\boldsymbol{\alpha}_s$ 及 $\boldsymbol{\beta}$ 竖排组成.

3.2.2 向量组的线性相关性

定义 3.6 对 n 维向量组 $\boldsymbol{\alpha}_1,\cdots,\boldsymbol{\alpha}_s$，若有数组 $k_1,\cdots,k_s$ 不全为 0，使得

$$k_1\boldsymbol{\alpha}_1+\cdots+k_s\boldsymbol{\alpha}_s=\mathbf{0}$$

成立，则称向量组 $\boldsymbol{\alpha}_1,\cdots,\boldsymbol{\alpha}_s$ 线性相关；否则称向量组 $\boldsymbol{\alpha}_1,\cdots,\boldsymbol{\alpha}_s$ 线性无关，即若仅当数组 $k_1,\cdots,k_s$ 全为 0 时，才有

$$k_1\boldsymbol{\alpha}_1+\cdots+k_s\boldsymbol{\alpha}_s=\mathbf{0}$$

成立.

任何一个向量组，不是线性相关，就是线性无关，研究向量组线性相关或线性无关的问题统称为研究向量组的线性相关性.

例 3.10 对于单个向量 $\boldsymbol{\alpha}$，若 $\boldsymbol{\alpha}=\mathbf{0}$，则 $\boldsymbol{\alpha}$ 线性相关；若 $\boldsymbol{\alpha}\neq\mathbf{0}$，则 $\boldsymbol{\alpha}$ 线性无关.

例 3.11 n 维基本单位向量组 $\boldsymbol{\varepsilon}_1,\boldsymbol{\varepsilon}_2,\cdots,\boldsymbol{\varepsilon}_n$ 线性无关.

证 设 $k_1\boldsymbol{\varepsilon}_1+k_2\boldsymbol{\varepsilon}_2+\cdots+k_n\boldsymbol{\varepsilon}_n=\mathbf{0}$，即

$$k_1\begin{pmatrix}1\\0\\\vdots\\0\end{pmatrix}+k_2\begin{pmatrix}0\\1\\\vdots\\0\end{pmatrix}+\cdots+k_n\begin{pmatrix}0\\0\\\vdots\\1\end{pmatrix}=\begin{pmatrix}k_1\\k_2\\\vdots\\k_n\end{pmatrix}=\begin{pmatrix}0\\0\\\vdots\\0\end{pmatrix},$$

由此得 $k_1=k_2=\cdots=k_n=0$，所以 $\boldsymbol{\varepsilon}_1,\boldsymbol{\varepsilon}_2,\cdots,\boldsymbol{\varepsilon}_n$ 线性无关.

例 3.12 判断向量组 $\boldsymbol{\beta}_1=(1,0,-1),\boldsymbol{\beta}_2=(1,1,1),\boldsymbol{\beta}_3=(3,1,-1),\boldsymbol{\beta}_4=(5,3,1)$ 的线性相关性.

解 设 $k_1\boldsymbol{\beta}_1+k_2\boldsymbol{\beta}_2+k_3\boldsymbol{\beta}_3+k_4\boldsymbol{\beta}_4=\mathbf{0}$，即有

$k_1(1,0,-1)+k_2(1,1,1)+k_3(3,1,-1)+k_4(5,3,1)=(0,0,0)$，

比较两端的对应分量可得

$$\begin{cases}k_1+k_2+3k_3+5k_4=0\\ k_2+k_3+3k_4=0,\\ -k_1+k_2-k_3+k_4=0\end{cases}$$

$$\boldsymbol{A}=\begin{pmatrix}1&1&3&5\\0&1&1&3\\-1&1&-1&1\end{pmatrix}\xrightarrow{r_3+r_1}\begin{pmatrix}1&1&3&5\\0&1&1&3\\0&2&2&6\end{pmatrix}\xrightarrow{r_3-2r_2}\begin{pmatrix}1&1&3&5\\0&1&1&3\\0&0&0&0\end{pmatrix}.$$

由 $r(\boldsymbol{A})=2<4$ 知方程组有非零解，因此 $\boldsymbol{\beta}_1,\boldsymbol{\beta}_2,\boldsymbol{\beta}_3,\boldsymbol{\beta}_4$ 线性相关.

可见，一个向量组 $\boldsymbol{\alpha}_1,\cdots,\boldsymbol{\alpha}_s$ 是线性无关还是线性相关等价于一个齐次线性方程组是否有非零解. 若有非零解，则向量组线性相关；若只有零解，则向量组线性无关，而相应方程组的系数矩阵是由 $\boldsymbol{\alpha}_1,\cdots,\boldsymbol{\alpha}_s$ 中每个向量竖排而成.

例 3.13 设 $\boldsymbol{\alpha}_1=(5,3,t),\boldsymbol{\alpha}_2=(1,3,-1),\boldsymbol{\alpha}_3=(1,1,0)$，

(1) 问 t 为何值时，向量组 $\boldsymbol{\alpha}_1,\boldsymbol{\alpha}_2,\boldsymbol{\alpha}_3$ 线性相关？

(2) 问 t 为何值时，向量组 $\boldsymbol{\alpha}_1,\boldsymbol{\alpha}_2,\boldsymbol{\alpha}_3$ 线性无关？

解 设有数 k_1,k_2,k_3，使 $k_1\boldsymbol{\alpha}_1+k_2\boldsymbol{\alpha}_2+k_3\boldsymbol{\alpha}_3=\mathbf{0}$，即有方程组

$$\begin{cases}5k_1+k_2+k_3=0\\3k_1+3k_2+k_3=0.\\tk_1-k_2=0\end{cases}$$

$$\boldsymbol{A}=(\boldsymbol{\alpha}_1^{\mathrm{T}}\boldsymbol{\alpha}_2^{\mathrm{T}}\boldsymbol{\alpha}_3^{\mathrm{T}})=\begin{pmatrix}5&1&1\\3&3&1\\t&-1&0\end{pmatrix}\xrightarrow{c_1\leftrightarrow c_3}\begin{pmatrix}1&1&5\\1&3&3\\0&-1&t\end{pmatrix}$$

$$\xrightarrow{r_2-r_1}\begin{pmatrix}1&1&5\\0&2&-2\\0&-1&t\end{pmatrix}\xrightarrow{r_3+\frac{1}{2}r_2}\begin{pmatrix}1&1&5\\0&2&-2\\0&0&t-1\end{pmatrix}.$$

当 $t=1$ 时,方程组有非零解,此时向量组 $\boldsymbol{\alpha}_1,\boldsymbol{\alpha}_2,\boldsymbol{\alpha}_3$ 线性相关;

当 $t\neq1$ 时,方程组只有零解,此时向量组 $\boldsymbol{\alpha}_1,\boldsymbol{\alpha}_2,\boldsymbol{\alpha}_3$ 线性无关.

例 3.14 已知向量组 $\boldsymbol{\alpha}_1,\boldsymbol{\alpha}_2,\boldsymbol{\alpha}_3$ 线性无关,证明向量组

$$\boldsymbol{\beta}_1=\boldsymbol{\alpha}_1+\boldsymbol{\alpha}_2,\boldsymbol{\beta}_2=\boldsymbol{\alpha}_2+\boldsymbol{\alpha}_3,\boldsymbol{\beta}_3=\boldsymbol{\alpha}_3+\boldsymbol{\alpha}_1$$

线性无关.

证 设 $k_1\boldsymbol{\beta}_1+k_2\boldsymbol{\beta}_2+k_3\boldsymbol{\beta}_3=\mathbf{0}$,则有

$$(k_1+k_3)\boldsymbol{\alpha}_1+(k_1+k_2)\boldsymbol{\alpha}_2+(k_2+k_3)\boldsymbol{\alpha}_3=\mathbf{0}.$$

因为 $\boldsymbol{\alpha}_1,\boldsymbol{\alpha}_2,\boldsymbol{\alpha}_3$ 线性无关,所以

$$\begin{cases}k_1\qquad+k_3=0\\k_1+k_2\qquad=0,\\\qquad k_2+k_3=0\end{cases}$$

由于系数行列式 $\begin{vmatrix}1&0&1\\1&1&0\\0&1&1\end{vmatrix}=2\neq0$,因此该齐次方程组只有零解,故 $\boldsymbol{\beta}_1,\boldsymbol{\beta}_2,\boldsymbol{\beta}_3$ 线性无关.

3.2.3 向量组线性关系的性质

关于向量组的线性相关性,我们有以下结论.

定理 3.3 向量组 $\boldsymbol{\alpha}_1,\boldsymbol{\alpha}_2,\cdots,\boldsymbol{\alpha}_s$ 线性相关的充分必要条件是,其中至少有一个向量能被其余 $s-1$ 个向量线性表示.

证 必要性. 设向量组 $\boldsymbol{\alpha}_1,\boldsymbol{\alpha}_2,\cdots,\boldsymbol{\alpha}_s$ 线性相关,则存在不全为零的数 $k_1,k_2,\cdots,k_s$,使得

$$k_1\boldsymbol{\alpha}_1+k_2\boldsymbol{\alpha}_2+\cdots+k_s\boldsymbol{\alpha}_s=\mathbf{0}.$$

不妨设 $k_s\neq0$,则

$$\boldsymbol{\alpha}_s=-\frac{k_1}{k_s}\boldsymbol{\alpha}_1-\frac{k_2}{k_s}\boldsymbol{\alpha}_2-\cdots-\frac{k_{s-1}}{k_s}\boldsymbol{\alpha}_{s-1},$$

即 $\boldsymbol{\alpha}_s$ 可以由 $\boldsymbol{\alpha}_1,\boldsymbol{\alpha}_2,\cdots,\boldsymbol{\alpha}_{s-1}$ 线性表示.

充分性. 若 $\boldsymbol{\alpha}_1,\boldsymbol{\alpha}_2,\cdots,\boldsymbol{\alpha}_s$ 中至少有一个向量能被其余向量线性表示. 不妨设 $\boldsymbol{\alpha}_s$ 可以由 $\boldsymbol{\alpha}_1,\boldsymbol{\alpha}_2,\cdots,\boldsymbol{\alpha}_{s-1}$ 线性表示,则存在 $k_1,k_2,\cdots,k_{s-1}$,使得

$$\boldsymbol{\alpha}_s=k_1\boldsymbol{\alpha}_1+k_2\boldsymbol{\alpha}_2+\cdots+k_{s-1}\boldsymbol{\alpha}_{s-1},$$

移项得

$$k_1\boldsymbol{\alpha}_1+k_2\boldsymbol{\alpha}_2+\cdots+k_{s-1}\boldsymbol{\alpha}_{s-1}-\boldsymbol{\alpha}_s=\mathbf{0},$$

其中 $k_1,k_2,\cdots,k_{s-1},-1$ 不全为零,故有定义知,向量组 $\boldsymbol{\alpha}_1,\boldsymbol{\alpha}_2,\cdots,\boldsymbol{\alpha}_s$ 线性相关.

由定理 3.3 可得以下推论:

推论　向量组 $\boldsymbol{\alpha}_1,\boldsymbol{\alpha}_2,\cdots,\boldsymbol{\alpha}_s(s\geqslant 2)$线性无关的充分必要条件是,其中任何一个向量都不能被其余向量所组成的向量组线性表示.

特别地,两个向量 $\boldsymbol{\alpha},\boldsymbol{\beta}$ 若线性相关,则必有 $\boldsymbol{\alpha}=k\boldsymbol{\beta}$ 或 $\boldsymbol{\beta}=k\boldsymbol{\alpha}$(其中 k 为实数),亦即向量 $\boldsymbol{\alpha}$ 与 $\boldsymbol{\beta}$ 的分量对应成比例.

定理 3.4　如果一个向量组中的部分向量组成的向量组线性相关,则整个向量组也线性相关.

证　不妨假设 $\boldsymbol{\alpha}_1,\boldsymbol{\alpha}_2,\cdots,\boldsymbol{\alpha}_s$ 中的部分组 $\boldsymbol{\alpha}_1,\boldsymbol{\alpha}_2,\cdots,\boldsymbol{\alpha}_r(r\leqslant s)$是线性相关的,即存在不全为零的数 $k_1,k_2,\cdots,k_r$,使得

$$k_1\boldsymbol{\alpha}_1+k_2\boldsymbol{\alpha}_2+\cdots+k_r\boldsymbol{\alpha}_r=\mathbf{0}.$$

因此

$$k_1\boldsymbol{\alpha}_1+k_2\boldsymbol{\alpha}_2+\cdots+k_r\boldsymbol{\alpha}_r+0\boldsymbol{\alpha}_{r+1}+\cdots+0\boldsymbol{\alpha}_s=\mathbf{0},$$

即 $\boldsymbol{\alpha}_1,\boldsymbol{\alpha}_2,\cdots,\boldsymbol{\alpha}_s$ 是线性相关的.

由定理 3.4 可以得到另一个结论:

推论　如果一个向量组是线性无关的,则该向量组的部分向量组成的向量组也线性无关.

定理 3.5　向量组 $\boldsymbol{\alpha}_1,\boldsymbol{\alpha}_2,\cdots,\boldsymbol{\alpha}_s$ 线性无关,而 $\boldsymbol{\alpha}_1,\boldsymbol{\alpha}_2,\cdots,\boldsymbol{\alpha}_s,\boldsymbol{\beta}$ 线性相关,则 $\boldsymbol{\beta}$ 可以由 $\boldsymbol{\alpha}_1,\boldsymbol{\alpha}_2,\cdots,\boldsymbol{\alpha}_s$ 线性表示,且表示法唯一.

证　由于 $\boldsymbol{\alpha}_1,\boldsymbol{\alpha}_2,\cdots,\boldsymbol{\alpha}_s,\boldsymbol{\beta}$ 线性相关,即存在 $k_1,k_2,\cdots,k_s,k_{s+1}$,使得

$$k_1\boldsymbol{\alpha}_1+k_2\boldsymbol{\alpha}_2+\cdots+k_s\boldsymbol{\alpha}_s+k_{s+1}\boldsymbol{\beta}=\mathbf{0}.$$

假设 $k_{s+1}=0$,则

$$k_1\boldsymbol{\alpha}_1+k_2\boldsymbol{\alpha}_2+\cdots+k_s\boldsymbol{\alpha}_s=\mathbf{0},$$

由 $\boldsymbol{\alpha}_1,\boldsymbol{\alpha}_2,\cdots,\boldsymbol{\alpha}_s$ 线性无关,得 $k_1=k_2=\cdots=k_s=0$,从而 $\boldsymbol{\alpha}_1,\boldsymbol{\alpha}_2,\cdots,\boldsymbol{\alpha}_s,\boldsymbol{\beta}$ 线性无关,与题设 $\boldsymbol{\alpha}_1,\boldsymbol{\alpha}_2,\cdots,\boldsymbol{\alpha}_s,\boldsymbol{\beta}$ 线性相关矛盾,因而 $k_{s+1}\neq 0$,此时,

$$\boldsymbol{\beta}=-\frac{k_1}{k_{s+1}}\boldsymbol{\alpha}_1-\frac{k_2}{k_{s+1}}\boldsymbol{\alpha}_2-\cdots-\frac{k_s}{k_{s+1}}\boldsymbol{\alpha}_s,$$

即 $\boldsymbol{\beta}$ 可以由 $\boldsymbol{\alpha}_1,\boldsymbol{\alpha}_2,\cdots,\boldsymbol{\alpha}_s$ 线性表示.

下面证明唯一性.假设

$$\boldsymbol{\beta}=k_1\boldsymbol{\alpha}_1+k_2\boldsymbol{\alpha}_2+\cdots+k_s\boldsymbol{\alpha}_s,\qquad ①$$

又设 $\boldsymbol{\beta}$ 还可以表示成

$$\boldsymbol{\beta}=l_1\boldsymbol{\alpha}_1+l_2\boldsymbol{\alpha}_2+\cdots+l_s\boldsymbol{\alpha}_s,\qquad ②$$

①与②相减,得

$$(k_1-l_1)\boldsymbol{\alpha}_1+(k_2-l_2)\boldsymbol{\alpha}_2+\cdots+(k_s-l_s)\boldsymbol{\alpha}_s=\mathbf{0},$$

由于 $\boldsymbol{\alpha}_1,\boldsymbol{\alpha}_2,\cdots,\boldsymbol{\alpha}_s$ 线性无关，所以 $k_1-l_1=k_2-l_2=\cdots=k_s-l_s=0$，即

$$k_1=l_1,\quad k_2=l_2,\quad \cdots,\quad k_s=l_s,$$

因此 $\boldsymbol{\beta}$ 可以由 $\boldsymbol{\alpha}_1,\boldsymbol{\alpha}_2,\cdots,\boldsymbol{\alpha}_s$ 线性表示，且表示系数唯一.

定理 3.6 若向量组 $\boldsymbol{\alpha}_1,\boldsymbol{\alpha}_2,\cdots,\boldsymbol{\alpha}_s$ 中每一个向量都能够被向量组 $\boldsymbol{\beta}_1,\boldsymbol{\beta}_2,\cdots,\boldsymbol{\beta}_t$ 线性表示，且 $s>t$，则向量组 $\boldsymbol{\alpha}_1,\boldsymbol{\alpha}_2,\cdots,\boldsymbol{\alpha}_s$ 线性相关.

* **证** 由向量组线性相关的定义，要证明 $\boldsymbol{\alpha}_1,\boldsymbol{\alpha}_2,\cdots,\boldsymbol{\alpha}_s$ 线性相关，只需证明存在一组不全为零的数 $k_1,k_2,\cdots,k_s$，使得

$$k_1\boldsymbol{\alpha}_1+k_2\boldsymbol{\alpha}_2+\cdots+k_s\boldsymbol{\alpha}_s=\mathbf{0}. \tag{3-11}$$

因为 $\boldsymbol{\alpha}_i$ 能被 $\boldsymbol{\beta}_1,\boldsymbol{\beta}_2,\cdots,\boldsymbol{\beta}_t$ 线性表示 $(i=1,2,\cdots,s)$，设

$$\boldsymbol{\alpha}_i=a_{1i}\boldsymbol{\beta}_1+a_{2i}\boldsymbol{\beta}_2+\cdots+a_{ti}\boldsymbol{\beta}_t,\ i=1,2,\cdots,s.$$

则

$$\begin{aligned}
&k_1\boldsymbol{\alpha}_1+k_2\boldsymbol{\alpha}_2+\cdots+k_s\boldsymbol{\alpha}_s\\
=&k_1(a_{11}\boldsymbol{\beta}_1+a_{21}\boldsymbol{\beta}_2+\cdots+a_{t1}\boldsymbol{\beta}_t)+k_2(a_{12}\boldsymbol{\beta}_1+a_{22}\boldsymbol{\beta}_2+\cdots+a_{t2}\boldsymbol{\beta}_t)+\cdots\\
&+k_s(a_{1s}\boldsymbol{\beta}_1+\cdots+a_{ts}\boldsymbol{\beta}_t)\\
=&(a_{11}k_1+a_{12}k_2+\cdots a_{1s}k_s)\boldsymbol{\beta}_1+(a_{21}k_1+a_{22}k_2+\cdots+a_{2s}k_s)\boldsymbol{\beta}_2+\cdots\\
&+(a_{t1}k_1+a_{t2}k_2+\cdots+a_{ts}k_s)\boldsymbol{\beta}_t\\
=&\mathbf{0}.
\end{aligned}$$

如果上式中 $\boldsymbol{\beta}_1,\boldsymbol{\beta}_2,\cdots,\boldsymbol{\beta}_t$ 的系数都为零，则(3-11)式显然成立. 为此我们考察齐次线性方程组

$$\begin{cases}a_{11}k_1+a_{12}k_2+\cdots+a_{1s}k_s=0\\ a_{21}k_1+a_{22}k_2+\cdots+a_{2s}k_s=0\\ \qquad\cdots\cdots\\ a_{t1}k_1+a_{t2}k_2+\cdots+a_{ts}k_s=0\end{cases}. \tag{3-12}$$

由于方程组(3-12)中方程的个数 t 小于未知量的个数 s，故方程组(3-12)有非零解，即存在不全为零的数 $k_1,\cdots,k_s$ 满足(3-12)，从而满足(3-11)，因此 $\boldsymbol{\alpha}_1,\boldsymbol{\alpha}_2,\cdots,\boldsymbol{\alpha}_s$ 线性相关.

例 3.15 证明任意 $n+1$ 个 n 维向量必线性相关.

证 设 $\boldsymbol{\alpha}_1,\cdots,\boldsymbol{\alpha}_{n+1}$ 为 $n+1$ 个 n 维向量，由本节例 3.8，因为每一个 $\boldsymbol{\alpha}_i$ $(i=1,\cdots,n+1)$ 都能被 n 维基本向量组 $\boldsymbol{\varepsilon}_1,\boldsymbol{\varepsilon}_2,\cdots,\boldsymbol{\varepsilon}_n$ 线性表示，又因为 $n+1>n$，由定理 3.6 可知，$\boldsymbol{\alpha}_1,\cdots,\boldsymbol{\alpha}_{n+1}$ 线性相关.

定理 3.7 若向量组 $\boldsymbol{\alpha}_i=(a_{1i},a_{2i},\cdots,a_{ni})$ $(i=1,2,\cdots,s)$ 线性无关，则在每个向量上任意增加一个分量所得到的 s 个 $n+1$ 维的向量组：$\boldsymbol{\beta}_i=(a_{1i},a_{2i},\cdots,a_{ni},a_{n+1,i})$ $(i=1,2,\cdots,s)$ 也线性无关.

证　由于 $\boldsymbol{\alpha}_1,\boldsymbol{\alpha}_2,\cdots,\boldsymbol{\alpha}_s$ 线性无关，则向量方程

$$k_1\boldsymbol{\alpha}_1+k_2\boldsymbol{\alpha}_2+\cdots+k_s\boldsymbol{\alpha}_s=\mathbf{0}$$

只有零解 $k_1=k_2=\cdots=k_s=0$. 也即齐次线性方程组

$$\begin{cases} a_{11}k_1+\cdots+a_{1s}k_s=0 \\ a_{21}k_1+\cdots+a_{2s}k_s=0, \\ a_{n1}k_1+\cdots+a_{ns}k_s=0 \end{cases} \tag{3-12}$$

只有零解. 而 $\boldsymbol{\beta}_1,\boldsymbol{\beta}_2,\cdots,\boldsymbol{\beta}_s$ 线性无关等价于齐次线性方程组

$$\begin{cases} a_{11}k_1+\cdots+a_{1s}k_s=0 \\ a_{21}k_1+\cdots+a_{2s}k_s=0 \\ a_{n1}k_1+\cdots+a_{ns}k_s=0 \\ a_{n+1,1}k_1+\cdots+a_{n+1,s}k_s=0 \end{cases} \tag{3-13}$$

只有零解. 对照方程组(3－12)与(3－13)可以看出：方程组(3－13)的解全部满足方程组(3－12)，即(3－13)的解全是方程组(3－12)的解. 由于方程组(3－12)只有零解，从而方程组(3－13)也只有零解，从而向量组 $\boldsymbol{\beta}_1,\boldsymbol{\beta}_2,\cdots,\boldsymbol{\beta}_s$ 线性无关.

定理 3.7 可以推广到在每一个向量中增加 r 个分量($r\geqslant 1$)的情形. 即：如果向量组 $\boldsymbol{\alpha}_1,\boldsymbol{\alpha}_2,\cdots,\boldsymbol{\alpha}_s$ 线性无关，则在每个向量上增加 r 个分量所得到的向量组 $\boldsymbol{\beta}_1,\boldsymbol{\beta}_2,\cdots,\boldsymbol{\beta}_s$ 也线性无关.

例 3.16　(1) 设 n 个 n 维向量组 $\boldsymbol{\alpha}_1=(a_{11},a_{21},\cdots,a_{n1})$，$\boldsymbol{\alpha}_2=(a_{12},a_{22},\cdots,a_{n2})$，$\cdots$，$\boldsymbol{\alpha}_n=(a_{1n},a_{2n},\cdots,a_{nn})$，证明 $\boldsymbol{\alpha}_1,\boldsymbol{\alpha}_2\cdots,\boldsymbol{\alpha}_n$ 线性相关的充要条件是

$$\begin{vmatrix} a_{11} & a_{12} & \cdots & a_{1n} \\ a_{21} & a_{22} & \cdots & a_{2n} \\ \vdots & \vdots & & \vdots \\ a_{n1} & a_{n2} & \cdots & a_{nn} \end{vmatrix}=0.$$

(2) 判断向量组 $\boldsymbol{\alpha}_1=(1,0,-2)$，$\boldsymbol{\alpha}_2=(0,2,5)$，$\boldsymbol{\alpha}_3=(1,2,8)$的线性相关性.

解　(1) 设 $k_1,k_2,\cdots,k_n$ 使得

$$k_1\boldsymbol{\alpha}_1+k_2\boldsymbol{\alpha}_2+\cdots+k_n\boldsymbol{\alpha}_n=\mathbf{0}.$$

这是一个 n 个未知量 n 个方程的齐次线性方程组，该方程组有非零解的充分必要条件是系数行列式 $D^{\mathrm{T}}=0$，而当方程组有非零解时，$\boldsymbol{\alpha}_1,\boldsymbol{\alpha}_2,\cdots,\boldsymbol{\alpha}_n$ 线性相关. 反之亦然.

(2) 由(1)可知，$\boldsymbol{\alpha}_1,\boldsymbol{\alpha}_2,\boldsymbol{\alpha}_3$ 是否线性相关，等价于以 $\boldsymbol{\alpha}_1,\boldsymbol{\alpha}_2,\boldsymbol{\alpha}_3$ 作为列所得到的三阶方阵的行列式是否为零，而

$$\begin{vmatrix} 1 & 0 & 1 \\ 0 & 2 & 2 \\ -2 & 5 & 8 \end{vmatrix}=10,$$

因此，$\boldsymbol{\alpha}_1,\boldsymbol{\alpha}_2,\boldsymbol{\alpha}_3$ 线性无关.

习题 3.3

1. 判断以下向量 $\boldsymbol{\beta}$ 是否用向量组 $\boldsymbol{\alpha}_1,\boldsymbol{\alpha}_2,\boldsymbol{\alpha}_3$ 线性表示？若能，则写出其所有的线性表示式.

(1) $\boldsymbol{\beta}=(4,0),\boldsymbol{\alpha}_1=(-1,2),\boldsymbol{\alpha}_2=(3,2),\boldsymbol{\alpha}_3=(6,4)$；

(2) $\boldsymbol{\beta}=(-3,3,7),\boldsymbol{\alpha}_1=(1,-1,2),\boldsymbol{\alpha}_2=(2,1,0),\boldsymbol{\alpha}_3=(-1,2,1)$；

(3) $\boldsymbol{\beta}=(3,5,-6),\boldsymbol{\alpha}_1=(1,0,1),\boldsymbol{\alpha}_2=(1,1,1),\boldsymbol{\alpha}_3=(0,-1,-1)$.

2. 已知 $\boldsymbol{\alpha}_1=(1,0,2,3)^{\mathrm{T}},\boldsymbol{\alpha}_2=(1,1,3,5)^{\mathrm{T}},\boldsymbol{\alpha}_3=(1,-1,a+2,1)^{\mathrm{T}},\boldsymbol{\alpha}_4=(1,2,4,a+8)^{\mathrm{T}}$ 及 $\boldsymbol{\beta}=(1,1,b+3,5)^{\mathrm{T}}$，问：

(1) a,b 取何值时，$\boldsymbol{\beta}$ 不能表示成 $\boldsymbol{\alpha}_1,\boldsymbol{\alpha}_2,\boldsymbol{\alpha}_3,\boldsymbol{\alpha}_4$ 的线性组合？

(2) a,b 取何值时，$\boldsymbol{\beta}$ 能由 $\boldsymbol{\alpha}_1,\boldsymbol{\alpha}_2,\boldsymbol{\alpha}_3,\boldsymbol{\alpha}_4$ 唯一线性表出？并写出该表示式.

3. 判别下列向量组的线性相关性：

(1) $\boldsymbol{\alpha}_1=(3,2,0),\boldsymbol{\alpha}_2=(-1,2,1)$；

(2) $\boldsymbol{\alpha}_1=(2,1),\boldsymbol{\alpha}_2=(3,3),\boldsymbol{\alpha}_3=(5,2)$；

(3) $\boldsymbol{\beta}_1=(1,1,-1,1),\boldsymbol{\beta}_2=(1,-1,2,-1),\boldsymbol{\beta}_3=(3,1,0,1)$；

(4) $\boldsymbol{\gamma}_1=(2,1,3),\boldsymbol{\gamma}_2=(-1,3,1),\boldsymbol{\gamma}_3=(1,1,-2)$.

4. 证明：线性无关的向量组的任何一部分向量所组成的向量组也是线性无关的.

5. 设 $\boldsymbol{\beta}_1=\boldsymbol{\alpha}_1+\boldsymbol{\alpha}_2,\boldsymbol{\beta}_2=\boldsymbol{\alpha}_2+\boldsymbol{\alpha}_3,\boldsymbol{\beta}_3=\boldsymbol{\alpha}_3+\boldsymbol{\alpha}_4,\boldsymbol{\beta}_4=\boldsymbol{\alpha}_4+\boldsymbol{\alpha}_1$，证明 $\boldsymbol{\beta}_1,\boldsymbol{\beta}_2,\boldsymbol{\beta}_3,\boldsymbol{\beta}_4$ 线性相关.

6. 设向量组 $\boldsymbol{\alpha}_1,\boldsymbol{\alpha}_2,\boldsymbol{\alpha}_3$ 线性无关，向量组 $\boldsymbol{\alpha}_2,\boldsymbol{\alpha}_3,\boldsymbol{\alpha}_4$ 线性相关，试证：

(1) $\boldsymbol{\alpha}_4$ 可由 $\boldsymbol{\alpha}_1,\boldsymbol{\alpha}_2,\boldsymbol{\alpha}_3$ 线性表示；

(2) $\boldsymbol{\alpha}_1$ 不能由 $\boldsymbol{\alpha}_2,\boldsymbol{\alpha}_3,\boldsymbol{\alpha}_4$ 线性表示.

§3.4 向量组的秩

前面我们讨论了向量组的线性关系，从上节定理 3.3 得知当一个向量组线性相关时，其中某些向量可由另一些向量组成的向量组线性表示. 从线性表出这个角度来说，这些向量相对于整个向量组是多余的. 现在我们要问：给定一组向量，可否从中找到一部分向量构成新的向量组，该向量组不含多余的向量，且使原向量组中任一向量都可被它们线性表示？

为此我们引入向量组的极大无关组的概念.

定义 3.7　给定向量组 $\boldsymbol{\alpha}_1,\boldsymbol{\alpha}_2,\cdots,\boldsymbol{\alpha}_s$（Ⅰ），如果它的一部分向量所组成的向量组 $\boldsymbol{\alpha}_{i_1},\boldsymbol{\alpha}_{i_2},\cdots,\boldsymbol{\alpha}_{i_r}$（Ⅱ），满足如下条件：(1) 向量组（Ⅰ）中每一个向量都能被（Ⅱ）线性表示；(2) 向量组（Ⅱ）线性无关，则称向量组（Ⅱ）是向量组（Ⅰ）的一个极大（线性）无关组.

由定义可知，若向量组（Ⅱ）是向量组（Ⅰ）的一个极大无关组，则（Ⅰ）中每一个向量都能被（Ⅱ）线性表示；反过来，（Ⅱ）中每一个向量显然能被向量组（Ⅰ）线性表示，因此向量组（Ⅰ）与向量组（Ⅱ）可以互相线性表示，而（Ⅱ）是由（Ⅰ）的一部分向量组成的，因此可作为向量组（Ⅰ）的一个“代表”.

由于（Ⅱ）线性无关，由上节定理 3.2 可知（Ⅱ）中任何一个向量都不能被（Ⅱ）中其余向量组成的向量组线性表示，即（Ⅱ）中每一个向量都是“有用”的. 另一方面，由于（Ⅰ）中每一个向量都能被（Ⅱ）线性表示，根据上节定理 3.2，从向量组（Ⅰ）的其余向量中任意添进一个向量到向量组（Ⅱ）中，所得的向量组必线性相关.

例 3.17　设向量组 $\boldsymbol{\alpha}_1=(1,0,2),\boldsymbol{\alpha}_2=(0,1,1),\boldsymbol{\alpha}_3=(3,-1,4),\boldsymbol{\alpha}_4=(1,1,1)$，试证：$\boldsymbol{\alpha}_1,\boldsymbol{\alpha}_2,\boldsymbol{\alpha}_3$ 是极大无关组.

证　由定义，只需验证 $\boldsymbol{\alpha}_1,\boldsymbol{\alpha}_2,\boldsymbol{\alpha}_3$ 线性无关并且 $\boldsymbol{\alpha}_i(i=1,2,3,4)$ 可被 $\boldsymbol{\alpha}_1,\boldsymbol{\alpha}_2,\boldsymbol{\alpha}_3$ 线性表示. 将 $\boldsymbol{\alpha}_i(i=1,2,3)$ 作为列所得到的矩阵的行列式为

$$\begin{vmatrix} 1 & 0 & 3 \\ 0 & 1 & -1 \\ 2 & 1 & 4 \end{vmatrix}=-1\neq 0,$$

故向量组 $\boldsymbol{\alpha}_1,\boldsymbol{\alpha}_2,\boldsymbol{\alpha}_3$ 线性无关. 设

$$\boldsymbol{\alpha}_4=k_1\boldsymbol{\alpha}_1+k_2\boldsymbol{\alpha}_2+k_3\boldsymbol{\alpha}_3,$$

将 $\boldsymbol{\alpha}_i(i=1,2,3,4)$ 的分量代入得线性方程组

$$\begin{cases} k_1 \qquad +3k_3=1 \\ \qquad k_2\ -k_3=1, \\ 2k_1+k_2+4k_3=1 \end{cases}$$

解此方程组，得唯一解：$k_1=-5,k_2=3,k_3=2$，因此

$$\boldsymbol{\alpha}_4=-5\boldsymbol{\alpha}_1+3\boldsymbol{\alpha}_2+2\boldsymbol{\alpha}_3,$$

即 $\boldsymbol{\alpha}_4$ 能被 $\boldsymbol{\alpha}_1,\boldsymbol{\alpha}_2,\boldsymbol{\alpha}_3$ 线性表示. 而显然 $\boldsymbol{\alpha}_1,\boldsymbol{\alpha}_2,\boldsymbol{\alpha}_3$ 分别能被向量组 $\boldsymbol{\alpha}_1,\boldsymbol{\alpha}_2,\boldsymbol{\alpha}_3$ 线性表示，$\boldsymbol{\alpha}_1,\boldsymbol{\alpha}_2,\boldsymbol{\alpha}_3$ 是极大无关组.

请读者自行验证，向量组 $\boldsymbol{\alpha}_2,\boldsymbol{\alpha}_3,\boldsymbol{\alpha}_4$ 也是极大无关组.

从例 3.17 可知，一个向量组的极大无关组不一定唯一，但可证明：向量组的任一极大无关组所包含的向量个数是一样的. 我们有如下的定理.

定理 3.8　向量组任意两个极大无关组所包含的向量个数相同.

证　设向量组(**A**)有两个极大无关组 $\boldsymbol{\alpha}_1,\cdots,\boldsymbol{\alpha}_s$ 以及 $\boldsymbol{\beta}_1,\cdots,\boldsymbol{\beta}_t$，假设 $s\neq t$，不妨

设 $s>t$,则由极大无关组定义,向量组(**A**)中每一个向量都能被 $\boldsymbol{\beta}_1,\cdots,\boldsymbol{\beta}_t$ 线性表示.从而每一个 $\boldsymbol{\alpha}_i(i=1,2,\cdots,s)$ 都能被 $\boldsymbol{\beta}_1,\cdots,\boldsymbol{\beta}_t$ 线性表示.由上节定理 3.6 可得 $\boldsymbol{\alpha}_1,\cdots,\boldsymbol{\alpha}_s$ 线性相关,这与 $\boldsymbol{\alpha}_1,\cdots,\boldsymbol{\alpha}_s$ 为极大无关组的定义矛盾,因此,$s=t$.

定义 3.8 向量组的任一极大无关组所包含的向量的个数称为向量组的秩.

规定:全由零向量组成的向量组的秩为零.

由以上定义可知,若向量组线性无关,则它的极大无关组即为向量组自身,从而该向量组的秩等于向量组中向量的个数.换句话说:若向量组的秩小于向量组中向量的个数,则该向量组线性相关.

读者在第 2 章§2.6 中学习了矩阵的秩,如果我们把一个 $m\times n$ 的矩阵 **A** 的每一行看做一个 n 维向量,则得到 m 个 n 维向量组成的向量组(也称为 **A** 的行向量组).如果把 **A** 的每一列看做一个 m 维向量,则得到 n 个 m 维向量组成的向量组(也称为 **A** 的列向量组),那么矩阵的秩与它的行向量组的秩以及列向量组的秩之间有什么关系呢?我们不加证明地给出如下定理.

定理 3.9 矩阵 **A** 的行向量组的秩=矩阵 **A** 的列向量组的秩=矩阵 **A** 的秩.

由此,为了求向量组的秩,我们可以把每一个向量作为一行(或一列)排成一个矩阵,用矩阵的初等行变换(或列变换)将其化为阶梯形矩阵(由第 2 章§2.6 可知,矩阵的初等变换不改变矩阵的秩),则阶梯形矩阵中非零行数即为矩阵的秩,亦即向量组的秩.下例我们介绍的方法,可以同时求出向量组的秩、极大无关组以及将向量组的其余向量用极大无关组线性表示的表示式.

例 3.18 求向量组 $\boldsymbol{\alpha}_1=(1,4,1,0)$,$\boldsymbol{\alpha}_2=(2,1,-1,-6)$,$\boldsymbol{\alpha}_3=(1,0,-3,-2)$,$\boldsymbol{\alpha}_4=(0,2,-6,6)$的秩,它的一个极大无关组,并将其余向量用此极大无关组线性表出.

解 构造矩阵并施以行初等变换

$$\boldsymbol{A}=(\boldsymbol{\alpha}_1^{\mathrm{T}},\boldsymbol{\alpha}_2^{\mathrm{T}},\boldsymbol{\alpha}_3^{\mathrm{T}},\boldsymbol{\alpha}_4^{\mathrm{T}})=\begin{pmatrix}1&2&1&0\\4&1&0&2\\1&-1&-3&-6\\0&-6&-2&6\end{pmatrix}\to\begin{pmatrix}1&2&1&0\\0&-7&-4&2\\0&-3&-4&-6\\0&-3&-1&3\end{pmatrix}$$

$$\to\begin{pmatrix}1&2&1&0\\0&-1&-2&-4\\0&0&-3&-9\\0&-3&-1&3\end{pmatrix}\to\begin{pmatrix}1&2&1&0\\0&-1&-2&-4\\0&0&1&3\\0&0&5&15\end{pmatrix}\to\begin{pmatrix}1&2&1&0\\0&-1&-2&-4\\0&0&1&3\\0&0&0&0\end{pmatrix}$$

$$=(\boldsymbol{\beta}_1^{\mathrm{T}},\boldsymbol{\beta}_2^{\mathrm{T}},\boldsymbol{\beta}_3^{\mathrm{T}},\boldsymbol{\beta}_4^{\mathrm{T}})=\boldsymbol{B}(\text{阶梯形矩阵}).$$

矩阵 **B** 的秩是 3,它的前三列所对应的向量 $\boldsymbol{\beta}_1,\boldsymbol{\beta}_2,\boldsymbol{\beta}_3$ 是 **B** 的列向量组的一个极大无关组,因此,矩阵 **A** 的前三列所对应的向量,即 $\boldsymbol{\alpha}_1,\boldsymbol{\alpha}_2,\boldsymbol{\alpha}_3$ 是矩阵 **A** 的列向

量组的一个极大无关组. 故向量组的秩是 3，且 $\boldsymbol{\alpha}_1,\boldsymbol{\alpha}_2,\boldsymbol{\alpha}_3$ 是原向量组 $\boldsymbol{\alpha}_1,\boldsymbol{\alpha}_2,\boldsymbol{\alpha}_3,\boldsymbol{\alpha}_4$ 的一个极大无关组.

对矩阵 $\boldsymbol{B}$ 继续施以初等行变换，

$$\boldsymbol{B}\to\begin{pmatrix}1&2&0&-3\\0&-1&0&2\\0&0&1&3\\0&0&0&0\end{pmatrix}\to\begin{pmatrix}1&0&0&1\\0&-1&0&2\\0&0&1&3\\0&0&0&0\end{pmatrix}\to\begin{pmatrix}1&0&0&1\\0&1&0&-2\\0&0&1&3\\0&0&0&0\end{pmatrix}$$

$=(\boldsymbol{\gamma}_1^{\mathrm{T}},\boldsymbol{\gamma}_2^{\mathrm{T}},\boldsymbol{\gamma}_3^{\mathrm{T}},\boldsymbol{\gamma}_4^{\mathrm{T}})=\boldsymbol{C}$(行最简阶梯形矩阵).

从矩阵 $\boldsymbol{C}$ 可以看出，

$$\boldsymbol{\gamma}_4=\boldsymbol{\gamma}_1-2\boldsymbol{\gamma}_2+3\boldsymbol{\gamma}_3,$$

因此，

$$\boldsymbol{\alpha}_4=\boldsymbol{\alpha}_1-2\boldsymbol{\alpha}_2+3\boldsymbol{\alpha}_3.$$

例 3.18 采用的方法也可以用来判断向量组的线性相关性. 见下例.

例 3.19　求向量组 $\boldsymbol{\alpha}_1=(1,1,2,2,1)$，$\boldsymbol{\alpha}_2=(0,2,1,5,-1)$，$\boldsymbol{\alpha}_3=(2,0,3,-1,3)$，$\boldsymbol{\alpha}_4=(1,1,0,4,-1)$ 的秩，并判断线性相关性.

解　向量组的秩等于把向量组的每一个向量作为行(或列)所得到的矩阵的秩

$$\boldsymbol{A}=\begin{pmatrix}1&1&2&2&1\\0&2&1&5&-1\\2&0&3&-1&3\\1&1&0&4&-1\end{pmatrix}\to\begin{pmatrix}1&1&2&2&1\\0&2&1&5&-1\\0&-2&-1&-5&1\\0&0&-2&2&-2\end{pmatrix}$$

$$\to\begin{pmatrix}1&1&2&2&1\\0&2&1&5&-1\\0&0&0&0&0\\0&0&-2&2&-2\end{pmatrix}\to\begin{pmatrix}1&1&2&2&1\\0&2&1&5&-1\\0&0&-2&2&-2\\0&0&0&0&0\end{pmatrix}.$$

阶梯形矩阵的非零行数为 3，即向量组的秩为 3，而向量组中包含 4 个向量，$3<4$，因此向量组线性相关.

习题 3.4

1. 求下列向量组的秩及极大无关组，并将其余向量用该极大无关组线性表示：

(1) $\boldsymbol{\alpha}_1=(2,4,2)$，$\boldsymbol{\alpha}_2=(1,1,0)$，$\boldsymbol{\alpha}_3=(2,3,1)$，$\boldsymbol{\alpha}_4=(3,5,2)$；

(2) $\boldsymbol{\alpha}_1=(2,0,1,1)$，$\boldsymbol{\alpha}_2=(-1,-1,-1,-1)$，$\boldsymbol{\alpha}_3=(1,-1,0,0)$，$\boldsymbol{\alpha}_4=(0,-2,-1,-1)$.

2. 求 x,y 的值,使向量组 $\boldsymbol{\alpha}_1=(1,3,0,5)$,$\boldsymbol{\alpha}_2=(1,2,1,4)$,$\boldsymbol{\alpha}_3=(1,1,2,3)$,$\boldsymbol{\alpha}_4=(1,x,3,y)$的秩等于 2.

3. 判断向量组 $\boldsymbol{\alpha}_1=(1,0,1,2)$,$\boldsymbol{\alpha}_2=(1,0,2,2)$,$\boldsymbol{\alpha}_3=(0,0,2,0)$的线性相关性.

4. 已知向量组 $\boldsymbol{\beta}_1=(0,1,-1)$,$\boldsymbol{\beta}_2=(a,2,1)$,$\boldsymbol{\beta}_3=(b,1,0)$与向量组 $\boldsymbol{\alpha}_1=(1,2,-3)$,$\boldsymbol{\alpha}_2=(3,0,1)$,$\boldsymbol{\alpha}_3=(9,6,-7)$具有相同的秩,且 $\boldsymbol{\beta}_3$ 可由 $\boldsymbol{\alpha}_1,\boldsymbol{\alpha}_2,\boldsymbol{\alpha}_3$ 线性表示,

(1) 判断向量组 $\boldsymbol{\alpha}_1,\boldsymbol{\alpha}_2,\boldsymbol{\alpha}_3$ 线性相关性;

(2) 求 a,b 的值.

§3.5 线性方程组解的结构

§3.1 我们初步讨论了 n 个未知数 m 个方程的线性方程组的解的形式.本节我们将运用 n 维向量的知识,给出线性方程组有无穷多解时解与解之间的关系,即线性方程组的解的结构.

3.5.1 齐次线性方程组解的结构

齐次线性方程组(3-8)

$$\begin{cases}a_{11}x_1+a_{12}x_2+\cdots+a_{1n}x_n=0\\a_{21}x_1+a_{22}x_2+\cdots+a_{2n}x_n=0\\\qquad\cdots\cdots\\a_{m1}x_1+a_{m2}x_2+\cdots+a_{mn}x_n=0\end{cases}$$

的矩阵表示形式是 $\mathbf{A}\boldsymbol{x}=\mathbf{0}$,其总是有解的.下面我们讨论当齐次线性方程组(3-8)有无穷多解时,解的结构有何特点.

定义 3.9 如果 n 维向量 $\boldsymbol{x}=(x_1,x_2,\cdots,x_n)^{\mathrm{T}}$ 是齐次线性方程组(3-8)的解,则我们称之为方程组(3-8)的**解向量**.

下面,我们进一步考虑解向量的一些性质.

定理 3.10 如果 $\boldsymbol{\eta}_1,\boldsymbol{\eta}_2$ 是齐次线性方程组(3-8)的两个解向量,则对任意数 k_1,k_2,$k_1\boldsymbol{\eta}_1+k_2\boldsymbol{\eta}_2$ 也是方程组(3-8)的解向量.

证 将 $k_1\boldsymbol{\eta}_1+k_2\boldsymbol{\eta}_2$ 代入到方程组(3-8)的矩阵形式,得

$$\mathbf{A}(k_1\boldsymbol{\eta}_1+k_2\boldsymbol{\eta}_2)=k_1\mathbf{A}\boldsymbol{\eta}_1+k_2\mathbf{A}\boldsymbol{\eta}_2=\mathbf{0},$$

即 $k_1\boldsymbol{\eta}_1+k_2\boldsymbol{\eta}_2$ 满足方程组(3-8),得证.

定理 3.10 表明:若 $\boldsymbol{\eta}_1,\cdots,\boldsymbol{\eta}_s$,是方程组(3-8)的一组解向量,则它们的任意线性组合 $k_1\boldsymbol{\eta}_1+\cdots+k_s\boldsymbol{\eta}_s$ 仍然是方程组(3-8)的解向量.因此,方程组(3-8)有一个

非零解，则它必有无数个非零解. 如果将该方程组的所有解构成一个向量组，随之而来的问题是：若该向量组含有无数个解，则它的极大线性无关组是否有限，即该解是否可以用有限个解向量线性表示？为此我们引入基础解系的概念.

定义 3.10　齐次线性方程组(3－8)的一组解向量 $\boldsymbol{\eta}_1,\cdots,\boldsymbol{\eta}_s$ 如果满足：

(1) 向量组 $\boldsymbol{\eta}_1,\cdots,\boldsymbol{\eta}_s$ 线性无关；

(2) 方程组的任一解向量均可被 $\boldsymbol{\eta}_1,\cdots,\boldsymbol{\eta}_s$ 线性表示，

则称 $\boldsymbol{\eta}_1,\cdots,\boldsymbol{\eta}_s$ 是齐次线性方程组(3－8)的一个**基础解系**.

换一句话说，**齐次线性方程组的一个基础解系是它对应的解向量组的一个极大线性无关组**，而一旦有了齐次的基础解系，则它的通解就容易了. 下面的定理给出了基础解系的一种构造方法.

定理 3.11　若 $r(\mathbf{A})=r<n$，则齐次线性方程组(3－8)的基础解系是存在的，且包含 $n-r$ 个向量.

证　设 $r<n$，齐次线性方程组(3－8)的增广矩阵经初等行变换化为阶梯形矩阵，并还原成对应的方程组为

$$\begin{cases} c_{11}x_1+c_{12}x_2+\cdots+c_{1r}x_r+\cdots+c_{1n}x_n=0 \\ \qquad\quad c_{22}x_2+\cdots+c_{2r}x_r+\cdots+c_{2n}x_n=0 \\ \qquad\qquad\qquad\cdots\cdots \\ \qquad\qquad\qquad c_{rr}x_r+\cdots+c_{rn}x_n=0 \end{cases}.$$

不妨令 $c_{ii}\neq 0,(i=1,\cdots,r)$ 移项得

$$\begin{cases} c_{11}x_1+c_{12}x_2+\cdots+c_{1r}x_r=-c_{1r+1}x_{r+1}-\cdots-c_{1n}x_n \\ \qquad\quad c_{22}x_2+\cdots+c_{2r}x_r=-c_{2r+1}x_{r+1}-\cdots-c_{2n}x_n \\ \qquad\qquad\qquad\cdots\cdots \\ \qquad\qquad\qquad c_{rr}x_r=-c_{rr+1}x_{r+1}-\cdots-c_{rn}x_n \end{cases}. \tag{3-14}$$

取 $x_{r+1},\cdots,x_n$ 为自由变量，则 $x_1,\cdots,x_r$ 的值被这些自由变量唯一确定.

令 $\begin{pmatrix} x_{r+1} \\ x_{r+2} \\ \vdots \\ x_n \end{pmatrix}$，分别取 $\boldsymbol{\varepsilon}_1=\begin{pmatrix} 1 \\ 0 \\ \vdots \\ 0 \end{pmatrix}$，$\boldsymbol{\varepsilon}_2=\begin{pmatrix} 0 \\ 1 \\ \vdots \\ 0 \end{pmatrix}$，$\cdots$，$\boldsymbol{\varepsilon}_{n-r}=\begin{pmatrix} 0 \\ 0 \\ \vdots \\ 1 \end{pmatrix}$ 共 $n-r$ 个向量，将它们代入方程组(3－14)得到的解向量组为

$$\boldsymbol{\eta}_1=\begin{pmatrix}d_{11}\\ \vdots\\ d_{1r}\\ 1\\ 0\\ \vdots\\ 0\end{pmatrix},\quad \boldsymbol{\eta}_2=\begin{pmatrix}d_{21}\\ \vdots\\ d_{2r}\\ 0\\ 1\\ \vdots\\ 0\end{pmatrix};\quad \cdots;\quad \boldsymbol{\eta}_{n-r}=\begin{pmatrix}d_{n-r,1}\\ \vdots\\ d_{n-r,r}\\ 0\\ 0\\ \vdots\\ 1\end{pmatrix}.$$

下面将证明，$\boldsymbol{\eta}_1,\cdots,\boldsymbol{\eta}_{n-r}$，就是所需要的一个基础解系.

(1) 由于基本向量组 $\boldsymbol{\varepsilon}_1,\cdots,\boldsymbol{\varepsilon}_{n-r}$ 是线性无关，而 $\boldsymbol{\eta}_1,\cdots,\boldsymbol{\eta}_{n-r}$ 是由基本向量组中每个向量添加 r 个分量而得到，由定理 3.6 可知：$\boldsymbol{\eta}_1,\cdots,\boldsymbol{\eta}_{n-r}$ 是线性无关的.

(2) 设

$$\boldsymbol{\eta}=(k_1,\cdots,k_r,k_{r+1},\cdots,k_n)^{\mathrm{T}}\in\mathbf{R}^n$$

是方程组(3-8)的任意一个解向量，构造

$$\boldsymbol{\eta}^*=k_{r+1}\boldsymbol{\eta}_1+k_{r+2}\boldsymbol{\eta}_2+\cdots+k_n\boldsymbol{\eta}_{n-r},$$

则由定理 3.10 知，$\boldsymbol{\eta}^*$ 也是方程组(3-8)的解向量. 注意到 $\boldsymbol{\eta}$ 和 $\boldsymbol{\eta}^*$ 最后 $n-r$ 个分量相同，而这两个解向量的前 r 个分量取决于后面 $n-r$ 个分量的取值，所以

$$\boldsymbol{\eta}=\boldsymbol{\eta}^*=k_{r+1}\boldsymbol{\eta}_1+k_{r+2}\boldsymbol{\eta}_2+\cdots+k_n\boldsymbol{\eta}_{n-r},$$

即方程组(3-8)的任一解向量都可被 $\boldsymbol{\eta}_1,\cdots,\boldsymbol{\eta}_{n-r}$ 线性表示.

定理 3.11 的证明过程，实际上已经给出了求齐次线性方程组基础解系的一种方法：将方程组(3-8)的系数矩阵化为阶梯形矩阵，然后还原成方程组的形式，确定自由变量以后，让自由变量依次轮流地取 1，其余取 0，得到的 $n-r$ 个解向量即为方程组(3-8)的一个基础解系 $\boldsymbol{\eta}_1,\cdots,\boldsymbol{\eta}_{n-r}$，且方程组(3-8)的一般解可表示为

$$\boldsymbol{x}=k_1\boldsymbol{\eta}_1+k_2\boldsymbol{\eta}_2\cdots+k_{n-r}\boldsymbol{\eta}_{n-r},\tag{3-15}$$

其中 $k_1,k_2,\cdots,k_{n-r}$ 为任意实数.

(3-15)式也称为齐次线性方程组(3-8)的**通解**.

注意到基础解系事实上是不唯一的，因此我们有下面的定理.

定理 3.12 如果 $\boldsymbol{\eta}_1,\boldsymbol{\eta}_2,\cdots,\boldsymbol{\eta}_{n-r}$ 是方程组(3-8)的一组解，且是线性无关的，则它也是方程组(3-8)的一个基础解系.

例 3.20 求齐次线性方程组

$$\begin{cases}x_1-x_2+5x_3-x_4=0\\ 2x_1+2x_2-4x_3+6x_4=0\\ 3x_1-x_2+8x_3+x_4=0\\ x_1+3x_2-9x_3+7x_4=0\end{cases}$$

的一个基础解系，并用基础解系表示它的一般解.

解　用矩阵的初等行变换把系数矩阵化为阶梯形矩阵

$$A=\begin{pmatrix}1&-1&5&-1\\2&2&-4&6\\3&-1&8&1\\1&3&-9&7\end{pmatrix}\xrightarrow[r_4-r_1]{\substack{r_2-r_1\\r_3-3r_1}}\begin{pmatrix}1&-1&5&-1\\0&4&-14&8\\0&2&-7&4\\0&4&-14&8\end{pmatrix}$$

$$\xrightarrow[r_4-4r_2]{\substack{\frac{1}{4}r_2\\r_3-2r_2}}\begin{pmatrix}1&-1&5&-1\\0&1&-\frac{7}{2}&2\\0&0&0&0\\0&0&0&0\end{pmatrix}\xrightarrow{r_1+r_2}\begin{pmatrix}1&0&\frac{3}{2}&1\\0&1&-\frac{7}{2}&2\\0&0&0&0\\0&0&0&0\end{pmatrix},$$

由最后一个矩阵可知，系数矩阵的秩 $r(A)=2$，齐次方程组的基础解系含有 $4-2=2$个解向量，取 x_3,x_4 作为自由变量，则还原为方程组的形式为

$$\begin{cases}x_1=-\frac{3}{2}x_3-x_4\\x_2=\frac{7}{2}x_3-2x_4\end{cases}.$$

令 $x_3=1,x_4=0$ 解得 $x_1=-\frac{3}{2},x_2=\frac{7}{2}$，得解向量 $\boldsymbol{\eta}_1=(-\frac{3}{2},\frac{7}{2},1,0)^{\mathrm{T}}$；

令 $x_3=0,x_4=1$ 解得 $x_1=-1,x_2=-2$，得解向量 $\boldsymbol{\eta}_2=(-1,-2,0,1)^{\mathrm{T}}$.

因此，齐次线性方程组的一个基础解系为 $\boldsymbol{\eta}_1,\boldsymbol{\eta}_2$，此方程组的全部解为

$$\boldsymbol{x}=k_1\boldsymbol{\eta}_1+k_2\boldsymbol{\eta}_2\quad(k_1,k_2\in\mathbf{R}).$$

例 3.21　设 $\boldsymbol{A}=(a_{ij})_{m\times n},\boldsymbol{B}=(b_{ij})_{n\times t}$，且 $\boldsymbol{AB}=\boldsymbol{0}$，试证：$r(\boldsymbol{A})+r(\boldsymbol{B})\leqslant n$.

证　设 $\boldsymbol{A}$ 的秩为 r，$\boldsymbol{B}$ 的秩为 s，把矩阵 $\boldsymbol{B}$ 按列分块：

$$\boldsymbol{B}=(\boldsymbol{b}_1,\boldsymbol{b}_2,\cdots,\boldsymbol{b}_t).$$

根据分块矩阵的运算

$$\boldsymbol{AB}=\boldsymbol{A}(\boldsymbol{b}_1,\boldsymbol{b}_2,\cdots,\boldsymbol{b}_t)=(\boldsymbol{Ab}_1,\boldsymbol{Ab}_2,\cdots,\boldsymbol{Ab}_t).$$

因为 $\boldsymbol{AB}=\boldsymbol{0}$，所以

$$\boldsymbol{Ab}_i=\boldsymbol{0}\ (i=1,2,\cdots,t),$$

即 $\boldsymbol{b}_i(i=1,2,\cdots,t)$是齐次线性方程组 $\boldsymbol{Ax}=\boldsymbol{0}$ 的解向量.

向量组 $\boldsymbol{b}_1,\boldsymbol{b}_2,\cdots,\boldsymbol{b}_t$ 可以由齐次线性方程组 $\boldsymbol{Ax}=\boldsymbol{0}$ 的基础解系表示，而 $\boldsymbol{Ax}=\boldsymbol{0}$的基础解系含有 $n-r(\boldsymbol{A})$个解向量，所以 $r(\boldsymbol{B})\leqslant n-r(\boldsymbol{A})$，即 $r(\boldsymbol{A})+r(\boldsymbol{B})\leqslant n$.

3.5.2　非齐次线性方程组解的结构

非齐次线性方程组(3-1)

$$\begin{cases} a_{11}x_1+a_{12}x_2+\cdots+a_{1n}x_n=b_1 \\ a_{21}x_1+a_{22}x_2+\cdots+a_{2n}x_n=b_2 \\ \qquad\cdots\cdots \\ a_{m1}x_1+a_{m2}x_2+\cdots+a_{mn}x_n=b_m \end{cases}$$

的矩阵表示形式是 $\boldsymbol{A}\boldsymbol{x}=\boldsymbol{b}$.

若把非齐次线性方程组(3-1)的等式右边全换成零,得到相应的齐次线性方程组(3-8)称为方程组(3-1)的**导出方程组**.关于方程组(3-1),我们有如下的解的结构.

定理 3.13 设 $\boldsymbol{\eta}_1^*$,$\boldsymbol{\eta}_2^*$ 是非齐次方程组(3-1)的两个解向量,$\boldsymbol{\eta}$ 是相应的导出方程组(3-8)的解向量,则

(1) $\boldsymbol{\eta}_1^*-\boldsymbol{\eta}_2^*$ 是导出方程组(3-8)的解向量;

(2) $\boldsymbol{\eta}_1^*+\boldsymbol{\eta}$ 是非齐次方程组(3-1)的解向量.

证 (1) 由假设可得$\boldsymbol{A}\boldsymbol{\eta}_1^*=\boldsymbol{b}$,$\boldsymbol{A}\boldsymbol{\eta}_2^*=\boldsymbol{b}$,因此,

$$\boldsymbol{A}(\boldsymbol{\eta}_1^*-\boldsymbol{\eta}_2^*)=\boldsymbol{A}\boldsymbol{\eta}_1^*-\boldsymbol{A}\boldsymbol{\eta}_2^*=\boldsymbol{b}-\boldsymbol{b}=\boldsymbol{0},$$

即 $\boldsymbol{\eta}_1^*-\boldsymbol{\eta}_2^*$ 是导出组的解向量.

(2) 由于

$$\boldsymbol{A}(\boldsymbol{\eta}_1^*+\boldsymbol{\eta})=\boldsymbol{A}\boldsymbol{\eta}_1^*+\boldsymbol{A}\boldsymbol{\eta}=\boldsymbol{b}-\boldsymbol{0}=\boldsymbol{b},$$

故 $\boldsymbol{\eta}_1^*+\boldsymbol{\eta}$ 仍是非齐次线性方程组(3-1)的解向量.

定理 3.14 设 $\boldsymbol{\eta}^*$ 是非齐次线性方程组(3-1)的一个解向量,$\boldsymbol{\eta}_1,\boldsymbol{\eta}_2,\cdots,\boldsymbol{\eta}_{n-r}$ 是相应的导出方程组(3-8)的一个基础解系,则方程组(3-1)的全部解为

$$\boldsymbol{x}=\boldsymbol{\eta}^*+k_1\boldsymbol{\eta}_1+k_2\boldsymbol{\eta}_2\cdots+k_{n-r}\boldsymbol{\eta}_{n-r},$$

其中 $k_1,k_2,\cdots,k_{n-r}$ 为任意常数.

证 设 $\boldsymbol{x}$ 是方程组(3-1)的任意一个解,令 $\boldsymbol{\eta}=\boldsymbol{x}-\boldsymbol{\eta}^*$,则 $\boldsymbol{\eta}$ 是方程组(3-1)对应的导出方程组(3-8)的一个解,从而 $\boldsymbol{\eta}$ 可以用方程组(3-8)的基础解系线性表示,即

$$\boldsymbol{\eta}=k_1\boldsymbol{\eta}_1+k_2\boldsymbol{\eta}_2+\cdots+k_{n-r}\boldsymbol{\eta}_{n-r},$$

于是方程组(3-1)的任意一个解都可以表示为

$$\boldsymbol{x}=\boldsymbol{\eta}^*+k_1\boldsymbol{\eta}_1+k_2\boldsymbol{\eta}_2+\cdots+k_{n-r}\boldsymbol{\eta}_{n-r}. \tag{3-16}$$

(3-16)式也称为非齐次线性方程组(3-1)的**通解**,$\boldsymbol{\eta}^*$ 称为方程组(3-1)的一个**特解**.

例 3.22 求线性方程组

$$\begin{cases} x_1-x_2+x_4-x_5=1 \\ 2x_1+x_3-x_5=2 \\ 3x_1-x_2-x_3-x_4-x_5=0 \end{cases}$$

的全部解，并把它表示成向量形式.

解 将方程组的增广矩阵 $\overline{\boldsymbol{A}}$ 作初等行变换化成行最简阶梯形

$$\overline{\boldsymbol{A}}=\begin{pmatrix}1&-1&0&1&-1&1\\2&0&1&0&-1&2\\3&-1&-1&-1&-1&0\end{pmatrix}\xrightarrow[r_3-3r_1]{r_2-2r_1}\begin{pmatrix}1&-1&0&1&-1&1\\0&2&1&-2&1&0\\0&2&-1&-4&2&-3\end{pmatrix}$$

$$\xrightarrow{r_3-r_2}\begin{pmatrix}1&-1&0&1&-1&1\\0&2&1&-2&1&0\\0&0&-2&-2&1&-3\end{pmatrix}\xrightarrow[r_2-r_3]{-\frac{1}{2}r_3}\begin{pmatrix}1&-1&0&1&-1&1\\0&2&0&-3&\frac{3}{2}&-\frac{3}{2}\\0&0&1&1&-\frac{1}{2}&\frac{3}{2}\end{pmatrix}$$

$$\xrightarrow[r_1+r_2]{\frac{1}{2}r_2}\begin{pmatrix}1&0&0&-\frac{1}{2}&-\frac{1}{4}&\frac{1}{4}\\0&1&0&-\frac{3}{2}&\frac{3}{4}&-\frac{3}{4}\\0&0&1&1&-\frac{1}{2}&\frac{3}{2}\end{pmatrix},$$

得原方程的同解方程组

$$\begin{cases}x_1=\frac{1}{4}+\frac{1}{2}x_4+\frac{1}{4}x_5\\x_2=-\frac{3}{4}+\frac{3}{2}x_4-\frac{3}{4}x_5,\\x_3=\frac{3}{2}-x_4+\frac{1}{2}x_5\end{cases}\tag{3-17}$$

其中 x_4,x_5 为自由未知量.

令自由未知量 $x_4=x_5=0$，代入上式解得 $x_1=\frac{1}{4},x_2=-\frac{3}{4},x_3=\frac{3}{2}$，从而原方程组的一个特解为

$$\boldsymbol{\eta}^*=\left(\frac{1}{4},-\frac{3}{4},\frac{3}{2},0,0\right)^{\mathrm{T}}.$$

下面再求它的导出方程组的一个基础解系，由于非齐次线性方程组与导出方程组的系数矩阵相同.因此，我们只需在(3-17)式中把常数项换成零，就可以得到导出方程组的系数矩阵化为阶梯形并还原成方程组的形式

$$\begin{cases}x_1=\frac{1}{2}x_4+\frac{1}{4}x_5\\x_2=\frac{3}{2}x_4-\frac{3}{4}x_5,\\x_3=x_4+\frac{1}{2}x_5\end{cases}\tag{3-18}$$

其中 x_4,x_5 为自由未知量.

令 $x_4=1,x_5=0$,代入方程组(3-18)得:$x_1=\frac{1}{2},x_2=\frac{3}{2},x_3=-1$.因此有

$$\boldsymbol{\eta}_1=\left(\frac{1}{2},\frac{3}{2},-1,1,0\right)^{\mathrm{T}};$$

令 $x_4=0,x_5=1$,代入方程组(3-18)得:$x_1=\frac{1}{4},x_2=-\frac{3}{4},x_3=\frac{1}{2}$,因此有

$$\boldsymbol{\eta}_2=\left(\frac{1}{4},-\frac{3}{4},\frac{1}{2},0,1\right)^{\mathrm{T}},$$

从而导出方程组的基础解系为 $\boldsymbol{\eta}_1,\boldsymbol{\eta}_2$,故原方程组的全部解可表示为

$$\begin{aligned}\boldsymbol{x}&=\boldsymbol{\eta}^*+k_1\boldsymbol{\eta}_1+k_2\boldsymbol{\eta}_2\\&=\left(\frac{1}{4},-\frac{3}{4},\frac{3}{2},0,0\right)^{\mathrm{T}}+k_1\left(\frac{1}{2},\frac{3}{2},-1,1,0\right)^{\mathrm{T}}+k_2\left(\frac{1}{4},-\frac{3}{4},\frac{1}{2},0,1\right)^{\mathrm{T}},\end{aligned}$$

其中 k_1,k_2 为任意数.

习题 3.5

1. 求下列齐次线性方程组的一个基础解系及全部解:

(1) $\begin{cases}x_1-x_2-x_3+x_4=0\\x_1-x_2+x_3-3x_4=0\\x_1-x_2-2x_3+3x_4=0\end{cases}$;　　(2) $\begin{cases}x_1+x_2-3x_3-x_4=0\\x_1+2x_2-4x_3-x_4=0\\x_1-x_2-x_3+x_4=0\end{cases}$;

(3) $\begin{cases}x_1+x_2+x_3=0\\2x_1+x_2-3x_3=0\end{cases}$.

2. 设有方程组

$$\begin{cases}x_1+x_2+x_3+x_4+x_5=0\\3x_1+2x_2+x_3+x_4-3x_5=0\\x_2+2x_3+2x_4+6x_5=0\\5x_1+4x_2+3x_3+3x_4-x_5=0\end{cases},$$

问:(1) $\boldsymbol{\alpha}_1=(1,-2,1,0,0)^{\mathrm{T}},\boldsymbol{\alpha}_2=(0,0,-2,2,0)^{\mathrm{T}},\boldsymbol{\alpha}_3=(4,0,0,-6,2)^{\mathrm{T}}$ 是否是上述方程组的基础解系?

(2) $\boldsymbol{\beta}_1=(1,-2,1,0,0)^{\mathrm{T}},\boldsymbol{\beta}_2=(0,0,-1,1,0)^{\mathrm{T}},\boldsymbol{\beta}_3=(1,-2,0,1,0)^{\mathrm{T}}$ 是否是上述方程组的基础解系?

3. 求下列非齐次线性方程组的全部解(用基础解系表示):

(1) $\begin{cases} 2x_1+x_2-x_3+x_4=1 \\ x_1+2x_2+x_3-x_4=2; \\ x_1+x_2+2x_3+x_4=3 \end{cases}$　　(2) $\begin{cases} x_1+2x_2+x_3-3x_4+2x_5=1 \\ 2x_1+x_2+x_3+x_4-3x_5=6 \\ x_1+x_2+2x_3+2x_4-2x_5=2 \\ 2x_1+3x_2-5x_3-17x_4+10x_5=5 \end{cases}$.

4. 证明线性方程组 $\begin{cases} x_1-x_2=a_1 \\ x_2-x_3=a_2 \\ x_3-x_4=a_3 \\ x_4-x_5=a_4 \\ x_5-x_1=a_5 \end{cases}$ 有解的充分必要条件是 $a_1+a_2+a_3+a_4+a_5=0$,并在有解的情况下求出它的全部解.

5. 设线性方程组为 $\begin{cases} kx_1+x_2+x_3=1 \\ x_1+kx_2+x_3=1 \\ x_1+x_2+kx_3=1 \end{cases}$,问 k 为何值时,方程组有唯一解、无解、有无穷多组解？在有无穷多组解的情况下求出其全部解,用基础解系表示.

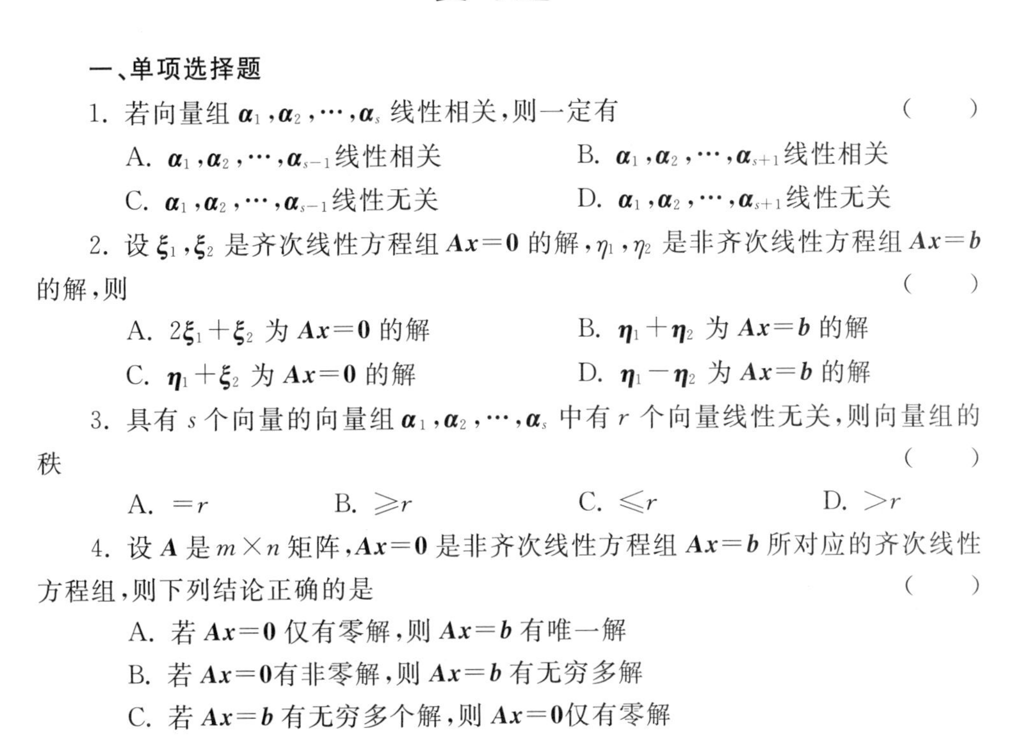

复习题 3

一、单项选择题

1. 若向量组 $\boldsymbol{\alpha}_1,\boldsymbol{\alpha}_2,\cdots,\boldsymbol{\alpha}_s$ 线性相关,则一定有　　(　　)

A. $\boldsymbol{\alpha}_1,\boldsymbol{\alpha}_2,\cdots,\boldsymbol{\alpha}_{s-1}$ 线性相关　　B. $\boldsymbol{\alpha}_1,\boldsymbol{\alpha}_2,\cdots,\boldsymbol{\alpha}_{s+1}$ 线性相关

C. $\boldsymbol{\alpha}_1,\boldsymbol{\alpha}_2,\cdots,\boldsymbol{\alpha}_{s-1}$ 线性无关　　D. $\boldsymbol{\alpha}_1,\boldsymbol{\alpha}_2,\cdots,\boldsymbol{\alpha}_{s+1}$ 线性无关

2. 设 $\boldsymbol{\xi}_1,\boldsymbol{\xi}_2$ 是齐次线性方程组 $\boldsymbol{Ax}=\boldsymbol{0}$ 的解,η_1,η_2 是非齐次线性方程组 $\boldsymbol{Ax}=\boldsymbol{b}$ 的解,则　　(　　)

A. $2\boldsymbol{\xi}_1+\boldsymbol{\xi}_2$ 为 $\boldsymbol{Ax}=\boldsymbol{0}$ 的解　　B. $\boldsymbol{\eta}_1+\boldsymbol{\eta}_2$ 为 $\boldsymbol{Ax}=\boldsymbol{b}$ 的解

C. $\boldsymbol{\eta}_1+\boldsymbol{\xi}_2$ 为 $\boldsymbol{Ax}=\boldsymbol{0}$ 的解　　D. $\boldsymbol{\eta}_1-\boldsymbol{\eta}_2$ 为 $\boldsymbol{Ax}=\boldsymbol{b}$ 的解

3. 具有 s 个向量的向量组 $\boldsymbol{\alpha}_1,\boldsymbol{\alpha}_2,\cdots,\boldsymbol{\alpha}_s$ 中有 r 个向量线性无关,则向量组的秩　　(　　)

A. $=r$　　B. $\geqslant r$　　C. $\leqslant r$　　D. $>r$

4. 设 $\boldsymbol{A}$ 是 $m\times n$ 矩阵,$\boldsymbol{Ax}=\boldsymbol{0}$ 是非齐次线性方程组 $\boldsymbol{Ax}=\boldsymbol{b}$ 所对应的齐次线性方程组,则下列结论正确的是　　(　　)

A. 若 $\boldsymbol{Ax}=\boldsymbol{0}$ 仅有零解,则 $\boldsymbol{Ax}=\boldsymbol{b}$ 有唯一解

B. 若 $\boldsymbol{Ax}=\boldsymbol{0}$ 有非零解,则 $\boldsymbol{Ax}=\boldsymbol{b}$ 有无穷多解

C. 若 $\boldsymbol{Ax}=\boldsymbol{b}$ 有无穷多个解,则 $\boldsymbol{Ax}=\boldsymbol{0}$ 仅有零解

D. 若 $\boldsymbol{Ax}=\boldsymbol{b}$ 有无穷多个解，则 $\boldsymbol{Ax}=\boldsymbol{0}$ 有非零解

5. 向量组 $\boldsymbol{\alpha}_1,\boldsymbol{\alpha}_2,\cdots,\boldsymbol{\alpha}_s$ 线性无关的充分条件是　(　　)

A. $\boldsymbol{\alpha}_1,\boldsymbol{\alpha}_2,\cdots,\boldsymbol{\alpha}_s$ 均不是零向量

B. $\boldsymbol{\alpha}_1,\boldsymbol{\alpha}_2,\cdots,\boldsymbol{\alpha}_s$ 中有部分向量线性无关

C. $\boldsymbol{\alpha}_1,\boldsymbol{\alpha}_2,\cdots,\boldsymbol{\alpha}_s$ 中任意一个向量均不能由其余 $s-1$ 个向量线性表示

D. 有一组数 $k_1=k_2=\cdots=k_s=0$，使得 $k_1\boldsymbol{\alpha}_1+\cdots+k_s\boldsymbol{\alpha}_s=\boldsymbol{0}$

6. 设 $\boldsymbol{A}$ 是方阵，且 $|\boldsymbol{A}|=0$，则 A 中　(　　)

A. 必有一列元素全为零

B. 必有两列元素成比例

C. 必有一列向量是其余列向量的线性组合

D. 任一列向量是其余列向量的线性组合

7. 设 $\boldsymbol{x}_1,\boldsymbol{x}_2$ 是齐次线性方程组 $\boldsymbol{Ax}=\boldsymbol{0}$ 的两个线性无关的解向量，则　(　　)

A. $\boldsymbol{x}_1,\boldsymbol{x}_2$ 一定是齐次线性方程组 $\boldsymbol{Ax}=\boldsymbol{0}$ 的一个基础解系

B. $\boldsymbol{x}_1,\boldsymbol{x}_2$ 有可能是齐次线性方程组 $\boldsymbol{Ax}=\boldsymbol{0}$ 的一个基础解系

C. $k_1\boldsymbol{x}_1+k_2\boldsymbol{x}_2$ 不是齐次线性方程组 $\boldsymbol{Ax}=\boldsymbol{0}$ 的解

D. $k_1\boldsymbol{x}_1-k_2\boldsymbol{x}_2$ 不是齐次线性方程组 $\boldsymbol{Ax}=\boldsymbol{0}$ 的解

8. 设 $\boldsymbol{A}$ 是 $m\times n$ 矩阵，则齐次线性方程组 $\boldsymbol{Ax}=\boldsymbol{0}$ 有非零解的充分必要条件为　(　　)

A. $r(\boldsymbol{A})\leqslant m$　　B. $r(\boldsymbol{A})\leqslant n$

C. $r(\boldsymbol{A})<m$　　D. $r(\boldsymbol{A})<n$

9. 如果向量组 $\boldsymbol{\alpha}_1,\boldsymbol{\alpha}_2$ 线性无关，则向量组 $\boldsymbol{\alpha}_1+\boldsymbol{\alpha}_2,\boldsymbol{\alpha}_2$　(　　)

A. 线性相关　　B. 线性无关

C. 有可能线性相关　　D. 以上结论都不正确

二、填空题

1. 同一个向量组中有两个不同的极大无关组，那么这两个极大无关组所含的向量个数________.

2. 设齐次线性方程组为 $x_1+x_2+\cdots+x_n=0$，则它的基础解系中所含向量的个数为________.

3. 如果一个向量组的秩等于该向量组中所含向量个数，则这个向量组的线性相关性是________.

4. 设 $\boldsymbol{\alpha}_1=(-1,3,1),\boldsymbol{\alpha}_2=(2,1,0),\boldsymbol{\alpha}_3=(1,4,1)$，则 $\boldsymbol{\alpha}_1,\boldsymbol{\alpha}_2,\boldsymbol{\alpha}_3$ 线性________关.

5. 设 $\boldsymbol{\alpha}_1=(1,0,1),\boldsymbol{\alpha}_2=(0,-1,-1),\boldsymbol{\alpha}_3=(1,1,1),\boldsymbol{\beta}=(3,5,6)$，且有 $\boldsymbol{\beta}=x_1\boldsymbol{\alpha}_1+x_2\boldsymbol{\alpha}_2+x_3\boldsymbol{\alpha}_3$，则 $x_1=$________，$x_2=$________，$x_3=$________.

6. 设 $\boldsymbol{\alpha}_1=(1,1,1),\boldsymbol{\alpha}_2=(a,0,b),\boldsymbol{\alpha}_3=(1,3,2)$，若 $\boldsymbol{\alpha}_1,\boldsymbol{\alpha}_2,\boldsymbol{\alpha}_3$ 线性相关，则 a,b

满足关系式________.

7. 已知 $\boldsymbol{A}$ 是 5×4 矩阵且线性方程组 $\boldsymbol{AX}=\boldsymbol{b}$ 有唯一解，则 $r(\boldsymbol{A})=$________.

8. 已知 $\boldsymbol{A}$ 是 6×7 矩阵，且 $r(\boldsymbol{A})=6$，则 $\boldsymbol{A}$ 的列向量组必线性________关，行向量组必线性________关.

9. 设 $\boldsymbol{\eta}_1,\boldsymbol{\eta}_2$ 是非齐次线性方程组 $\boldsymbol{Ax}=\boldsymbol{b}$ 的两个解，则 $\boldsymbol{\eta}_1-\boldsymbol{\eta}_2$ ________齐次线性方程组 $\boldsymbol{Ax}=\boldsymbol{0}$ 的解.

10. 非齐次线性方程组 $\begin{cases} x_1+x_2+ax_3=1 \\ ax_1+x_2+x_3=-1 \\ x_1+ax_2+x_3=1 \end{cases}$ 无解，则 $a=$________.

三、计算题

1. 判断 $\boldsymbol{\beta}=(4,4,1,2)$ 能否由下列向量线性表示，若能，则把 $\boldsymbol{\beta}$ 表示成 $\boldsymbol{\alpha}_1,\boldsymbol{\alpha}_2\boldsymbol{\alpha}_3,\boldsymbol{\alpha}_4$ 线性组合：$\boldsymbol{\alpha}_1=(2,-1,0,5),\boldsymbol{\alpha}_2=(-4,-2,3,0),\boldsymbol{\alpha}_3=(-1,0,1,0),\boldsymbol{\alpha}_4=(0,-1,2,5)$.

2. 求向量组 $\boldsymbol{\alpha}_1=(1,-1,2,1,0),\boldsymbol{\alpha}_2=(2,1,4,-2,0),\boldsymbol{\alpha}_3=(3,0,6,-1,0),\boldsymbol{\alpha}_4=(0,3,0,0,1)$ 的一个极大无关组，并将其余向量用该极大无关组线性表示.

3. 已知：$\boldsymbol{\alpha}_1=(a,1,1),\boldsymbol{\alpha}_2=(1,b,3b),\boldsymbol{\alpha}_3=(1,1,1)$ 及 $\boldsymbol{\beta}=(4,3,9)$，问：

(1) a,b 何值时，$\boldsymbol{\beta}$ 有 $\boldsymbol{\alpha}_1,\boldsymbol{\alpha}_2,\boldsymbol{\alpha}_3$ 的唯一线性表示，并写出该表示式；

(2) a,b 何值时，$\boldsymbol{\beta}$ 能表示成 $\boldsymbol{\alpha}_1,\boldsymbol{\alpha}_2,\boldsymbol{\alpha}_3$ 的线性组合，但不唯一；

(3) a,b 何值时，$\boldsymbol{\beta}$ 不能表示成 $\boldsymbol{\alpha}_1,\boldsymbol{\alpha}_2,\boldsymbol{\alpha}_3$ 的线性组合.

4. 当 a 取何值时，线性方程组

$$\begin{cases} x_1+x_2-x_3=1 \\ 2x_1+3x_2+ax_3=3 \\ x_1+ax_2+3x_3=2 \end{cases}$$

无解？有唯一解？有无穷多组解？在方程有解时，求出它的解.

5. 求齐次线性方程组 $\begin{cases} 2x_1+x_2-x_3+x_4=0 \\ 3x_1-2x_2+x_3-3x_4=0 \\ x_1+4x_2-3x_3+5x_4=0 \end{cases}$ 的一个基础解系.

6. 求线性方程组 $\begin{cases} 2x+y-z+w=1 \\ 4x+2y-2z+w=2 \\ 2x+y-z-w=1 \end{cases}$ 的全部解，并用基础解系表示.

四、证明题

设 $\boldsymbol{\alpha}_1,\boldsymbol{\alpha}_2,\boldsymbol{\alpha}_3$ 是一向量组的极大无关组，且 $\boldsymbol{\beta}_1=\boldsymbol{\alpha}_1+\boldsymbol{\alpha}_2+\boldsymbol{\alpha}_3,\boldsymbol{\beta}_2=\boldsymbol{\alpha}_1+\boldsymbol{\alpha}_2+2\boldsymbol{\alpha}_3,\boldsymbol{\beta}_3=\boldsymbol{\alpha}_1+2\boldsymbol{\alpha}_2+3\boldsymbol{\alpha}_3$ 均为该向量组的向量，证明：$\boldsymbol{\beta}_1,\boldsymbol{\beta}_2,\boldsymbol{\beta}_3$ 也是该向量组的极大无关组.

第 4 章　矩阵的特征值和特征向量

矩阵的特征值和特征向量的理论是线性代数中比较困难但又十分重要的部分，有关结果在工程技术、数量经济等领域具有广泛的应用. 本章主要介绍矩阵的特征值、特征向量和矩阵相似的概念和有关理论，讨论矩阵在相似意义下的对角化问题. 由于相关内容的讨论涉及复数与多项式的理论，限于篇幅，有些问题只给出结论而不予以证明，并尽可能不涉及复数.

§4.1　矩阵的特征值和特征向量

4.1.1　矩阵的特征值和特征向量的概念

在很多数学问题的求解中，以及工程技术和经济管理的许多定量分析模型中，常常需要寻求数 λ 和非零向量 $\boldsymbol{\alpha}$，使得 $\boldsymbol{A\alpha}=\lambda\boldsymbol{\alpha}$.

例 4.1　污染与工业发展水平关系的定量分析.

设 x_0 是某地区的污染水平(以空气或河湖水质的某种污染指数为测量单位)，y_0 是目前的工业发展水平(以某种工业发展指数为测算单位). 以 5 年为一个发展周期，一个周期后的污染水平和工业发展水平分别记为 x_1 和 y_1，它们之间的关系是

$$\begin{cases} x_1=3x_0+y_0 \\ y_1=2x_0+2y_0 \end{cases},$$

写成矩阵形式，就是

$$\begin{pmatrix} x_1 \\ y_1 \end{pmatrix}=\begin{pmatrix} 3 & 1 \\ 2 & 2 \end{pmatrix}\begin{pmatrix} x_0 \\ y_0 \end{pmatrix} \quad 或 \quad \boldsymbol{\alpha}_1=\boldsymbol{A\alpha}_0,$$

其中 $\boldsymbol{\alpha}_1=\begin{pmatrix} x_1 \\ y_1 \end{pmatrix}$，$\boldsymbol{\alpha}_0=\begin{pmatrix} x_0 \\ y_0 \end{pmatrix}$，$\boldsymbol{A}=\begin{pmatrix} 3 & 1 \\ 2 & 2 \end{pmatrix}$.

如果当前的水平为 $\boldsymbol{\alpha}_0=\begin{pmatrix} 1 \\ 1 \end{pmatrix}$，则

$$\boldsymbol{\alpha}_1=\begin{pmatrix} x_1 \\ y_1 \end{pmatrix}=\begin{pmatrix} 3 & 1 \\ 2 & 2 \end{pmatrix}\begin{pmatrix} 1 \\ 1 \end{pmatrix}=4\begin{pmatrix} 1 \\ 1 \end{pmatrix}=4\boldsymbol{\alpha}_0,$$

即 $\boldsymbol{A\alpha}_0=4\boldsymbol{\alpha}$. 由此可以预测 n 个周期后的污染水平与工业发展水平：

$$\boldsymbol{\alpha}_n=4\boldsymbol{\alpha}_{n-1}=4^2\boldsymbol{\alpha}_{n-2}=\cdots=4^n\boldsymbol{\alpha}_0.$$

上述讨论中，表达式 $\boldsymbol{A\alpha}_0=4\boldsymbol{\alpha}$ 反映了矩阵 $\boldsymbol{A}$ 作用在向量 $\boldsymbol{\alpha}_0$ 上只改变了常数倍的关系，类似的问题还有很多，我们把具有这种性质的非零向量 $\boldsymbol{\alpha}_0$ 称为矩阵 $\boldsymbol{A}$ 的特征向量，数 4 称为对应于 $\boldsymbol{\alpha}_0$ 的特征值.

定义 4.1　设 $\boldsymbol{A}$ 是 n 阶方阵，如果存在一个数 λ(实数或复数)，以及一个非零 n 维列向量 $\boldsymbol{\alpha}$，使得

$$\boldsymbol{A\alpha}=\lambda\boldsymbol{\alpha},\tag{4-1}$$

则称 λ 为矩阵 $\boldsymbol{A}$ 的**特征值**，而 $\boldsymbol{\alpha}$ 称为矩阵 $\boldsymbol{A}$ 的属于特征值 λ 的**特征向量**.

注意：(1) 特征值问题是针对方阵而言的，本章的矩阵如不加说明，都指方阵；

(2) 特征向量必须是非零向量；

(3) 特征向量既依赖于矩阵 $\boldsymbol{A}$，又依赖于特征值 λ. 事实上，一个特征向量只能属于一个特征值. 这是因为，如果 $\boldsymbol{\alpha}$ 是同时属于特征值 λ_1 和 λ_2 的特征向量，即 $\boldsymbol{A\alpha}=\lambda_1\boldsymbol{\alpha}$，$\boldsymbol{A\alpha}=\lambda_2\boldsymbol{\alpha}$，则 $(\lambda_2-\lambda_1)\boldsymbol{\alpha}=\boldsymbol{0}$，而 $\boldsymbol{\alpha}\neq\boldsymbol{0}$，因此 $\lambda_1=\lambda_2$.

例 4.2　对于 n 阶单位矩阵 $\boldsymbol{E}$ 及任一非零的 n 维列向量 $\boldsymbol{\alpha}$，有 $\boldsymbol{E\alpha}=\boldsymbol{\alpha}$，所以 $\lambda=1$ 是 $\boldsymbol{E}$ 的一个特征值，任一非零的 n 维列向量 $\boldsymbol{\alpha}$ 都是 $\boldsymbol{E}$ 的属于特征值 $\lambda=1$ 的特征向量.

例 4.3　已知向量 $\boldsymbol{\alpha}=\begin{pmatrix}1\\1\\-1\end{pmatrix}$ 是 $\boldsymbol{A}=\begin{pmatrix}2&-1&2\\5&a&3\\-1&b&-2\end{pmatrix}$ 的一个特征向量，试确定参数 a,b 及特征向量 $\boldsymbol{\alpha}$ 所对应的特征值 λ.

解　由特征值和特征向量的定义 $\boldsymbol{A\alpha}=\lambda\boldsymbol{\alpha}$，有

$$\begin{pmatrix}2&-1&2\\5&a&3\\-1&b&-2\end{pmatrix}\begin{pmatrix}1\\1\\-1\end{pmatrix}=\lambda\begin{pmatrix}1\\1\\-1\end{pmatrix},$$

即

$$\begin{pmatrix}-1\\2+a\\b+1\end{pmatrix}=\begin{pmatrix}\lambda\\\lambda\\-\lambda\end{pmatrix},$$

从而解得 $\lambda=-1,a=-3,b=0$.

4.1.2　矩阵的特征值和特征向量的求法

(4-1)式可改写为

$$(\lambda\boldsymbol{E}-\boldsymbol{A})\boldsymbol{\alpha}=\boldsymbol{0},$$

因为 $\boldsymbol{\alpha}\neq\mathbf{0}$,所以齐次线性方程组

$$(\lambda\boldsymbol{E}-\boldsymbol{A})\boldsymbol{x}=\mathbf{0} \tag{4-2}$$

有非零解.由齐次线性方程组有非零解的充分必要条件,其系数矩阵的行列式等于零,于是

$$|\lambda\boldsymbol{E}-\boldsymbol{A}|=0, \tag{4-3}$$

即矩阵 $\boldsymbol{A}$ 的特征值 λ 是方程 $|\lambda\boldsymbol{E}-\boldsymbol{A}|=0$ 的根.

由行列式的定义可知,(4-3)式的左边是 λ 的 n 次多项式.由代数基本定理知,一元 n 次代数方程在复数范围内恰有 n 个根(包括重根),因此,若 $\boldsymbol{A}$ 是一个 n 阶方阵,则 $\boldsymbol{A}$ 在复数范围内恰有 n 个特征值(包括重根).需要注意的是,即使矩阵 $\boldsymbol{A}$ 的元素全为实数,其特征值也可能是虚数.

为了叙述方便,引入如下术语.

定义 4.2 设 n 阶方阵 $\boldsymbol{A}=(a_{ij})$,则称

$$f(\lambda)=|\lambda\boldsymbol{E}-\boldsymbol{A}|=\begin{vmatrix}\lambda-a_{11} & -a_{12} & \cdots & -a_{1n}\\ -a_{21} & \lambda-a_{22} & \cdots & -a_{2n}\\ \vdots & \vdots & & \vdots\\ -a_{n1} & -a_{n2} & \cdots & \lambda-a_{nn}\end{vmatrix} \tag{4-4}$$

为矩阵 $\boldsymbol{A}$ 的**特征多项式**,称 $\lambda\boldsymbol{E}-\boldsymbol{A}$ 为矩阵 $\boldsymbol{A}$ 的**特征矩阵**,称 $|\lambda\boldsymbol{E}-\boldsymbol{A}|=0$ 为矩阵 $\boldsymbol{A}$ 的**特征方程**.

综上所述,求解矩阵 $\boldsymbol{A}$ 的特征值和特征向量的一般步骤如下:

(1) 求解特征方程 $|\lambda\boldsymbol{E}-\boldsymbol{A}|=0$,其所有根即为矩阵 $\boldsymbol{A}$ 的全部特征值;

(2) 固定每一个特征值 λ_i,求解齐次线性方程组 $(\lambda_i\boldsymbol{E}-\boldsymbol{A})\boldsymbol{x}=\mathbf{0}$,得其一个基础解系为 $\boldsymbol{\alpha}_1,\boldsymbol{\alpha}_2,\cdots,\boldsymbol{\alpha}_s$,其中 $s=n-r(\lambda_i\boldsymbol{E}-\boldsymbol{A})$,则矩阵 $\boldsymbol{A}$ 的属于特征值 λ 的全部特征向量为

$$k_1\boldsymbol{\alpha}_1+k_2\boldsymbol{\alpha}_2+\cdots+k_s\boldsymbol{\alpha}_s,$$

其中 $k_1,k_2,\cdots,k_s$ 为不全为零的任意常数.

例 4.4 求矩阵

$$\boldsymbol{A}=\begin{pmatrix}12 & -14 & -3\\ 13 & -15 & -3\\ -16 & 20 & 5\end{pmatrix}$$

的特征值与特征向量.

解 $\boldsymbol{A}$ 的特征方程为

$$|\lambda\boldsymbol{E}-\boldsymbol{A}|=\begin{vmatrix}\lambda-12 & 14 & 3\\ -13 & \lambda+15 & 3\\ 16 & -20 & \lambda-5\end{vmatrix}\xlongequal{r_1+(-1)r_2}\begin{vmatrix}\lambda+1 & -\lambda-1 & 0\\ -13 & \lambda+15 & 3\\ 16 & -20 & \lambda-5\end{vmatrix}$$

$$=(\lambda+1)\begin{vmatrix}1 & -1 & 0\\ -13 & \lambda+15 & 3\\ 16 & -20 & \lambda-5\end{vmatrix}=(\lambda+1)(\lambda-1)(\lambda-2)=0,$$

故 $\boldsymbol{A}$ 的特征值为 $\lambda_1=-1,\lambda_2=1,\lambda_3=2$.

当 $\lambda_1=-1$ 时,解对应的齐次线性方程组 $(-\boldsymbol{E}-\boldsymbol{A})\boldsymbol{x}=\boldsymbol{0}$

$$-\boldsymbol{E}-\boldsymbol{A}=\begin{pmatrix}-13 & 14 & 3\\ -13 & 14 & 3\\ 16 & -20 & -6\end{pmatrix}\to\begin{pmatrix}1 & -2 & -1\\ 0 & 6 & 5\\ 0 & 0 & 0\end{pmatrix},$$

得它的一个基础解系 $\boldsymbol{\alpha}_1=(4,5,-6)^{\mathrm{T}}$,所以 $\boldsymbol{A}$ 的属于特征值 $\lambda_1=-1$ 的全部特征向量为

$$k_1\boldsymbol{\alpha}_1=k_1(4,5,-6)^{\mathrm{T}}\quad(k_1\text{ 为任意非零常数}).$$

当 $\lambda_2=1$ 时,解对应的齐次线性方程组 $(\boldsymbol{E}-\boldsymbol{A})\boldsymbol{x}=\boldsymbol{0}$

$$\boldsymbol{E}-\boldsymbol{A}=\begin{pmatrix}-11 & 14 & 3\\ -13 & 16 & 3\\ 16 & -20 & -4\end{pmatrix}\to\begin{pmatrix}1 & 0 & 1\\ 0 & 1 & 1\\ 0 & 0 & 0\end{pmatrix},$$

得它的一个基础解系 $\boldsymbol{\alpha}_2=(1,1,1)^{\mathrm{T}}$,所以 $\boldsymbol{A}$ 的属于特征值 $\lambda_2=1$ 的全部特征向量为

$$k_2\boldsymbol{\alpha}_2=k_2(1,1,1)^{\mathrm{T}}\quad(k_2\text{ 为任意非零常数}).$$

当 $\lambda_3=2$ 时,解对应的齐次线性方程组 $(2\boldsymbol{E}-\boldsymbol{A})\boldsymbol{x}=\boldsymbol{0}$

$$2\boldsymbol{E}-\boldsymbol{A}=\begin{pmatrix}-10 & 14 & 3\\ -13 & 17 & 3\\ 16 & -20 & -3\end{pmatrix}\to\begin{pmatrix}1 & -1 & 0\\ 0 & -4 & -3\\ 0 & 0 & 0\end{pmatrix},$$

得它的一个基础解系 $\boldsymbol{\alpha}_3=(3,3,-4)^{\mathrm{T}}$,所以 $\boldsymbol{A}$ 的属于特征值 $\lambda_3=2$ 的全部特征向量为

$$k_3\boldsymbol{\alpha}_3=k_3(3,3,-4)^{\mathrm{T}}\quad(k_3\text{ 为任意非零常数}).$$

例 4.5　求矩阵

$$\boldsymbol{A}=\begin{pmatrix}-2 & 1 & 1\\ 0 & 2 & 0\\ -4 & 1 & 3\end{pmatrix}$$

的特征值与特征向量.

解　矩阵 $\boldsymbol{A}$ 的特征方程为

$$|\lambda\boldsymbol{E}-\boldsymbol{A}|=\begin{vmatrix}\lambda+2 & -1 & -1\\ 0 & \lambda-2 & 0\\ 4 & -1 & \lambda-3\end{vmatrix}=(\lambda-2)^2(\lambda+1)=0,$$

所以矩阵 $\boldsymbol{A}$ 的特征值为 $\lambda_1=\lambda_2=2$(二重根),$\lambda_3=-1$.

当 $\lambda_1=\lambda_2=2$ 时,解对应的齐次线性方程组 $(2\boldsymbol{E}-\boldsymbol{A})\boldsymbol{x}=\boldsymbol{0}$

$$2\boldsymbol{E}-\boldsymbol{A}=\begin{pmatrix}4&-1&-1\\0&0&0\\0&-1&-1\end{pmatrix}\to\begin{pmatrix}4&-1&-1\\0&0&0\\0&0&0\end{pmatrix},$$

得它的一个基础解系为 $\boldsymbol{\alpha}_1=(1,4,0)^{\mathrm{T}}$,$\boldsymbol{\alpha}_2=(1,0,4)^{\mathrm{T}}$,因此属于特征值 $\lambda_1=\lambda_2=2$ 的全部特征向量为

$k_1\boldsymbol{\alpha}_1+k_2\boldsymbol{\alpha}_2=k_1(1,4,0)^{\mathrm{T}}+k_2(1,0,4)^{\mathrm{T}}$ (k_1,k_2 为不全为零的任意常数).

当 $\lambda_3=-1$ 时,解对应的齐次线性方程组 $(-\boldsymbol{E}-\boldsymbol{A})\boldsymbol{x}=\boldsymbol{0}$

$$-\boldsymbol{E}-\boldsymbol{A}=\begin{pmatrix}1&-1&-1\\0&-1&0\\4&-1&-4\end{pmatrix}\to\begin{pmatrix}1&-1&-1\\0&1&0\\0&0&0\end{pmatrix},$$

得它的一个基础解为 $\boldsymbol{\alpha}_3=(1,0,1)^{\mathrm{T}}$,因此属于特征值 $\lambda_3=-1$ 的全部特征向量为

$$k_3\boldsymbol{\alpha}_3=k_3(1,0,1)^{\mathrm{T}}\quad(k_3\text{ 为任意非零常数}).$$

例 4.6 求矩阵

$$\boldsymbol{A}=\begin{pmatrix}0&-1&0\\1&-2&0\\-1&0&-1\end{pmatrix}$$

的特征值与特征向量.

解 矩阵 $\boldsymbol{A}$ 的特征方程为

$$|\lambda\boldsymbol{E}-\boldsymbol{A}|=\begin{vmatrix}\lambda&1&0\\-1&\lambda+2&0\\1&0&\lambda+1\end{vmatrix}=(\lambda+1)^3=0,$$

所以矩阵 $\boldsymbol{A}$ 的特征值为 $\lambda_1=\lambda_2=\lambda_3=-1$.

当 $\lambda_1=\lambda_2=\lambda_3=-1$ 时,解对应的齐次线性方程组 $(-\boldsymbol{E}-\boldsymbol{A})\boldsymbol{x}=\boldsymbol{0}$

$$-\boldsymbol{E}-\boldsymbol{A}=\begin{pmatrix}-1&1&0\\-1&1&0\\1&0&0\end{pmatrix}\to\begin{pmatrix}1&0&0\\0&1&0\\0&0&0\end{pmatrix},$$

得它的一个基础解为 $\boldsymbol{\alpha}=(0,0,1)^{\mathrm{T}}$,因此属于特征值 $\lambda_1=\lambda_2=\lambda_3=-1$ 的全部特征向量为

$$k\boldsymbol{\alpha}=k(0,0,1)^{\mathrm{T}}\quad(k\text{ 为任意非零常数}).$$

例 4.7 若 n 阶方阵为对角矩阵或三角矩阵

$$\boldsymbol{\Lambda}=\begin{vmatrix}\lambda_1 & & & \\ & \lambda_2 & & \\ & & \ddots & \\ & & & \lambda_n\end{vmatrix} \quad 或 \quad \boldsymbol{T}=\begin{vmatrix}\lambda_1 & * & \cdots & * \\ & \lambda_2 & \cdots & * \\ & & \ddots & * \\ & & & \lambda_n\end{vmatrix},$$

其特征多项式为

$$|\lambda\boldsymbol{E}-\boldsymbol{\Lambda}|=|\lambda\boldsymbol{E}-\boldsymbol{T}|=(\lambda-\lambda_1)(\lambda-\lambda_2)\cdots(\lambda-\lambda_n),$$

故 $\boldsymbol{\Lambda},\boldsymbol{T}$ 的主对角元全体就是它们的特征值.

4.1.3 矩阵的特征值和特征向量的性质

下面我们讨论矩阵的特征值和特征向量的性质.

定理 4.1 设 $\boldsymbol{\alpha}$ 是矩阵 $\boldsymbol{A}$ 的属于特征值 λ_0 的特征向量,则对任意的非零常数 k,向量 $k\boldsymbol{\alpha}$ 也是矩阵 $\boldsymbol{A}$ 的属于特征值 λ_0 的特征向量;若 $\boldsymbol{\alpha}$ 与 $\boldsymbol{\beta}$ 同是 $\boldsymbol{A}$ 的属于特征值 λ_0 的特征向量,则 $\boldsymbol{\alpha}+\boldsymbol{\beta}$ 也是 $\boldsymbol{A}$ 的属于特征值 λ_0 的特征向量.

证 因为 $\boldsymbol{A}(k\boldsymbol{\alpha})=k\boldsymbol{A}\boldsymbol{\alpha}=k(\lambda_0\boldsymbol{\alpha})=\lambda_0(k\boldsymbol{\alpha})$,所以 $k\boldsymbol{\alpha}$ 也是矩阵 $\boldsymbol{A}$ 的属于特征值 λ_0 的特征向量.类似可证另一结论.

由定理 4.1 知,$\boldsymbol{A}$ 的若干个属于特征值 λ_0 的特征向量的任意非零线性组合,仍是 $\boldsymbol{A}$ 的属于特征值 λ_0 的特征向量.也就是说,特征向量不是被特征值所唯一确定的.反之,一个特征向量只能属于一个特征值(读者可以自己验证).

定理 4.2 矩阵 $\boldsymbol{A}$ 与它的转置 $\boldsymbol{A}^{\mathrm{T}}$ 有相同的特征值.

证 因为

$$|\lambda\boldsymbol{E}-\boldsymbol{A}^{\mathrm{T}}|=|(\lambda\boldsymbol{E}-\boldsymbol{A})^{\mathrm{T}}|=|\lambda\boldsymbol{E}-\boldsymbol{A}|,$$

即 $\boldsymbol{A}$ 和 $\boldsymbol{A}^{\mathrm{T}}$ 的特征多项式相同,因此特征值相同.

这里需要强调的是,尽管 $\boldsymbol{A}$ 和 $\boldsymbol{A}^{\mathrm{T}}$ 的特征值相同,但它们的特征向量却不一定相同.

定理 4.3 设 n 阶矩阵 $\boldsymbol{A}=(a_{ij})$ 的 n 个特征值是 $\lambda_1,\lambda_2,\cdots,\lambda_n$(包括重特征值),则

(1) $\sum\limits_{i=1}^{n}\lambda_i=\sum\limits_{i=1}^{n}a_{ii}$,其中 $\sum\limits_{i=1}^{n}a_{ii}$ 称为 $\boldsymbol{A}$ 的**迹**,记为 $\mathrm{tr}(\boldsymbol{A})$;

(2) $\prod\limits_{i=1}^{n}\lambda_i=|\boldsymbol{A}|$.

*****证** 因为矩阵 $\boldsymbol{A}=(a_{ij})$ 的特征多项式

$$f(\lambda)=|\lambda\boldsymbol{E}-\boldsymbol{A}|=\begin{vmatrix}\lambda-a_{11} & -a_{12} & \cdots & -a_{1n} \\ -a_{21} & \lambda-a_{22} & \cdots & -a_{2n} \\ \vdots & \vdots & & \vdots \\ -a_{n1} & -a_{n2} & \cdots & \lambda-a_{nn}\end{vmatrix}$$

的展开式中,有一项是主对角元的连乘积

$$(\lambda-a_{11})(\lambda-a_{22})\cdots(\lambda-a_{nn}),$$

展开式的其余各项,至多包含 $n-2$ 个主对角元,它们对 λ 的次数最高是 $n-2$,因此 $f(\lambda)$是关于 λ 的 n 次多项式,且 n 次和 $n-1$ 次的项只能在主对角元的连乘积中出现,它们是

$$\lambda^n-(a_{11}+a_{22}+\cdots+a_{nn})\lambda^{n-1}.$$

在 $f(\lambda)$中令 $\lambda=0$,即得常数项$|-\boldsymbol{A}|=(-1)^n|\boldsymbol{A}|$,于是

$$f(\lambda)=\lambda^n-(a_{11}+a_{22}+\cdots+a_{nn})\lambda^{n-1}+\cdots+(-1)^n|\boldsymbol{A}|. \tag{4-5}$$

另一方面,设矩阵 $\boldsymbol{A}$ 的特征值是$\lambda_1,\lambda_2,\cdots,\lambda_s$,则

$$\begin{aligned}f(\lambda)&=(\lambda-\lambda_1)(\lambda-\lambda_2)\cdots(\lambda-\lambda_n)\\&=\lambda^n-(\lambda_1+\lambda_2+\cdots+\lambda_n)\lambda^{n-1}+\cdots+(-1)^n\lambda_1\lambda_2\cdots\lambda_n,\end{aligned} \tag{4-6}$$

比较(4-5),(4-6)式的系数,即得所要证明的结果.

由定理 4.3 易得

推论 方阵 $\boldsymbol{A}$ 可逆的充分必要条件是 $\boldsymbol{A}$ 的特征值全不为零.

定理 4.4 设 λ 是方阵 $\boldsymbol{A}$ 的特征值,$\boldsymbol{\alpha}$ 是 $\boldsymbol{A}$ 的属于 λ 的特征向量,则

(1) $k\lambda$ 是 $k\boldsymbol{A}$ 的特征值(k 是任意常数);

(2) λ^m 是 $\boldsymbol{A}^m$ 的特征值(m 是正整数);

(3) 当 $\boldsymbol{A}$ 可逆时,λ^{-1}是 $\boldsymbol{A}^{-1}$的特征值,

且 $\boldsymbol{\alpha}$ 仍是矩阵 $k\boldsymbol{A},\boldsymbol{A}^m,\boldsymbol{A}^{-1}$的分别属于特征值 $k\lambda,\lambda^m,\lambda^{-1}$,的特征向量.

证 (1)的证明由读者自己完成.

(2) 由已知条件 $\boldsymbol{A\alpha}=\lambda\boldsymbol{\alpha}$,两边左乘 $\boldsymbol{A}$,得

$$\boldsymbol{A}(\boldsymbol{A\alpha})=\boldsymbol{A}(\lambda\boldsymbol{\alpha})=\lambda(\boldsymbol{A\alpha})=\lambda(\lambda\boldsymbol{\alpha}),$$

即

$$\boldsymbol{A}^2\boldsymbol{\alpha}=\lambda^2\boldsymbol{\alpha},$$

上述步骤再重复 $m-2$ 次,可得

$$\boldsymbol{A}^m\boldsymbol{\alpha}=\lambda^m\boldsymbol{\alpha},$$

故 λ^m 是 $\boldsymbol{A}^m$ 的特征值,$\boldsymbol{\alpha}$ 仍为 $\boldsymbol{A}^m$ 属于 λ^m 的特征向量.

(3) 当 A 可逆时,$\lambda\neq0$,由 $\boldsymbol{A\alpha}=\lambda\boldsymbol{\alpha}$,两边左乘 $\boldsymbol{A}^{-1}$,得

$$\boldsymbol{\alpha}=\boldsymbol{A}^{-1}(\boldsymbol{A\alpha})=\boldsymbol{A}^{-1}(\lambda\boldsymbol{\alpha})=\lambda\boldsymbol{A}^{-1}\boldsymbol{\alpha},$$

因此

$$\boldsymbol{A}^{-1}\boldsymbol{\alpha}=\lambda^{-1}\boldsymbol{\alpha},$$

故 λ^{-1}是 $\boldsymbol{A}^{-1}$的特征值,且 $\boldsymbol{\alpha}$ 也是 $\boldsymbol{A}^{-1}$的属于 λ^{-1}的特征向量.

例 4.8 设 λ 是方阵 $\boldsymbol{A}$ 的特征值,$\boldsymbol{\alpha}$ 是相应的特征向量,

$$p(x)=a_mx^m+a_{m-1}x^{m-1}+\cdots+a_1x+a_0,$$

为任一多项式，证明 $p(\lambda)$是矩阵多项式 $p(\boldsymbol{A})$的特征值，$\boldsymbol{\alpha}$ 仍为相应的特征向量.

证　因为

$$\begin{aligned}p(\boldsymbol{A})\boldsymbol{\alpha}&=(a_m\boldsymbol{A}^m+a_{m-1}\boldsymbol{A}^{m-1}+\cdots+a_1\boldsymbol{A}+a_0\boldsymbol{E})\boldsymbol{\alpha}\\&=a_m\boldsymbol{A}^m\boldsymbol{\alpha}+a_{m-1}\boldsymbol{A}^{m-1}\boldsymbol{\alpha}+\cdots+a_1\boldsymbol{A}\boldsymbol{\alpha}+a_0\boldsymbol{\alpha}\\&=a_m\lambda^m\boldsymbol{\alpha}+a_{m-1}\lambda^{m-1}\boldsymbol{\alpha}+\cdots+a_1\lambda\boldsymbol{\alpha}+a_0\boldsymbol{\alpha}\\&=(a_m\lambda^m+a_{m-1}\lambda^{m-1}+\cdots+a_1\lambda+a_0)\boldsymbol{\alpha}\\&=p(\lambda)\boldsymbol{\alpha},\end{aligned}$$

故 $p(\lambda)$是 $p(\boldsymbol{A})$的特征值，$\boldsymbol{\alpha}$ 为相应的特征向量.

因此，求方阵多项式的特征值有非常简便的计算方法. 只要 λ 是方阵 $\boldsymbol{A}$ 的一个特征值，那么 $p(\lambda)$一定是 $p(\boldsymbol{A})$的特征值. 例如三阶方阵 $\boldsymbol{A}$ 的特征值为 1，−1，2，则 $\boldsymbol{A}^3-2\boldsymbol{A}+3\boldsymbol{E}$ 的特征值为 2，4，7.

例 4.9　若 $\boldsymbol{A}^2=\boldsymbol{A}$，证明 $\boldsymbol{A}$ 的特征值为 0 或 1.

证　由 $\boldsymbol{A}\boldsymbol{\alpha}=\lambda\boldsymbol{\alpha}$，$\boldsymbol{\alpha}\neq\boldsymbol{0}$，得 $\boldsymbol{A}^2\boldsymbol{\alpha}=\lambda^2\boldsymbol{\alpha}$，而 $\boldsymbol{A}^2=\boldsymbol{A}$，故

$$\lambda^2\boldsymbol{\alpha}=\lambda\boldsymbol{\alpha}\ 或\ (\lambda^2-\lambda)\boldsymbol{\alpha}=\boldsymbol{0},$$

所以 $\lambda^2-\lambda=0$，即 λ 为 0 或 1.

定理 4.5　设 $\boldsymbol{A}$ 为 n 阶方阵，$\lambda_1,\lambda_2,\cdots,\lambda_m$ 是 $\boldsymbol{A}$ 的 m 个互不相同的特征值，$\boldsymbol{\alpha}_1,\boldsymbol{\alpha}_2,\cdots,\boldsymbol{\alpha}_m$ 分别是属于 $\lambda_1,\lambda_2,\cdots,\lambda_m$ 的特征向量，则 $\boldsymbol{\alpha}_1,\boldsymbol{\alpha}_2,\cdots,\boldsymbol{\alpha}_m$ 线性无关，即属于不同特征值的特征向量线性无关.

* **证**　用数学归纳法. 当 $m=1$ 时，因 $\boldsymbol{\alpha}_1$ 为 λ_1 对应的特征向量，故 $\boldsymbol{\alpha}_1\neq\boldsymbol{0}$，从而必线性无关.

现假设结论对 $m-1$ 时成立，即 $\boldsymbol{\alpha}_1,\boldsymbol{\alpha}_2,\cdots,\boldsymbol{\alpha}_{m-1}$ 线性无关，要证明 $\boldsymbol{\alpha}_1,\boldsymbol{\alpha}_2,\cdots,\boldsymbol{\alpha}_m$ 线性无关. 设有 $k_1,k_2,\cdots,k_m$ 个数，使得

$$k_1\boldsymbol{\alpha}_1+k_2\boldsymbol{\alpha}_2+\cdots+k_m\boldsymbol{\alpha}_m=\boldsymbol{0}\tag{4-7}$$

成立. 等式两边左乘 $\boldsymbol{A}$，得

$$k_1\boldsymbol{A}\boldsymbol{\alpha}_1+k_2\boldsymbol{A}\boldsymbol{\alpha}_2+\cdots+k_m\boldsymbol{A}\boldsymbol{\alpha}_m=\boldsymbol{0},$$

而 $A\boldsymbol{\alpha}_k=\lambda_k\boldsymbol{\alpha}(k=1,2,\cdots,m)$，因此

$$k_1\lambda_1\boldsymbol{\alpha}_1+k_2\lambda_2\boldsymbol{\alpha}_2+\cdots+k_m\lambda_m\boldsymbol{\alpha}_m=\boldsymbol{0},\tag{4-8}$$

将(4－7)式两边乘以 λ_m，再与(4－8)式相减，得

$$k_1(\lambda_m-\lambda_1)\boldsymbol{\alpha}_1+k_2(\lambda_m-\lambda_2)\boldsymbol{\alpha}_2+\cdots+k_{m-1}(\lambda_m-\lambda_{m-1})\boldsymbol{\alpha}_{m-1}=\boldsymbol{0},$$

由归纳假设，$\boldsymbol{\alpha}_1,\boldsymbol{\alpha}_2,\cdots,\boldsymbol{\alpha}_{m-1}$ 线性无关，因此

$$k_1(\lambda_m-\lambda_1)=k_2(\lambda_m-\lambda_2)=\cdots=k_{m-1}(\lambda_m-\lambda_{m-1})=0.$$

又因为 $\lambda_1,\lambda_2,\cdots,\lambda_m$ 互不相同，于是有

$$k_1=k_2=\cdots=k_{m-1}=0,$$

代入(4－7)式得 $k_m\boldsymbol{\alpha}_m=\boldsymbol{0}$，而 $\boldsymbol{\alpha}_m\neq\boldsymbol{0}$，于是 $k_m=0$. 即 $\boldsymbol{\alpha}_1,\boldsymbol{\alpha}_2,\cdots,\boldsymbol{\alpha}_m$ 线性无关.

由数学归纳法，定理得证.

用类似证明定理 4.5 的方法，我们还可以证明下述更一般的定理.

定理 4.6 设 $\boldsymbol{A}$ 为 n 阶方阵，$\lambda_1,\lambda_2,\cdots,\lambda_m$ 是 $\boldsymbol{A}$ 的 m 个互不相同的特征值，$\boldsymbol{\alpha}_{i1},\boldsymbol{\alpha}_{i2},\cdots,\boldsymbol{\alpha}_{is_i}$ 是 $\boldsymbol{A}$ 的属于 λ_i（$i=1,2,\cdots,m$）的线性无关的特征向量，则向量组

$$\boldsymbol{\alpha}_{11},\boldsymbol{\alpha}_{12},\cdots,\boldsymbol{\alpha}_{1s_1},\ \boldsymbol{\alpha}_{21},\boldsymbol{\alpha}_{22},\cdots,\boldsymbol{\alpha}_{2s_2},\ \cdots,\ \boldsymbol{\alpha}_{m1},\boldsymbol{\alpha}_{m2},\cdots,\boldsymbol{\alpha}_{ms_m}$$

线性无关，即属于各个特征值的线性无关的向量合在一起仍线性无关.

习题 4.1

1. 求下列矩阵的特征值与特征向量：

(1) $\begin{pmatrix} 2 & -4 \\ -3 & 3 \end{pmatrix}$； (2) $\begin{pmatrix} 2 & 1 \\ -1 & 4 \end{pmatrix}$； (3) $\begin{pmatrix} 0 & 0 & 1 \\ 0 & 1 & 0 \\ 1 & 0 & 0 \end{pmatrix}$；

(4) $\begin{pmatrix} 3 & -1 & 1 \\ 2 & 0 & 1 \\ 1 & -1 & 2 \end{pmatrix}$； (5) $\begin{pmatrix} 1 & 1 & 1 & 1 \\ 1 & 1 & -1 & -1 \\ 1 & -1 & 1 & -1 \\ 1 & -1 & -1 & 1 \end{pmatrix}$.

2. 已知 $\boldsymbol{\alpha}=(1,1,-1)^{\mathrm{T}}$ 是矩阵 $\boldsymbol{A}=\begin{pmatrix} 2 & -1 & 2 \\ 5 & a & 3 \\ -1 & b & -2 \end{pmatrix}$ 的属于特征值 λ 的特征向量，求 a,b,λ.

3. 设 $\boldsymbol{\alpha},\boldsymbol{\beta}$ 是矩阵 $\boldsymbol{A}$ 的属于不同特征值的特征向量，证明 $\boldsymbol{\alpha}+\boldsymbol{\beta}$ 不是 $\boldsymbol{A}$ 的特征向量.

4. 设 n 阶 $\boldsymbol{A}$ 是幂等矩阵，即 $\boldsymbol{A}^2=\boldsymbol{A}$，则 $\boldsymbol{A}$ 的特征值只能为 0 和 1.

5. 已知三阶矩阵 $\boldsymbol{A}=\begin{pmatrix} -3 & 1 & -1 \\ -7 & 5 & -1 \\ -6 & 6 & -2 \end{pmatrix}$，试求 $\boldsymbol{A}^{-1}$ 的特征值与特征向量.

6. 假设二阶矩阵 $\boldsymbol{A}$ 满足方程 $\boldsymbol{A}^2-5\boldsymbol{A}+6\boldsymbol{E}=\boldsymbol{0}$，其中 $\boldsymbol{E}$ 为单位矩阵，试求 $\boldsymbol{A}$ 的特征值.

7. 已知三阶方阵 $\boldsymbol{A}$ 的特征值为 $1,1,-2$，试求下列行列式的值：

(1) $|\boldsymbol{A}-\boldsymbol{E}|$； (2) $|\boldsymbol{A}+2\boldsymbol{E}|$； (3) $|\boldsymbol{A}^2+3\boldsymbol{A}-4\boldsymbol{E}|$.

§4.2　相似矩阵与矩阵的对角化

4.2.1　相似矩阵的概念和性质

定义 4.3　设 $\boldsymbol{A}$ 与 $\boldsymbol{B}$ 是 n 阶方阵，如果存在 n 阶可逆方阵 $\boldsymbol{P}$，使得

$$\boldsymbol{P}^{-1}\boldsymbol{A}\boldsymbol{P}=\boldsymbol{B},$$

则称矩阵 $\boldsymbol{A}$ 与 $\boldsymbol{B}$ 相似，记作 $\boldsymbol{A}\sim\boldsymbol{B}$.

相似是同阶方阵之间的一种重要关系，容易证明相似矩阵具有下列三种基本特性：

设 $\boldsymbol{A},\boldsymbol{B}$ 与 $\boldsymbol{C}$ 都是 n 阶方阵，则

(1) 反身性：$\boldsymbol{A}\sim\boldsymbol{A}$；

(2) 对称性：若 $\boldsymbol{A}\sim\boldsymbol{B}$，则 $\boldsymbol{B}\sim\boldsymbol{A}$；

(3) 传递性：若 $\boldsymbol{A}\sim\boldsymbol{B},\boldsymbol{B}\sim\boldsymbol{C}$，则 $\boldsymbol{A}\sim\boldsymbol{C}$.

例 4.10　设 $\boldsymbol{A}=\begin{pmatrix}3&-1\\-1&3\end{pmatrix},\boldsymbol{P}=\begin{pmatrix}1&-1\\-1&2\end{pmatrix},\boldsymbol{Q}=\begin{pmatrix}-1&1\\1&1\end{pmatrix}$，显然 $\boldsymbol{P},\boldsymbol{Q}$ 均可逆. 由

$$\boldsymbol{P}^{-1}\boldsymbol{A}\boldsymbol{P}=\begin{pmatrix}1&-1\\-1&2\end{pmatrix}^{-1}\begin{pmatrix}3&-1\\-1&3\end{pmatrix}\begin{pmatrix}1&-1\\-1&2\end{pmatrix}=\begin{pmatrix}4&-3\\0&2\end{pmatrix},$$

$$\boldsymbol{Q}^{-1}\boldsymbol{A}\boldsymbol{Q}=\begin{pmatrix}-1&1\\1&1\end{pmatrix}^{-1}\begin{pmatrix}3&-1\\-1&3\end{pmatrix}\begin{pmatrix}-1&1\\1&1\end{pmatrix}=\begin{pmatrix}4&0\\0&2\end{pmatrix},$$

可知，$\boldsymbol{A}\sim\begin{pmatrix}4&-3\\0&2\end{pmatrix},\boldsymbol{A}\sim\begin{pmatrix}4&0\\0&2\end{pmatrix}$.

由此可以看出，与矩阵 $\boldsymbol{A}$ 相似的矩阵不是唯一的，也未必是对角矩阵. 然而，对某些矩阵，可以通过适当选取可逆矩阵 $\boldsymbol{P}$，使得 $\boldsymbol{P}^{-1}\boldsymbol{A}\boldsymbol{P}$ 为对角矩阵.

相似矩阵有以下重要性质.

定理 4.7　相似矩阵有相同的特征多项式，从而有相同的特征值.

证　设矩阵 $\boldsymbol{A}$ 与 $\boldsymbol{B}$ 相似，即存在可逆矩阵 $\boldsymbol{P}$，使得 $\boldsymbol{P}^{-1}\boldsymbol{A}\boldsymbol{P}=\boldsymbol{B}$，于是

$$\begin{aligned}|\lambda\boldsymbol{E}-\boldsymbol{B}|&=|\lambda\boldsymbol{E}-\boldsymbol{P}^{-1}\boldsymbol{A}\boldsymbol{P}|=|\boldsymbol{P}^{-1}(\lambda\boldsymbol{E}-\boldsymbol{A})\boldsymbol{P}|\\&=|\boldsymbol{P}^{-1}|\cdot|\lambda\boldsymbol{E}-\boldsymbol{A}|\cdot|\boldsymbol{P}|=|\lambda\boldsymbol{E}-\boldsymbol{A}|,\end{aligned}$$

即 $\boldsymbol{A}$ 与 $\boldsymbol{B}$ 的特征多项式相同，故它们的特征值也完全相同.

有定理 4.7 及特征值的性质，我们不难得出如下推论.

推论　设矩阵 $\boldsymbol{A}$ 与 $\boldsymbol{B}$ 相似，则

(1) $|\boldsymbol{A}|=|\boldsymbol{B}|$，即 $\boldsymbol{A}$ 与 $\boldsymbol{B}$ 的行列式相等；

(2) $\mathrm{tr}(\boldsymbol{A})=\mathrm{tr}(\boldsymbol{B})$,即 $\boldsymbol{A}$ 与 $\boldsymbol{B}$ 的迹相等;

(3) $r(\boldsymbol{A})=r(\boldsymbol{B})$,即 $\boldsymbol{A}$ 与 $\boldsymbol{B}$ 的秩相等.

需要注意的是,定理 4.7 的逆定理不成立,即特征值相同的矩阵不一定相似.例如对于矩阵 $\boldsymbol{A}=\begin{pmatrix}1&1\\0&1\end{pmatrix}$ 与 $\boldsymbol{E}=\begin{pmatrix}1&0\\0&1\end{pmatrix}$,两者有相同的特征多项式 $(\lambda-1)^2$,但它们不相似.因为若有 $\boldsymbol{P}^{-1}\boldsymbol{AP}=\boldsymbol{E}$,则 $\boldsymbol{A}=\boldsymbol{PEP}^{-1}=\boldsymbol{E}$,即单位矩阵只能与它自身相似.

定理 4.8 设 $\boldsymbol{A}\sim\boldsymbol{B}$,则

(1) $\boldsymbol{A}^{\mathrm{T}}\sim\boldsymbol{B}^{\mathrm{T}}$;

(2) $\boldsymbol{A}^m\sim\boldsymbol{B}^m$,其中 m 为正整数;

(3) 若 $\boldsymbol{A}$ 可逆,则 $\boldsymbol{B}$ 也可逆,且 $\boldsymbol{A}^{-1}\sim\boldsymbol{B}^{-1}$,$\boldsymbol{A}^*\sim\boldsymbol{B}^*$.

证 仅证明(3)的一部分,其余结论的证明请读者自己完成.

由 $\boldsymbol{A}\sim\boldsymbol{B}$ 知存在可逆矩阵 $\boldsymbol{P}$,使得 $\boldsymbol{P}^{-1}\boldsymbol{AP}=\boldsymbol{B}$. 当 $\boldsymbol{A}$ 可逆时,$\boldsymbol{B}$ 是可逆矩阵的乘积,故 $\boldsymbol{B}$ 也可逆,且

$$(\boldsymbol{P}^{-1}\boldsymbol{AP})^{-1}=\boldsymbol{B}^{-1},$$

即

$$\boldsymbol{P}^{-1}\boldsymbol{AP}=\boldsymbol{B}^{-1},$$

所以 $\boldsymbol{A}^{-1}\sim\boldsymbol{B}^{-1}$.

例 4.11 已知矩阵 $\boldsymbol{A}=\begin{pmatrix}2&0&0\\0&0&1\\0&1&x\end{pmatrix}$ 与 $\boldsymbol{B}=\begin{pmatrix}2&0&0\\0&3&4\\0&-2&y\end{pmatrix}$ 相似,求 x,y 的值.

解 因为 $\boldsymbol{A}\sim\boldsymbol{B}$,所以 $\boldsymbol{A},\boldsymbol{B}$ 有相同的行列式和迹,即

$$-2=2(3y+8),$$
$$2+x=5+y,$$

由此可得 $x=0,y=-3$.

4.2.2 矩阵可相似对角化的条件

相似矩阵具有许多共同的性质,因此,如果一个方阵 $\boldsymbol{A}$ 与一个较简单的矩阵 $\boldsymbol{B}$ 相似,则可以通过研究 $\boldsymbol{B}$ 的性质获得 $\boldsymbol{A}$ 的若干性质.对角矩阵是最简单的矩阵之一,所以下面讨论方阵相似于对角矩阵的问题.

定义 4.4 如果方阵 $\boldsymbol{A}$ 相似于一个对角矩阵,则称矩阵 $\boldsymbol{A}$ 可(相似)对角化.

并非任何一个方阵都可以对角化,例如矩阵 $\boldsymbol{A}=\begin{pmatrix}1&1\\0&1\end{pmatrix}$ 就不能对角化(为什么?),因此,需要先讨论矩阵可对角化的条件.现在我们要证明以下**基本定理**.

定理 4.9　n 阶矩阵 $\boldsymbol{A}$ 与一个对角矩阵相似的充分必要条件是 $\boldsymbol{A}$ 有 n 个线性无关的特征向量.

证　必要性. 设 $\boldsymbol{A}$ 与对角矩阵 $\boldsymbol{\Lambda}=\mathrm{diag}(\lambda_1,\lambda_2,\cdots,\lambda_n)$ 相似，则存在可逆阵 $\boldsymbol{P}$，使得

$$\boldsymbol{P}^{-1}\boldsymbol{A}\boldsymbol{P}=\begin{pmatrix}\lambda_1 & & & \\ & \lambda_2 & & \\ & & \ddots & \\ & & & \lambda_n\end{pmatrix}=\boldsymbol{\Lambda},$$

即

$$\boldsymbol{A}\boldsymbol{P}=\boldsymbol{P}\begin{pmatrix}\lambda_1 & & & \\ & \lambda_2 & & \\ & & \ddots & \\ & & & \lambda_n\end{pmatrix}=\boldsymbol{P}\boldsymbol{\Lambda}.$$

设可逆矩阵 $\boldsymbol{P}$ 按列分块为

$$\boldsymbol{P}=(\boldsymbol{\alpha}_1,\boldsymbol{\alpha}_2,\cdots,\boldsymbol{\alpha}_n),$$

则有

$$\boldsymbol{A}(\boldsymbol{\alpha}_1,\boldsymbol{\alpha}_2,\cdots,\boldsymbol{\alpha}_n)=(\boldsymbol{\alpha}_1,\boldsymbol{\alpha}_2,\cdots,\boldsymbol{\alpha}_n)\begin{pmatrix}\lambda_1 & & & \\ & \lambda_2 & & \\ & & \ddots & \\ & & & \lambda_n\end{pmatrix},$$

即有分块矩阵等式

$$(\boldsymbol{A}\boldsymbol{\alpha}_1,\boldsymbol{A}\boldsymbol{\alpha}_2,\cdots,\boldsymbol{A}\boldsymbol{\alpha}_n)=(\lambda_1\boldsymbol{\alpha}_1,\lambda_2\boldsymbol{\alpha}_2,\cdots,\lambda_n\boldsymbol{\alpha}_n),$$

从而可得列向量等式

$$\boldsymbol{A}\boldsymbol{\alpha}_i=\lambda_i\boldsymbol{\alpha}_i,\quad i=1,2,\cdots,n.$$

由于 $\boldsymbol{P}$ 可逆，$\boldsymbol{\alpha}_i\neq\boldsymbol{0}$，$i=1,2,\cdots,n$，所以 $\boldsymbol{\alpha}_1,\boldsymbol{\alpha}_2,\cdots,\boldsymbol{\alpha}_n$ 分别是 $\boldsymbol{A}$ 的属于特征值 $\lambda_1,\lambda_2,\cdots,\lambda_n$ 的特征向量. 且由 $\boldsymbol{P}$ 可逆可知，$\boldsymbol{\alpha}_1,\boldsymbol{\alpha}_2,\cdots,\boldsymbol{\alpha}_n$ 线性无关，这就证明了 $\boldsymbol{P}$ 的 n 个列向量就是 $\boldsymbol{A}$ 的 n 个线性无关的特征向量.

充分性. 设 $\boldsymbol{\alpha}_1,\boldsymbol{\alpha}_2,\cdots,\boldsymbol{\alpha}_n$ 为 $\boldsymbol{A}$ 的分别属于特征值 $\lambda_1,\lambda_2,\cdots,\lambda_n$ 的 n 个线性无关的特征向量，则有

$$\boldsymbol{A}\boldsymbol{\alpha}_i=\lambda_i\boldsymbol{\alpha}_i,\quad i=1,2,\cdots,n.$$

取 $\boldsymbol{P}=(\boldsymbol{\alpha}_1,\boldsymbol{\alpha}_2,\cdots,\boldsymbol{\alpha}_n)$，因为 $\boldsymbol{\alpha}_1,\boldsymbol{\alpha}_2,\cdots,\boldsymbol{\alpha}_n$ 线性无关，所以 $\boldsymbol{P}$ 可逆，于是由上式有

$$A(\boldsymbol{\alpha}_1,\boldsymbol{\alpha}_2,\cdots,\boldsymbol{\alpha}_n)=(\boldsymbol{\alpha}_1,\boldsymbol{\alpha}_2,\cdots,\boldsymbol{\alpha}_n)\begin{pmatrix}\lambda_1 & & & \\ & \lambda_2 & & \\ & & \ddots & \\ & & & \lambda_n\end{pmatrix},$$

记对角矩阵 $\boldsymbol{\Lambda}=\mathrm{diag}(\lambda_1,\lambda_2,\cdots,\lambda_n)$，由上式得 $\boldsymbol{AP}=\boldsymbol{P\Lambda}$，于是 $\boldsymbol{P}^{-1}\boldsymbol{AP}=\boldsymbol{\Lambda}$，即矩阵 $\boldsymbol{A}$ 与对角矩阵 $\boldsymbol{\Lambda}$ 相似.

推论 如果 n 阶矩阵 $\boldsymbol{A}$ 有 n 个互不相同的特征值，则矩阵 $\boldsymbol{A}$ 可相似对角化.

事实上，由于 n 个互不相同的特征值对应的特征向量线性无关，所以矩阵 $\boldsymbol{A}$ 必有 n 个线性无关的特征向量，故矩阵 $\boldsymbol{A}$ 可对角化.

该推论给出了 $\boldsymbol{A}$ 可对角化的一个充分条件，但当 $\boldsymbol{A}$ 的特征方程有重根($\boldsymbol{A}$ 有重特征值)时，就不一定有 n 个线性无关的特征向量，从而 $\boldsymbol{A}$ 不一定能对角化，此时 $\boldsymbol{A}$ 能否对角化可由下面定理判别.

定理 4.10 n 阶矩阵 $\boldsymbol{A}$ 可对角化的充分必要条件是 $\boldsymbol{A}$ 的 k 重特征值有 k 个线性无关的特征向量.

例如例 4.13 中，二重特征值 $\lambda_2=\lambda_3=2$ 对应两个线性无关的特征向量，所以矩阵可以对角化；而在例 4.12(2)中，二重特征值 $\lambda_1=\lambda_2=1$ 只对应一个线性无关的特征向量，所以矩阵不可以对角化.

定理 4.9 和定理 4.10 给出了一个矩阵可对角化的充要条件，而且定理 4.9 的证明本身还给出了对角化的具体方法. 现将 n 阶矩阵 $\boldsymbol{A}$ 对角化方法归纳如下：

(1) 解特征方程 $|\lambda\boldsymbol{E}-\boldsymbol{A}|=0$，求出 $\boldsymbol{A}$ 的所有特征值.

(2) 对于不同的特征值 λ_i，解方程组 $(\lambda_i\boldsymbol{E}-\boldsymbol{A})\boldsymbol{x}=\boldsymbol{0}$，求出基础解系，如果每一个 λ_i 的重根数等于基础解系中向量的个数，则 $\boldsymbol{A}$ 可对角化，否则，$\boldsymbol{A}$ 不可对角化.

(3) 若 $\boldsymbol{A}$ 可对角化，设所有线性无关的特征向量为 $\boldsymbol{\alpha}_1,\boldsymbol{\alpha}_2,\cdots,\boldsymbol{\alpha}_n$，则所求的可逆矩阵 $\boldsymbol{P}=(\boldsymbol{\alpha}_1,\boldsymbol{\alpha}_2,\cdots,\boldsymbol{\alpha}_n)$，并且有 $\boldsymbol{P}^{-1}\boldsymbol{AP}=\boldsymbol{\Lambda}$，其中

$$\boldsymbol{\Lambda}=\begin{pmatrix}\lambda_1 & & & \\ & \lambda_2 & & \\ & & \ddots & \\ & & & \lambda_n\end{pmatrix}.$$

注意，$\boldsymbol{\Lambda}$ 的主对角线元素为全部的特征值，其排列顺序与 $\boldsymbol{P}$ 中列向量的排列顺序对应.

例 4.12 判断下面两个矩阵能否对角化，若能对角化，求可逆矩阵 $\boldsymbol{P}$ 及对角矩阵 $\boldsymbol{\Lambda}$，使得 $\boldsymbol{P}^{-1}\boldsymbol{AP}=\boldsymbol{\Lambda}$.

(1) $\boldsymbol{A}=\begin{pmatrix}2 & -1 & -1\\ 0 & -1 & 0\\ 0 & 2 & 1\end{pmatrix}$；　　(2) $\boldsymbol{A}=\begin{pmatrix}4 & 2 & 3\\ 2 & 1 & 2\\ -1 & -2 & 0\end{pmatrix}$.

解　(1) $\boldsymbol{A}$ 的特征方程为

$$|\lambda\boldsymbol{E}-\boldsymbol{A}|=\begin{vmatrix}\lambda-2 & 1 & 1\\ 0 & \lambda+1 & 0\\ 0 & -2 & \lambda-1\end{vmatrix}=(\lambda-2)(\lambda+1)(\lambda-1)=0,$$

故 $\boldsymbol{A}$ 的特征值为 $\lambda_1=2,\lambda_2=-1,\lambda_3=1$. 全部是单根，所以 $\boldsymbol{A}$ 可以对角化.

当 $\lambda_1=2$ 时，解对应的齐次线性方程组 $(2\boldsymbol{E}-\boldsymbol{A})\boldsymbol{x}=\boldsymbol{0}$

$$2\boldsymbol{E}-\boldsymbol{A}=\begin{pmatrix}0 & 1 & 1\\ 0 & 3 & 0\\ 0 & -2 & 1\end{pmatrix}\to\begin{pmatrix}0 & 1 & 0\\ 0 & 0 & 1\\ 0 & 0 & 0\end{pmatrix},$$

得基础解系 $\boldsymbol{\alpha}_1=(1,0,0)^{\mathrm{T}}$.

当 $\lambda_2=-1$ 时，解对应的齐次线性方程组 $(-\boldsymbol{E}-\boldsymbol{A})\boldsymbol{x}=\boldsymbol{0}$

$$-\boldsymbol{E}-\boldsymbol{A}=\begin{pmatrix}-3 & 1 & 1\\ 0 & 0 & 0\\ 0 & -2 & -2\end{pmatrix}\to\begin{pmatrix}1 & 0 & 0\\ 0 & 1 & 1\\ 0 & 0 & 0\end{pmatrix},$$

得基础解系 $\boldsymbol{\alpha}_2=(0,-1,1)^{\mathrm{T}}$.

当 $\lambda_3=1$ 时，解对应的齐次线性方程组 $(\boldsymbol{E}-\boldsymbol{A})\boldsymbol{x}=\boldsymbol{0}$

$$\boldsymbol{E}-\boldsymbol{A}=\begin{pmatrix}-1 & 1 & 1\\ 0 & 2 & 0\\ 0 & -2 & 0\end{pmatrix}\to\begin{pmatrix}1 & 0 & -1\\ 0 & 1 & 0\\ 0 & 0 & 0\end{pmatrix},$$

得基础解系 $\boldsymbol{\alpha}_3=(1,0,1)^{\mathrm{T}}$.

令

$$\boldsymbol{P}=(\boldsymbol{\alpha}_1,\boldsymbol{\alpha}_2\boldsymbol{\alpha}_3)=\begin{pmatrix}1 & 0 & 1\\ 0 & -1 & 0\\ 0 & 1 & 1\end{pmatrix},\quad \boldsymbol{\Lambda}=\begin{pmatrix}\lambda_1 & & \\ & \lambda_2 & \\ & & \lambda_3\end{pmatrix}=\begin{pmatrix}2 & & \\ & -1 & \\ & & 1\end{pmatrix},$$

则有 $\boldsymbol{P}^{-1}\boldsymbol{AP}=\boldsymbol{\Lambda}$.

请读者验证，其中 $\boldsymbol{P}^{-1}=\begin{pmatrix}1 & -1 & -1\\ 0 & -1 & 0\\ 0 & 1 & 1\end{pmatrix}$.

(2) $\boldsymbol{A}$ 的特征方程为

$$|\lambda\boldsymbol{E}-\boldsymbol{A}|=\begin{vmatrix}\lambda-4 & -2 & -3\\ -2 & \lambda-1 & -2\\ 1 & 2 & \lambda\end{vmatrix}=(\lambda-1)^2(\lambda-3)=0,$$

故 $\boldsymbol{A}$ 的特征值为 $\lambda_1=\lambda_2=1,\lambda_3=3$.

当 $\lambda_1=\lambda_2=1$ 时，解对应的齐次线性方程组 $(\boldsymbol{E}-\boldsymbol{A})\boldsymbol{x}=\boldsymbol{0}$

$$E-A=\begin{pmatrix}-3&-2&-3\\-2&0&-2\\1&2&1\end{pmatrix}\to\begin{pmatrix}1&0&1\\0&1&0\\0&0&0\end{pmatrix},$$

得基础解系 $\boldsymbol{\alpha}=(-1,0,1)^{\mathrm{T}}$.

因为属于 $\lambda_1=\lambda_2=1$ 的线性无关的特征向量只有一个,所以 $\boldsymbol{A}$ 不可对角化.

例 4.13 设 $\boldsymbol{A}=\begin{pmatrix}2&0&0\\1&2&-1\\1&0&1\end{pmatrix}$,求 $\boldsymbol{A}$ 的 5 次幂.

分析 一般来说,求矩阵的高次幂是比较困难的,但若矩阵 $\boldsymbol{A}$ 能对角化,即存在可逆阵 $\boldsymbol{P}$,使得

$$\boldsymbol{P}^{-1}\boldsymbol{A}\boldsymbol{P}=\boldsymbol{\Lambda},$$

其中 $\boldsymbol{\Lambda}$ 是对角阵,则由 $\boldsymbol{A}=\boldsymbol{P}\boldsymbol{\Lambda}\boldsymbol{P}^{-1}$,有

$$\boldsymbol{A}^n=(\boldsymbol{P}\boldsymbol{\Lambda}\boldsymbol{P}^{-1})(\boldsymbol{P}\boldsymbol{\Lambda}\boldsymbol{P}^{-1})\cdots(\boldsymbol{P}\boldsymbol{\Lambda}\boldsymbol{P}^{-1})=\boldsymbol{P}\boldsymbol{\Lambda}^n\boldsymbol{P}^{-1},$$

而对角阵 $\boldsymbol{\Lambda}$ 的幂是容易计算的.

解 矩阵 $\boldsymbol{A}$ 的特征多项式为

$$|\lambda\boldsymbol{E}-\boldsymbol{A}|=\begin{vmatrix}\lambda-2&0&0\\-1&\lambda-2&1\\-1&0&\lambda-1\end{vmatrix}=(\lambda-1)(\lambda-2)^2,$$

由此解得矩阵 $\boldsymbol{A}$ 的特征值为 $\lambda_1=1,\lambda_2=\lambda_3=2$.

当 $\lambda_1=1$ 时,相应的特征向量为 $\boldsymbol{\alpha}_1=(0,1,1)^{\mathrm{T}}$.

当 $\lambda_2=\lambda_3=2$ 时,相应的特征向量为 $\boldsymbol{\alpha}_2=(0,1,0)^{\mathrm{T}},\boldsymbol{\alpha}_3=(1,0,1)^{\mathrm{T}}$.

取 $\boldsymbol{P}=\begin{pmatrix}0&0&1\\1&1&0\\1&0&1\end{pmatrix}$,则有

$$\boldsymbol{P}^{-1}=\begin{pmatrix}-1&0&1\\1&1&-1\\1&0&0\end{pmatrix},\qquad \boldsymbol{P}^{-1}\boldsymbol{A}\boldsymbol{P}=\begin{pmatrix}1&&\\&2&\\&&2\end{pmatrix},$$

于是

$$\boldsymbol{A}^5=\boldsymbol{P}\begin{pmatrix}1&0&0\\0&2&0\\0&0&2\end{pmatrix}^5\boldsymbol{P}^{-1}=\begin{pmatrix}0&0&1\\1&1&0\\1&0&1\end{pmatrix}\begin{pmatrix}1&0&0\\0&32&0\\0&0&32\end{pmatrix}\begin{pmatrix}-1&0&1\\1&1&-1\\1&0&0\end{pmatrix}$$

$$=\begin{pmatrix}32&0&0\\31&32&-31\\31&0&1\end{pmatrix}.$$

习题 4.2

1. 判断下列矩阵能否对角化，若能对角化，求可逆矩阵 $\boldsymbol{P}$ 及对角矩阵 $\boldsymbol{\Lambda}$，使得 $\boldsymbol{P}^{-1}\boldsymbol{A}\boldsymbol{P}=\boldsymbol{\Lambda}$.

(1) $\begin{pmatrix}1 & 0\\ 1 & -1\end{pmatrix}$；　(2) $\begin{pmatrix}0 & 1 & -1\\ -2 & 0 & 2\\ -1 & 1 & 0\end{pmatrix}$；　(3) $\begin{pmatrix}3 & -1 & -2\\ 2 & 0 & -2\\ 2 & -1 & -1\end{pmatrix}$；

(4) $\begin{pmatrix}1 & 2 & 3\\ 2 & 1 & 3\\ 3 & 3 & 6\end{pmatrix}$；　(5) $\begin{pmatrix}5 & 3 & 1 & 1\\ -3 & -1 & 1 & -1\\ 0 & 0 & 1 & 0\\ 0 & 0 & 2 & 2\end{pmatrix}$.

2. 设矩阵 $\boldsymbol{A}=\begin{pmatrix}2 & 0 & 1\\ 3 & 1 & x\\ 4 & 0 & 5\end{pmatrix}$ 可相似对角化，求 x.

3. 设矩阵 $\boldsymbol{A}=\begin{pmatrix}2 & 0 & 0\\ 0 & 0 & 1\\ 0 & 1 & x\end{pmatrix}$ 与 $\boldsymbol{B}=\begin{pmatrix}2 & & \\ & y & \\ & & -1\end{pmatrix}$ 相似，求：(1) x,y 的值；(2) 相应的可逆矩阵 $\boldsymbol{P}$，使 $\boldsymbol{P}^{-1}\boldsymbol{A}\boldsymbol{P}=\boldsymbol{B}$.

4. 设 $\boldsymbol{A}=\begin{pmatrix}1 & 0\\ -1 & 2\end{pmatrix}$，计算 $\boldsymbol{A}^{10}$.

5. 设 $\boldsymbol{A},\boldsymbol{B}$ 都是 n 阶方阵，且 $|\boldsymbol{A}|\neq 0$，证明 $\boldsymbol{AB}$ 与 $\boldsymbol{BA}$ 相似.

6. 已知三阶矩阵 $\boldsymbol{A}$ 的特征值为 $2,1,-1$，对应的特征向量分别为 $(1,0,-1)^{\mathrm{T}},(1,-1,0)^{\mathrm{T}},(1,0,1)^{\mathrm{T}}$，求矩阵 $\boldsymbol{A}$.

§4.3　实对称矩阵的对角化

一般的矩阵不一定可相似对角化，然而实对称矩阵却一定可相似对角化. 在经济计量学和一些经济数学模型中，经常会出现实对称矩阵，实对称矩阵的这一性质对于简化问题有重要作用. 为了讨论实对称矩阵的有关性质，需要研究向量内积和正交矩阵的概念和性质.

4.3.1　向量的内积

定义 4.5　设 n 维实向量 $\boldsymbol{\alpha}=(a_1,a_2,\cdots,a_n)^{\mathrm{T}}$，$\boldsymbol{\beta}=(b_1,b_2,\cdots,b_n)^{\mathrm{T}}$，实数

$$\boldsymbol{\alpha}^{\mathrm{T}}\boldsymbol{\beta}=\sum_{i=1}^{n}a_ib_i=a_1b_1+a_2b_2+\cdots+a_nb_n$$

称为向量 $\boldsymbol{\alpha}$ 和 $\boldsymbol{\beta}$ 的**内积**，记作$(\boldsymbol{\alpha},\boldsymbol{\beta})$.

例如，设 $\boldsymbol{\alpha}=(-1,-3,-2,7)$，$\boldsymbol{\beta}=(4,-2,1,0)$，则

$$(\boldsymbol{\alpha},\boldsymbol{\beta})=(-1)\times4+(-3)\times(-2)+(-2)\times1+7\times0=0.$$

向量的内积具有下列基本性质：

(1) 对称性 $(\boldsymbol{\alpha},\boldsymbol{\beta})=(\boldsymbol{\beta},\boldsymbol{\alpha})$；

(2) 线性性 $(k\boldsymbol{\alpha},\boldsymbol{\beta})=(\boldsymbol{\alpha},k\boldsymbol{\beta})=k(\boldsymbol{\alpha},\boldsymbol{\beta})$，$(\boldsymbol{\alpha}+\boldsymbol{\beta},\boldsymbol{\gamma})=(\boldsymbol{\alpha},\boldsymbol{\gamma})+(\boldsymbol{\beta},\boldsymbol{\gamma})$；

(3) 正定性 $(\boldsymbol{\alpha},\boldsymbol{\alpha})\geqslant0$，当且仅当 $\boldsymbol{\alpha}=\mathbf{0}$ 时$(\boldsymbol{\alpha},\boldsymbol{\alpha})=0$.

其中 $\boldsymbol{\alpha},\boldsymbol{\beta},\boldsymbol{\gamma}$ 是任意 n 维实向量，$\mathbf{0}$ 为零向量，k 是任意实数.

以上证明留给读者.

定义 4.6 设 $\boldsymbol{\alpha}$ 为 n 维实向量，将非负实数 $\sqrt{\boldsymbol{\alpha}^{\mathrm{T}}\boldsymbol{\alpha}}$ 定义为 $\boldsymbol{\alpha}$ 的**长度**，记为 $\|\boldsymbol{\alpha}\|$，即若 $\boldsymbol{\alpha}=(a_1,a_2,\cdots,a_n)^{\mathrm{T}}$，则有

$$\|\boldsymbol{\alpha}\|=\sqrt{\boldsymbol{\alpha}^{\mathrm{T}}\boldsymbol{\alpha}}=\sqrt{a_1^2+a_2^2+\cdots+a_n^2}.$$

当 $\|\boldsymbol{\alpha}\|=1$ 时，称 $\boldsymbol{\alpha}$ 为单位向量.

不难看出，若把三维向量 $\boldsymbol{\alpha}$ 看做空间中一个点的坐标，$\|\boldsymbol{\alpha}\|$ 就是该点到原点的距离. n 维向量的长度则是这一概念的推广.

由定义不难证明，向量的长度具有以下性质：

(1) $\|\boldsymbol{\alpha}\|\geqslant0$，当且仅当 $\boldsymbol{\alpha}=\mathbf{0}$ 时 $\|\boldsymbol{\alpha}\|=0$；

(2) $\|k\boldsymbol{\alpha}\|=|k|\cdot\|\boldsymbol{\alpha}\|$ (k 为实数).

例 4.14 证明：对任意非零向量 $\boldsymbol{\alpha}$，$\dfrac{1}{\|\boldsymbol{\alpha}\|}\boldsymbol{\alpha}$ 为单位向量.

证 因为 $\left\|\dfrac{1}{\|\boldsymbol{\alpha}\|}\boldsymbol{\alpha}\right\|=\dfrac{1}{\|\boldsymbol{\alpha}\|}\cdot\|\boldsymbol{\alpha}\|=1$，所以 $\dfrac{1}{\|\boldsymbol{\alpha}\|}\boldsymbol{\alpha}$ 为单位向量.

通常把这种用非零向量 $\boldsymbol{\alpha}$ 除以其长度 $\|\boldsymbol{\alpha}\|$，得到一个单位向量的做法，称为把向量 $\boldsymbol{\alpha}$ 单位化.

4.3.2 正交向量组和正交矩阵

定义 4.7 如果两个向量 $\boldsymbol{\alpha}$ 和 $\boldsymbol{\beta}$ 的内积等于零，即$(\boldsymbol{\alpha},\boldsymbol{\beta})=0$，则称向量 $\boldsymbol{\alpha}$ 与 $\boldsymbol{\beta}$ **正交**(或**垂直**)，记为 $\boldsymbol{\alpha}\perp\boldsymbol{\beta}$.

例如，设 $\boldsymbol{\alpha}=(-2,1)$，$\boldsymbol{\beta}=(1,2)$，则$(\boldsymbol{\alpha},\boldsymbol{\beta})=0$，即 $\boldsymbol{\alpha}$ 与 $\boldsymbol{\beta}$ 正交. 其几何意义是，在坐标平面上，连结原点和点$(-2,1)$，$(1,2)$的两个有向线段是相互垂直的. 两个 n 维向量正交的概念是这一事实的推广.

显然，零向量与任何向量都正交.

例 4.15　设 $\boldsymbol{\alpha}=(-1,0,3)$，$\boldsymbol{\beta}=(1,-2,1)$，求一个三维单位向量 $\boldsymbol{\gamma}$，使它与向量 $\boldsymbol{\alpha}$，$\boldsymbol{\beta}$ 都正交.

解　设 $\boldsymbol{\eta}=(x_1,x_2,x_3)$ 与 $\boldsymbol{\alpha}$，$\boldsymbol{\beta}$ 都正交，依定义，有

$$\begin{cases}(\boldsymbol{\alpha},\boldsymbol{\eta})=-x_1+3x_3=0\\(\boldsymbol{\beta},\boldsymbol{\eta})=x_1-2x_2+x_3=0\end{cases},$$

解齐次线性方程组得通解为 $k(3,2,1)$，特别取 $k=1$，得 $\eta=(3,2,1)$，将其单位化，得

$$\|\boldsymbol{\eta}\|=\sqrt{9+4+1}=\sqrt{14},$$

因此，$\boldsymbol{\gamma}=\dfrac{1}{\|\boldsymbol{\eta}\|}\boldsymbol{\eta}=\left(\dfrac{3}{\sqrt{14}},\dfrac{2}{\sqrt{14}},\dfrac{1}{\sqrt{14}}\right)$.

定义 4.8　若 n 维非零向量组 $\boldsymbol{\alpha}_1,\boldsymbol{\alpha}_2,\cdots,\boldsymbol{\alpha}_s$ 两两正交，即

$$(\boldsymbol{\alpha}_i,\boldsymbol{\alpha}_j)=0\quad(i\neq j;i,j=1,2,\cdots,s),$$

则称向量组 $\boldsymbol{\alpha}_1,\boldsymbol{\alpha}_2,\cdots,\boldsymbol{\alpha}_s$ 为**正交向量组**.

进一步，若 n 维向量组 $\boldsymbol{\alpha}_1,\boldsymbol{\alpha}_2,\cdots,\boldsymbol{\alpha}_s$ 都是单位向量，且两两正交，则称 $\boldsymbol{\alpha}_1,\boldsymbol{\alpha}_2,\cdots,\boldsymbol{\alpha}_s$ 为**标准正交向量组**.

我们常常把标准正交向量组所满足的两个条件合并写成内积等式

$$(\boldsymbol{\alpha}_i,\boldsymbol{\alpha}_j)=\delta_{ij}=\begin{cases}1, & i=j\\0, & i\neq j\end{cases}\quad i,j=1,2,\cdots,s,$$

其中专用记号 δ_{ij} 称为 **Kronecker 符号**.

例如，$\boldsymbol{\varepsilon}_1=(1,0,\cdots,0)^{\mathrm{T}}$，$\boldsymbol{\varepsilon}_2=(0,1,\cdots,0)^{\mathrm{T}}$，$\cdots$，$\boldsymbol{\varepsilon}_n=(0,0,\cdots,1)^{\mathrm{T}}$ 就是一组标准正交向量组.

定理 4.11　若 $\boldsymbol{\alpha}_1,\boldsymbol{\alpha}_2,\cdots,\boldsymbol{\alpha}_s$ 是正交向量组，则 $\boldsymbol{\alpha}_1,\boldsymbol{\alpha}_2,\cdots,\boldsymbol{\alpha}_s$ 线性无关.

证　设有数 $k_1,k_2,\cdots,k_s$，使得

$$k_1\boldsymbol{\alpha}_1+k_2\boldsymbol{\alpha}_2+\cdots+k_s\boldsymbol{\alpha}_s=\mathbf{0},$$

任取向量 $\boldsymbol{\alpha}_i(1\leqslant i\leqslant s)$，与上式两端作内积，得

$$k_1(\boldsymbol{\alpha}_i,\boldsymbol{\alpha}_1)+\cdots+k_i(\boldsymbol{\alpha}_i,\boldsymbol{\alpha}_i)+\cdots+k_s(\boldsymbol{\alpha}_i,\boldsymbol{\alpha}_s)=0.$$

由于 $(\boldsymbol{\alpha}_i,\boldsymbol{\alpha}_j)=0\ (j\neq i)$，所以

$$k_i(\boldsymbol{\alpha}_i,\boldsymbol{\alpha}_i)=0,$$

而 $(\boldsymbol{\alpha}_i,\boldsymbol{\alpha}_i)\neq0$，所以 $k_i=0$，由 $\boldsymbol{\alpha}_i$ 的任意性，可得

$$k_1=k_2=\cdots=k_s=0,$$

即 $\boldsymbol{\alpha}_1,\boldsymbol{\alpha}_2,\cdots,\boldsymbol{\alpha}_s$ 线性无关.

定理 4.11 说明：一个向量组线性无关是该向量组为正交向量组的必要条件. 但要注意定理并不是可逆的. 然而，对于任一线性无关的向量组 $\boldsymbol{\alpha}_1,\boldsymbol{\alpha}_2,\cdots,\boldsymbol{\alpha}_s$，我们可以求出一个等价的正交向量组. 这一方法称为**施密特正交化方法**.

定理 4.12 设 $\boldsymbol{\alpha}_1,\boldsymbol{\alpha}_2,\cdots,\boldsymbol{\alpha}_s(s\geqslant 2)$是一个线性无关的向量组,令

$$\boldsymbol{\beta}_1=\boldsymbol{\alpha}_1,$$

$$\boldsymbol{\beta}_2=\boldsymbol{\alpha}_2-\frac{(\boldsymbol{\alpha}_2,\boldsymbol{\beta}_1)}{(\boldsymbol{\beta}_1,\boldsymbol{\beta}_1)}\boldsymbol{\beta}_1,$$

$$\boldsymbol{\beta}_3=\boldsymbol{\alpha}_3-\frac{(\boldsymbol{\alpha}_3,\boldsymbol{\beta}_1)}{(\boldsymbol{\beta}_1,\boldsymbol{\beta}_1)}\boldsymbol{\beta}_1-\frac{(\boldsymbol{\alpha}_3,\boldsymbol{\beta}_2)}{(\boldsymbol{\beta}_2,\boldsymbol{\beta}_2)}\boldsymbol{\beta}_2,$$

……

$$\boldsymbol{\beta}_s=\boldsymbol{\alpha}_s-\frac{(\boldsymbol{\alpha}_s,\boldsymbol{\beta}_1)}{(\boldsymbol{\beta}_1,\boldsymbol{\beta}_1)}\boldsymbol{\beta}_1-\frac{(\boldsymbol{\alpha}_s,\boldsymbol{\beta}_2)}{(\boldsymbol{\beta}_2,\boldsymbol{\beta}_2)}\boldsymbol{\beta}_2-\cdots-\frac{(\boldsymbol{\alpha}_s,\boldsymbol{\beta}_{s-1})}{(\boldsymbol{\beta}_{s-1},\boldsymbol{\beta}_{s-1})}\boldsymbol{\beta}_{s-1},$$

则 $\boldsymbol{\beta}_1,\boldsymbol{\beta}_2,\cdots,\boldsymbol{\beta}_s$ 是正交向量组,且与 $\boldsymbol{\alpha}_1,\boldsymbol{\alpha}_2,\cdots,\boldsymbol{\alpha}_s$ 等价.

例 4.16 将向量组 $\boldsymbol{\alpha}_1=(0,1,1)^{\mathrm{T}},\boldsymbol{\alpha}_2=(0,-1,2)^{\mathrm{T}},\boldsymbol{\alpha}_3=(1,-1,-1)^{\mathrm{T}}$ 标准正交化.

解 先将 $\boldsymbol{\alpha}_1,\boldsymbol{\alpha}_2,\boldsymbol{\alpha}_3$ 正交化:

$$\boldsymbol{\beta}_1=\boldsymbol{\alpha}_1=(0,1,1)^{\mathrm{T}},$$

$$\boldsymbol{\beta}_2=\boldsymbol{\alpha}_2-\frac{(\boldsymbol{\alpha}_2,\boldsymbol{\beta}_1)}{(\boldsymbol{\beta}_1,\boldsymbol{\beta}_1)}\boldsymbol{\beta}_1=(0,-1,2)^{\mathrm{T}}-\frac{1}{2}(0,1,1)^{\mathrm{T}}=\frac{3}{2}(0,-1,1)^{\mathrm{T}},$$

$$\begin{aligned}\boldsymbol{\beta}_3&=\boldsymbol{\alpha}_3-\frac{(\boldsymbol{\alpha}_3,\boldsymbol{\beta}_1)}{(\boldsymbol{\beta}_1,\boldsymbol{\beta}_1)}\boldsymbol{\beta}_1-\frac{(\boldsymbol{\alpha}_3,\boldsymbol{\beta}_2)}{(\boldsymbol{\beta}_2,\boldsymbol{\beta}_2)}\boldsymbol{\beta}_2\\&=(1,-1,-1)^{\mathrm{T}}-\frac{-2}{2}(0,1,1)^{\mathrm{T}}-\frac{0}{\frac{2}{3}\sqrt{2}}\cdot\frac{3}{2}(0,-1,1)^{\mathrm{T}}=(1,0,0)^{\mathrm{T}}.\end{aligned}$$

再将 $\boldsymbol{\beta}_1,\boldsymbol{\beta}_2,\boldsymbol{\beta}_3$ 单位化可以求得

$$\boldsymbol{\gamma}_1=\frac{1}{\sqrt{2}}(0,1,1)^{\mathrm{T}},\boldsymbol{\gamma}_2=\frac{1}{\sqrt{2}}(0,-1,1)^{\mathrm{T}},\boldsymbol{\gamma}_3=(1,0,0)^{\mathrm{T}}.$$

定义 4.9 如果 n 阶实矩阵 $\boldsymbol{Q}$ 满足

$$\boldsymbol{Q}^{\mathrm{T}}\boldsymbol{Q}=\boldsymbol{E},$$

则称 $\boldsymbol{Q}$ 为**正交矩阵**.

例如单位矩阵 $\boldsymbol{E}$ 是正交矩阵.

正交矩阵有如下性质:

(1) 矩阵 $\boldsymbol{Q}$ 为正交矩阵的充分必要条件是 $\boldsymbol{Q}^{-1}=\boldsymbol{Q}^{\mathrm{T}}$;

(2) 正交矩阵是满秩的,且其行列式为 1 或 −1;

(3) 正交矩阵的逆矩阵仍为正交矩阵;

(4) 正交矩阵的伴随矩阵仍为正交矩阵;

(5) 两个正交矩阵之积仍为正交矩阵.

证 仅证明性质(5),其余性质请读者自己证明.

设 $\boldsymbol{P}$ 与 $\boldsymbol{Q}$ 都是 n 阶正交矩阵,则

$$(\boldsymbol{PQ})^{\mathrm{T}}(\boldsymbol{PQ})=\boldsymbol{Q}^{\mathrm{T}}\boldsymbol{P}^{\mathrm{T}}\boldsymbol{PQ}=\boldsymbol{Q}^{\mathrm{T}}(\boldsymbol{P}^{\mathrm{T}}\boldsymbol{P})\boldsymbol{Q}=\boldsymbol{Q}^{\mathrm{T}}\boldsymbol{EQ}=\boldsymbol{Q}^{\mathrm{T}}\boldsymbol{Q}=\boldsymbol{E},$$

所以 $\boldsymbol{PQ}$ 是正交矩阵.

定理 4.13 n 阶矩阵 $\boldsymbol{Q}$ 为正交矩阵的充分必要条件是 $\boldsymbol{Q}$ 的行(列)向量组是标准正交向量组.

证 将 $\boldsymbol{Q}$ 用行向量组表示,则

$$\boldsymbol{QQ}^{\mathrm{T}}=\begin{pmatrix}\boldsymbol{\alpha}_1\\ \boldsymbol{\alpha}_2\\ \vdots\\ \boldsymbol{\alpha}_n\end{pmatrix}(\boldsymbol{\alpha}_1^{\mathrm{T}},\boldsymbol{\alpha}_2^{\mathrm{T}},\cdots,\boldsymbol{\alpha}_n^{\mathrm{T}})=\begin{pmatrix}\boldsymbol{\alpha}_1\boldsymbol{\alpha}_1^{\mathrm{T}} & \boldsymbol{\alpha}_1\boldsymbol{\alpha}_2^{\mathrm{T}} & \cdots & \boldsymbol{\alpha}_1\boldsymbol{\alpha}_n^{\mathrm{T}}\\ \boldsymbol{\alpha}_2\boldsymbol{\alpha}_1^{\mathrm{T}} & \boldsymbol{\alpha}_2\boldsymbol{\alpha}_2^{\mathrm{T}} & \cdots & \boldsymbol{\alpha}_2\boldsymbol{\alpha}_n^{\mathrm{T}}\\ \vdots & \vdots & & \vdots\\ \boldsymbol{\alpha}_n\boldsymbol{\alpha}_1^{\mathrm{T}} & \boldsymbol{\alpha}_n\boldsymbol{\alpha}_2^{\mathrm{T}} & \cdots & \boldsymbol{\alpha}_n\boldsymbol{\alpha}_n^{\mathrm{T}}\end{pmatrix}=\boldsymbol{E}$$

等价于

$$\boldsymbol{\alpha}_i\boldsymbol{\alpha}_j^{\mathrm{T}}=\delta_{ij}=\begin{cases}1, & i=j\\ 0, & i\neq j\end{cases}\quad (i,j=1,2,\cdots,n).$$

由此说明 $\boldsymbol{Q}$ 为正交矩阵的充要条件是 $\boldsymbol{Q}$ 的行向量都是单位向量,且两两正交.

由于 $\boldsymbol{Q}$ 的行向量组就是 $\boldsymbol{Q}^{\mathrm{T}}$ 的列向量组,$\boldsymbol{Q}$ 是正交矩阵当且仅当 $\boldsymbol{Q}^{\mathrm{T}}$ 是正交矩阵,所以上述结论对 $\boldsymbol{Q}$ 的列向量也成立.

例 4.17 根据定理 4.13 可以直接验证以下三个方阵都是正交矩阵:

$$\boldsymbol{A}_1=\frac{1}{3}\begin{pmatrix}2 & -1 & 2\\ -1 & 2 & 2\\ 2 & 2 & -1\end{pmatrix},\qquad \boldsymbol{A}_2=\begin{pmatrix}0 & \frac{1}{\sqrt{2}} & -\frac{1}{\sqrt{2}}\\ -\frac{2}{\sqrt{6}} & \frac{1}{\sqrt{6}} & \frac{1}{\sqrt{6}}\\ \frac{1}{\sqrt{3}} & \frac{1}{\sqrt{3}} & \frac{1}{\sqrt{3}}\end{pmatrix},$$

$$\boldsymbol{A}_3=\begin{pmatrix}\frac{1}{2} & -\frac{1}{2} & \frac{1}{2} & -\frac{1}{2}\\ \frac{1}{2} & -\frac{1}{2} & -\frac{1}{2} & \frac{1}{2}\\ \frac{1}{\sqrt{2}} & \frac{1}{\sqrt{2}} & 0 & 0\\ 0 & 0 & \frac{1}{\sqrt{2}} & \frac{1}{\sqrt{2}}\end{pmatrix}.$$

验证方法如下:每个行向量中的各个分量的平方之和都为 1,而且任意两个行向量中对应分量乘积之和都为 0.

4.3.3 实对称矩阵的对角化

前面已经提到,实对称矩阵一定可以对角化,并且其特征值、特征向量还具有

许多特殊的性质.下面我们将给出一些具体的结论.

定理 4.14 实对称矩阵的特征值都是实数,并且其对应于 k 重特征值 λ 的线性无关的特征向量恰好有 k 个.

定理 4.15 实对称矩阵的属于不同特征值的特征向量彼此正交.

证 设 $\boldsymbol{A}$ 是一个实对称矩阵,λ,μ 是 $\boldsymbol{A}$ 的两个不同的特征值,$\boldsymbol{\alpha},\boldsymbol{\beta}$ 分别是对应的特征向量,则由

$$\begin{aligned}\lambda(\boldsymbol{\alpha},\boldsymbol{\beta})&=(\lambda\boldsymbol{\alpha},\boldsymbol{\beta})=(\boldsymbol{A\alpha},\boldsymbol{\beta})=(\boldsymbol{A\alpha})^{\mathrm{T}}\boldsymbol{\beta}=\boldsymbol{\alpha}^{\mathrm{T}}\boldsymbol{A}^{\mathrm{T}}\boldsymbol{\beta}\\&=\boldsymbol{\alpha}^{\mathrm{T}}\boldsymbol{A\beta}=(\boldsymbol{\alpha},\boldsymbol{A\beta})=(\boldsymbol{\alpha},\mu\boldsymbol{\beta})=\mu(\boldsymbol{\alpha},\boldsymbol{\beta}),\end{aligned}$$

从而得

$$(\lambda-\mu)(\boldsymbol{\alpha},\boldsymbol{\beta})=0,$$

而 $\lambda\neq\mu$,故 $(\boldsymbol{\alpha},\boldsymbol{\beta})=0$,即 $\boldsymbol{\alpha}$ 与 $\boldsymbol{\beta}$ 正交.

定理 4.16 设 $\boldsymbol{A}$ 是一个实对称矩阵,则一定存在正交矩阵 $\boldsymbol{P}$,使 $\boldsymbol{P}^{-1}\boldsymbol{AP}$ 为对角矩阵.反之,若实矩阵 $\boldsymbol{A}$ 正交相似于某个对角矩阵,则 $\boldsymbol{A}$ 一定是对称矩阵.

定理 4.16 表明,实方阵 $\boldsymbol{A}$ 正交相似于对角矩阵当且仅当 $\boldsymbol{A}$ 是对称矩阵.

我们略去定理 4.16 的严格证明,而仅作以下说明:

(1) 当 $\boldsymbol{P}$ 是可逆矩阵时,称 $\boldsymbol{B}=\boldsymbol{P}^{-1}\boldsymbol{AP}$ 与 $\boldsymbol{A}$ 相似;当 $\boldsymbol{P}$ 是正交矩阵时,称 $\boldsymbol{B}=\boldsymbol{P}^{-1}\boldsymbol{AP}$ 与 $\boldsymbol{A}$ 正交相似.

(2) 当 $\boldsymbol{A}$ 正交相似于对角矩阵 $\boldsymbol{\Lambda}$ 时,根据 $\boldsymbol{P}^{\mathrm{T}}\boldsymbol{AP}=\boldsymbol{\Lambda}$,就可推出

$$\boldsymbol{A}=(\boldsymbol{P}^{\mathrm{T}})^{-1}\boldsymbol{\Lambda}\boldsymbol{P}^{-1}=(\boldsymbol{P}^{-1})^{\mathrm{T}}\boldsymbol{\Lambda}\boldsymbol{P}^{-1},$$

又由于 $\boldsymbol{\Lambda}$ 本身也为对称矩阵,于是必有

$$\boldsymbol{A}^{\mathrm{T}}=(\boldsymbol{P}^{-1})^{\mathrm{T}}\boldsymbol{\Lambda}^{\mathrm{T}}\boldsymbol{P}^{-1}=(\boldsymbol{P}^{-1})^{\mathrm{T}}\boldsymbol{\Lambda}\boldsymbol{P}^{-1}=A.$$

例 4.18 设

$$\boldsymbol{A}=\begin{pmatrix}4&2&2\\2&4&2\\2&2&4\end{pmatrix},$$

求正交矩阵 $\boldsymbol{P}$,使 $\boldsymbol{P}^{-1}\boldsymbol{AP}$ 为对角阵.

解 特征方程为

$$|\lambda\boldsymbol{E}-\boldsymbol{A}|=\begin{vmatrix}\lambda-4&-2&-2\\-2&\lambda-4&-2\\-2&-2&\lambda-4\end{vmatrix}=(\lambda-8)(\lambda-2)^2=0,$$

故 $\boldsymbol{A}$ 的特征值为 $\lambda_1=8,\lambda_2=\lambda_3=2$.

对 $\lambda_1=8$,相应的特征向量为 $\boldsymbol{\alpha}_1=(1,1,1)^{\mathrm{T}}$;

对 $\lambda_2=\lambda_3=2$,相应的特征向量为 $\boldsymbol{\alpha}_2=(-1,1,0)^{\mathrm{T}},\boldsymbol{\alpha}_3=(-1,0,1)^{\mathrm{T}}$,由施密特正交化方法,得

$$\boldsymbol{\beta}_2=\boldsymbol{\alpha}_2,\quad \boldsymbol{\beta}_3=\boldsymbol{\alpha}_3-\frac{\boldsymbol{\alpha}_3\cdot\boldsymbol{\beta}_2}{\boldsymbol{\beta}_2\cdot\boldsymbol{\beta}_2}\boldsymbol{\beta}_2=\frac{1}{2}(-1,-1,2)^{\mathrm{T}},$$

再将 $\boldsymbol{\alpha}_1,\boldsymbol{\beta}_2,\boldsymbol{\beta}_3$ 单位化得，

$$\boldsymbol{\gamma}_1=\left(\frac{1}{\sqrt{3}},\frac{1}{\sqrt{3}},\frac{1}{\sqrt{3}}\right)^{\mathrm{T}},\ \boldsymbol{\gamma}_2=\left(-\frac{1}{\sqrt{2}},\frac{1}{\sqrt{2}},0\right)^{\mathrm{T}},\ \boldsymbol{\gamma}_3=\left(-\frac{1}{\sqrt{6}},-\frac{1}{\sqrt{6}},\frac{2}{\sqrt{6}}\right)^{\mathrm{T}},$$

于是得正交阵

$$\boldsymbol{P}=(\boldsymbol{\gamma}_1,\boldsymbol{\gamma}_2,\boldsymbol{\gamma}_3)=\begin{pmatrix}\frac{1}{\sqrt{3}} & -\frac{1}{\sqrt{2}} & -\frac{1}{\sqrt{6}}\\ \frac{1}{\sqrt{3}} & \frac{1}{\sqrt{2}} & -\frac{1}{\sqrt{6}}\\ \frac{1}{\sqrt{3}} & 0 & \frac{2}{\sqrt{6}}\end{pmatrix},$$

使得

$$\boldsymbol{P}^{-1}\boldsymbol{A}\boldsymbol{P}=\begin{pmatrix}8 & & \\ & 2 & \\ & & 2\end{pmatrix}.$$

现在，我们把上述求解实方阵 $\boldsymbol{A}$ 的正交相似对角化的具体计算步骤归纳如下：

(1) 求出实对称矩阵 $\boldsymbol{A}$ 的全部特征值；

(2) 若特征值是单根，则求出一个特征向量，并加以单位化，若特征值是 n_i 重根，则求出 n_i 个线性无关的特征向量，然后用施密特正交化方法化为正交组，再单位化；

(3) 将这些两两正交的单位特征向量按列拼起来，就得到了正交矩阵 $\boldsymbol{P}$.

例 4.19　设三阶实对称矩阵 $\boldsymbol{A}$ 的特征值是 1,2,3；属于特征值 1,2 的特征向量分别为 $\boldsymbol{\alpha}_1=(-1,-1,1)^{\mathrm{T}},\boldsymbol{\alpha}_2=(1,-2,-1)^{\mathrm{T}}$.

(1) 求属于特征值 3 的特征向量；

(2) 求矩阵 $\boldsymbol{A}$.

解　(1) 设属于特征值 3 的特征向量为 $\boldsymbol{\alpha}_3=(x_1,x_2,x_3)$，由于实对称矩阵的属于不同特征值的特征向量彼此正交，于是有 $\boldsymbol{\alpha}_1^{\mathrm{T}}\boldsymbol{\alpha}_3=0,\boldsymbol{\alpha}_2^{\mathrm{T}}\boldsymbol{\alpha}_3=0$，即

$$\begin{cases}-x_1-x_2+x_3=0\\ x_1-2x_2-x_3=0\end{cases},$$

解此齐次线性方程组，得其一个基础解系为 $(1,0,1)^{\mathrm{T}}$，所以属于特征值 3 的全部特征向量为

$$k(1,0,1)^{\mathrm{T}}\quad(k\text{ 为任意非零常数}).$$

(2) 记 $\boldsymbol{P}=\begin{pmatrix}-1 & 1 & 1\\ -1 & -2 & 0\\ 1 & -1 & 1\end{pmatrix}$,可求得 $\boldsymbol{P}^{-1}=\frac{1}{6}\begin{pmatrix}-2 & -2 & 2\\ 1 & -2 & -1\\ 3 & 0 & 3\end{pmatrix}$,从而

$$\boldsymbol{A}=\boldsymbol{P}\begin{pmatrix}1 & & \\ & 2 & \\ & & 3\end{pmatrix}\boldsymbol{P}^{-1}=\frac{1}{6}\begin{pmatrix}-1 & 1 & 1\\ -1 & -2 & 0\\ 1 & -1 & 1\end{pmatrix}\begin{pmatrix}1 & & \\ & 2 & \\ & & 3\end{pmatrix}\begin{pmatrix}-2 & -2 & 2\\ 1 & -2 & -1\\ 3 & 0 & 3\end{pmatrix}$$

$$=\frac{1}{6}\begin{pmatrix}13 & -2 & 5\\ -2 & 10 & 2\\ 5 & 2 & 13\end{pmatrix}.$$

习题 4.3

1. 计算向量 $\boldsymbol{\alpha}$ 与 $\boldsymbol{\beta}$ 的内积,并判断它们是否正交.

(1) $\boldsymbol{\alpha}=(-1,0,3,5)^{\mathrm{T}},\boldsymbol{\beta}=(4,-2,0,-1)^{\mathrm{T}}$;

(2) $\boldsymbol{\alpha}=\left(\frac{\sqrt{3}}{2},-\frac{1}{3},\frac{\sqrt{3}}{4},-1\right)^{\mathrm{T}},\boldsymbol{\beta}=\left(-\frac{\sqrt{3}}{2},-2,\sqrt{3},\frac{2}{3}\right)^{\mathrm{T}}$.

2. 将下列向量单位化:

(1) $\boldsymbol{\alpha}=(1,-1,-1,1)^{\mathrm{T}}$; (2) $\boldsymbol{\beta}=\left(\frac{1}{2},-2,0,1\right)^{\mathrm{T}}$.

3. 利用施密特正交化方法,将下列各向量组化为正交的单位向量组:

(1) $\boldsymbol{\alpha}_1=(2,0)^{\mathrm{T}},\boldsymbol{\alpha}_2=(1,1)^{\mathrm{T}}$;

(2) $\boldsymbol{\alpha}_1=(2,0,0)^{\mathrm{T}},\boldsymbol{\alpha}_2=(0,1,-1)^{\mathrm{T}},\boldsymbol{\alpha}_3=(3,4,0)^{\mathrm{T}}$.

4. 判别下列矩阵是否为正交阵:

(1) $\frac{1}{\sqrt{2}}\begin{pmatrix}1 & 0 & 1\\ -1 & 0 & 1\\ 0 & \sqrt{2} & 0\end{pmatrix}$; (2) $\begin{pmatrix}1 & -\frac{1}{2} & \frac{1}{3}\\ -\frac{1}{2} & 1 & -\frac{1}{2}\\ \frac{1}{3} & -\frac{1}{2} & -1\end{pmatrix}$.

5. 求下列矩阵的正交矩阵 $\boldsymbol{P}$,使 $\boldsymbol{P}^{-1}\boldsymbol{AP}$ 为对角阵.

(1) $\begin{pmatrix}2 & 0 & 0\\ 0 & 3 & 2\\ 0 & 2 & 3\end{pmatrix}$; (2) $\begin{pmatrix}0 & -1 & 1\\ -1 & 0 & 1\\ 1 & 1 & 0\end{pmatrix}$.

6. 设 $\boldsymbol{A}$ 是三阶实对称矩阵,其特征值 $\lambda_1=\lambda_2=2,\lambda_3=1$,已知属于 $\lambda_1=\lambda_2=2$ 的特征向量 $\boldsymbol{\alpha}_1=(1,-1,1)^{\mathrm{T}},\boldsymbol{\alpha}_2=(1,1,1)^{\mathrm{T}}$,求出属于 $\lambda_3=1$ 的特征向量 $\boldsymbol{\alpha}_3$ 和矩

阵 $\boldsymbol{A}$.

7. 设 $\boldsymbol{A},\boldsymbol{B}$ 和 $\boldsymbol{A}+\boldsymbol{B}$ 都是 n 阶正交矩阵，证明 $(\boldsymbol{A}+\boldsymbol{B})^{-1}=\boldsymbol{A}^{-1}+\boldsymbol{B}^{-1}$.

复习题 4

一、单项选择题

1. 设 $\boldsymbol{A}$ 为 n 阶矩阵，下列叙述正确的是　　(　　)

A. $\boldsymbol{A}$ 有 n 个不同的特征值

B. $\boldsymbol{A}$ 与 $\boldsymbol{A}^{\mathrm{T}}$ 有相同的特征值和特征多项式

C. $\boldsymbol{A}$ 对应于不同特征值的特征向量线性无关

D. $\boldsymbol{A}$ 特征向量的线性组合仍是 $\boldsymbol{A}$ 的特征向量

2. 若 n 阶矩阵 $\boldsymbol{A}\sim\boldsymbol{B}$，则以下各项不正确的是　　(　　)

A. $r(\boldsymbol{A})=r(\boldsymbol{B})$　　B. $\boldsymbol{A}$ 与 $\boldsymbol{B}$ 有相同的特征值

C. $|\boldsymbol{A}|=|\boldsymbol{B}|$　　D. $\boldsymbol{A}$ 与 $\boldsymbol{B}$ 有相同的特征向量

3. n 阶矩阵 $\boldsymbol{A}$ 相似于对角阵的充要条件是　　(　　)

A. $\boldsymbol{A}$ 有 n 个特征值　　B. $\boldsymbol{A}$ 的行列式不等于零

C. $\boldsymbol{A}$ 的特征多项式无重根　　D. $\boldsymbol{A}$ 有 n 个线性无关的特征向量

4. 已知矩阵 $\boldsymbol{A}$ 相似于对角矩阵 $\boldsymbol{\Lambda}=\begin{pmatrix}1&0&0\\0&2&0\\0&0&3\end{pmatrix}$，则下列各矩阵中可逆的是　　(　　)

A. $\boldsymbol{E}+\boldsymbol{A}$　　B. $\boldsymbol{E}-\boldsymbol{A}$　　C. $2\boldsymbol{E}-\boldsymbol{A}$　　D. $3\boldsymbol{E}-\boldsymbol{A}$

5. 如果方阵 $\boldsymbol{A}$ 与对角矩阵 $\boldsymbol{B}=\begin{pmatrix}1&&\\&1&\\&&-1\end{pmatrix}$ 相似，则 $\boldsymbol{A}^{10}=$　　(　　)

A. $\boldsymbol{E}$　　B. $\boldsymbol{A}$　　C. $-\boldsymbol{E}$　　D. $10\boldsymbol{E}$

6. 下列矩阵不是正交矩阵的是　　(　　)

A. $\begin{pmatrix}0&-1\\1&0\end{pmatrix}$　　B. $\dfrac{1}{2}\begin{pmatrix}\sqrt{3}+1&\sqrt{3}-1\\\sqrt{3}-1&-\sqrt{3}-1\end{pmatrix}$

C. $\dfrac{1}{6}\begin{pmatrix}1&5&\sqrt{10}\\5&1&-\sqrt{10}\\\sqrt{10}&-\sqrt{10}&4\end{pmatrix}$　　D. $\begin{pmatrix}\cos\theta&\sin\theta&0\\-\sin\theta&\cos\theta&0\\0&0&-1\end{pmatrix}$

7. 下列关于正交矩阵的命题正确的是　　　　（　　）

A. 正交矩阵的行列式都等于 1

B. 正交矩阵的和必是正交矩阵

C. 正交矩阵的积必是正交矩阵

D. 特征值为 1 的矩阵即是正交矩阵

二、填空题

1. 若 $\lambda=0$ 是方阵 $\boldsymbol{A}$ 的一个特征值，则 $|\boldsymbol{A}|=$________.

2. 若 $\lambda=2$ 是可逆方阵 $\boldsymbol{A}$ 的一个特征值，则方阵 $\left(\frac{1}{2}\boldsymbol{A}^2\right)^{-1}$ 必有一个特征值为____________.

3. 若方阵 $\boldsymbol{A}$ 与方阵 $\boldsymbol{B}=\begin{pmatrix}1 & 3 & 0\\ 1 & -1 & 0\\ 0 & 0 & 2\end{pmatrix}$ 相似，则 $\boldsymbol{A}$ 的特征值为________.

4. 若 $\boldsymbol{A}=\begin{pmatrix}2 & 0 & 0\\ 0 & 0 & 1\\ 0 & 1 & x\end{pmatrix}$ 与 $\boldsymbol{B}=\begin{pmatrix}2 & & \\ & y & \\ & & -1\end{pmatrix}$ 相似，则 $x=$________，$y=$________.

5. 设 $\boldsymbol{A}$ 为实对称矩阵，$\boldsymbol{\alpha}_1=(1,1,3)^{\mathrm{T}}$ 与 $\boldsymbol{\alpha}_2=(4,5,a)^{\mathrm{T}}$ 分别是属于 $\boldsymbol{A}$ 的互异特征值 λ_1 与 λ_2 的特征向量，则 $a=$________.

三、计算、证明题

1. 求方阵 $\boldsymbol{A}=\begin{pmatrix}2 & -1 & 2\\ 5 & -3 & 3\\ -1 & 0 & -2\end{pmatrix}$ 的特征值与特征向量，并指出 $\boldsymbol{A}$ 能否相似于对角矩阵.

2. 找出一个单位向量，使它同时与向量 $\boldsymbol{\alpha}=(1,1,-1,1)^{\mathrm{T}}$，$\boldsymbol{\beta}=(1,-1,-1,1)^{\mathrm{T}}$，$\boldsymbol{\gamma}=(2,1,1,3)^{\mathrm{T}}$ 中每一个都正交.

3. 设矩阵 $\boldsymbol{A}=\begin{pmatrix}1 & 1 & 1\\ 1 & 1 & 1\\ 1 & 1 & 1\end{pmatrix}$，求一个正交矩阵 $\boldsymbol{Q}$，使 $\boldsymbol{Q}^{-1}\boldsymbol{A}\boldsymbol{Q}$ 称为对角矩阵，并写出相应的对角矩阵.

4. 设二阶矩阵 $\boldsymbol{A}$ 的特征值为 $\boldsymbol{\lambda}_1=-1$，$\boldsymbol{\lambda}_2=2$，对应的特征向量分别为 $\boldsymbol{\alpha}_1=(1,2)^{\mathrm{T}}$，$\boldsymbol{\alpha}_2=(2,5)^{\mathrm{T}}$，求方阵 $\boldsymbol{A}$.

5. 若 n 阶方阵 $\boldsymbol{A}$ 是对合矩阵，即 $\boldsymbol{A}^2=\boldsymbol{E}$，则 $\boldsymbol{A}$ 的特征值只能为 ±1.

6. 设方阵 $\boldsymbol{A}$ 满足 $\boldsymbol{A}^2=\boldsymbol{E}$，且 $\boldsymbol{A}$ 与 $\boldsymbol{B}$ 相似，证明：$\boldsymbol{B}^2=\boldsymbol{E}$.

第 5 章 实二次型

二次型的理论起源于解析几何中的二次曲线和二次曲面方程的化简问题.在本章中,我们把第 4 章中所建立的实对称矩阵的基本定理具体运用到求实二次型的标准化问题,并讨论正定二次型和正定矩阵.

§5.1 实二次型的基本概念

5.1.1 实二次型的定义

定义 5.1 含有 n 个未知量 $x_1,x_2,\cdots,x_n$ 的实系数二次齐次多项式

$$\begin{aligned}f(x_1,x_2,\cdots,x_n)=a_{11}x_1^2+2a_{12}x_1x_2+2a_{13}x_1x_3+\cdots+2a_{1n}x_1x_n\\+a_{22}x_2^2+2a_{23}x_2x_3+\cdots+2a_{2n}x_2x_n\\+\cdots\\+a_{n-1,n-1}x_{n-1}^2+2a_{n-1,n}x_{n-1}x_n\\+a_{n,n}x_n^2\end{aligned} \tag{5-1}$$

称为 n 元**实二次型**.

由于 $x_ix_j=x_jx_i$ 具有对称性,若令 $a_{ij}=a_{ji}$,其中 $i,j=1,2,\cdots,n$,则(5-1)式可以写成如下的对称形式:

$$\begin{aligned}f(x_1,x_2,\cdots,x_n)&=a_{11}x_1^2+a_{12}x_1x_2+a_{13}x_1x_3+\cdots+a_{1n}x_1x_n\\&\quad+a_{21}x_2x_1+a_{22}x_2^2+a_{23}x_2x_3+\cdots+a_{2n}x_2x_n\\&\quad+\cdots\\&\quad+a_{n1}x_nx_1+a_{n2}x_nx_2+a_{n3}x_nx_3+\cdots+a_{nn}x_n^2\\&=\sum_{i=1}^{n}\sum_{j=1}^{n}a_{ij}x_ix_j,\end{aligned} \tag{5-2}$$

记

$$\boldsymbol{x}=\begin{pmatrix}x_1\\x_2\\\vdots\\x_n\end{pmatrix},\quad \boldsymbol{A}=\begin{pmatrix}a_{11}&a_{12}&\cdots&a_{1n}\\a_{21}&a_{22}&\cdots&a_{2n}\\\vdots&\vdots&&\vdots\\a_{n1}&a_{n2}&\cdots&a_{nn}\end{pmatrix},$$

这里 $a_{ij}=a_{ji}, i,j=1,2,\cdots,n$. 则实二次型(5-1)可简写成矩阵形式

$$\begin{aligned} f(x_1,x_2,\cdots,x_n) &= x_1(a_{11}x_1+a_{12}x_2+a_{13}x_3+\cdots+a_{1n}x_n) \\ &\quad +x_2(a_{21}x_1+a_{22}x_2+a_{23}x_3+\cdots+a_{2n}x_n) \\ &\quad +\cdots+x_n(a_{n1}x_1+a_{n2}x_2+a_{n3}x_3+\cdots+a_{nn}x_n) \\ &= (x_1,x_2,\cdots,x_n)\begin{pmatrix} a_{11}x_1+a_{12}x_2+\cdots+a_{1n}x_n \\ a_{21}x_1+a_{22}x_2+\cdots+a_{2n}x_n \\ \vdots \\ a_{n1}x_1+a_{n2}x_2+\cdots+a_{nn}x_n \end{pmatrix} \\ &= (x_1,x_2,\cdots,x_n)\begin{pmatrix} a_{11} & a_{12} & \cdots & a_{1n} \\ a_{21} & a_{22} & \cdots & a_{2n} \\ \vdots & \vdots & & \vdots \\ a_{n1} & a_{n2} & \cdots & a_{nn} \end{pmatrix}\begin{pmatrix} x_1 \\ x_2 \\ \vdots \\ x_n \end{pmatrix} = \boldsymbol{x}^{\mathrm{T}}\boldsymbol{A}\boldsymbol{x}, \end{aligned}$$

即

$$f(x_1,x_2,\cdots,x_n)=\boldsymbol{x}^{\mathrm{T}}\boldsymbol{A}\boldsymbol{x}, \tag{5-3}$$

其中 $\boldsymbol{A}^{\mathrm{T}}=\boldsymbol{A}$,也即 $\boldsymbol{A}$ 为实对称矩阵.

从上述计算过程可以看到,任给一个二次型,可唯一地确定一个对称矩阵 $\boldsymbol{A}$;反之,任给一个对称矩阵 $\boldsymbol{A}$,也可唯一地确定一个二次型 $\boldsymbol{x}^{\mathrm{T}}\boldsymbol{A}\boldsymbol{x}$,这样二次型与对称矩阵之间就建立了一一对应关系. 因此,对称矩阵 $\boldsymbol{A}$ 称为**二次型 f 的矩阵**,也把 f 称为**对称矩阵 $\boldsymbol{A}$ 的二次型**,对称矩阵的秩称为**二次型 f 的秩**.

由此可见,n 元实二次型与 n 阶实对称矩阵之间密切相关,完全可以用第 4 章中关于实对称矩阵的结论讨论二次型. 本书中,我们只讨论实对称矩阵和实二次型,因此往往省略一个“实”字.

例 5.1 设二次型 $f(x_1,x_2,x_3)=x_1^2-3x_3^2-4x_1x_2+2x_2x_3$,试求二次型的矩阵 $\boldsymbol{A}$ 及二次型的秩,并将二次型用矩阵形式表示出来.

解 所求的矩阵为

$$\boldsymbol{A}=\begin{pmatrix} 1 & -2 & 0 \\ -2 & 0 & 1 \\ 0 & 1 & -3 \end{pmatrix},$$

对矩阵 $\boldsymbol{A}$ 施以初等行变换,有

$$\boldsymbol{A}=\begin{pmatrix} 1 & -2 & 0 \\ -2 & 0 & 1 \\ 0 & 1 & -3 \end{pmatrix}\xrightarrow{r_2+2r_1}\begin{pmatrix} 1 & -2 & 0 \\ 0 & -4 & 1 \\ 0 & 1 & -3 \end{pmatrix}$$

$$\xrightarrow{r_2\leftrightarrow r_3}\begin{pmatrix} 1 & -2 & 0 \\ 0 & 1 & -3 \\ 0 & -4 & 1 \end{pmatrix}\xrightarrow{r_3+4r_2}\begin{pmatrix} 1 & -2 & 0 \\ 0 & 1 & -3 \\ 0 & 0 & -11 \end{pmatrix},$$

所以 $r(\mathbf{A})=3$，即二次型 f 的秩为 3.

二次型的矩阵表示形式为

$$f(x_1,x_2,x_3)=(x_1,x_2,x_3)\begin{pmatrix}1&-2&0\\-2&0&1\\0&1&-3\end{pmatrix}\begin{pmatrix}x_1\\x_2\\x_3\end{pmatrix}.$$

例 5.2　设 $\mathbf{A}=\begin{pmatrix}3&-\frac{1}{2}&1\\-\frac{1}{2}&-1&\frac{1}{2}\\1&\frac{1}{2}&1\end{pmatrix}$，写出以 $\mathbf{A}$ 为矩阵的二次型.

解　由对称矩阵直接写出对应的二次型

$$f(x_1,x_2,x_3)=3x_1^2-x_1x_2+2x_1x_3-x_2^2+x_2x_3+x_3^2.$$

5.1.2　线性变换与矩阵的合同

在平面解析几何中，为了确定二次方程 $ax^2+2bxy+cy^2=d$ 所表示的曲线的性态，通常利用转轴公式

$$\begin{cases}x=x'\cos\theta-y'\sin\theta\\y=x'\sin\theta+y'\cos\theta\end{cases}\tag{5-4}$$

选择适当的 θ，可使上面的方程化为

$$a'x'^2+b'y'^2=d',$$

(5-4)式中，x,y 由 x',y' 的线性表达式给出，通常称为线性变换. 一般有下面的定义.

定义 5.2　设 $x_1,x_2,\cdots,x_n$ 和 $y_1,y_2,\cdots,y_n$ 是两组变量，它们之间的关系式

$$\begin{cases}x_1=c_{11}y_1+c_{12}y_2+\cdots+c_{1n}y_n\\x_2=c_{21}y_1+c_{22}y_2+\cdots+c_{2n}y_n\\\qquad\cdots\cdots\\x_n=c_{n1}y_1+c_{n2}y_2+\cdots+c_{nn}x_n\end{cases}\tag{5-5}$$

称为由变量 $x_1,x_2,\cdots,x_n$ 到 $y_1,y_2,\cdots,y_n$ 的一个**线性变换**，简称线性变换.

记

$$\mathbf{C}=\begin{pmatrix}c_{11}&c_{12}&\cdots&c_{1n}\\c_{21}&c_{22}&\cdots&c_{2n}\\\vdots&\vdots&&\vdots\\c_{n1}&c_{n2}&\cdots&c_{nn}\end{pmatrix},\quad \boldsymbol{x}=\begin{pmatrix}x_1\\x_2\\\vdots\\x_n\end{pmatrix},\quad \boldsymbol{y}=\begin{pmatrix}y_1\\y_2\\\vdots\\y_n\end{pmatrix},$$

则线性变换(5-5)可写成矩阵形式

$$\boldsymbol{x}=\boldsymbol{C}\boldsymbol{y}. \tag{5-6}$$

矩阵$\boldsymbol{C}$称为**线性变换(5-5)或(5-6)的矩阵**.若$|\boldsymbol{C}|\neq 0$,则称线性变换为**可逆的或非退化的**.特别地,当$\boldsymbol{C}$是正交矩阵时,称这个线性变换为**正交线性变换**,简称**正交变换**.

将二次型$f(x_1,x_2,\cdots,x_n)=\boldsymbol{x}^{\mathrm{T}}\boldsymbol{A}\boldsymbol{x}$代入可逆变换(5-6),得

$$\boldsymbol{x}^{\mathrm{T}}\boldsymbol{A}\boldsymbol{x}=(\boldsymbol{C}\boldsymbol{y})^{\mathrm{T}}\boldsymbol{A}(\boldsymbol{C}\boldsymbol{y})=\boldsymbol{y}^{\mathrm{T}}(\boldsymbol{C}^{\mathrm{T}}\boldsymbol{A}\boldsymbol{C})\boldsymbol{y}.$$

由于$\boldsymbol{A}$是实对称阵,则$\boldsymbol{C}^{\mathrm{T}}\boldsymbol{A}\boldsymbol{C}$也是实对称阵,于是$\boldsymbol{y}^{\mathrm{T}}(\boldsymbol{C}^{\mathrm{T}}\boldsymbol{A}\boldsymbol{C})\boldsymbol{y}$是一个以$y_1$,$y_2,\cdots,y_n$为变量的二次型.也就是说,经过一个可逆的线性变换,二次型还是变成二次型,且变换后二次型的矩阵$\boldsymbol{B}=\boldsymbol{C}^{\mathrm{T}}\boldsymbol{A}\boldsymbol{C}$.这个式子给出了变换前后两个二次型的矩阵之间的关系,由此引入

定义5.3　设$\boldsymbol{A},\boldsymbol{B}$是两个$n$阶矩阵,如果存在$n$阶可逆矩阵$\boldsymbol{C}$,使得

$$\boldsymbol{B}=\boldsymbol{C}^{\mathrm{T}}\boldsymbol{A}\boldsymbol{C},$$

则称$\boldsymbol{A}$与$\boldsymbol{B}$是**合同**的,或$\boldsymbol{A}$合同于$\boldsymbol{B}$,记作$\boldsymbol{A}\simeq\boldsymbol{B}$.

由定义5.3知,经过可逆线性变换,新二次型的矩阵与原二次型的矩阵是合同的.合同也是矩阵之间的一种关系,由定义容易证明,合同关系具有以下性质:

(1) 反身性　对任意的n阶方阵$\boldsymbol{A}$,有$\boldsymbol{A}\simeq\boldsymbol{A}$;

(2) 对称性　若$\boldsymbol{A}\simeq\boldsymbol{B}$,则$\boldsymbol{B}\simeq\boldsymbol{A}$;

(3) 传递性　若$\boldsymbol{A}\simeq\boldsymbol{B}$,$\boldsymbol{B}\simeq\boldsymbol{C}$,则$\boldsymbol{A}\simeq\boldsymbol{C}$.

注意,当所用的可逆线性变换是正交变换时,矩阵合同和矩阵相似是等价的.

习题 5.1

1. 写出下列二次型的矩阵表达式:

(1) $f(x_1,x_2,x_3)=2x_1^2-x_2^2+4x_1x_3-2x_2x_3$;

(2) $f(x,y,z)=x^2+y^2-7z^2-2xy-4xz-4yz$.

2. 写出下列对称矩阵所对应的二次型:

(1) $\begin{pmatrix}0&0&2\\0&2&0\\2&0&0\end{pmatrix}$;　(2) $\begin{pmatrix}2&1&1\\1&0&3\\1&3&1\end{pmatrix}$;　(3) $\begin{pmatrix}0&\frac{1}{2}&-1&0\\\frac{1}{2}&-1&\frac{1}{2}&\frac{1}{2}\\-1&\frac{1}{2}&0&\frac{1}{2}\\0&\frac{1}{2}&\frac{1}{2}&1\end{pmatrix}$.

3. 写出下列二次型的矩阵并求其秩：

(1) $f(\boldsymbol{x})=\boldsymbol{x}^{\mathrm{T}}\begin{pmatrix}1&2&3\\4&5&6\\7&8&9\end{pmatrix}\boldsymbol{x}$;

(2) $f(x_1,x_2,x_3,x_4)=2x_1x_2+2x_1x_3+2x_1x_4+2x_3x_4$.

4. 已知二次型 $f=5x_1^2+5x_2^2+cx_3^2-2x_1x_2+6x_1x_3-6x_2x_3$ 的秩为 2，求参数 c.

5. 设 $\boldsymbol{A},\boldsymbol{B},\boldsymbol{C},\boldsymbol{D}$ 均为 n 阶对称矩阵，且 $\boldsymbol{A}$ 与 $\boldsymbol{B}$ 合同，$\boldsymbol{C}$ 与 $\boldsymbol{D}$ 合同，证明 $\begin{pmatrix}\boldsymbol{A}&\boldsymbol{O}\\\boldsymbol{O}&\boldsymbol{C}\end{pmatrix}$ 与 $\begin{pmatrix}\boldsymbol{B}&\boldsymbol{O}\\\boldsymbol{O}&\boldsymbol{D}\end{pmatrix}$ 合同.

§5.2　二次型的标准形

5.2.1　二次型的标准形

由于二次型中最简单的情况是只含有平方项的二次型

$$d_1y_1^2+d_2y_2^2+\cdots+d_ny_n^2,$$

因此二次型讨论的一个基本问题是：如何通过一个可逆的线性变换把二次型化为只含平方项而不含交叉项的二次型.

定义 5.4　如果二次型只含有变量的平方项，即

$$f(y_1,y_2,\cdots,y_n)=d_1y_1^2+d_2y_2^2+\cdots+d_ny_n^2$$

$$=(y_1,y_2,\cdots,y_n)\begin{pmatrix}d_1&0&\cdots&0\\0&d_2&\cdots&0\\\vdots&\vdots&&\vdots\\0&0&\cdots&d_n\end{pmatrix}\begin{pmatrix}y_1\\y_2\\\vdots\\y_n\end{pmatrix},\qquad(5-7)$$

则称这种形式为二次型的**标准形**.

不难看出，二次型的标准形(5－7)的矩阵是对角矩阵 $\boldsymbol{\Lambda}=\mathrm{diag}(d_1,d_2,\cdots,d_n)$，其秩为非零系数 $d_i(1\leqslant i\leqslant n)$的个数.

从前面的分析可以看出，一个二次型是否可以经过一个可逆线性变换化成标准形就等价于二次型矩阵 $\boldsymbol{A}$ 是否存在可逆矩阵 $\boldsymbol{C}$，使得 $\boldsymbol{C}^{\mathrm{T}}\boldsymbol{A}\boldsymbol{C}$ 成为对角矩阵，也即对称矩阵 $\boldsymbol{A}$ 是否合同于一个对角阵.

5.2.2　用正交变换法化二次型为标准形

由于二次型的矩阵为实对称矩阵，而对于实对称矩阵，一定存在正交矩阵 $\boldsymbol{Q}$，

使 $Q^{\mathrm{T}}AQ$ 为对角矩阵,由此可得如下定理.

定理 5.1 对于一个二次型 $f(x_1,x_2,\cdots,x_n)=\boldsymbol{x}^{\mathrm{T}}\boldsymbol{A}\boldsymbol{x}$(其中 $\boldsymbol{A}^{\mathrm{T}}=\boldsymbol{A}$),一定存在一个正交线性变换 $\boldsymbol{x}=\boldsymbol{Q}\boldsymbol{y}$,使得二次型化为标准形

$$\lambda_1 y_1^2+\lambda_2 y_2^2+\cdots+\lambda_n y_n^2,$$

其中 $\lambda_i(i=1,2,\cdots,n)$是二次型矩阵 $\boldsymbol{A}$ 的全部特征值.

证 因为二次型的对应矩阵 $\boldsymbol{A}$ 是实对称阵,所以存在 n 阶正交矩阵 $\boldsymbol{Q}$,使得

$$\boldsymbol{Q}^{\mathrm{T}}\boldsymbol{A}\boldsymbol{Q}=\boldsymbol{Q}^{-1}\boldsymbol{A}\boldsymbol{Q}=\boldsymbol{\Lambda}=\mathrm{diag}(\lambda_1,\lambda_2,\cdots,\lambda_n),$$

其中 $\lambda_i(i=1,2,\cdots,n)$是二次型矩阵 $\boldsymbol{A}$ 的全部特征值.

作正交线性变换 $\boldsymbol{x}=\boldsymbol{Q}\boldsymbol{y}$,则

$$\begin{aligned}f(x_1,x_2,\cdots,x_n)&=\boldsymbol{x}^{\mathrm{T}}\boldsymbol{A}\boldsymbol{x}=(\boldsymbol{Q}\boldsymbol{y})^{\mathrm{T}}\boldsymbol{A}(\boldsymbol{Q}\boldsymbol{y})=\boldsymbol{y}^{\mathrm{T}}(\boldsymbol{Q}^{\mathrm{T}}\boldsymbol{A}\boldsymbol{Q})\boldsymbol{y}\\&=\boldsymbol{y}^{\mathrm{T}}\boldsymbol{\Lambda}\boldsymbol{y}=\lambda_1 y_1^2+\lambda_2 y_2^2+\cdots+\lambda_n y_n^2.\end{aligned}$$

定理 5.1 给出了用正交线性变换化二次型为标准形的具体步骤:

(1) 求出二次型矩阵的全部特征值 $\lambda_1(n_1$ 重$)$,$\lambda_2(n_2$ 重$)$,$\cdots$,$\lambda_s(n_s$ 重$)$,其中 $n_1+n_2+\cdots+n_s=n$;

(2) 对每一个 $\lambda_j(j=1,2,\cdots,s)$,求出它的基础解系 $\boldsymbol{\alpha}_1^{(j)},\boldsymbol{\alpha}_2^{(j)},\cdots,\boldsymbol{\alpha}_{q_j}^{(j)}$ 并正交化;

(3) 以这些特征向量为列作正交矩阵 $\boldsymbol{Q}$,使 $\boldsymbol{Q}^{\mathrm{T}}\boldsymbol{A}\boldsymbol{Q}=\mathrm{diag}(\lambda_1,\lambda_2,\cdots,\lambda_n)$;

(4) 作正交线性变换 $\boldsymbol{x}=\boldsymbol{Q}\boldsymbol{y}$,其中 $\boldsymbol{y}=(y_1,y_2,\cdots,y_n)^{\mathrm{T}}$,则二次型 $f(x_1,x_2,\cdots,x_n)$化为标准形 $\lambda_1 y_1^2+\lambda_2 y_2^2+\cdots+\lambda_n y_n^2$.

例 5.3 用正交线性变换将二次型

$$f(x_1,x_2,x_3)=4x_1^2+4x_2^2+4x_3^2+4x_1x_2+4x_1x_3+4x_2x_3$$

化为标准形,并写出所用的正交线性变换.

解 二次型的对应矩阵为

$$\boldsymbol{A}=\begin{pmatrix}4&2&2\\2&4&2\\2&2&4\end{pmatrix},$$

其特征方程为

$$|\lambda\boldsymbol{E}-\boldsymbol{A}|=\begin{vmatrix}\lambda-4&-2&-2\\-2&\lambda-4&-2\\-2&-2&\lambda-4\end{vmatrix}=(\lambda-2)^2(\lambda-8)=0,$$

则 $\boldsymbol{A}$ 的特征值为 $\lambda_1=\lambda_2=2$(二重)和 $\lambda_3=8$.

当 $\lambda_1=\lambda_2=2$ 时,解齐次线性方程组$(2\boldsymbol{E}-\boldsymbol{A})\boldsymbol{x}=\boldsymbol{0}$,得它的一个基础解系

$$\boldsymbol{\alpha}_1=(-1,1,0)^{\mathrm{T}},\ \boldsymbol{\alpha}_2=(-1,0,1)^{\mathrm{T}}.$$

将 $\boldsymbol{\alpha}_1,\boldsymbol{\alpha}_2$ 正交化,得

$\boldsymbol{\beta}_1=\boldsymbol{\alpha}_1=(-1,1,0)^{\mathrm{T}}$，

$\boldsymbol{\beta}_2=\boldsymbol{\alpha}_2-\dfrac{(\boldsymbol{\alpha}_2,\boldsymbol{\beta}_1)}{(\boldsymbol{\beta}_1,\boldsymbol{\beta}_1)}\boldsymbol{\beta}_1=\left(-\dfrac{1}{2},-\dfrac{1}{2},1\right)^{\mathrm{T}}$.

再将 $\boldsymbol{\beta}_1,\boldsymbol{\beta}_2$ 单位化，得

$\boldsymbol{\gamma}_1=\dfrac{1}{\|\boldsymbol{\beta}_1\|}\boldsymbol{\beta}_1=\left(-\dfrac{1}{\sqrt{2}},\dfrac{1}{\sqrt{2}},0\right)^{\mathrm{T}}$，

$\boldsymbol{\gamma}_2=\dfrac{1}{\|\boldsymbol{\beta}_2\|}\boldsymbol{\beta}_2=\left(-\dfrac{1}{\sqrt{6}},-\dfrac{1}{\sqrt{6}},\dfrac{2}{\sqrt{6}}\right)^{\mathrm{T}}$.

当 $\lambda_3=8$ 时，解齐次线性方程组 $(8\boldsymbol{E}-\boldsymbol{A})\boldsymbol{x}=\boldsymbol{0}$，得它的一个基础解系 $\boldsymbol{\alpha}_3=(1,1,1)^{\mathrm{T}}$，将其单位化，得

$\boldsymbol{\gamma}_3=\dfrac{1}{\|\boldsymbol{\alpha}_3\|}\boldsymbol{\alpha}_3=\left(\dfrac{1}{\sqrt{3}},\dfrac{1}{\sqrt{3}},\dfrac{1}{\sqrt{3}}\right)^{\mathrm{T}}$.

令矩阵

$$\boldsymbol{Q}=(\boldsymbol{\gamma}_1,\boldsymbol{\gamma}_2,\boldsymbol{\gamma}_3)=\begin{pmatrix}\dfrac{1}{\sqrt{3}} & -\dfrac{1}{\sqrt{2}} & -\dfrac{1}{\sqrt{6}}\\ \dfrac{1}{\sqrt{3}} & \dfrac{1}{\sqrt{2}} & -\dfrac{1}{\sqrt{6}}\\ \dfrac{1}{\sqrt{3}} & 0 & \dfrac{2}{\sqrt{6}}\end{pmatrix},$$

则 $\boldsymbol{Q}$ 为所求正交矩阵，且有 $\boldsymbol{Q}^{\mathrm{T}}\boldsymbol{A}\boldsymbol{Q}=\begin{pmatrix}2 & & \\ & 2 & \\ & & 8\end{pmatrix}$.

此时，作正交线性变换 $\boldsymbol{x}=\boldsymbol{Q}\boldsymbol{y}$，则原二次型化为标准形

$$f=2y_1^2+2y_2^2+8y_3^2.$$

例 5.4 已知二次型

$$f(x_1,x_2,x_3)=x_1^2+ax_2^2+x_3^2+2bx_1x_2+2x_1x_3+2x_2x_3,$$

可经正交变换 $\boldsymbol{x}=\boldsymbol{Q}\boldsymbol{y}$ 化为 $f(x_1,x_2,x_3)=y_2^2+4y_3^2$，求 a,b 的值和正交矩阵 $\boldsymbol{Q}$.

解 由题意可知矩阵 $\boldsymbol{A}=\begin{pmatrix}1 & b & 1\\ b & a & 1\\ 1 & 1 & 1\end{pmatrix}$ 与矩阵 $\boldsymbol{B}=\begin{pmatrix}0 & & \\ & 1 & \\ & & 4\end{pmatrix}$ 相似，所以 0，1，4 是矩阵 $\boldsymbol{A}$ 的特征值. 从而

$$\begin{cases}2+a=5\\ |\boldsymbol{A}|=-(b-1)^2=0\end{cases},$$

解得 $a=3,b=1$.

另一方面，特征值 0，1，4 各自所对应的单位特征向量分别为

$$\boldsymbol{\alpha}_1=\frac{1}{\sqrt{2}}(1,0,-1)^{\mathrm{T}},\ \boldsymbol{\alpha}_2=\frac{1}{\sqrt{3}}(1,-1,1)^{\mathrm{T}},\ \boldsymbol{\alpha}_3=\frac{1}{\sqrt{6}}(1,2,1)^{\mathrm{T}},$$

从而所求的正交矩阵为

$$\boldsymbol{Q}=\begin{pmatrix}\frac{1}{\sqrt{2}} & \frac{1}{\sqrt{3}} & \frac{1}{\sqrt{6}}\\ 0 & -\frac{1}{\sqrt{3}} & \frac{2}{\sqrt{6}}\\ -\frac{1}{\sqrt{2}} & \frac{1}{\sqrt{3}} & \frac{1}{\sqrt{6}}\end{pmatrix}.$$

5.2.3 用配方法化二次型为标准形

除了用正交变换法把二次型化为标准形外，还可以作一般的可逆线性变换将二次型化为标准形，其中一种常用的方法就是配方法，其具体步骤为：

(1) 若二次型含有 x_i 的平方项，则先把含有 x_i 的乘积项集中，然后配方，再对其余的变量重复上述过程，直到所有变量都配方成平方项为止，经过可逆线性变换，就得到标准形；

(2) 若二次型中不含有平方项，但是 $a_{ij}\neq 0\ (i\neq j)$，则先作可逆变换

$$\begin{cases}x_i=y_i-y_j\\ x_j=y_i+y_j\quad (k=1,2,\cdots,n\text{ 且 }k\neq i,j)\\ x_k=y_k\end{cases}$$

化二次型为含有平方项的二次型，然后再按(1)中方法配方.

例 5.5 利用配方法将例 5.3 化为标准形，即利用配方法化二次型

$$f(x_1,x_2,x_3)=4x_1^2+4x_2^2+4x_3^2+4x_1x_2+4x_1x_3+4x_2x_3$$

为标准形，并求所用的变换矩阵.

解 因 f 中含有 x_1 的平方项，故先把含 x_1 的项归并起来，再配方得

$$\begin{aligned}f&=4[x_1^2+x_1(x_2+x_3)]+4x_2^2+4x_3^2+4x_2x_3\\ &=4\left(x_1+\frac{1}{2}x_2+\frac{1}{2}x_3\right)^2+3x_2^2+2x_2x_3+3x_3^2\\ &=4\left(x_1+\frac{1}{2}x_2+\frac{1}{2}x_3\right)^2+3\left(x_2+\frac{1}{3}x_3\right)^2+\frac{8}{3}x_3^2.\end{aligned}$$

令

$$\begin{cases}y_1=x_1+\frac{1}{2}x_2+\frac{1}{2}x_3\\ y_2=x_2+\frac{1}{3}x_3\\ y_3=x_3\end{cases},$$

即变换

$$\begin{cases} x_1 = y_1 - \frac{1}{2}y_2 - \frac{1}{3}y_3 \\ x_2 = y_2 - \frac{1}{3}y_3 \\ x_3 = y_3 \end{cases}$$

将 f 化成标准形

$$f = 4y_1^2 + 3y_2^2 + \frac{8}{3}y_3^2,$$

所用非退化线性变换的矩阵为

$$\boldsymbol{C} = \begin{pmatrix} 1 & -\frac{1}{2} & -\frac{1}{3} \\ 0 & 1 & -\frac{1}{3} \\ 0 & 0 & 1 \end{pmatrix}, \ |\boldsymbol{C}| = 1 \neq 0.$$

例 5.6　化二次型 $f = x_1x_2 + x_1x_3 + 2x_2x_3$ 为标准形.

解　因 f 中不含有平方项,但是含有乘积项 x_1x_2,故令

$$\begin{cases} x_1 = y_1 + y_2 \\ x_2 = y_1 - y_2, \\ x_3 = y_3 \end{cases}$$

代入原二次型,配方得

$$\begin{aligned} f &= y_1^2 + 3y_1y_3 - y_2^2 - y_2y_3 \\ &= \left(y_1 + \frac{3}{2}y_3\right)^2 - \frac{9}{4}y_3^2 - y_2^2 - y_2y_3 \\ &= \left(y_1 + \frac{3}{2}y_3\right)^2 - \left(y_2 + \frac{1}{2}y_3\right)^2 - 2y_3^2. \end{aligned}$$

再令

$$\begin{cases} z_1 = y_1 + \frac{3}{2}y_3 \\ z_2 = y_2 + \frac{1}{2}y_3, \\ z_3 = y_3 \end{cases}$$

即

$$\begin{cases} y_1 = z_1 - \dfrac{3}{2}z_3 \\ y_2 = z_2 - \dfrac{1}{2}z_3 \\ y_3 = z_3 \end{cases},$$

则原二次型 f 化成标准形

$$f = z_1^2 - z_2^2 - 2z_3^2,$$

所用线性变换矩阵为

$$\boldsymbol{C} = \begin{pmatrix} 1 & 1 & 0 \\ 1 & -1 & 0 \\ 0 & 0 & 1 \end{pmatrix} \begin{pmatrix} 1 & 0 & -\dfrac{3}{2} \\ 0 & 1 & -\dfrac{1}{2} \\ 0 & 0 & 1 \end{pmatrix} = \begin{pmatrix} 1 & 1 & -2 \\ 1 & -1 & -1 \\ 0 & 0 & 1 \end{pmatrix}.$$

一般地，可以证明：任何二次型都可以利用配方法找到可逆线性变换，将其化为标准形，且在标准形中所含的项数等于二次型的秩.

习题 5.2

1. 用正交变换化下列二次型为标准形，并写出所用的正交变换.

(1) $f(x_1,x_2,x_3) = 2x_1^2 + 3x_2^2 + 3x_3^2 + 4x_2x_3$；

(2) $f(x_1,x_2,x_3) = 2x_1^2 + 5x_2^2 + 5x_3^2 + 4x_1x_2 - 4x_1x_3 - 8x_2x_3$；

(3) $f(x_1,x_2,x_3) = 2x_1x_2 + 2x_1x_3 + 2x_2x_3$.

2. 用配方法化下列二次型为标准形，并写出所用的变换.

(1) $f(x_1,x_2,x_3) = x_1^2 + 2x_2^2 + 2x_1x_2 - 2x_1x_3 + 2x_2x_3$；

(2) $f(x_1,x_2,x_3) = x_1x_2 + x_1x_3 + x_2x_3$.

3. 设二次型 $f(x_1,x_2,x_3) = x_1^2 + x_2^2 + x_3^2 + 2ax_1x_2 + 2x_1x_3 + 2bx_2x_3$ 经过正交变换 $\boldsymbol{x} = \boldsymbol{Q}\boldsymbol{y}$ 可化为标准形 $f = y_2^2 + 2y_3^2$，求参数 a,b 的值.

§5.3 二次型的规范形与惯性定理

由上节的例题可以看出，一个二次型可以用不同的可逆线性变换化成不同的标准形，虽然二次型的标准形并不唯一，但是，同一个二次型在化为标准形后，标准形中所含正、负平方项的个数却是相同的，下面给出二次型的规范形的概念.

定义 5.5 如果二次型 $f(x_1,x_2,\cdots,x_n) = \boldsymbol{x}^{\mathrm{T}}\boldsymbol{A}\boldsymbol{x}$（其中 $\boldsymbol{A}^{\mathrm{T}} = \boldsymbol{A}$），经过可逆线性

变换 $\boldsymbol{x}=\boldsymbol{C}\boldsymbol{y}$ 可以化为

$$y_1^2+\cdots+y_p^2-y_{p+1}^2-\cdots-y_r^2 \quad (p\leqslant r\leqslant n), \tag{5-8}$$

则称(5-8)式为二次型 $f(x_1,x_2,\cdots,x_n)$ 的**规范形**.

定理　5.2 (惯性定理) 任何一个二次型 $f(x_1,x_2,\cdots,x_n)=\boldsymbol{x}^{\mathrm{T}}\boldsymbol{A}\boldsymbol{x}$(其中 $\boldsymbol{A}^{\mathrm{T}}=\boldsymbol{A}$),都可以经过可逆线性变换化为规范形

$$y_1^2+\cdots+y_p^2-y_{p+1}^2-\cdots-y_r^2 \quad (p\leqslant r\leqslant n),$$

且其规范形是唯一的,其中 $r=r(A)$ 是二次型的秩.

这里所谓的唯一是指规范形中指标 p 和 r 由二次型唯一确定. 证明略.

定义 5.6　在实二次型的规范形中,正项的个数 p 称为它的**正惯性指数**,负项的个数 $r-p$ 称为它的**负惯性指数**,它们的差 $2p-r$ 称为**符号差**.

推论　正(负)惯性指数即为 $\boldsymbol{A}$ 的正(负)的特征值的个数.

确定二次型的规范形的方法是:

(1) 先求二次型 $f(x_1,x_2,\cdots,x_n)=\boldsymbol{x}^{\mathrm{T}}\boldsymbol{A}\boldsymbol{x}$ 的标准形

$$d_1y_1^2+\cdots+d_py_p^2-d_{p+1}y_{p+1}^2-\cdots-d_ry_r^2,$$

其中 $d_i>0\ (i=1,2,\cdots,r)$;

(2) 再作可逆线性变换

$$\begin{cases} y_1=\dfrac{1}{\sqrt{d_1}}z_1 \\ \quad\vdots \\ y_r=\dfrac{1}{\sqrt{d_r}}z_r \\ y_{r+1}=z_{r+1} \\ \quad\vdots \\ y_n=z_n \end{cases},$$

则原二次型化为规范形 $z_1^2+\cdots+z_p^2-z_{p+1}^2-\cdots-z_r^2$.

例 5.7　化二次型 $f=x_1x_2+x_1x_3+2x_2x_3$ 为规范形.

解　由例 5.6 知,通过配方法,将二次型 f 化为标准形 $f=z_1^2-z_2^2-2z_3^2$. 作可逆变换

$$\begin{cases} w_1=z_1 \\ w_2=z_2 \\ w_3=\sqrt{2}\,z_3 \end{cases},$$

也即

$$\begin{cases} z_1 = w_1 \\ z_2 = w_2 \\ z_3 = \dfrac{1}{\sqrt{2}} w_3 \end{cases},$$

则原二次型 f 化为规范形 $f = w_1^2 - w_2^2 - w_3^2$.

二次型的规范形(5-8)的矩阵是对角矩阵

$$\begin{pmatrix} \boldsymbol{E}_p & & \\ & -\boldsymbol{E}_{r-p} & \\ & & \boldsymbol{O}_{n-r} \end{pmatrix}.$$

惯性定理用矩阵的语言可表述为:任意一个秩为 r 的实对称矩阵 $\boldsymbol{A}$ 与对角矩阵

$$\begin{pmatrix} \boldsymbol{E}_p & & \\ & -\boldsymbol{E}_{r-p} & \\ & & \boldsymbol{O}_{n-r} \end{pmatrix}$$

合同.

利用惯性定理可得到实对称矩阵合同的判别方法.

定理 5.3 设 $\boldsymbol{A},\boldsymbol{B}$ 都是 n 阶实对称矩阵,则 $\boldsymbol{A},\boldsymbol{B}$ 合同的充要条件是 $\boldsymbol{A},\boldsymbol{B}$ 有相同的秩和相同的正惯性指数.

例 5.8 设 $A = \begin{pmatrix} 1 & 2 & 0 \\ 2 & 2 & 0 \\ 0 & 0 & -1 \end{pmatrix}$,问矩阵 $\boldsymbol{B} = \boldsymbol{E}$,$\boldsymbol{C} = \begin{pmatrix} 1 & & \\ & 1 & \\ & & -1 \end{pmatrix}$,$\boldsymbol{D} = \begin{pmatrix} 1 & & \\ & -1 & \\ & & -1 \end{pmatrix}$中哪个矩阵与 $\boldsymbol{A}$ 合同?并说明理由.

解 由 $|\lambda\boldsymbol{E} - \boldsymbol{A}| = (\lambda+1)(\lambda^2 - 3\lambda - 2) = 0$,得特征值 $\lambda_1 = \lambda_2 = -1$,$\lambda_3 = 2$.从而 $r(\boldsymbol{A}) = 3$,且正惯性指数为1.而矩阵 $\boldsymbol{B},\boldsymbol{C}$ 的正惯性指数分别为3和2,所以矩阵 $\boldsymbol{B}$,$\boldsymbol{C}$ 与矩阵 $\boldsymbol{A}$ 不合同.又矩阵 $\boldsymbol{D}$ 的正惯性指数为1,$r(\boldsymbol{D}) = 3$,所以矩阵 $\boldsymbol{A}$ 与矩阵 $\boldsymbol{D}$ 合同.

习题 5.3

1. 将下列二次型化为规范形,并写出相应的可逆变换,正惯性指数和负惯性指数.

(1) $f(x_1, x_2, x_3) = x_1^2 - x_2^2 + 2x_3^2 - 2x_1x_2 + 2x_1x_3 - 2x_2x_3$;

(2) $f(x_1,x_2,x_3)=-4x_1x_2+2x_1x_3+2x_2x_3$;

(3) $f(x_1,x_2,x_3)=x_1^2+2x_2^2+5x_3^2+2x_1x_2+2x_1x_3+6x_2x_3$.

2. 设实二次型 $f=x_1^2-2x_2^2+x_3^2+x_4^2-3x_5^2$,求 f 的秩 r,正惯性指数 p,负惯性指数 q 及符号差 $p-q$.

§5.4　正定二次型和正定矩阵

二次型的规范形是唯一的,因此可以利用二次型的规范形(也可用标准形)对二次型进行分类.在各种分类中,最重要的一类二次型就是正定二次型.

定义 5.7　设实二次型 $f(x_1,x_2,\cdots,x_n)=\boldsymbol{x}^{\mathrm{T}}\boldsymbol{A}\boldsymbol{x}$(其中 $\boldsymbol{A}^{\mathrm{T}}=\boldsymbol{A}$),如果对于任意的 $\boldsymbol{x}=(x_1,x_2,\cdots,x_n)^{\mathrm{T}}\neq\boldsymbol{0}$,有

$$f(x_1,x_2,\cdots,x_n)=\boldsymbol{x}^{\mathrm{T}}\boldsymbol{A}\boldsymbol{x}>0,$$

则称该二次型为**正定二次型**,并称 $\boldsymbol{A}$ 是**正定矩阵**.

例 5.9　二次型 $f(x_1,x_2,x_3)=x_1^2+2x_2^2+3x_3^2$ 是正定的,而 $g(x_1,x_2,x_3)=x_1^2+x_2^2-x_3^2$ 不是正定的.

解　因为对于任意的 $\boldsymbol{x}=(x_1,x_2,x_3)^{\mathrm{T}}\neq\boldsymbol{0}$,都有

$$f(x_1,x_2,x_3)=x_1^2+2x_2^2+3x_3^2>0,$$

所以二次型 $f(x_1,x_2,x_3)=x_1^2+2x_2^2+3x_3^2$ 是正定的.

而对于 $\boldsymbol{x}=(0,0,1)^{\mathrm{T}}\neq\boldsymbol{0}$,有 $g(0,0,1)=-1<0$,所以 $g(x_1,x_2,x_3)=x_1^2+x_2^2-x_3^2$ 不是正定的.

上面的例子说明,由二次型的标准形或规范形可以很容易地判别它的正定性.那么通过可逆线性变换将二次型化为标准形或规范形是否改变二次型的正定性呢?有下面的定理.

定理 5.4　可逆线性变换不改变二次型的正定性.

证　设二次型 $f(x_1,x_2,\cdots,x_n)=\boldsymbol{x}^{\mathrm{T}}\boldsymbol{A}\boldsymbol{x}$ 为正定二次型,经可逆线性变换 $\boldsymbol{x}=\boldsymbol{C}\boldsymbol{y}$,二次型化为

$$f(x_1,x_2,\cdots,x_n)=\boldsymbol{x}^{\mathrm{T}}\boldsymbol{A}\boldsymbol{x}=\boldsymbol{y}^{\mathrm{T}}\boldsymbol{B}\boldsymbol{y}=g(y_1,y_2,\cdots,y_n),$$

其中 $\boldsymbol{B}=\boldsymbol{C}^{\mathrm{T}}\boldsymbol{A}\boldsymbol{C}$.下面证明 $g(y_1,y_2,\cdots,y_n)$ 也是正定的.

对于任意 $\boldsymbol{z}=(z_1,z_2,\cdots,z_n)^{\mathrm{T}}\neq\boldsymbol{0}$,由于 $\boldsymbol{C}$ 可逆,得 $\boldsymbol{r}=\boldsymbol{C}\boldsymbol{z}\neq\boldsymbol{0}$.再由原二次型的正定性,有

$$g(\boldsymbol{z})=\boldsymbol{z}^{\mathrm{T}}\boldsymbol{B}\boldsymbol{y}=\boldsymbol{z}^{\mathrm{T}}(\boldsymbol{C}^{\mathrm{T}}\boldsymbol{A}\boldsymbol{C})\boldsymbol{z}=\boldsymbol{r}^{\mathrm{T}}\boldsymbol{A}\boldsymbol{r}>0,$$

因此,二次型 $g=\boldsymbol{y}^{\mathrm{T}}\boldsymbol{B}\boldsymbol{y}$ 也是正定二次型.

既然可逆线性变换不改变二次型的正定性,因此,可以先利用可逆线性变换将二次型化为标准形或规范形,再利用二次型的标准形或规范形的正定性来判别二

次型的正定性.

根据二次型的标准形或规范形判别二次型为正定的判别方法可以归纳为如下定理.

定理 5.5 实二次型 $f(x_1,x_2,\cdots,x_n)=\boldsymbol{x}^{\mathrm{T}}\boldsymbol{A}\boldsymbol{x}$(其中 $\boldsymbol{A}^{\mathrm{T}}=\boldsymbol{A}$)为正定的充分必要条件是:它的标准形

$$f=d_1y_1^2+d_2y_2^2+\cdots+d_ny_n^2$$

的系数 $d_i>0\ (i=1,2,\cdots,n)$,即它的规范形的 n 个系数全为 1,也即它的正惯性指数等于 n.

证 设经可逆线性变换 $\boldsymbol{x}=\boldsymbol{C}\boldsymbol{y}$,将二次型 $f(x_1,x_2,\cdots,x_n)=\boldsymbol{x}^{\mathrm{T}}\boldsymbol{A}\boldsymbol{x}$ 化为标准形

$$f=d_1y_1^2+d_2y_2^2+\cdots+d_ny_n^2.$$

充分性.设标准形的系数 $d_i>0\ (i=1,2,\cdots,n)$,对任意 $\boldsymbol{x}=(x_1,x_2,\cdots,x_n)^{\mathrm{T}}\neq\boldsymbol{0}$,则 $\boldsymbol{y}=\boldsymbol{C}^{-1}\boldsymbol{x}\neq\boldsymbol{0}$,即 $\boldsymbol{y}$ 中至少有一个分量 $y_s(1\leqslant s\leqslant n)$不为零,因此

$$f(x_1,x_2,\cdots,x_n)=\boldsymbol{x}^{\mathrm{T}}\boldsymbol{A}\boldsymbol{x}=\boldsymbol{y}^{\mathrm{T}}(\boldsymbol{C}^{\mathrm{T}}\boldsymbol{A}\boldsymbol{C})\boldsymbol{y}=d_1y_1^2+d_2y_2^2+\cdots+d_ny_n^2>0,$$

即 $f(x_1,x_2,\cdots,x_n)$是正定二次型.

必要性.用反证法.假设标准形的某个系数 $d_i\leqslant0$,则当

$$\boldsymbol{y}=\boldsymbol{\varepsilon}_i=(0,\cdots,0,1,0,\cdots,0)^{\mathrm{T}}$$

($\boldsymbol{\varepsilon}_i$ 中第 i 个分量为 1,其余为零)时,有 $\boldsymbol{x}=\boldsymbol{C}\boldsymbol{\varepsilon}_i\neq\boldsymbol{0}$,使得 $f=\boldsymbol{x}^{\mathrm{T}}\boldsymbol{A}\boldsymbol{x}=d_i\leqslant0$,这与 $f=\boldsymbol{x}^{\mathrm{T}}\boldsymbol{A}\boldsymbol{x}$ 正定矛盾,所以标准形的系数 $d_i>0\ (i=1,2,\cdots,n)$.

实二次型的正定性可以由如下等价命题来判别.

定理 5.7 设二次型 $f(x_1,x_2,\cdots,x_n)=\boldsymbol{x}^{\mathrm{T}}\boldsymbol{A}\boldsymbol{x}$,其中 $\boldsymbol{A}$ 为 n 阶实对称矩阵,则下列命题等价:

(1) $f=\boldsymbol{x}^{\mathrm{T}}\boldsymbol{A}\boldsymbol{x}$ 是正定二次型(或 $\boldsymbol{A}$ 是正定矩阵);

(2) 矩阵 $\boldsymbol{A}$ 的特征值均大于零;

(3) $\boldsymbol{A}$ 与同阶单位矩阵 $\boldsymbol{E}$ 合同;

(4) 存在可逆矩阵 $\boldsymbol{P}$,使 $\boldsymbol{A}=\boldsymbol{P}^{\mathrm{T}}\boldsymbol{P}$.

证 (1)⇒(2) 对于实二次型 $f(x_1,x_2,\cdots,x_n)=\boldsymbol{x}^{\mathrm{T}}\boldsymbol{A}\boldsymbol{x}$,存在正交变换 $\boldsymbol{x}=\boldsymbol{C}\boldsymbol{y}$,使

$$f=\boldsymbol{x}^{\mathrm{T}}\boldsymbol{A}\boldsymbol{x}=\lambda_1y_1^2+\lambda_2y_2^2+\cdots+\lambda_ny_n^2,$$

其中 $\lambda_i(i=1,2,\cdots,n)$是 $\boldsymbol{A}$ 的特征值,因为 $\boldsymbol{A}$ 是正定的,由定理 5.6 知,$\lambda_i>0(i=1,2,\cdots,n)$.

(2)⇒(3)由于 $\boldsymbol{A}$ 的特征值均大于零,所以 $\boldsymbol{A}$ 的正惯性指数等于 n,因此存在可逆矩阵可逆矩阵 $\boldsymbol{P}$,使 $\boldsymbol{P}^{\mathrm{T}}\boldsymbol{A}\boldsymbol{P}=\boldsymbol{E}$,即 $\boldsymbol{A}$ 与单位矩阵 $\boldsymbol{E}$ 合同.

(3)⇒(4)因为 $\boldsymbol{A}$ 与单位矩阵 $\boldsymbol{E}$ 合同,即存在可逆矩阵 $\boldsymbol{Q}$,使 $\boldsymbol{Q}^{\mathrm{T}}\boldsymbol{A}\boldsymbol{Q}=\boldsymbol{E}$,即

$$\boldsymbol{A}=(\boldsymbol{Q}^{\mathrm{T}})^{-1}\boldsymbol{Q}^{-1}=(\boldsymbol{Q}^{-1})^{\mathrm{T}}\boldsymbol{Q}^{-1},$$

令 $\boldsymbol{P}=\boldsymbol{Q}^{-1}$，则矩阵 $\boldsymbol{P}$ 可逆，且使 $\boldsymbol{A}=\boldsymbol{P}^{\mathrm{T}}\boldsymbol{P}$.

(4)⇒(1) 任取 $\boldsymbol{x}=(x_1,x_2,\cdots,x_n)^{\mathrm{T}}\neq\boldsymbol{0}$，因为 $\boldsymbol{P}$ 为可逆矩阵，则 $\boldsymbol{Px}\neq\boldsymbol{0}$，于是

$$f=\boldsymbol{x}^{\mathrm{T}}\boldsymbol{A}\boldsymbol{x}=\boldsymbol{x}^{\mathrm{T}}\boldsymbol{P}^{\mathrm{T}}\boldsymbol{P}\boldsymbol{x}=(\boldsymbol{Px})^{\mathrm{T}}(\boldsymbol{Px})>0,$$

所以 $f=\boldsymbol{x}^{\mathrm{T}}\boldsymbol{A}\boldsymbol{x}$ 是正定的.

例 5.10　判断二次型 $f(x_1,x_2,x_3)=x_1^2+2x_2^2+3x_3^2-2x_1x_2-2x_2x_3$ 是否是正定的.

解　二次型对应的矩阵为

$$\boldsymbol{A}=\begin{pmatrix}1&-1&0\\-1&2&-1\\0&-1&3\end{pmatrix},$$

由特征多项式

$$|\lambda\boldsymbol{E}-\boldsymbol{A}|=\begin{vmatrix}\lambda-1&1&0\\1&\lambda-2&1\\0&1&\lambda-3\end{vmatrix}\xlongequal{c_1-c_2-c_3}\begin{vmatrix}\lambda-2&1&0\\2-\lambda&\lambda-2&1\\2-\lambda&1&\lambda-3\end{vmatrix}$$
$$=(\lambda-2)(\lambda^2-4\lambda+1),$$

求得 $\boldsymbol{A}$ 的特征值为 $2,2\pm\sqrt{3}$，全为正，因此二次型正定.

实二次型的正定性(或实对称矩阵 $\boldsymbol{A}$ 的正定性)还可以通过 $\boldsymbol{A}$ 的行列式来判别. 下面先给出矩阵 $\boldsymbol{A}$ 正定的两个必要条件，再给一个充分必要条件.

定理 5.8　设 $\boldsymbol{A}=(a_{ij})$ 为 n 阶正定矩阵，则

(1) $\boldsymbol{A}$ 的主对角元 $a_{ii}>0\ (i=1,2,\cdots,n)$；

(2) $\boldsymbol{A}$ 的行列式 $|\boldsymbol{A}|>0$.

证　(1) 因为 $\boldsymbol{A}$ 是正定矩阵，所以

$$f=\boldsymbol{x}^{\mathrm{T}}\boldsymbol{A}\boldsymbol{x}=\sum_{i=1}^{n}\sum_{j=1}^{n}a_{ij}x_ix_j$$

是正定二次型. 取 $\boldsymbol{x}_i=(0,\cdots,1,\cdots,0)^{\mathrm{T}}$，则有 $f(\boldsymbol{x}_i)=a_{ii}>0\ (i=0,1,\cdots,n)$.

(2) 因为 $\boldsymbol{A}$ 正定，所以 $\boldsymbol{A}$ 的特征值全大于零，即得 $|\boldsymbol{A}|=\lambda_1\lambda_2\cdots\lambda_n>0$.

定义 5.8　设 $\boldsymbol{A}=(a_{ij})$ 为 n 阶矩阵，称行列式

$$\Delta_k=\begin{vmatrix}a_{11}&a_{12}&\cdots&a_{1k}\\a_{21}&a_{22}&\cdots&a_{2k}\\\vdots&\vdots&&\vdots\\a_{k1}&a_{k2}&\cdots&a_{kk}\end{vmatrix},$$

为矩阵 $\boldsymbol{A}$ 的 $k(k=1,2,\cdots,n)$ 阶顺序主子式.

例如三阶矩阵

$$A=\begin{pmatrix}1&-1&2\\-1&0&-1\\2&-1&2\end{pmatrix}$$

共有三个顺序主子式,它们是

$$\Delta_1=|1|,\quad \Delta_2=\begin{vmatrix}1&-1\\-1&0\end{vmatrix},\quad \Delta_3=\begin{vmatrix}1&-1&2\\-1&0&-1\\2&-1&2\end{vmatrix}=|A|.$$

定理 5.9 二次型 $f=\boldsymbol{x}^{\mathrm{T}}\boldsymbol{A}\boldsymbol{x}$ 正定的充分必要条件是矩阵 $\boldsymbol{A}$ 的全部顺序主子式均大于零.

例 5.11 判断二次型

$$f(x_1,x_2,x_3)=2x_1^2+5x_2^2+5x_3^2+4x_1x_2-4x_1x_3-8x_2x_3$$

是否正定.

解法 1 利用配方法将二次型化为标准形

$$\begin{aligned}f(x_1,x_2,x_3)&=2x_1^2+5x_2^2+5x_3^2+4x_1x_2-4x_1x_3-8x_2x_3\\&=2(x_1+x_2-x_3)^2+3(x_2-\frac{2}{3}x_3)^2+\frac{5}{3}x_3^2.\end{aligned}$$

令

$$\begin{cases}y_1=x_1+x_2-x_3\\y_2=x_2-\dfrac{2}{3}x_3\\y_3=x_3\end{cases},$$

则二次型的标准形为

$$f=2y_1^2+3y_2^2+\frac{5}{3}y_3^2.$$

因为它的标准形的 3 个系数均为正,即正惯性指数为 3,故二次型为正定的.

解法 2 利用矩阵 $\boldsymbol{A}$ 的特征值进行判别.

二次型 f 的矩阵为

$$A=\begin{pmatrix}2&2&-2\\2&5&-4\\-2&-4&5\end{pmatrix},$$

矩阵 $\boldsymbol{A}$ 的特征方程为

$$|\lambda E-A|=\begin{vmatrix}\lambda-2&-2&2\\-2&\lambda-5&4\\2&4&\lambda-5\end{vmatrix}=(\lambda-1)^2(\lambda-10)=0,$$

则 $\boldsymbol{A}$ 的特征值为 1(二重特征根)和 10,均大于零,故二次型为正定的.

解法 3　利用矩阵 $\boldsymbol{A}$ 的顺序主子式进行判别.

由于

$$\Delta_1=|2|=2>0,\quad \Delta_2=\begin{vmatrix}2&2\\2&5\end{vmatrix}=6>0,\quad \Delta_3=\begin{vmatrix}2&2&-2\\2&5&-4\\-2&-4&5\end{vmatrix}=10>0,$$

即 $\boldsymbol{A}$ 的各阶顺序主子式都为正,故二次型为正定的.

例 5.12　问 t 取何值时,二次型

$$f(x_1,x_2,x_3)=2x_1^2+2x_2^2+2x_3^2-2tx_1x_2-2tx_1x_3-2tx_2x_3$$

为正定二次型?

解　二次型 f 的对应矩阵为

$$\boldsymbol{A}=\begin{pmatrix}2&-t&-t\\-t&2&-t\\-t&-t&2\end{pmatrix},$$

要使 f 为正定,只需 $\boldsymbol{A}$ 的各阶顺序主子式都大于零,即

$$\Delta_1=|2|=2>0,\qquad \Delta_2=\begin{vmatrix}2&-t\\-t&2\end{vmatrix}=4-t^2>0,$$

$$\Delta_3=\begin{vmatrix}2&-t&-t\\-t&2&-t\\-t&-t&2\end{vmatrix}=2(1-t)(2+t)^2>0,$$

解联立不等式

$$\begin{cases}4-t^2>0\\2(1-t)(2+t)^2>0\end{cases}$$

得 $-2<t<1$,即当 $-2<t<1$ 时,二次型 f 为正定的.

例 5.13　如果 $\boldsymbol{A}$ 是正定矩阵,求证 $\boldsymbol{A}^{-1}$ 也是正定矩阵.

证　由 $\boldsymbol{A}$ 正定知 $|\boldsymbol{A}|>0$,故 $\boldsymbol{A}$ 可逆,且 $\boldsymbol{A}^{-1}$ 是实对称阵.

设 λ 是 $\boldsymbol{A}$ 的任一特征值,则 $\lambda>0$,于是 $\boldsymbol{A}$ 的特征值 $\dfrac{1}{\lambda}>0$. 由 λ 的任意性,说明 $\boldsymbol{A}^{-1}$ 的全部特征值都是正的,因此 $\boldsymbol{A}^{-1}$ 也是正定矩阵.

在二次型分类中,除了正定二次型外,类似的还有负定二次型、半正定二次型、半负定二次型、不定二次型等概念. 这里,我们仅作简要介绍.

定义 5.9　设 $f=\boldsymbol{x}^{\mathrm{T}}\boldsymbol{A}\boldsymbol{x}$(其中 $\boldsymbol{A}^{\mathrm{T}}=\boldsymbol{A}$)是一个实二次型,对于任意的非零向量

$$\boldsymbol{x}=(x_1,x_2,\cdots,x_n)^{\mathrm{T}}\neq\boldsymbol{0},$$

(1) 若恒有 $f=\boldsymbol{x}^{\mathrm{T}}\boldsymbol{A}\boldsymbol{x}\geqslant 0$,则称 f 是半正定二次型,$\boldsymbol{A}$ 称为**半正定矩阵**;

(2) 若恒有 $f=\boldsymbol{x}^{\mathrm{T}}\boldsymbol{A}\boldsymbol{x}<0$,则称 f 是负定二次型,$\boldsymbol{A}$ 称为**负定矩阵**;

(3) 若恒有 $f=\boldsymbol{x}^{\mathrm{T}}\boldsymbol{A}\boldsymbol{x}\leqslant 0$,则称 f 是半负定二次型,$\boldsymbol{A}$ 称为**半负定矩阵**.

(4) 若二次型不是有定的,则称 f 为**不定二次型**.

定理 5.10 设实二次型 $f=\boldsymbol{x}^{\mathrm{T}}\boldsymbol{A}\boldsymbol{x}$(其中 $\boldsymbol{A}^{\mathrm{T}}=\boldsymbol{A}$),则下列命题等价:

(1) f 是负定二次型(或 $\boldsymbol{A}$ 是负定矩阵);

(2) f 的负惯性指数 $p=n$;

(3) 矩阵 $\boldsymbol{A}$ 的特征值均小于零;

(4) $\boldsymbol{A}$ 的奇数阶顺序主子式全小于零,偶数阶顺序主子式全大于零.

例 5.14 判定下列二次型是否是有定二次型:

(1) $f=-2x_1^2+6x_2^2-4x_3^2+2x_1x_2+2x_1x_3$;

(2) $f=x_1^2+2x_2^2+3x_3^2-4x_1x_2-4x_2x_3$.

解 (1) f 的矩阵为

$$\boldsymbol{A}=\begin{pmatrix}-2 & 1 & 1\\ 1 & 6 & 0\\ 1 & 0 & -4\end{pmatrix},$$

其顺序主子式

$$\Delta_1=-2<0,\quad \Delta_2=\begin{vmatrix}-2 & 1\\ 1 & 6\end{vmatrix}=-13<0,\quad \Delta_3=\begin{vmatrix}-2 & 1 & 1\\ 1 & 6 & 0\\ 1 & 0 & -4\end{vmatrix}=-38<0,$$

故二次型 f 为负定二次型.

(2) f 的矩阵为

$$\boldsymbol{A}=\begin{pmatrix}1 & -2 & 0\\ -2 & 2 & -2\\ 0 & -2 & 3\end{pmatrix},$$

其顺序主子式

$$\Delta_1=1>0,\qquad \Delta_2=\begin{vmatrix}1 & -2\\ -2 & 2\end{vmatrix}=-2<0,$$

故二次型 f 为不定二次型.

习题 5.4

1. 判断下列矩阵是否为正定矩阵:

(1) $\begin{pmatrix}2 & 1 & 2\\ 1 & 1 & 1\\ 2 & 1 & 5\end{pmatrix}$;　　(2) $\begin{pmatrix}1 & 0 & 2\\ 0 & 0 & 1\\ 2 & 1 & 3\end{pmatrix}$;

(3) $\begin{pmatrix} -5 & 2 & 2 \\ 2 & -6 & 1 \\ 2 & 1 & -4 \end{pmatrix}$；　　(4) $\begin{pmatrix} 1 & 1 & 0 \\ 1 & 2 & -2 \\ 0 & -2 & 4 \end{pmatrix}$；

2. 判断下列二次型是否为正定二次型：

(1) $f(x_1,x_2,x_3)=x_1^2+2x_2^2+x_3^2-2x_1x_2+2x_1x_3$；

(2) $f(x_1,x_2,x_3)=2x_1^2+x_2^2+2x_1x_2-2x_1x_3$；

(3) $f(x_1,x_2,x_3)=x_1^2-x_2^2-x_3^2+4x_1x_2+6x_1x_3+8x_2x_3$.

3. 讨论参数 t 满足什么条件时，下列二次型是正定二次型？

(1) $f(x_1,x_2,x_3)=x_1^2+4x_2^2+2x_3^2+2tx_1x_2+2x_1x_3$；

(2) $f(x_1,x_2,x_3)=5x_1^2+x_2^2+tx_3^2+4x_1x_2-2x_1x_3+2x_2x_3$.

4. 设 $\boldsymbol{A}$ 是正定矩阵，证明 $\boldsymbol{A}^{\mathrm{T}}\boldsymbol{A},\boldsymbol{A}^*$ 也是正定矩阵.

5. 设 $\boldsymbol{A},\boldsymbol{B}$ 都是 n 阶正定矩阵，证明 $\boldsymbol{A}+\boldsymbol{B}$ 也是正定矩阵.

6. 设 $\boldsymbol{A}$ 是 n 阶实对称的幂等矩阵($\boldsymbol{A}^T=\boldsymbol{A},\boldsymbol{A}^2=\boldsymbol{A}$)，证明 $\boldsymbol{A}+\boldsymbol{E}$ 是正定矩阵.

复习题 5

一、单项选择题

1. 二次型 $f(x_1,x_2)=x_1^2-3x_2^2-6x_1x_2$ 的矩阵是　　(　　)

A. $\begin{pmatrix} 1 & -2 \\ -4 & -3 \end{pmatrix}$　　B. $\begin{pmatrix} 1 & -3 \\ -3 & 3 \end{pmatrix}$

C. $\begin{pmatrix} 1 & -1 \\ -5 & -3 \end{pmatrix}$　　D. $\begin{pmatrix} 1 & -3 \\ -3 & -3 \end{pmatrix}$

2. 矩阵 $\boldsymbol{A}=\begin{pmatrix} 2 & 0 & 0 \\ 0 & 3 & 0 \\ 0 & 0 & -1 \end{pmatrix}$，则 $\boldsymbol{A}$ 合同于矩阵　　(　　)

A. $\begin{pmatrix} 2 & 0 & 0 \\ 0 & 3 & 0 \\ 0 & 0 & 1 \end{pmatrix}$　　B. $\begin{pmatrix} -2 & 0 & 0 \\ 0 & -3 & 0 \\ 0 & 0 & 1 \end{pmatrix}$

C. $\begin{pmatrix} 1 & 0 & 0 \\ 0 & 1 & 0 \\ 0 & 0 & -1 \end{pmatrix}$　　D. $\begin{pmatrix} -2 & 0 & 0 \\ 0 & 3 & 0 \\ 0 & 0 & -1 \end{pmatrix}$

3. 下列各矩阵中，正定矩阵是　　(　　)

A. $\begin{pmatrix} 0 & 1 & 1 \\ 1 & 0 & -2 \\ 1 & -2 & 0 \end{pmatrix}$　　B. $\begin{pmatrix} 1 & -2 & 0 \\ -2 & 5 & 1 \\ 0 & 1 & 10 \end{pmatrix}$

C. $\begin{pmatrix}1&1&0\\1&2&2\\0&2&4\end{pmatrix}$　　D. $\begin{pmatrix}1&-1&2\\-1&1&3\\2&3&2\end{pmatrix}$

4. 设 $\boldsymbol{A}$ 为 n 阶对称矩阵，$\boldsymbol{A}$ 是正定矩阵的充要条件是　(　　)

A. 二次型 $\boldsymbol{x}^{\mathrm{T}}\boldsymbol{A}\boldsymbol{x}$ 的负惯性指数为零　B. $\boldsymbol{A}$ 无负特征值

C. $\boldsymbol{A}$ 与单位矩阵合同　D. 存在 n 阶矩阵 $\boldsymbol{C}$，使得 $\boldsymbol{A}=\boldsymbol{C}^{\mathrm{T}}\boldsymbol{C}$

5. 若 $\boldsymbol{A},\boldsymbol{B}$ 均为 n 阶正定矩阵，则　(　　)

A. $\boldsymbol{AB},\boldsymbol{A}+\boldsymbol{B}$ 都正定　B. $\boldsymbol{AB}$ 正定，$\boldsymbol{A}+\boldsymbol{B}$ 非正定

C. $\boldsymbol{AB}$ 非正定，$\boldsymbol{A}+\boldsymbol{B}$ 正定　D. $\boldsymbol{AB}$ 不一定正定，$\boldsymbol{A}+\boldsymbol{B}$ 正定

二、填空题

1. 对称矩阵 $\begin{pmatrix}0&-1&\frac{1}{2}\\-1&1&2\\\frac{1}{2}&2&-1\end{pmatrix}$ 所对应的二次型为________.

2. 二次型 $f(x_1,x_2,x_3)=3x_1^2+3x_2^2+9x_3^2+10x_1x_2+12x_1x_3+12x_2x_3$ 的秩为________.

3. 二次型 $f(x_1,x_2)=x_1^2+6x_1x_2+2x_2^2$ 的标准形为________.

4. 二次型 $f(x_1,x_2,x_3)=x_1^2+4x_1x_2+x_2^2+x_3^2$ 的正惯性指数为________，负惯性指数为________，符号差为________，秩为________.

5. 对称矩阵 $\begin{pmatrix}1&a\\a&2\end{pmatrix}$ 为正定矩阵的充分必要条件是________.

6. 二次型 $f(x_1,x_2,x_3)=2x_1^2+x_2^2+x_3^2-2tx_1x_2+2x_1x_3$ 正定时，t 应满足的条件是________.

7. 二次型 $f(x_1,x_2,\cdots,x_n)=x_1^2+x_2^2+\cdots+x_r^2$，则当 $r=$________时 f 正定.

8. $f(x_1,x_2,x_3)=x_1^2+2x_1x_2+2x_2^2+2x_3^2$，则二次型矩阵为________，其顺序主子式 $\Delta_1=$________，$\Delta_2=$________，$\Delta_3=$________，$f(x_1,x_2,x_3)$ 是________二次型.

三、计算题

1. 已知二次型 $f(x_1,x_2,x_3)=2x_1^2+3x_2^2+3x_3^2+2ax_2x_3\,(a>0)$ 通过正交变换化为标准形 $f=y_1^2+2y_2^2+5y_3^2$，求 a 的值及所作的正交变换的矩阵.

2. 用配方法化二次型 $f(x_1,x_2,x_3)=(x_1-x_2)^2+(x_2-x_3)^2+(x_3-x_1)^2$ 为标准形，并求相应的可逆变换矩阵 $\boldsymbol{C}$.

3. 设 $\boldsymbol{A}=\begin{pmatrix}0 & 1 & 0 & 0\\1 & 0 & 0 & 0\\0 & 0 & 2 & 1\\0 & 0 & 1 & 2\end{pmatrix}$，

(1) 分别写出以 $\boldsymbol{A}$ 和 $\boldsymbol{A}^{-1}$ 为系数矩阵的二次型；

(2) 求 $\boldsymbol{A}$ 和 $\boldsymbol{A}^{-1}$ 的特征值；

(3) 判断 $\boldsymbol{A}$ 是否为正定矩阵；

(4) 求相应于 $\boldsymbol{A}$ 和 $\boldsymbol{A}^{-1}$ 的二次型的标准形.

4. 将二次型 $f=4x_1^2+2x_2^2+6x_3^2+8\lambda x_1x_2+4x_2x_3$ 化为标准形，并讨论 λ 为何值为正定.

四、证明题

1. 已知 $\boldsymbol{A}$ 为反对称矩阵，试证 $\boldsymbol{E}-\boldsymbol{A}^2$ 为正定矩阵.

2. 设 $\boldsymbol{A}$ 为 n 阶正定矩阵，$\boldsymbol{E}$ 是 n 阶单位矩阵，证明 $|\boldsymbol{A}+\boldsymbol{E}|>1$.

3. 设 $\boldsymbol{A}$ 为正定矩阵，证明 $\boldsymbol{A}$ 的主对角元素都大于零.

附　录　习题详解

第 1 章　行 列 式

习题 1.1

1. 利用二阶行列式解下列方程组:

(1) $\begin{cases}5x_1-x_2=2\\3x_1+2x_2=9\end{cases}$.

解　(1) $D=\begin{vmatrix}5&-1\\3&2\end{vmatrix}=5\times2-(-1)\times3=13$,

$D_1=\begin{vmatrix}2&-1\\9&2\end{vmatrix}=2\times2-(-1)\times9=13$,

$D_2=\begin{vmatrix}5&2\\3&9\end{vmatrix}=5\times9-2\times3=39$.

因为 $D\neq0$,所以所给方程组有唯一解:

$$x_1=\frac{D_1}{D}=1,\qquad x_2=\frac{D_2}{D}=3.$$

(2) $\begin{cases}3x_1+4x_2=2\\2x_1+3x_2=7\end{cases}$.

解　$D=\begin{vmatrix}3&4\\2&3\end{vmatrix}=3\times3-4\times2=1$,

$D_1=\begin{vmatrix}2&4\\7&3\end{vmatrix}=2\times3-4\times7=-22$,

$D_2=\begin{vmatrix}3&2\\2&7\end{vmatrix}=3\times7-2\times2=17$.

因为 $D=1\neq0$,所以所给方程组有唯一解:

$$x_1=\frac{D_1}{D}=-22,\qquad x_2=\frac{D_2}{D}=17.$$

2. 利用对角线法则,计算下列各行列式:

(1) $\begin{vmatrix} 2 & 0 & 1 \\ 1 & -4 & -1 \\ -1 & 8 & 3 \end{vmatrix}$.

解 (1)原式$=2\times(-4)\times3+0\times(-1)\times(-1)+1\times1\times8$
$-1\times(-4)\times(-1)-0\times1\times3-2\times(-1)\times8=-4.$

(2) $\begin{vmatrix} 4 & -2 & 4 \\ 10 & 2 & 12 \\ 1 & 2 & 2 \end{vmatrix}$.

解 原式$=4\times2\times2+(-2)\times12\times1+4\times10\times2-4\times2\times1-(-2)\times10\times2-$
$4\times12\times2=8.$

(3) $\begin{vmatrix} 3 & 4 & 2 \\ 7 & 5 & 1 \\ 3 & 2 & 4 \end{vmatrix}$.

解 原式$=3\times5\times4+4\times1\times3+2\times7\times2-2\times5\times3-4\times7\times4-3\times1\times2$
$=-48.$

(4) $\begin{vmatrix} 1 & 1 & 1 \\ 1 & 1+a & 1 \\ 1 & 1 & 1+b \end{vmatrix}$.

解 原式$=1\times(1+a)\times(1+b)+1\times1\times1+1\times1\times1-1\times(1+a)\times1$
$-1\times1\times(1+b)-1\times1\times1$
$=ab.$

3. 将下列行列式按第一行展开并计算它们的值：

(1) $\begin{vmatrix} 1 & 2 & 3 \\ 3 & 1 & 2 \\ 2 & 3 & 1 \end{vmatrix}$.

解 (1)原式$=1\times(-1)^{1+1}\begin{vmatrix} 1 & 2 \\ 3 & 1 \end{vmatrix}+2\times(-1)^{1+2}\begin{vmatrix} 3 & 2 \\ 2 & 1 \end{vmatrix}$
$+3\times(-1)^{1+3}\begin{vmatrix} 3 & 1 \\ 2 & 3 \end{vmatrix}$
$=(1-6)-2(3-4)+3(9-2)=18.$

(2) $\begin{vmatrix} -1 & 2 & 2 \\ 2 & -1 & 2 \\ 2 & 2 & -1 \end{vmatrix}$.

解 原式$=-1\times(-1)^{1+1}\begin{vmatrix}-1 & 2\\2 & -1\end{vmatrix}+2\times(-1)^{1+2}\begin{vmatrix}2 & 2\\2 & -1\end{vmatrix}$

$+2\times(-1)^{1+3}\begin{vmatrix}2 & -1\\2 & 2\end{vmatrix}$

$=-(1-4)-2(-2-4)+2(4+2)=-27.$

4. 证明下列等式：

(1) $$\begin{vmatrix}a_{11} & a_{12} & a_{13}\\a_{21} & a_{22} & a_{23}\\a_{31} & a_{32} & a_{33}\end{vmatrix}=-a_{21}\begin{vmatrix}a_{12} & a_{13}\\a_{32} & a_{33}\end{vmatrix}+a_{22}\begin{vmatrix}a_{11} & a_{13}\\a_{31} & a_{33}\end{vmatrix}-a_{23}\begin{vmatrix}a_{11} & a_{12}\\a_{31} & a_{32}\end{vmatrix}.$$

证 由三阶行列式的定义，有

原式$=a_{11}a_{22}a_{33}+a_{12}a_{23}a_{31}+a_{13}a_{21}a_{32}-a_{13}a_{22}a_{31}-a_{12}a_{21}a_{33}-a_{11}a_{23}a_{32}$

$=-a_{21}(a_{12}a_{33}-a_{13}a_{32})+a_{22}(a_{11}a_{33}-a_{13}a_{31})-a_{23}(a_{11}a_{32}-a_{12}a_{31})$

$=-a_{21}\begin{vmatrix}a_{12} & a_{13}\\a_{32} & a_{33}\end{vmatrix}+a_{22}\begin{vmatrix}a_{11} & a_{13}\\a_{31} & a_{33}\end{vmatrix}-a_{23}\begin{vmatrix}a_{11} & a_{12}\\a_{31} & a_{32}\end{vmatrix}.$

(2) $$\begin{vmatrix}a_{11} & a_{12} & a_{13}\\a_{21} & a_{22} & a_{23}\\a_{31} & a_{32} & a_{33}\end{vmatrix}=a_{31}\begin{vmatrix}a_{12} & a_{13}\\a_{22} & a_{23}\end{vmatrix}-a_{32}\begin{vmatrix}a_{11} & a_{13}\\a_{21} & a_{23}\end{vmatrix}+a_{33}\begin{vmatrix}a_{11} & a_{12}\\a_{21} & a_{22}\end{vmatrix}.$$

证 原式$=a_{11}a_{22}a_{33}+a_{12}a_{23}a_{31}+a_{13}a_{21}a_{32}-a_{13}a_{22}a_{31}-a_{12}a_{21}a_{33}-a_{11}a_{23}a_{32}$

$=a_{31}(a_{12}a_{23}-a_{13}a_{22})-a_{32}(a_{11}a_{23}-a_{13}a_{21})+a_{33}(a_{11}a_{22}-a_{12}a_{21})$

$=a_{31}\begin{vmatrix}a_{12} & a_{13}\\a_{22} & a_{23}\end{vmatrix}-a_{32}\begin{vmatrix}a_{11} & a_{13}\\a_{21} & a_{23}\end{vmatrix}+a_{33}\begin{vmatrix}a_{11} & a_{12}\\a_{21} & a_{22}\end{vmatrix}.$

5. 计算 n 阶行列式

$$D_n=\begin{vmatrix}0 & 0 & \cdots & 0 & 1\\0 & 0 & \cdots & 2 & 0\\\vdots & \vdots & & \vdots & \vdots\\0 & n-1 & \cdots & 0 & 0\\n & 0 & \cdots & 0 & 0\end{vmatrix}.$$

解 按 n 阶行列式的定义，依第一行展开得

$$D_n=(-1)^{1+n}\times1\times\begin{vmatrix}0 & 0 & \cdots & 0 & 2\\0 & 0 & \cdots & 2 & 0\\\vdots & \vdots & & \vdots & \vdots\\0 & n-1 & \cdots & 0 & 0\\n & 0 & \cdots & 0 & 0\end{vmatrix}=(-1)^{n-1}\times1\times D_{n-1}.$$

利用上面的递推关系得

$$D_n=(-1)^{n-1}\times1\times D_{n-1}=(-1)^{n-1}\times1\times(-1)^{n-2}\times2\times D_{n-2}$$
$$=\cdots=(-1)^{(n-1)+(n-2)+\cdots+2+1}1\times2\times\cdots\times n=(-1)^{\frac{n(n-1)}{2}}n!.$$

习题 1.2

1. 计算 4 阶行列式

$$D=\begin{vmatrix} a & 1 & 0 & 0\\ -1 & b & 1 & 0\\ 0 & -1 & c & 1\\ 0 & 0 & -1 & d\end{vmatrix}.$$

解 按第 1 行展开,有

$$D=a\times(-1)^{1+1}\begin{vmatrix} b & 1 & 0\\ -1 & c & 1\\ 0 & -1 & d\end{vmatrix}+1\times(-1)^{1+2}\begin{vmatrix} -1 & 1 & 0\\ 0 & c & 1\\ 0 & -1 & d\end{vmatrix}$$
$$=a(bcd+d+b)-(-cd-1)=abcd+ab+ad+cd+1.$$

2. 设行列式

$$D=\begin{vmatrix} 3 & 0 & 4 & 0\\ 2 & 2 & 2 & 2\\ 0 & -7 & 0 & 0\\ 5 & 3 & -2 & 2\end{vmatrix},$$

求第 4 行各元素的余子式之和的值.

解法 1 根据余子式的定义,所求的值为

$$\begin{vmatrix} 0 & 4 & 0\\ 2 & 2 & 2\\ -7 & 0 & 0\end{vmatrix}+\begin{vmatrix} 3 & 4 & 0\\ 2 & 2 & 2\\ 0 & 0 & 0\end{vmatrix}+\begin{vmatrix} 3 & 0 & 0\\ 2 & 2 & 2\\ 0 & -7 & 0\end{vmatrix}+\begin{vmatrix} 3 & 0 & 4\\ 2 & 2 & 2\\ 0 & -7 & 0\end{vmatrix}$$
$$=-56+0+42-14=-28.$$

解法 2 利用余子式和代数余子式的关系,并利用性质 1.2 计算:

$$M_{41}+M_{42}+M_{43}+M_{44}=-A_{41}+A_{42}-A_{43}+A_{44}=\begin{vmatrix} 3 & 0 & 4 & 0\\ 2 & 2 & 2 & 2\\ 0 & -7 & 0 & 0\\ -1 & 1 & -1 & 1\end{vmatrix}$$

$$\xlongequal{\text{按第 3 行展开}}-7\times(-1)^{3+2}\begin{vmatrix} 3 & 4 & 0\\ 2 & 2 & 2\\ -1 & -1 & 1\end{vmatrix}=-28.$$

3．证明：$\begin{vmatrix} a_1+b_1 & b_1+c_1 & c_1+a_1 \\ a_2+b_2 & b_2+c_2 & c_2+a_2 \\ a_3+b_3 & b_3+c_3 & c_3+a_3 \end{vmatrix} = 2\begin{vmatrix} a_1 & b_1 & c_1 \\ a_2 & b_2 & c_2 \\ a_3 & b_3 & c_3 \end{vmatrix}$.

解　对左端的各列依次用性质1.4，表示成2^3个行列式之和，其中有6个行列式各有两列相等而等于0，即

$$
\begin{aligned}
\text{左端} &= \begin{vmatrix} a_1 & b_1+c_1 & c_1+a_1 \\ a_2 & b_2+c_2 & c_2+a_2 \\ a_3 & b_3+c_3 & c_3+a_3 \end{vmatrix} + \begin{vmatrix} b_1 & b_1+c_1 & c_1+a_1 \\ b_2 & b_2+c_2 & c_2+a_2 \\ b_3 & b_3+c_3 & c_3+a_3 \end{vmatrix} \\
&= \begin{vmatrix} a_1 & b_1 & c_1+a_1 \\ a_2 & b_2 & c_2+a_2 \\ a_3 & b_3 & c_3+a_3 \end{vmatrix} + \begin{vmatrix} a_1 & c_1 & c_1+a_1 \\ a_2 & c_2 & c_2+a_2 \\ a_3 & c_3 & c_3+a_3 \end{vmatrix} + \begin{vmatrix} b_1 & b_1 & c_1+a_1 \\ b_2 & b_2 & c_2+a_2 \\ b_3 & b_3 & c_3+a_3 \end{vmatrix} \\
&\quad + \begin{vmatrix} b_1 & c_1 & c_1+a_1 \\ b_2 & c_2 & c_2+a_2 \\ b_3 & c_3 & c_3+a_3 \end{vmatrix} \\
&= \begin{vmatrix} a_1 & b_1 & c_1 \\ a_2 & b_2 & c_2 \\ a_3 & b_3 & c_3 \end{vmatrix} +0+0+0+0+0+0+ \begin{vmatrix} b_1 & c_1 & a_1 \\ b_2 & c_2 & a_2 \\ b_3 & c_3 & a_3 \end{vmatrix} \\
&= \begin{vmatrix} a_1 & b_1 & c_1 \\ a_2 & b_2 & c_2 \\ a_3 & b_3 & c_3 \end{vmatrix} - \begin{vmatrix} b_1 & a_1 & c_1 \\ b_2 & a_2 & c_2 \\ b_3 & a_3 & c_3 \end{vmatrix} = \begin{vmatrix} a_1 & b_1 & c_1 \\ a_2 & b_2 & c_2 \\ a_3 & b_3 & c_3 \end{vmatrix} + \begin{vmatrix} a_1 & b_1 & c_1 \\ a_2 & b_2 & c_2 \\ a_3 & b_3 & c_3 \end{vmatrix} \\
&= 2\begin{vmatrix} a_1 & b_1 & c_1 \\ a_2 & b_2 & c_2 \\ a_3 & b_3 & c_3 \end{vmatrix} = \text{右端}.
\end{aligned}
$$

4．试证：n阶行列式中零元素的个数如果多于n^2-n个，则此行列式等于0.

证　n阶行列式中共有n^2个元素，如果零元素的个数多于n^2-n个，则非零元素的个数少于$n^2-(n^2-n)=n$个，故此行列式中至少有一行(或列)的元素全为0，所以该行列式等于0.

习题1.3

1．计算下列行列式：

(1) $\begin{vmatrix} 1 & -2 & 3 \\ 0 & 1 & 1 \\ 101 & 98 & 103 \end{vmatrix}$.

$$\text{解}\quad \text{原式}=\begin{vmatrix}1 & -2 & 3\\0 & 1 & 1\\100+1 & 100-2 & 100+3\end{vmatrix}\xlongequal{\text{由性质 1.4}}\begin{vmatrix}1 & -2 & 3\\0 & 1 & 1\\100 & 100 & 100\end{vmatrix}$$

$$+\begin{vmatrix}1 & -2 & 3\\0 & 1 & 1\\1 & -2 & 3\end{vmatrix}\xlongequal{\text{由性质 1.3 及性质 1.5}}100\begin{vmatrix}1 & -2 & 3\\0 & 1 & 1\\1 & 1 & 1\end{vmatrix}+0$$

$$\xlongequal{r_3-r_1}100\begin{vmatrix}1 & -2 & 3\\0 & 1 & 1\\0 & 3 & -2\end{vmatrix}\xlongequal{r_3-3r_2}100\begin{vmatrix}1 & -2 & 3\\0 & 1 & 1\\0 & 0 & -5\end{vmatrix}$$

$$=100\times1\times1\times(-5)=-500.$$

(2) $\begin{vmatrix}x & y & x+y\\y & x+y & x\\x+y & x & y\end{vmatrix}$.

$$\text{解}\quad \text{原式}\xlongequal{c_1+c_2+c_3}\begin{vmatrix}2(x+y) & y & x+y\\2(x+y) & x+y & x\\2(x+y) & x & y\end{vmatrix}$$

$$\xlongequal{c_1\div2(x+y)}2(x+y)\begin{vmatrix}1 & y & x+y\\1 & x+y & x\\1 & x & y\end{vmatrix}$$

$$\xlongequal[r_3-r_1]{r_2-r_1}2(x+y)\begin{vmatrix}1 & y & x+y\\0 & x & -y\\0 & x-y & -x\end{vmatrix}$$

$$\xlongequal{\text{按第 1 列展开}}2(x+y)\begin{vmatrix}x & -y\\x-y & -x\end{vmatrix}$$

$$=2(x+y)[-x^2+y(x-y)]=-2(x^3+y^3).$$

2. 计算下列行列式：

(1) $\begin{vmatrix}0 & 1 & 2 & -1\\2 & 5 & -7 & 3\\0 & 3 & 6 & 2\\-2 & -5 & 4 & -2\end{vmatrix}$.

$$\text{解}\quad \text{原式}\xlongequal{r_4+r_2}\begin{vmatrix}0 & 1 & 2 & -1\\2 & 5 & -7 & 3\\0 & 3 & 6 & 2\\0 & 0 & -3 & 1\end{vmatrix}\xlongequal{\text{按第 1 列展开}}2(-1)^{2+1}\begin{vmatrix}1 & 2 & -1\\3 & 6 & 2\\0 & -3 & 1\end{vmatrix}$$

$$\xlongequal{r_2-3r_1}-2\begin{vmatrix}1&2&-1\\0&0&5\\0&-3&1\end{vmatrix}$$

$$\xlongequal{\text{按第 1 列展开}}-2\times1\times(-1)^{1+1}\begin{vmatrix}0&5\\-3&1\end{vmatrix}=-30.$$

(2) $\begin{vmatrix}1&4&-1&4\\2&1&4&3\\4&2&3&11\\3&0&9&2\end{vmatrix}$.

解 原式 $\xlongequal[r_3-2r_2]{r_1-4r_2}\begin{vmatrix}-7&0&-17&-8\\2&1&4&3\\0&0&-5&5\\3&0&9&2\end{vmatrix}$

$$\xlongequal{\text{按第 2 列展开}}1\times(-1)^{2+2}\begin{vmatrix}-7&-17&-8\\0&-5&5\\3&9&2\end{vmatrix}$$

$$\xlongequal{c_2+c_3}\begin{vmatrix}-7&-25&-8\\0&0&5\\3&11&2\end{vmatrix}$$

$$\xlongequal{\text{按第 2 行展开}}5\times(-1)^{2+3}\begin{vmatrix}-7&-25\\3&11\end{vmatrix}=10.$$

(3) $\begin{vmatrix}1&1&1&1\\1&2&3&4\\1&4&9&16\\1&8&27&64\end{vmatrix}$.

解 这是一个 4 阶范德蒙行列式，应用范德蒙行列式的结论，有

$$原式=\begin{vmatrix}1&1&1&1\\1&2&3&4\\1&2^2&3^2&4^2\\1&2^3&3^3&4^3\end{vmatrix}=(4-1)(3-1)(2-1)(4-2)(3-2)(4-3)=12.$$

(4) $\begin{vmatrix}1&2&3&4\\2&3&4&1\\3&4&1&2\\4&1&2&3\end{vmatrix}$.

解 原式 $\xlongequal{c_1+c_2+c_3+c_4}\begin{vmatrix}10&2&3&4\\10&3&4&1\\10&4&1&2\\10&1&2&3\end{vmatrix}\xlongequal[\substack{r_3-r_1\\r_4-r_1}]{r_2-r_1}\begin{vmatrix}10&2&3&4\\0&1&1&-3\\0&2&-2&-2\\0&-1&-1&-1\end{vmatrix}$

$$\xlongequal[r_4+r_2]{r_3-2r_2}\begin{vmatrix}10&2&3&4\\0&1&1&-3\\0&0&-4&4\\0&0&0&-4\end{vmatrix}=10\times1\times(-4)\times(-4)=160.$$

(5) $\begin{vmatrix}1&-1&1&x-1\\1&-1&x+1&-1\\1&x-1&1&-1\\x+1&-1&1&-1\end{vmatrix}$.

解 原式 $\xlongequal{c_1+c_2+c_3+c_4}\begin{vmatrix}x&-1&1&x-1\\x&-1&x+1&-1\\x&x-1&1&-1\\x&-1&1&-1\end{vmatrix}\xlongequal[\substack{r_2-r_4\\r_3-r_4}]{r_1-r_4}\begin{vmatrix}0&0&0&x\\0&0&x&0\\0&x&0&0\\x&-1&1&-1\end{vmatrix}$

$$=(-1)^{1+4}(-1)^{1+3}(-1)^{1+2}(-1)^{1+1}x^4=x^4.$$

(6) $\begin{vmatrix}1&1&2&3\\1&2-x^2&2&3\\2&3&1&5\\2&3&1&9-x^2\end{vmatrix}$.

解 行列式是 x 的多项式(4 次)，记为 $f(x)$. 观察行列式的结构，当 $x=\pm1$ 时，行列式的第 1 行与第 2 行相同，即 $f(\pm1)=0$. 同理比较第 3 行、第 4 行知 $x=\pm2$ 也是 $f(x)$的根. 故设

$$f(x)=k(x-1)(x+1)(x-2)(x+2).$$

由

$$f(0)=\begin{vmatrix}1&1&2&3\\1&2&2&3\\2&3&1&5\\2&3&1&9\end{vmatrix}\xlongequal{r_2-r_1}\begin{vmatrix}1&1&2&3\\0&1&0&0\\2&3&1&5\\2&3&1&9\end{vmatrix}$$

$$\xlongequal{\text{按第 2 行展开}}1\times(-1)^{2+2}\begin{vmatrix}1&2&3\\2&1&5\\2&1&9\end{vmatrix}\xlongequal{r_3-r_2}\begin{vmatrix}1&2&3\\2&1&5\\0&0&4\end{vmatrix}$$

$$\xlongequal{\text{按第 3 行展开}} 4\times(-1)^{3+3}\begin{vmatrix}1 & 2\\ 2 & 1\end{vmatrix}=4(1-4)=-12,$$

得 $4k=-12$，即 $k=-3$，所以

$$f(x)=-3(x-1)(x+1)(x-2)(x+2).$$

3. 计算下列 n 阶行列式：

(1) $\begin{vmatrix}0 & 1 & 1 & \cdots & 1 & 1\\ 1 & 0 & 1 & \cdots & 1 & 1\\ 1 & 1 & 0 & \cdots & 1 & 1\\ \vdots & \vdots & \vdots & & \vdots & \vdots\\ 1 & 1 & 1 & \cdots & 0 & 1\\ 1 & 1 & 1 & \cdots & 1 & 0\end{vmatrix}$.

解 原式 $\xlongequal{c_1+\sum\limits_{j=2}^{n}c_j}\begin{vmatrix}n-1 & 1 & 1 & \cdots & 1 & 1\\ n-1 & 0 & 1 & \cdots & 1 & 1\\ n-1 & 1 & 0 & \cdots & 1 & 1\\ \vdots & \vdots & \vdots & & \vdots & \vdots\\ n-1 & 1 & 1 & \cdots & 0 & 1\\ n-1 & 1 & 1 & \cdots & 1 & 0\end{vmatrix}$

$$\xlongequal[i=2,\cdots,n]{r_i-r_1}\begin{vmatrix}n-1 & 1 & 1 & \cdots & 1 & 1\\ 0 & -1 & 0 & \cdots & 0 & 0\\ 0 & 0 & -1 & \cdots & 0 & 0\\ \vdots & \vdots & \vdots & & \vdots & \vdots\\ 0 & 0 & 0 & \cdots & -1 & 0\\ 0 & 0 & 0 & \cdots & 0 & -1\end{vmatrix}$$

$$=(n-1)\underbrace{(-1)\times(-1)\cdots(-1)}_{n-1\text{个}}=(-1)^{n-1}(n-1).$$

(2) $\begin{vmatrix}1 & 1 & 1 & \cdots & 1\\ 1 & 2 & 0 & \cdots & 0\\ 1 & 0 & 3 & \cdots & 0\\ \vdots & \vdots & \vdots & & \vdots\\ 1 & 0 & 0 & \cdots & n\end{vmatrix}$.

解 原式$\xlongequal{c_1-\frac{1}{2}c_2-\cdots-\frac{1}{n}c_n}\begin{vmatrix} 1-\frac{1}{2}\cdots-\frac{1}{n} & 1 & 1 & \cdots & 1 \\ 0 & 2 & 0 & \cdots & 0 \\ 0 & 0 & 3 & \cdots & 0 \\ \vdots & \vdots & \vdots & & \vdots \\ 0 & 0 & 0 & \cdots & n \end{vmatrix}$

$$=\left(1-\frac{1}{2}-\cdots-\frac{1}{n}\right)\times 2\times 3\times\cdots\times n=\left(1-\frac{1}{2}-\cdots-\frac{1}{n}\right)\times n!.$$

习题 1.4

1. 问λ取何值时，齐次线性方程组

$$\begin{cases}\lambda x_1+x_2+x_3=0\\ x_1+\lambda x_2+x_3=0\\ x_1+x_2+x_3=0\end{cases}$$

只有零解？

解 线性方程组的系数行列式

$$D=\begin{vmatrix}\lambda & 1 & 1\\ 1 & \lambda & 1\\ 1 & 1 & 1\end{vmatrix}\xlongequal[c_2-c_3]{c_1-c_3}\begin{vmatrix}\lambda-1 & 0 & 1\\ 0 & \lambda-1 & 1\\ 0 & 0 & 1\end{vmatrix}=(\lambda-1)^2,$$

当$D\neq 0$即$\lambda\neq 1$时，齐次线性方程组只有零解.

2. 用克莱姆法则解下列线性方程组：

$$(1)\begin{cases}2x_1+3x_2+11x_3+5x_4=2\\ x_1+x_2+5x_3+2x_4=1\\ 2x_1+x_2+3x_3+2x_4=-3\\ x_1+x_2+3x_3+4x_4=-3\end{cases}.$$

解 系数行列式

$$D=\begin{vmatrix}2 & 3 & 11 & 5\\ 1 & 1 & 5 & 2\\ 2 & 1 & 3 & 2\\ 1 & 1 & 3 & 4\end{vmatrix}\xlongequal[\substack{r_3-2r_2\\ r_4-r_2}]{r_1-2r_2}\begin{vmatrix}0 & 1 & 1 & 1\\ 1 & 1 & 5 & 2\\ 0 & -1 & -7 & -2\\ 0 & 0 & -2 & 2\end{vmatrix}$$

$$\xlongequal{\text{按第1列展开}}-\begin{vmatrix}1 & 1 & 1\\ -1 & -7 & -2\\ 0 & -2 & 2\end{vmatrix}$$

$$\xlongequal{r_2+r_1}-\begin{vmatrix}1&1&1\\0&-6&-1\\0&-2&2\end{vmatrix}\xlongequal{\text{按第1列展开}}-\begin{vmatrix}-6&-1\\-2&2\end{vmatrix}=-(-12-2)=14.$$

又

$$D_1=\begin{vmatrix}2&3&11&5\\1&1&5&2\\-3&1&3&2\\-3&1&3&4\end{vmatrix}=-28,\qquad D_2=\begin{vmatrix}2&2&11&5\\1&1&5&2\\2&-3&3&2\\1&-3&3&4\end{vmatrix}=0,$$

$$D_3=\begin{vmatrix}2&3&2&5\\1&1&1&2\\2&1&-3&2\\1&1&-3&4\end{vmatrix}=14,\qquad D_4=\begin{vmatrix}2&3&11&2\\1&1&5&1\\2&1&3&-3\\1&1&3&-3\end{vmatrix}=-14.$$

由克莱姆法则知,方程组的唯一解为

$$x_1=\frac{D_1}{D}=-2,\quad x_2=\frac{D_2}{D}=0,\quad x_3=\frac{D_3}{D}=1,\quad x_4=\frac{D_4}{D}=-1.$$

(2) $\begin{cases}x_1+3x_2-2x_3+x_4=1\\2x_1+5x_2-3x_3+2x_4=3\\-3x_1+4x_2+8x_3-2x_4=4\\6x_1-x_2-6x_3+4x_4=2\end{cases}$.

解 系数行列式

$$D=\begin{vmatrix}1&3&-2&1\\2&5&-3&2\\-3&4&8&-2\\6&-1&-6&4\end{vmatrix}\xlongequal[\substack{r_3+3r_1\\r_4-6r_1}]{r_2-2r_1}\begin{vmatrix}1&3&-2&1\\0&-1&1&0\\0&13&2&1\\0&-19&6&-2\end{vmatrix}$$

$$\xlongequal{\text{按第1列展开}}\begin{vmatrix}-1&1&0\\13&2&1\\-19&6&-2\end{vmatrix}\xlongequal{c_1+c_2}\begin{vmatrix}0&1&0\\15&2&1\\-13&6&-2\end{vmatrix}$$

$$\xlongequal{\text{按第1行展开}}-\begin{vmatrix}15&1\\-13&-2\end{vmatrix}=-(-30+13)=17\neq0,$$

又

$$D_1=\begin{vmatrix}1&3&-2&1\\3&5&-3&2\\4&4&8&-2\\2&-1&-6&4\end{vmatrix}=-34,\qquad D_2=\begin{vmatrix}1&1&-2&1\\2&3&-3&2\\-3&4&8&-2\\6&2&-6&4\end{vmatrix}=0,$$

$$D_3=\begin{vmatrix}1&3&1&1\\2&5&3&2\\-3&4&4&-2\\6&-1&2&4\end{vmatrix}=17,\qquad D_4=\begin{vmatrix}1&3&-2&1\\2&5&-3&3\\-3&4&8&4\\6&-1&-6&2\end{vmatrix}=85,$$

由克莱姆法则知,方程组的唯一解为:

$$x_1=\frac{D_1}{D}=-2,\quad x_2=\frac{D_2}{D}=0,\quad x_3=\frac{D_3}{D}=1,\quad x_4=\frac{D_4}{D}=5.$$

复习题 1

一、单项选择题

1. 若 $\begin{vmatrix}3&1&x\\4&x&0\\1&0&x\end{vmatrix}\neq0$,则 x 的范围为 (A)

A. $x\neq0$ 且 $x\neq2$　　B. $x\neq0$ 或 $x\neq2$

C. $x\neq0$　　D. $x\neq2$

解 因为 $\begin{vmatrix}3&1&x\\4&x&0\\1&0&x\end{vmatrix}=2x(x-2)\neq0$,则 $x\neq0$ 且 $x\neq2$.

2. 下列行列式中不等于零的有 (C)

A. 行列式 D 中有两行对应元素成比例

B. 行列式 D 中有两行对应元素之和均为零

C. 行列式 D 满足 $2D-3D^{\mathrm{T}}=6$

D. 行列式 D 中有一行的元素均为零

解 因为 $D=D^{\mathrm{T}}$ 且 $2D-3D^{\mathrm{T}}=6$,所以 $D=-6\neq0$.

3. 下列 n 阶行列式的值必为零的是 (B)

A. 主对角元全为零

B. 三角形行列式中有一个主对角元为零

C. 零元素的个数多于 n 个

D. 非零元素的个数小于零元素的个数

解 因为三角行列式的值为主对角元素的乘积,所以主对角线上有一个元素为零,行列式即为零.

4. 设齐次线性方程组 $\begin{cases}kx\qquad\ +z=0\\2x+ky+z=0\\kx-2y+z=0\end{cases}$ 有非零解,则 k 的值为 (A)

A. 2　　　B. 0　　　C. -1　　　D. -2

解　齐次线性方程组有非零解，则系数行列式 $D=-2(2-k)=0$，从而 $k=2$.

5. 设 $\begin{vmatrix} a_{11} & a_{12} & a_{13} \\ a_{21} & a_{22} & a_{23} \\ a_{31} & a_{32} & a_{33} \end{vmatrix}=1$，则 $\begin{vmatrix} 4a_{11} & 2a_{11}-3a_{12} & a_{13} \\ 4a_{21} & 2a_{21}-3a_{22} & a_{23} \\ 4a_{31} & 2a_{31}-3a_{32} & a_{33} \end{vmatrix}=$　　　（　B　）

A. 8　　　B. -12　　　C. 24　　　D. -24

解　原式 $=2\begin{vmatrix} 4a_{11} & a_{11} & a_{13} \\ 4a_{21} & a_{21} & a_{23} \\ 4a_{31} & a_{31} & a_{33} \end{vmatrix}-3\begin{vmatrix} 4a_{11} & a_{12} & a_{13} \\ 4a_{21} & a_{22} & a_{23} \\ 4a_{31} & a_{32} & a_{33} \end{vmatrix}=0-3\times 4\begin{vmatrix} a_{11} & a_{12} & a_{13} \\ a_{21} & a_{22} & a_{23} \\ a_{31} & a_{32} & a_{33} \end{vmatrix}$

$=-12.$

6. 设 $\begin{vmatrix} a_{11} & a_{12} & a_{13} \\ a_{21} & a_{22} & a_{23} \\ a_{31} & a_{32} & a_{33} \end{vmatrix}=d=2$，则 $\begin{vmatrix} -da_{11} & -da_{12} & -da_{13} \\ -da_{21} & -da_{22} & -da_{23} \\ -da_{31} & -da_{32} & -da_{33} \end{vmatrix}=$　　　（　D　）

A. 4　　　B. -4　　　C. 16　　　D. -16

解　$\begin{vmatrix} -da_{11} & -da_{12} & -da_{13} \\ -da_{21} & -da_{22} & -da_{23} \\ -da_{31} & -da_{32} & -da_{33} \end{vmatrix}=(-d)^3\begin{vmatrix} a_{11} & a_{12} & a_{13} \\ a_{21} & a_{22} & a_{23} \\ a_{31} & a_{32} & a_{33} \end{vmatrix}=(-d)^3\cdot d=-16.$

7. 若 $\begin{vmatrix} a_{11} & a_{12} \\ a_{21} & a_{22} \end{vmatrix}=6$，则 $\begin{vmatrix} a_{12} & 2a_{11} & 0 \\ a_{22} & 2a_{21} & 0 \\ 0 & -2 & 1 \end{vmatrix}=$　　　（　B　）

A. 12　　　B. -12　　　C. 18　　　D. 0

解　$\begin{vmatrix} a_{12} & 2a_{11} & 0 \\ a_{22} & 2a_{21} & 0 \\ 0 & -2 & 1 \end{vmatrix}\xlongequal{\text{按第 3 列展开}}1\times(-1)^{3+3}\begin{vmatrix} a_{12} & 2a_{11} \\ a_{22} & 2a_{21} \end{vmatrix}=2\begin{vmatrix} a_{12} & a_{11} \\ a_{22} & a_{21} \end{vmatrix}$

$=-2\begin{vmatrix} a_{11} & a_{12} \\ a_{21} & a_{22} \end{vmatrix}=-12.$

8. $\begin{vmatrix} a & 1 & 0 \\ 1 & a & 0 \\ 4 & 1 & 1 \end{vmatrix}>0$ 的充分必要条件是　　　（　A　）

A. $|a|>1$　　　B. $|a|<1$　　　C. $a>1$　　　D. $a<1$

解　由 $\begin{vmatrix} a & 1 & 0 \\ 1 & a & 0 \\ 4 & 1 & 1 \end{vmatrix}=a^2-1>0$ 得 $|a|>1$.

二、填空题

1. 设$\begin{vmatrix} a_{11} & a_{12} & a_{13} \\ a_{21} & a_{22} & a_{23} \\ a_{31} & a_{32} & a_{33} \end{vmatrix}=d$，则$\begin{vmatrix} 3a_{31} & 3a_{32} & 3a_{33} \\ 2a_{21} & 2a_{22} & 2a_{23} \\ -a_{11} & -a_{12} & -a_{13} \end{vmatrix}=$ $\underline{\quad 6d \quad}$.

解 $\begin{vmatrix} 3a_{31} & 3a_{32} & 3a_{33} \\ 2a_{21} & 2a_{22} & 2a_{23} \\ -a_{11} & -a_{12} & -a_{13} \end{vmatrix}=3\times2\times(-1)\begin{vmatrix} a_{31} & a_{32} & a_{33} \\ a_{21} & a_{22} & a_{23} \\ a_{11} & a_{12} & a_{13} \end{vmatrix}=6d.$

2. 各列元素之和为零的 n 阶行列式的值等于 $\underline{\quad 0 \quad}$.

解 根据行列式的性质，把各列元素加到第 1 列，然后将公因子零提到行列式之外，可得行列式的值为零.

3. 行列式 $D=\begin{vmatrix} 0 & 0 & 0 & 1 \\ 0 & 0 & 2 & 0 \\ 0 & 3 & 0 & 0 \\ 4 & 0 & 0 & 0 \end{vmatrix}=$ $\underline{\quad 24 \quad}$.

解 利用习题 1.1 第 5 题结论可得 $D=(-1)^{\frac{4(4-1)}{2}}1\times2\times3\times4=24.$

4. 设四阶行列式 $D=\begin{vmatrix} 1 & 4 & 0 & -2 \\ 0 & 5 & 3 & 7 \\ 1 & 8 & -2 & 0 \\ 1 & 2 & 0 & 1 \end{vmatrix}$，则 $A_{34}=$ $\underline{\quad -6 \quad}$.

解 $A_{34}=(-1)^{3+4}\begin{vmatrix} 1 & 4 & 0 \\ 0 & 5 & 3 \\ 1 & 2 & 0 \end{vmatrix}\xlongequal{\text{按第 3 列展开}}-(-1)^{2+3}3\begin{vmatrix} 1 & 4 \\ 1 & 2 \end{vmatrix}=-6.$

5. 设 $A_{ij}\,(i,j=1,2)$ 为行列式 $D=\begin{vmatrix} 2 & 1 \\ 3 & 1 \end{vmatrix}$ 中元素 a_{ij} 的代数余子式，则 $\begin{vmatrix} A_{11} & A_{12} \\ A_{21} & A_{22} \end{vmatrix}=$ $\underline{\quad -1 \quad}$.

解 $\begin{vmatrix} A_{11} & A_{12} \\ A_{21} & A_{22} \end{vmatrix}=\begin{vmatrix} 1 & -3 \\ -1 & 2 \end{vmatrix}=-1.$

6. 设$\begin{vmatrix} a_{11} & a_{12} & \cdots & a_{1n} \\ a_{21} & a_{22} & \cdots & a_{2n} \\ \vdots & \vdots & & \vdots \\ a_{n1} & a_{n2} & \cdots & a_{nn} \end{vmatrix}=d$，则$\begin{vmatrix} a_{21} & a_{22} & \cdots & a_{2n} \\ a_{31} & a_{32} & \cdots & a_{3n} \\ \vdots & \vdots & & \vdots \\ a_{n1} & a_{n2} & \cdots & a_{nn} \\ a_{11} & a_{12} & \cdots & a_{1n} \end{vmatrix}=$ $\underline{\quad (-1)^{n-1}d \quad}$.

解 将所求行列式的第 n 行依次与第 $n-1,n-2,\cdots,2,1$ 行交换，由行列式的性质可知

$$\begin{vmatrix} a_{21} & a_{22} & \cdots & a_{2n} \\ a_{31} & a_{32} & \cdots & a_{3n} \\ \vdots & \vdots & & \vdots \\ a_{n1} & a_{n2} & \cdots & a_{nn} \\ a_{11} & a_{12} & \cdots & a_{1n} \end{vmatrix} = (-1)^{n-1} \begin{vmatrix} a_{11} & a_{12} & \cdots & a_{1n} \\ a_{21} & a_{22} & \cdots & a_{2n} \\ \vdots & \vdots & & \vdots \\ a_{n1} & a_{n2} & \cdots & a_{nn} \end{vmatrix} = (-1)^{n-1} d.$$

三、计算题

1.计算行列式的值：

(1) $\begin{vmatrix} a & 1 & a \\ -1 & a & 1 \\ a & -1 & a \end{vmatrix}$.

解 原式 $\xlongequal[r_3+ar_2]{r_1+ar_2} \begin{vmatrix} 0 & 1+a^2 & 2a \\ -1 & a & 1 \\ 0 & a^2-1 & 2a \end{vmatrix}$

$$\xlongequal{\text{按第 1 列展开}} (-1)^{2+1}(-1) \begin{vmatrix} 1+a^2 & 2a \\ a^2-1 & 2a \end{vmatrix}$$

$$= 2a \begin{vmatrix} 1+a^2 & 1 \\ a^2-1 & 1 \end{vmatrix} = 2a[(1+a^2)-(a^2-1)] = 4a.$$

(2) $\begin{vmatrix} -1 & 0 & 3 \\ 2 & -1 & 4 \\ 1 & 3 & 5 \end{vmatrix}$.

解 原式 $\xlongequal{c_3+3c_1} \begin{vmatrix} -1 & 0 & 0 \\ 2 & -1 & 10 \\ 1 & 3 & 8 \end{vmatrix} \xlongequal{\text{按第 1 行展开}} (-1)^{1+1}(-1) \begin{vmatrix} -1 & 10 \\ 3 & 8 \end{vmatrix} = 38.$

(3) $\begin{vmatrix} 1 & 2 & 3 & 4 \\ -2 & 1 & -4 & 3 \\ 3 & -4 & -1 & 2 \\ 4 & 3 & -2 & -1 \end{vmatrix}$.

解 原式 $\xlongequal[r_4-4r_1]{\substack{r_2+2r_1 \\ r_3-3r_1}} \begin{vmatrix} 1 & 2 & 3 & 4 \\ 0 & 5 & 2 & 11 \\ 0 & -10 & -10 & -10 \\ 0 & -5 & -14 & -17 \end{vmatrix} \xlongequal[r_4+r_2]{r_3+2r_2} \begin{vmatrix} 1 & 2 & 3 & 4 \\ 0 & 5 & 2 & 11 \\ 0 & 0 & -6 & 12 \\ 0 & 0 & -12 & -6 \end{vmatrix}$

$$\xlongequal{r_4-2r_3}\begin{vmatrix}1&2&3&4\\0&5&2&11\\0&0&-6&12\\0&0&0&-30\end{vmatrix}=900.$$

(4) $\begin{vmatrix}0&0&0&1&0\\0&0&2&7&0\\0&3&6&9&0\\4&10&11&-5&0\\8&1&3&7&5\end{vmatrix}$.

分析 行列式的最后一列仅含有一个非零元素5,并且该元素的余子式为一个反下三角行列式,因此按第5列展开计算行列式比较方便.

解 原式$=(-1)^{5+5}\times5\begin{vmatrix}0&0&0&1\\0&0&2&7\\0&3&6&9\\4&10&11&-5\end{vmatrix}$

$$=5\times(-1)^{\frac{4(4-1)}{2}}\times1\times2\times3\times4=120.$$

2. 设$D=\begin{vmatrix}-1&2&5&-3\\2&4&6&8\\1&2&0&3\\5&6&4&3\end{vmatrix}$,求$A_{41}+2A_{42}+3A_{44}$的值,其中$A_{4j}$为元素$a_{4j}$($j=1,2,4$)的代数余子式.

分析 由题意,可分别求出三个代数余子式A_{41},A_{42},A_{44},从而再计算所要求的式子的值.但是这样做,计算较繁,容易出错.注意到$A_{41}+2A_{42}+3A_{44}=A_{41}+2A_{42}+0A_{43}+3A_{44}$,等式右端的四个代数余子式的系数1,2,0,3恰好是行列式D的第三行的值,故所求式子的值可看作第三行元素与第四行对应元素的代数余子式的乘积之和.

解 由行列式的性质1.6,得$A_{41}+2A_{42}+3A_{44}=0$.

3. 计算$\begin{vmatrix}a+b+2c&a&b\\c&2a+b+c&b\\c&a&a+2b+c\end{vmatrix}$.

分析 该行列式各行(列)元素之和相同,都为$2(a+b+c)$,因此可以把第2,3,4列都加到第1列上,提出公因子$2(a+b+c)$,然后根据行列式的性质,化成一个上三角行列式.

解 原式$\xlongequal{c_1+c_2+c_3}2(a+b+c)\begin{vmatrix}1 & a & b\\ 1 & 2a+b+c & b\\ 1 & a & a+2b+c\end{vmatrix}$

$$\xlongequal[r_3-r_1]{r_2-r_1}2(a+b+c)\begin{vmatrix}1 & a & b\\ 0 & a+b+c & 0\\ 0 & 0 & a+b+c\end{vmatrix}=2(a+b+c)^3.$$

4. 计算 $D_{n+1}=\begin{vmatrix}-a_1 & a_1 & 0 & \cdots & 0 & 0\\ 0 & -a_2 & a_2 & \cdots & 0 & 0\\ \vdots & \vdots & \vdots & & \vdots & \vdots\\ 0 & 0 & 0 & \cdots & -a_n & a_n\\ 1 & 1 & 1 & \cdots & 1 & 1\end{vmatrix}$.

分析 该行列式各行元素之和除第 $n+1$ 行为 $n+1$ 外，前 n 行之和均为零，因此可以把所有列都加到第 1 列上，然后按照第 1 列展开来计算行列式.

解 原式$\xlongequal{c_1+c_2+\cdots+c_n}\begin{vmatrix}0 & a_1 & 0 & \cdots & 0 & 0\\ 0 & -a_2 & a_2 & \cdots & 0 & 0\\ \vdots & \vdots & \vdots & & \vdots & \vdots\\ 0 & 0 & 0 & \cdots & -a_n & a_n\\ n+1 & 1 & 1 & \cdots & 1 & 1\end{vmatrix}$

$$=(-1)^{n+1+1}(n+1)\begin{vmatrix}a_1 & 0 & 0 & \cdots & 0\\ -a_2 & a_2 & 0 & \cdots & 0\\ \vdots & \vdots & \vdots & & \vdots\\ \vdots & \vdots & \vdots & & \vdots\\ 0 & 0 & 0 & \cdots & a_n\end{vmatrix}$$

$$=(-1)^n(n+1)a_1a_2\cdots a_n.$$

5. 用克莱姆法则解方程组$\begin{cases}2x_1+5x_2=1\\ 3x_1+7x_2=2\end{cases}$.

解 系数行列式 $D=\begin{vmatrix}2 & 5\\ 3 & 7\end{vmatrix}=-1\neq 0$，所以方程组有唯一解. 又

$$D_1=\begin{vmatrix}1 & 5\\ 2 & 7\end{vmatrix}=-3,\qquad D_2=\begin{vmatrix}2 & 1\\ 3 & 2\end{vmatrix}=1,$$

从而根据克莱姆法则，该线性方程组的解为 $x_1=\dfrac{D_1}{D}=3$，$x_2=\dfrac{D_2}{D}=-1$.

6. 判断齐次线性方程组$\begin{cases}2x_1+2x_2-x_3=0\\ x_1-2x_2+4x_3=0\\ 5x_1+8x_2-2x_3=0\end{cases}$是否仅有零解？

解 齐次8线性方程组的系数行列式为

$$D=\begin{vmatrix}2&2&-1\\1&-2&4\\5&8&-2\end{vmatrix}=-30\neq 0,$$

则由克莱姆法则知方程组仅有零解.

四、证明题

利用行列式的性质证明：$\begin{vmatrix}a_1+kb_1&b_1+c_1&c_1\\a_2+kb_2&b_2+c_2&c_2\\a_3+kb_3&b_3+c_3&c_3\end{vmatrix}=\begin{vmatrix}a_1&b_1&c_1\\a_2&b_2&c_2\\a_3&b_3&c_3\end{vmatrix}$.

证 左端$\xlongequal{\text{性质 }1.4}\begin{vmatrix}a_1&b_1+c_1&c_1\\a_2&b_2+c_2&c_2\\a_3&b_3+c_3&c_3\end{vmatrix}+\begin{vmatrix}kb_1&b_1+c_1&c_1\\kb_2&b_2+c_2&c_2\\kb_3&b_3+c_3&c_3\end{vmatrix}$

$$\xlongequal{\text{性质 }1.4}\begin{vmatrix}a_1&b_1&c_1\\a_2&b_2&c_2\\a_3&b_3&c_3\end{vmatrix}+\begin{vmatrix}a_1&c_1&c_1\\a_2&c_2&c_2\\a_3&c_3&c_3\end{vmatrix}+\begin{vmatrix}kb_1&b_1&c_1\\kb_2&b_2&c_2\\kb_3&b_3&c_3\end{vmatrix}+\begin{vmatrix}kb_1&c_1&c_1\\kb_2&c_2&c_2\\kb_3&c_3&c_3\end{vmatrix}$$

$$\xlongequal{\text{性质 }1.5,1.6}\begin{vmatrix}a_1&b_1&c_1\\a_2&b_2&c_2\\a_3&b_3&c_3\end{vmatrix}+0+0+0=\begin{vmatrix}a_1&b_1&c_1\\a_2&b_2&c_2\\a_3&b_3&c_3\end{vmatrix}.$$

第2章 矩 阵

习题 2.2

1. 设$\boldsymbol{A}=\begin{pmatrix}1&-3\\2&1\\-1&2\end{pmatrix}$,$\boldsymbol{B}=\begin{pmatrix}2&1\\1&0\\3&-1\end{pmatrix}$,求 $3\boldsymbol{A}+2\boldsymbol{B}$.

解 $3\boldsymbol{A}+2\boldsymbol{B}=\begin{pmatrix}3&-9\\6&3\\-3&6\end{pmatrix}+\begin{pmatrix}4&2\\2&0\\6&-2\end{pmatrix}=\begin{pmatrix}7&-7\\8&3\\3&4\end{pmatrix}$.

2. 设 $\boldsymbol{A}=\begin{pmatrix}x&0\\7&y\end{pmatrix}$,$\boldsymbol{B}=\begin{pmatrix}u&v\\y&2\end{pmatrix}$,$\boldsymbol{C}=\begin{pmatrix}3&-4\\x&v\end{pmatrix}$,且 $\boldsymbol{A}+2\boldsymbol{B}-\boldsymbol{C}=\boldsymbol{O}$,求 x,y,u,v 的值.

解 由 $\boldsymbol{A}+2\boldsymbol{B}-\boldsymbol{C}=\begin{pmatrix}x+2u-3&2v+4\\7+2y-x&y+4-v\end{pmatrix}=\begin{pmatrix}0&0\\0&0\end{pmatrix}$,有

$$\begin{cases}x+2u-3=0\\2v+4=0\\7+2y-x=0\\y+4-v=0\end{cases},$$

解得 $x=-5,y=-6,u=4,v=-2$.

3. 计算:

(1) $(1\quad 2\quad 3)\begin{pmatrix}4\\5\\6\end{pmatrix}$.

解 原式 $=1\times4+2\times5+3\times6=32$.

(2) $\begin{pmatrix}4\\5\\6\end{pmatrix}(1\quad 2\quad 3)$.

解 原式 $=\begin{pmatrix}4\times1&4\times2&4\times3\\5\times1&5\times2&5\times3\\6\times1&6\times2&6\times3\end{pmatrix}=\begin{pmatrix}4&8&12\\5&10&15\\6&12&18\end{pmatrix}$.

(3) $\begin{pmatrix}1&2&3\\-2&1&2\end{pmatrix}\begin{pmatrix}1&2&0\\0&1&1\\3&0&-1\end{pmatrix}$.

解 原式 $=(1\times1+2\times0+3\times3\quad 1\times2+2\times1+3\times0\quad 1\times0+2\times1+3\times(-1))$

$(-2)\times1+1\times0+2\times3\quad (-2)\times2+1\times1+2\times0\quad (-2)\times0+1\times1+2\times(-1)$

$$=\begin{pmatrix}10&4&-1\\4&-3&-1\end{pmatrix}.$$

(4) $\begin{pmatrix}3&-2\\5&-4\end{pmatrix}\begin{pmatrix}3&4\\2&5\end{pmatrix}$.

解　原式$=\begin{pmatrix}3\times3+(-2)\times2 & 3\times4+(-2)\times5\\5\times3+(-4)\times2 & 5\times4+(-4)\times5\end{pmatrix}=\begin{pmatrix}5 & 2\\7 & 0\end{pmatrix}$.

4. 求下列方阵的幂：

(1) $\begin{pmatrix}1&1&1\\0&1&1\\0&0&1\end{pmatrix}^2$；　　(2) $\begin{pmatrix}a&0&0\\0&b&0\\0&0&c\end{pmatrix}^n$.

解　(1)原式$=\begin{pmatrix}1&1&1\\0&1&1\\0&0&1\end{pmatrix}\begin{pmatrix}1&1&1\\0&1&1\\0&0&1\end{pmatrix}=\begin{pmatrix}1&2&3\\0&1&2\\0&0&1\end{pmatrix}$.

(2)原式$=\begin{pmatrix}a&0&0\\0&b&0\\0&0&c\end{pmatrix}\begin{pmatrix}a&0&0\\0&b&0\\0&0&c\end{pmatrix}\begin{pmatrix}a&0&0\\0&b&0\\0&0&c\end{pmatrix}^{n-2}=\begin{pmatrix}a^2&0&0\\0&b^2&0\\0&0&c^2\end{pmatrix}\begin{pmatrix}a&0&0\\0&b&0\\0&0&c\end{pmatrix}^{n-2}$

$=\cdots=\begin{pmatrix}a^n&0&0\\0&b^n&0\\0&0&c^n\end{pmatrix}$.

5. 设 $\boldsymbol{A}=\begin{pmatrix}-1&3&1\\0&4&2\end{pmatrix}$，$\boldsymbol{B}=\begin{pmatrix}4&1\\2&5\\3&4\end{pmatrix}$，$\boldsymbol{C}=\begin{pmatrix}2&-1&0\\4&0&2\end{pmatrix}$，求 $3\boldsymbol{A}-2\boldsymbol{B}^{\mathrm{T}}$ 及 $(\boldsymbol{ABC})^{\mathrm{T}}$.

解　$3\boldsymbol{A}-2\boldsymbol{B}^{\mathrm{T}}=3\begin{pmatrix}-1&3&1\\0&4&2\end{pmatrix}-2\begin{pmatrix}4&2&3\\1&5&4\end{pmatrix}=\begin{pmatrix}-3&9&3\\0&12&6\end{pmatrix}-\begin{pmatrix}8&4&6\\2&10&8\end{pmatrix}$

$=\begin{pmatrix}-11&5&-3\\-2&2&-2\end{pmatrix}$.

$(\boldsymbol{ABC})^{\mathrm{T}}=\boldsymbol{C}^{\mathrm{T}}\boldsymbol{B}^{\mathrm{T}}\boldsymbol{A}^{\mathrm{T}}=\begin{pmatrix}2&4\\-1&0\\0&2\end{pmatrix}\begin{pmatrix}4&2&3\\1&5&4\end{pmatrix}\begin{pmatrix}-1&0\\3&4\\1&2\end{pmatrix}$

$=\begin{pmatrix}12&24&22\\-4&-2&-3\\2&10&8\end{pmatrix}\begin{pmatrix}-1&0\\3&4\\1&2\end{pmatrix}=\begin{pmatrix}82&140\\-5&-14\\36&56\end{pmatrix}$.

6. 设 $\boldsymbol{A},\boldsymbol{B}$ 均为 n 阶矩阵，如果 $\boldsymbol{A}=\frac{1}{2}(\boldsymbol{B}+\boldsymbol{E})$，证明：$\boldsymbol{A}^2=\boldsymbol{A}$ 当且仅当 $\boldsymbol{B}^2=\boldsymbol{E}$.

证　充分性.

因为 $\boldsymbol{B}^2=\boldsymbol{E}$ 且 $\boldsymbol{A}=\frac{1}{2}(\boldsymbol{B}+\boldsymbol{E})$，所以

$$A^2=\frac{1}{4}(B^2+2B+E)=\frac{1}{4}(2B+2E)=\frac{1}{2}(B+E)=A.$$

必要性.

因为 $A^2=A$ 且 $A=\frac{1}{2}(B+E)$，所以 $B=2A-E$，则

$$B^2=4A^2-4A+E=E.$$

7. 设 A,B 均为 n 阶矩阵，且 A 是对称矩阵，求证：$B^{T}AB$ 也是对称矩阵.

证 因为 A 为对称矩阵，所以 $A^{T}=A$，则

$$(B^{T}AB)^{T}=B^{T}A^{T}B=B^{T}AB,$$

即 $B^{T}AB$ 也是对称矩阵.

8. 设方阵 A 满足 $A^2=A$，求 $|A|$.

解 因为 $A^2=A$，所以 $|A^2|=|A|^2=|A|$，即 $|A|(|A|-1)=0$，从而 $|A|=0$ 或 $|A|=1$.

9. 如果 $AB=BA$，矩阵 B 就称为与 A 可交换. 设 $A=\begin{pmatrix}1&1\\0&1\end{pmatrix}$，试求出所有与 A 可交换的矩阵.

解 设与 A 可交换的矩阵为 $X=\begin{pmatrix}a&b\\c&d\end{pmatrix}$(其中 a, b, c, d 为任意实数)，因为 A 与 X 可交换，所以 $AX=XA$，

即 $\begin{pmatrix}1&1\\0&1\end{pmatrix}\begin{pmatrix}a&b\\c&d\end{pmatrix}=\begin{pmatrix}a&b\\c&d\end{pmatrix}\begin{pmatrix}1&1\\0&1\end{pmatrix}$，亦即 $\begin{pmatrix}a+c&b+d\\c&d\end{pmatrix}=\begin{pmatrix}a&a+b\\c&c+d\end{pmatrix}$.

由矩阵相等可得 $\begin{cases}a=d\\c=0\end{cases}$. 于是所有与 A 可交换的矩阵为

$$X=\begin{pmatrix}a&b\\0&a\end{pmatrix}\text{(其中 } a, b \text{ 为任意实数).}$$

习题 2.3

1. 判断下列方阵是否可逆，如果可逆，求其逆矩阵.

(1) $\begin{pmatrix}2&5\\1&3\end{pmatrix}$.

解 由 $\begin{pmatrix}a&b\\c&d\end{pmatrix}^{-1}=\frac{1}{ad-bc}\begin{pmatrix}d&-b\\-c&a\end{pmatrix}$，得

$$\begin{pmatrix}2&5\\1&3\end{pmatrix}^{-1}=\frac{1}{2\times3-5\times1}\begin{pmatrix}3&-5\\-1&2\end{pmatrix}=\begin{pmatrix}3&-5\\-1&2\end{pmatrix}.$$

(2) $\begin{pmatrix}1 & 1 & -1\\ 2 & 1 & 0\\ 1 & -1 & 0\end{pmatrix}$.

解 由于$|\boldsymbol{A}|=\begin{vmatrix}1 & 1 & -1\\ 2 & 1 & 0\\ 1 & -1 & 0\end{vmatrix}=(-1)(-1)^{1+3}\begin{vmatrix}2 & 1\\ 1 & -1\end{vmatrix}=3\neq 0$,所以$\boldsymbol{A}$可逆,并且有

$$A_{11}=\begin{vmatrix}1 & 0\\ -1 & 0\end{vmatrix}=0,\quad A_{21}=-\begin{vmatrix}1 & -1\\ -1 & 0\end{vmatrix}=1,\quad A_{31}=\begin{vmatrix}1 & -1\\ 1 & 0\end{vmatrix}=1,$$

$$A_{12}=-\begin{vmatrix}2 & 0\\ 1 & 0\end{vmatrix}=0,\quad A_{22}=\begin{vmatrix}1 & -1\\ 1 & 0\end{vmatrix}=1,\quad A_{32}=-\begin{vmatrix}1 & -1\\ 2 & 0\end{vmatrix}=-2,$$

$$A_{13}=\begin{vmatrix}2 & 1\\ 1 & -1\end{vmatrix}=-3,\quad A_{23}=-\begin{vmatrix}1 & 1\\ 1 & -1\end{vmatrix}=2,\quad A_{33}=\begin{vmatrix}1 & 1\\ 2 & 1\end{vmatrix}=-1.$$

所以

$$\boldsymbol{A}^{-1}=\frac{1}{|\boldsymbol{A}|}\boldsymbol{A}^*=\frac{1}{|\boldsymbol{A}|}\begin{pmatrix}A_{11} & A_{21} & A_{31}\\ A_{12} & A_{22} & A_{32}\\ A_{13} & A_{23} & A_{33}\end{pmatrix}=\frac{1}{3}\begin{pmatrix}0 & 1 & 1\\ 0 & 1 & -2\\ -3 & 2 & -1\end{pmatrix}.$$

(3) $\begin{pmatrix}2 & 2 & 3\\ 1 & -1 & 0\\ -1 & 2 & 1\end{pmatrix}$.

解 由于$|\boldsymbol{A}|=\begin{vmatrix}2 & 2 & 3\\ 1 & -1 & 0\\ -1 & 2 & 1\end{vmatrix}=-1\neq 0$,所以$\boldsymbol{A}$可逆,并且有

$$A_{11}=-1,\quad A_{21}=4,\quad A_{31}=3,$$
$$A_{12}=-1,\quad A_{22}=5,\quad A_{32}=3,$$
$$A_{13}=1,\quad A_{23}=-6,\quad A_{33}=-4,$$

从而

$$\boldsymbol{A}^{-1}=\frac{1}{|\boldsymbol{A}|}\boldsymbol{A}^*=\frac{1}{|\boldsymbol{A}|}\begin{pmatrix}A_{11} & A_{21} & A_{31}\\ A_{12} & A_{22} & A_{32}\\ A_{13} & A_{23} & A_{33}\end{pmatrix}=\begin{pmatrix}1 & -4 & -3\\ 1 & -5 & -3\\ -1 & 6 & 4\end{pmatrix}.$$

(4) $\begin{pmatrix}1 & 0 & 0\\ 0 & 2 & 0\\ 0 & 0 & 3\end{pmatrix}$.

解 $\begin{pmatrix}1&0&0\\0&2&0\\0&0&3\end{pmatrix}^{-1}=\begin{pmatrix}1&0&0\\0&\frac{1}{2}&0\\0&0&\frac{1}{3}\end{pmatrix}$.

2. 设方阵 $\boldsymbol{A}$ 满足 $\boldsymbol{A}^2-\boldsymbol{A}-2\boldsymbol{E}=\boldsymbol{0}$,证明:$\boldsymbol{A}$ 与 $\boldsymbol{A}+2\boldsymbol{E}$ 都是可逆矩阵,并求它们的逆矩阵.

证 由 $\boldsymbol{A}^2-\boldsymbol{A}-2\boldsymbol{E}=\boldsymbol{0}$ 得 $\boldsymbol{A}^2-\boldsymbol{A}=2\boldsymbol{E}$,即得 $\boldsymbol{A}(\boldsymbol{A}-\boldsymbol{E})=2\boldsymbol{E}$,亦即

$$\boldsymbol{A}\left[\frac{1}{2}(\boldsymbol{A}-\boldsymbol{E})\right]=\boldsymbol{E}.$$

故 $\boldsymbol{A}$ 可逆,且 $\boldsymbol{A}^{-1}=\frac{1}{2}(\boldsymbol{A}-\boldsymbol{E})$.

又由 $\boldsymbol{A}^2-\boldsymbol{A}-2\boldsymbol{E}=\boldsymbol{0}$ 得 $(\boldsymbol{A}+2\boldsymbol{E})(\boldsymbol{A}-3\boldsymbol{E})=-4\boldsymbol{E}$,即

$$(\boldsymbol{A}+2\boldsymbol{E})\left[\frac{1}{4}(3\boldsymbol{E}-\boldsymbol{A})\right]=\boldsymbol{E}.$$

故 $\boldsymbol{A}+2\boldsymbol{E}$ 可逆,且 $(\boldsymbol{A}+2\boldsymbol{E})^{-1}=\frac{1}{4}(3\boldsymbol{E}-\boldsymbol{A})$.

3. 如果对称矩阵 $\boldsymbol{A}$ 为可逆矩阵,则 $\boldsymbol{A}^{-1}$ 也是对称的.

证 由 $\boldsymbol{A}$ 为对称矩阵知 $\boldsymbol{A}^{\mathrm{T}}=\boldsymbol{A}$,而 $(\boldsymbol{A}^{-1})^{\mathrm{T}}=(\boldsymbol{A}^{\mathrm{T}})^{-1}=\boldsymbol{A}^{-1}$,所以 $\boldsymbol{A}^{-1}$ 也是对称的.

4. 设 $\boldsymbol{A},\boldsymbol{B},\boldsymbol{C}$ 为同阶矩阵,且 $\boldsymbol{C}$ 可逆,满足 $\boldsymbol{C}^{-1}\boldsymbol{A}\boldsymbol{C}=\boldsymbol{B}$,求证:$\boldsymbol{C}^{-1}\boldsymbol{A}^m\boldsymbol{C}=\boldsymbol{B}^m$.

证 因为 $\boldsymbol{C}^{-1}\boldsymbol{A}\boldsymbol{C}=\boldsymbol{B}$,所以

$$\boldsymbol{B}^m=\underbrace{\boldsymbol{C}^{-1}\boldsymbol{A}\boldsymbol{C}\cdot\boldsymbol{C}^{-1}\boldsymbol{A}\boldsymbol{C}\cdot\cdots\cdot\boldsymbol{C}^{-1}\boldsymbol{A}\boldsymbol{C}}_{m\text{个}}=\boldsymbol{C}^{-1}\boldsymbol{A}^m\boldsymbol{C}.$$

习题 2.4

1. 设 $\boldsymbol{A}$ 为三阶矩阵,且 $|\boldsymbol{A}|=-2$,若将 $\boldsymbol{A}$ 按列分块为 $\boldsymbol{A}=(\boldsymbol{A}_1,\boldsymbol{A}_2,\boldsymbol{A}_3)$,其中 $\boldsymbol{A}_j$ 为 $\boldsymbol{A}$ 的第 j 列($j=1,2,3$),计算下列行列式:

(1) $|\boldsymbol{A}_1,2\boldsymbol{A}_3,\boldsymbol{A}_2|$.

解 (1) $|\boldsymbol{A}_1,2\boldsymbol{A}_3,\boldsymbol{A}_2|=2|\boldsymbol{A}_1,\boldsymbol{A}_3,\boldsymbol{A}_2|=-2|\boldsymbol{A}_1,\boldsymbol{A}_2,\boldsymbol{A}_3|=-2|\boldsymbol{A}|=-2\times(-2)=4$.

(2) $|\boldsymbol{A}_3-2\boldsymbol{A}_1,3\boldsymbol{A}_2,\boldsymbol{A}_1|$.

解
$$\begin{aligned}|\boldsymbol{A}_3-2\boldsymbol{A}_1,3\boldsymbol{A}_2,\boldsymbol{A}_1|&=|\boldsymbol{A}_3,3\boldsymbol{A}_2,\boldsymbol{A}_1|+|-2\boldsymbol{A}_1,3\boldsymbol{A}_2,\boldsymbol{A}_1|\\&=3|\boldsymbol{A}_3,\boldsymbol{A}_2,\boldsymbol{A}_1|-2|\boldsymbol{A}_1,3\boldsymbol{A}_2,\boldsymbol{A}_1|\\&=-3|\boldsymbol{A}_1,\boldsymbol{A}_2,\boldsymbol{A}_3|-2\times0=-3\times(-2)=6.\end{aligned}$$

2. 用分块矩阵求逆公式求出下面矩阵的逆矩阵:

(1) $\begin{pmatrix} 1 & 2 & 0 & 0 \\ 3 & 4 & 0 & 0 \\ 0 & 0 & 5 & 6 \\ 0 & 0 & 7 & 8 \end{pmatrix}$.

解 $$\left(\begin{array}{cc:cc} 1 & 2 & 0 & 0 \\ 3 & 4 & 0 & 0 \\ \hdashline 0 & 0 & 5 & 6 \\ 0 & 0 & 7 & 8 \end{array}\right)^{-1} = \begin{pmatrix} \boldsymbol{A} & \boldsymbol{O} \\ \boldsymbol{O} & \boldsymbol{B} \end{pmatrix}^{-1} = \begin{pmatrix} \boldsymbol{A}^{-1} & \boldsymbol{O} \\ \boldsymbol{O} & \boldsymbol{B}^{-1} \end{pmatrix}$$

$$= \begin{pmatrix} -2 & 1 & 0 & 0 \\ \frac{3}{2} & -\frac{1}{2} & 0 & 0 \\ 0 & 0 & -4 & 3 \\ 0 & 0 & \frac{7}{2} & -\frac{5}{2} \end{pmatrix}.$$

(2) $\begin{pmatrix} 0 & 0 & 1 & 2 \\ 0 & 0 & 3 & 4 \\ 5 & 6 & 0 & 0 \\ 7 & 8 & 0 & 0 \end{pmatrix}$.

解 $$\left(\begin{array}{cc:cc} 0 & 0 & 1 & 2 \\ 0 & 0 & 3 & 4 \\ \hdashline 5 & 6 & 0 & 0 \\ 7 & 8 & 0 & 0 \end{array}\right)^{-1} = \begin{pmatrix} \boldsymbol{O} & \boldsymbol{A} \\ \boldsymbol{B} & \boldsymbol{O} \end{pmatrix}^{-1} = \begin{pmatrix} \boldsymbol{O} & \boldsymbol{B}^{-1} \\ \boldsymbol{A}^{-1} & \boldsymbol{O} \end{pmatrix}$$

$$= \begin{pmatrix} 0 & 0 & -4 & 3 \\ 0 & 0 & \frac{7}{2} & -\frac{5}{2} \\ -2 & 1 & 0 & 0 \\ \frac{3}{2} & -\frac{1}{2} & 0 & 0 \end{pmatrix}.$$

(3) $\begin{pmatrix} 1 & 0 & 1 & 2 \\ 0 & 1 & 3 & 4 \\ 0 & 0 & 1 & 0 \\ 0 & 0 & 0 & 1 \end{pmatrix}$.

解 $\begin{pmatrix}1&0&1&2\\0&1&3&4\\0&0&1&0\\0&0&0&1\end{pmatrix}^{-1}=\begin{pmatrix}\boldsymbol{A}&\boldsymbol{C}\\\boldsymbol{O}&\boldsymbol{B}\end{pmatrix}^{-1}=\begin{pmatrix}\boldsymbol{A}^{-1}&-\boldsymbol{A}^{-1}\boldsymbol{C}\boldsymbol{B}^{-1}\\\boldsymbol{O}&\boldsymbol{B}^{-1}\end{pmatrix}$

$$=\begin{pmatrix}1&0&-1&-2\\0&1&-3&-4\\0&0&1&0\\0&0&0&1\end{pmatrix}.$$

(4) $\begin{pmatrix}0&a_1&0&\cdots&0\\0&0&a_2&\cdots&0\\\vdots&\vdots&\vdots&&\vdots\\0&0&0&\cdots&a_{n-1}\\a_n&0&0&\cdots&0\end{pmatrix}$，其中$\prod_{i=1}^{n}a_i\neq 0$.

解 $\begin{pmatrix}0&a_1&0&\cdots&0\\0&0&a_2&\cdots&0\\\vdots&\vdots&\vdots&&\vdots\\0&0&0&\cdots&a_{n-1}\\a_n&0&0&\cdots&0\end{pmatrix}^{-1}=\begin{pmatrix}\boldsymbol{O}&\boldsymbol{A}\\a_n&\boldsymbol{O}\end{pmatrix}^{-1}=\begin{pmatrix}\boldsymbol{O}&a_n^{-1}\\\boldsymbol{A}^{-1}&\boldsymbol{O}\end{pmatrix}$

$$=\begin{pmatrix}0&0&\cdots&0&\frac{1}{a_n}\\\frac{1}{a_1}&0&\cdots&0&0\\0&\frac{1}{a_2}&\cdots&0&0\\\vdots&\vdots&&\vdots&\vdots\\0&0&\cdots&\frac{1}{a_{n-1}}&0\end{pmatrix}.$$

习题 2.5

1. 利用初等变换法求下列矩阵的逆矩阵：

(1) $\boldsymbol{A}=\begin{pmatrix}1&2&3\\2&2&1\\3&4&3\end{pmatrix}$.

解 $$(\boldsymbol{A} \vdots \boldsymbol{E})=\left(\begin{array}{ccc:ccc}1 & 2 & 3 & 1 & 0 & 0\\ 2 & 2 & 1 & 0 & 1 & 0\\ 3 & 4 & 3 & 0 & 0 & 1\end{array}\right)\xrightarrow[r_3-3r_1]{r_2-2r_1}\left(\begin{array}{ccc:ccc}1 & 2 & 3 & 1 & 0 & 0\\ 0 & -2 & -5 & -2 & 1 & 0\\ 0 & -2 & -6 & -3 & 0 & 1\end{array}\right)$$

$$\xrightarrow{r_3-r_2}\left(\begin{array}{ccc:ccc}1 & 2 & 3 & 1 & 0 & 0\\ 0 & -2 & -5 & -2 & 1 & 0\\ 0 & 0 & -1 & -1 & -1 & 1\end{array}\right)$$

$$\xrightarrow[r_2-5r_3]{r_1+3r_3}\left(\begin{array}{ccc:ccc}1 & 2 & 0 & -2 & -3 & 3\\ 0 & -2 & 0 & 3 & 6 & -5\\ 0 & 0 & -1 & -1 & -1 & 1\end{array}\right)$$

$$\xrightarrow[(-1)r_3]{r_1+r_2}\left(\begin{array}{ccc:ccc}1 & 0 & 0 & 1 & 3 & -2\\ 0 & -2 & 0 & 3 & 6 & -5\\ 0 & 0 & 1 & 1 & 1 & -1\end{array}\right)$$

$$\xrightarrow{-\frac{1}{2}r_2}\left(\begin{array}{ccc:ccc}1 & 0 & 0 & 1 & 3 & -2\\ 0 & 1 & 0 & -\frac{3}{2} & -3 & \frac{5}{2}\\ 0 & 0 & 1 & 1 & 1 & -1\end{array}\right).$$

所以 $$\boldsymbol{A}^{-1}=\begin{pmatrix}1 & 3 & -2\\ -\frac{3}{2} & -3 & \frac{5}{2}\\ 1 & 1 & -1\end{pmatrix}.$$

(2) $$\boldsymbol{A}=\begin{pmatrix}1 & 2 & 3 & 4\\ 2 & 3 & 1 & 2\\ 1 & 1 & 1 & -1\\ 1 & 0 & -2 & -6\end{pmatrix}.$$

解 $$(\boldsymbol{A} \vdots \boldsymbol{E})=\left(\begin{array}{cccc:cccc}1 & 2 & 3 & 4 & 1 & 0 & 0 & 0\\ 2 & 3 & 1 & 2 & 0 & 1 & 0 & 0\\ 1 & 1 & 1 & -1 & 0 & 0 & 1 & 0\\ 1 & 0 & -2 & -6 & 0 & 0 & 0 & 1\end{array}\right)$$

$$\xrightarrow{r_1\leftrightarrow r_4}\left(\begin{array}{cccc:cccc}1 & 0 & -2 & -6 & 0 & 0 & 0 & 1\\ 2 & 3 & 1 & 2 & 0 & 1 & 0 & 0\\ 1 & 1 & 1 & -1 & 0 & 0 & 1 & 0\\ 1 & 2 & 3 & 4 & 1 & 0 & 0 & 0\end{array}\right)$$

$$\xrightarrow[r_4-r_1]{\substack{r_2-2r_1\\ r_3-r_1}}\left(\begin{array}{cccc:cccc}1&0&-2&-6&0&0&0&1\\0&3&5&14&0&1&0&-2\\0&1&3&5&0&0&1&-1\\0&2&5&10&1&0&0&-1\end{array}\right)$$

$$\xrightarrow{r_2\leftrightarrow r_3}\left(\begin{array}{cccc:cccc}1&0&-2&-6&0&0&0&1\\0&1&3&5&0&0&1&-1\\0&3&5&14&0&1&0&-2\\0&2&5&10&1&0&0&-1\end{array}\right)$$

$$\xrightarrow[r_4-2r_2]{r_3-3r_2}\left(\begin{array}{cccc:cccc}1&0&-2&-6&0&0&0&1\\0&1&3&5&0&0&1&-1\\0&0&-4&-1&0&1&-3&1\\0&0&-1&0&1&0&-2&1\end{array}\right)$$

$$\xrightarrow{r_4\leftrightarrow r_3}\left(\begin{array}{cccc:cccc}1&0&-2&-6&0&0&0&1\\0&1&3&5&0&0&1&-1\\0&0&-1&0&1&0&-2&1\\0&0&-4&-1&0&1&-3&1\end{array}\right)$$

$$\xrightarrow{r_4-4r_3}\left(\begin{array}{cccc:cccc}1&0&-2&-6&0&0&0&1\\0&1&3&5&0&0&1&-1\\0&0&-1&0&1&0&-2&1\\0&0&0&-1&-4&1&5&-3\end{array}\right)$$

$$\xrightarrow[r_2+5r_4]{r_1-6r_4}\left(\begin{array}{cccc:cccc}1&0&-2&0&24&-6&-30&19\\0&1&3&0&-20&5&26&-16\\0&0&-1&0&1&0&-2&1\\0&0&0&-1&-4&1&5&-3\end{array}\right)$$

$$\xrightarrow[r_2+3r_3]{r_1-2r_3}\left(\begin{array}{cccc:cccc}1&0&0&0&22&-6&-26&17\\0&1&0&0&-17&5&20&-13\\0&0&-1&0&1&0&-2&1\\0&0&0&-1&-4&1&5&-3\end{array}\right)$$

$$\xrightarrow[(-1)r_4]{(-1)r_3}\left(\begin{array}{cccc:cccc}1&0&0&0&22&-6&-26&17\\0&1&0&0&-17&5&20&-13\\0&0&1&0&-1&0&2&-1\\0&0&0&1&4&-1&-5&3\end{array}\right).$$

所以 $A^{-1}=\begin{pmatrix}22&-6&-26&17\\-17&5&20&-13\\-1&0&2&-1\\4&-1&-5&3\end{pmatrix}$.

(3) $A=\begin{pmatrix}2&2&-1\\1&-2&4\\5&8&2\end{pmatrix}$.

解 $(A\,\vdots\,E)=\left(\begin{array}{ccc:ccc}2&2&-1&1&0&0\\1&-2&4&0&1&0\\5&8&2&0&0&1\end{array}\right)\xrightarrow{r_1\leftrightarrow r_2}\left(\begin{array}{ccc:ccc}1&-2&4&0&1&0\\2&2&-1&1&0&0\\5&8&2&0&0&1\end{array}\right)$

$$\xrightarrow[r_3+(-5)r_1]{r_2+(-2)r_1}\left(\begin{array}{ccc:ccc}1&-2&4&0&1&0\\0&6&-9&1&-2&0\\0&18&-18&0&-5&1\end{array}\right)$$

$$\xrightarrow{r_3+(-3)r_2}\left(\begin{array}{ccc:ccc}1&-2&4&0&1&0\\0&6&-9&1&-2&0\\0&0&9&-3&1&1\end{array}\right)$$

$$\xrightarrow{r_2+r_3}\left(\begin{array}{ccc:ccc}1&-2&4&0&1&0\\0&6&0&-2&-1&1\\0&0&9&-3&1&1\end{array}\right)$$

$$\xrightarrow[\frac{1}{9}r_3]{\frac{1}{6}r_2}\left(\begin{array}{ccc:ccc}1&-2&4&0&1&0\\0&1&0&-\frac{1}{3}&-\frac{1}{6}&\frac{1}{6}\\0&0&1&-\frac{1}{3}&\frac{1}{9}&\frac{1}{9}\end{array}\right)$$

$$\xrightarrow[r_1+(-4)r_3]{r_1+2r_2}\left(\begin{array}{ccc:ccc}1&0&0&\frac{2}{3}&\frac{2}{9}&-\frac{1}{9}\\0&1&0&-\frac{1}{3}&-\frac{1}{6}&\frac{1}{6}\\0&0&1&-\frac{1}{3}&\frac{1}{9}&\frac{1}{9}\end{array}\right).$$

所以 $A^{-1}=\begin{pmatrix}\frac{2}{3}&\frac{2}{9}&-\frac{1}{9}\\-\frac{1}{3}&-\frac{1}{6}&\frac{1}{6}\\-\frac{1}{3}&\frac{1}{9}&\frac{1}{9}\end{pmatrix}$.

(4) $\boldsymbol{A}=\begin{pmatrix}0&0&0&1\\0&0&2&0\\0&3&0&0\\4&0&0&0\end{pmatrix}$.

解 $(\boldsymbol{A}\mid\boldsymbol{E})=\left(\begin{array}{cccc:cccc}0&0&0&1&1&0&0&0\\0&0&2&0&0&1&0&0\\0&3&0&0&0&0&1&0\\4&0&0&0&0&0&0&1\end{array}\right)$

$$\xrightarrow[r_2\leftrightarrow r_3]{r_1\leftrightarrow r_4}\left(\begin{array}{cccc:cccc}4&0&0&0&0&0&0&1\\0&3&0&0&0&0&1&0\\0&0&2&0&0&1&0&0\\0&0&0&1&1&0&0&0\end{array}\right)$$

$$\xrightarrow[\frac{1}{2}r_3]{\frac{1}{4}r_1,\ \frac{1}{3}r_2}\left(\begin{array}{cccc:cccc}1&0&0&0&0&0&0&\frac{1}{4}\\0&1&0&0&0&0&\frac{1}{3}&0\\0&0&1&0&0&\frac{1}{2}&0&0\\0&0&0&1&1&0&0&0\end{array}\right).$$

所以 $\boldsymbol{A}^{-1}=\begin{pmatrix}0&0&0&\frac{1}{4}\\0&0&\frac{1}{3}&0\\0&\frac{1}{2}&0&0\\1&0&0&0\end{pmatrix}$.

2. 解矩阵方程 $\boldsymbol{AX}+\boldsymbol{B}=\boldsymbol{X}$,其中 $\boldsymbol{A}=\begin{pmatrix}0&1&0\\-1&1&1\\-1&0&1\end{pmatrix}$,$\boldsymbol{B}=\begin{pmatrix}1&-1\\2&0\\5&-3\end{pmatrix}$.

解 因为 $\boldsymbol{AX}+\boldsymbol{B}=\boldsymbol{X}$,所以 $(\boldsymbol{E}-\boldsymbol{A})\boldsymbol{X}=\boldsymbol{B}$. 又 $(\boldsymbol{E}-\boldsymbol{A})=\begin{pmatrix}1&-1&0\\1&0&-1\\1&0&0\end{pmatrix}$,

且 $|\boldsymbol{E}-\boldsymbol{A}|=1\neq0$,所以 $\boldsymbol{E}-\boldsymbol{A}$ 可逆. 于是 $\boldsymbol{X}=(\boldsymbol{E}-\boldsymbol{A})^{-1}\boldsymbol{B}$. 而

$$(\boldsymbol{E}-\boldsymbol{A})^{-1}=\begin{pmatrix}0&0&1\\-1&0&1\\0&-1&1\end{pmatrix},$$

所以

$$\boldsymbol{X}=(\boldsymbol{E}-\boldsymbol{A})^{-1}\boldsymbol{B}=\begin{pmatrix}0&0&1\\-1&0&1\\0&-1&1\end{pmatrix}\begin{pmatrix}1&-1\\2&0\\5&-3\end{pmatrix}=\begin{pmatrix}5&-3\\4&-2\\3&-3\end{pmatrix}.$$

3. 应用逆矩阵解下列矩阵方程,求未知矩阵 $\boldsymbol{X}$.

(1) $\begin{pmatrix}1&1&-1\\-2&1&1\\1&1&1\end{pmatrix}\boldsymbol{X}=\begin{pmatrix}2\\3\\6\end{pmatrix}$.

解 $\boldsymbol{X}=\begin{pmatrix}1&1&-1\\-2&1&1\\1&1&1\end{pmatrix}^{-1}\begin{pmatrix}2\\3\\6\end{pmatrix}=\dfrac{1}{6}\begin{pmatrix}0&-2&2\\3&2&1\\-3&0&3\end{pmatrix}\begin{pmatrix}2\\3\\6\end{pmatrix}=\begin{pmatrix}1\\3\\2\end{pmatrix}$.

(2) $\boldsymbol{X}\begin{pmatrix}1&1&-1\\2&1&0\\1&-1&1\end{pmatrix}=\begin{pmatrix}1&1&3\\4&3&2\\1&2&5\end{pmatrix}$.

解 $\boldsymbol{X}=\begin{pmatrix}1&1&3\\4&3&2\\1&2&5\end{pmatrix}\begin{pmatrix}1&1&-1\\2&1&0\\1&-1&1\end{pmatrix}^{-1}$

$$=\begin{pmatrix}1&1&3\\4&3&2\\1&2&5\end{pmatrix}\begin{pmatrix}\frac{1}{2}&0&\frac{1}{2}\\-1&1&-1\\-\frac{3}{2}&1&-\frac{1}{2}\end{pmatrix}=\begin{pmatrix}-5&4&-2\\-4&5&-2\\-9&7&-4\end{pmatrix}.$$

习题 2.6

1. 求下列矩阵的秩:

(1) $\begin{pmatrix}1&-1&2\\2&-3&1\\-2&2&-4\end{pmatrix}$.

解 $\boldsymbol{A}=\begin{pmatrix}1&-1&2\\2&-3&1\\-2&2&-4\end{pmatrix}\xrightarrow[r_3+2r_1]{r_2-2r_1}\begin{pmatrix}1&-1&2\\0&-1&-3\\0&0&0\end{pmatrix}$,于是 $r(\boldsymbol{A})=2$.

(2) $\begin{pmatrix} 1 & -1 & 1 & 1 \\ -2 & 1 & 0 & 2 \\ 1 & 2 & -2 & 1 \\ 4 & -4 & 0 & 4 \end{pmatrix}$.

解 $\boldsymbol{A}=\begin{pmatrix} 1 & -1 & 1 & 1 \\ -2 & 1 & 0 & 2 \\ 1 & 2 & -2 & 1 \\ 4 & -4 & 0 & 4 \end{pmatrix} \xrightarrow[\substack{r_3-r_1 \\ r_4-4r_1}]{r_2+2r_1} \begin{pmatrix} 1 & -1 & 1 & 1 \\ 0 & -1 & 2 & 4 \\ 0 & 3 & -3 & 0 \\ 0 & 0 & -4 & 0 \end{pmatrix}$

$\xrightarrow{r_3+3r_2} \begin{pmatrix} 1 & -1 & 1 & 1 \\ 0 & -1 & 2 & 4 \\ 0 & 0 & 3 & 12 \\ 0 & 0 & -4 & 0 \end{pmatrix} \xrightarrow{\frac{1}{3}r_3} \begin{pmatrix} 1 & -1 & 1 & 1 \\ 0 & -1 & 2 & 4 \\ 0 & 0 & 1 & 4 \\ 0 & 0 & -4 & 0 \end{pmatrix}$

$\xrightarrow{r_4+4r_3} \begin{pmatrix} 1 & -1 & 1 & 1 \\ 0 & -1 & 2 & 4 \\ 0 & 0 & 1 & 4 \\ 0 & 0 & 0 & 16 \end{pmatrix}$,

于是 $r(\boldsymbol{A})=4$.

(3) $\begin{pmatrix} 1 & 2 & 3 & 4 \\ 1 & -2 & 4 & 5 \\ 1 & 10 & 1 & 2 \end{pmatrix}$.

解 $\boldsymbol{A}=\begin{pmatrix} 1 & 2 & 3 & 4 \\ 1 & -2 & 4 & 5 \\ 1 & 10 & 1 & 2 \end{pmatrix} \xrightarrow[r_3-r_1]{r_2-r_1} \begin{pmatrix} 1 & 2 & 3 & 4 \\ 0 & -4 & 1 & 1 \\ 0 & 8 & -2 & -2 \end{pmatrix}$

$\xrightarrow{r_3+2r_2} \begin{pmatrix} 1 & 2 & 3 & 4 \\ 0 & -4 & 1 & 1 \\ 0 & 0 & 0 & 0 \end{pmatrix}$,

于是 $r(\boldsymbol{A})=2$.

(4) $\begin{pmatrix} 0 & 1 & 1 & -1 & 2 \\ 0 & 2 & 2 & 2 & 0 \\ 0 & -1 & -1 & 1 & 1 \\ 1 & 1 & 0 & 0 & -1 \end{pmatrix}$.

解 $$A=\begin{pmatrix}0&1&1&-1&2\\0&2&2&2&0\\0&-1&-1&1&1\\1&1&0&0&-1\end{pmatrix}\xrightarrow[\frac{1}{2}r_2]{r_1\leftrightarrow r_4}\begin{pmatrix}1&1&0&0&-1\\0&1&1&1&0\\0&-1&-1&1&1\\0&1&1&-1&2\end{pmatrix}$$

$$\xrightarrow[r_4-r_2]{r_3+r_2}\begin{pmatrix}1&1&0&0&-1\\0&1&1&1&0\\0&0&0&2&1\\0&0&0&-2&2\end{pmatrix}\xrightarrow{r_4+r_3}\begin{pmatrix}1&1&0&0&-1\\0&1&1&1&0\\0&0&0&2&1\\0&0&0&0&3\end{pmatrix},$$

于是 $r(A)=4$.

2. 证明：$m\times n$ 矩阵 A 和矩阵 B 等价的充分必要条件是 $r(A)=r(B)$.

证 必要性 因为 A 和 B 等价，所以 A 经过若干次初等变换可变成 B，而初等变换不改变矩阵的秩，所以 $r(A)=r(B)$.

充分性 设 $r(A)=r(B)=r$，则 $A\cong\begin{pmatrix}E_r&O\\O&O\end{pmatrix}$，$B\cong\begin{pmatrix}E_r&O\\O&O\end{pmatrix}$，由等价的对称性和传递性知，$A\cong B$.

3. 设 $A=\begin{pmatrix}0&0&1\\0&1&0\\1&0&0\end{pmatrix}$，求 $r(A-2E_3)+r(A-E_3)$ 的值.

解 因为

$$A-2E_3=\begin{pmatrix}0&0&1\\0&1&0\\1&0&0\end{pmatrix}-\begin{pmatrix}2&0&0\\0&2&0\\0&0&2\end{pmatrix}=\begin{pmatrix}-2&0&1\\0&-1&0\\1&0&-2\end{pmatrix}\to\begin{pmatrix}-2&0&0\\0&-1&0\\0&0&-\frac{3}{2}\end{pmatrix},$$

$$A-E_3=\begin{pmatrix}0&0&1\\0&1&0\\1&0&0\end{pmatrix}-\begin{pmatrix}1&0&0\\0&1&0\\0&0&1\end{pmatrix}=\begin{pmatrix}-1&0&1\\0&0&0\\1&0&-1\end{pmatrix}\to\begin{pmatrix}-1&0&1\\0&0&0\\0&0&0\end{pmatrix},$$

所以 $r(A-2E_3)+r(A-E_3)=3+1=4$.

复习题 2

一、单项选择题

1. 已知矩阵 $A_{3\times 2}$，$B_{2\times 3}$，$C_{3\times 3}$，则下列运算可行的是 （ C ）

A. AC B. CB C. ABC D. $AB-BC$

解 两个矩阵相乘必须前一个矩阵的列数等于后一个矩阵的行数，并且只有同行同列的矩阵才能相加减，故本题应选 C.

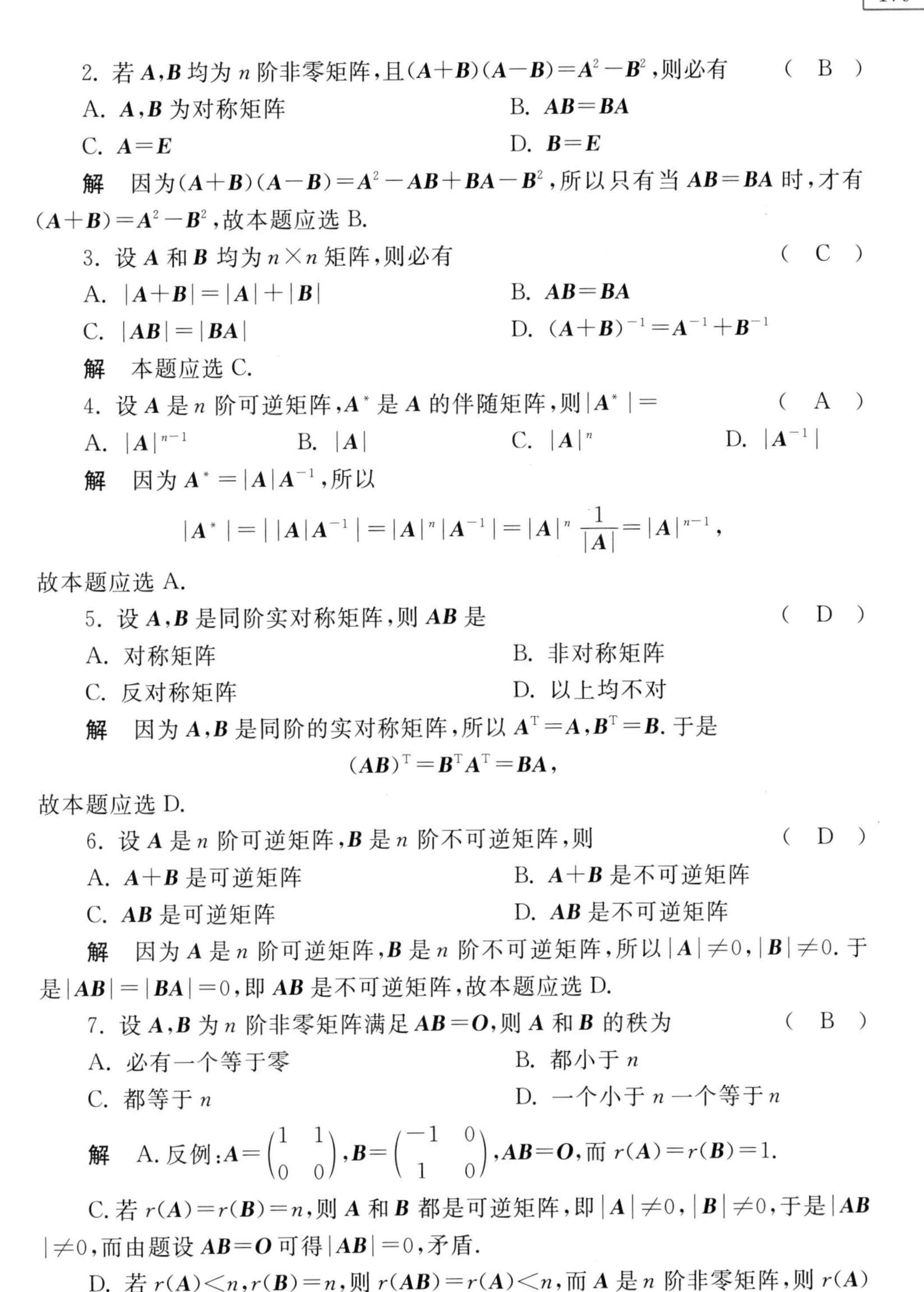

2. 若 $\boldsymbol{A},\boldsymbol{B}$ 均为 n 阶非零矩阵，且 $(\boldsymbol{A}+\boldsymbol{B})(\boldsymbol{A}-\boldsymbol{B})=\boldsymbol{A}^2-\boldsymbol{B}^2$，则必有　　（ B ）

A. $\boldsymbol{A},\boldsymbol{B}$ 为对称矩阵　　B. $\boldsymbol{AB}=\boldsymbol{BA}$

C. $\boldsymbol{A}=\boldsymbol{E}$　　D. $\boldsymbol{B}=\boldsymbol{E}$

解　因为 $(\boldsymbol{A}+\boldsymbol{B})(\boldsymbol{A}-\boldsymbol{B})=\boldsymbol{A}^2-\boldsymbol{AB}+\boldsymbol{BA}-\boldsymbol{B}^2$，所以只有当 $\boldsymbol{AB}=\boldsymbol{BA}$ 时，才有 $(\boldsymbol{A}+\boldsymbol{B})=\boldsymbol{A}^2-\boldsymbol{B}^2$，故本题应选 B.

3. 设 $\boldsymbol{A}$ 和 $\boldsymbol{B}$ 均为 $n\times n$ 矩阵，则必有　　（ C ）

A. $|\boldsymbol{A}+\boldsymbol{B}|=|\boldsymbol{A}|+|\boldsymbol{B}|$　　B. $\boldsymbol{AB}=\boldsymbol{BA}$

C. $|\boldsymbol{AB}|=|\boldsymbol{BA}|$　　D. $(\boldsymbol{A}+\boldsymbol{B})^{-1}=\boldsymbol{A}^{-1}+\boldsymbol{B}^{-1}$

解　本题应选 C.

4. 设 $\boldsymbol{A}$ 是 n 阶可逆矩阵，$\boldsymbol{A}^*$ 是 $\boldsymbol{A}$ 的伴随矩阵，则 $|\boldsymbol{A}^*|=$　　（ A ）

A. $|\boldsymbol{A}|^{n-1}$　　B. $|\boldsymbol{A}|$　　C. $|\boldsymbol{A}|^n$　　D. $|\boldsymbol{A}^{-1}|$

解　因为 $\boldsymbol{A}^*=|\boldsymbol{A}|\boldsymbol{A}^{-1}$，所以

$$|\boldsymbol{A}^*|=\big||\boldsymbol{A}|\boldsymbol{A}^{-1}\big|=|\boldsymbol{A}|^n|\boldsymbol{A}^{-1}|=|\boldsymbol{A}|^n\frac{1}{|\boldsymbol{A}|}=|\boldsymbol{A}|^{n-1},$$

故本题应选 A.

5. 设 $\boldsymbol{A},\boldsymbol{B}$ 是同阶实对称矩阵，则 $\boldsymbol{AB}$ 是　　（ D ）

A. 对称矩阵　　B. 非对称矩阵

C. 反对称矩阵　　D. 以上均不对

解　因为 $\boldsymbol{A},\boldsymbol{B}$ 是同阶的实对称矩阵，所以 $\boldsymbol{A}^{\mathrm{T}}=\boldsymbol{A},\boldsymbol{B}^{\mathrm{T}}=\boldsymbol{B}$. 于是

$$(\boldsymbol{AB})^{\mathrm{T}}=\boldsymbol{B}^{\mathrm{T}}\boldsymbol{A}^{\mathrm{T}}=\boldsymbol{BA},$$

故本题应选 D.

6. 设 $\boldsymbol{A}$ 是 n 阶可逆矩阵，$\boldsymbol{B}$ 是 n 阶不可逆矩阵，则　　（ D ）

A. $\boldsymbol{A}+\boldsymbol{B}$ 是可逆矩阵　　B. $\boldsymbol{A}+\boldsymbol{B}$ 是不可逆矩阵

C. $\boldsymbol{AB}$ 是可逆矩阵　　D. $\boldsymbol{AB}$ 是不可逆矩阵

解　因为 $\boldsymbol{A}$ 是 n 阶可逆矩阵，$\boldsymbol{B}$ 是 n 阶不可逆矩阵，所以 $|\boldsymbol{A}|\neq0,|\boldsymbol{B}|\neq0$. 于是 $|\boldsymbol{AB}|=|\boldsymbol{BA}|=0$，即 $\boldsymbol{AB}$ 是不可逆矩阵，故本题应选 D.

7. 设 $\boldsymbol{A},\boldsymbol{B}$ 为 n 阶非零矩阵满足 $\boldsymbol{AB}=\boldsymbol{O}$，则 $\boldsymbol{A}$ 和 $\boldsymbol{B}$ 的秩为　　（ B ）

A. 必有一个等于零　　B. 都小于 n

C. 都等于 n　　D. 一个小于 n 一个等于 n

解　A. 反例：$\boldsymbol{A}=\begin{pmatrix}1&1\\0&0\end{pmatrix},\boldsymbol{B}=\begin{pmatrix}-1&0\\1&0\end{pmatrix},\boldsymbol{AB}=\boldsymbol{O}$，而 $r(\boldsymbol{A})=r(\boldsymbol{B})=1$.

C. 若 $r(\boldsymbol{A})=r(\boldsymbol{B})=n$，则 $\boldsymbol{A}$ 和 $\boldsymbol{B}$ 都是可逆矩阵，即 $|\boldsymbol{A}|\neq0,|\boldsymbol{B}|\neq0$，于是 $|\boldsymbol{AB}|\neq0$，而由题设 $\boldsymbol{AB}=\boldsymbol{O}$ 可得 $|\boldsymbol{AB}|=0$，矛盾.

D. 若 $r(\boldsymbol{A})<n,r(\boldsymbol{B})=n$，则 $r(\boldsymbol{AB})=r(\boldsymbol{A})<n$，而 $\boldsymbol{A}$ 是 n 阶非零矩阵，则 $r(\boldsymbol{A})$

$\neq 0$,从而$r(\boldsymbol{AB})\neq 0$,即$\boldsymbol{AB}$不可能为零矩阵.故本题应选B.

8. 设$|\boldsymbol{A}|$,$|\boldsymbol{B}|$均为n $(n>2)$阶行列式,则 (C)

A. $|\boldsymbol{A}+\boldsymbol{B}|=|\boldsymbol{A}|+|\boldsymbol{B}|$　　B. $|\boldsymbol{A}-\boldsymbol{B}|=|\boldsymbol{A}|-|\boldsymbol{B}|$

C. $|\boldsymbol{AB}|=|\boldsymbol{A}|\cdot|\boldsymbol{B}|$　　D. $\begin{vmatrix} \boldsymbol{O} & \boldsymbol{A} \\ \boldsymbol{B} & \boldsymbol{O} \end{vmatrix}=|\boldsymbol{A}|\cdot|\boldsymbol{B}|$

解 本题应选C.

二、填空题

1. 设$\boldsymbol{A}=\begin{pmatrix} 0 & 0 & 0 & 1 \\ 0 & 0 & 1 & 0 \\ 0 & 1 & 0 & 0 \\ 1 & 0 & 0 & 0 \end{pmatrix}$,则$\boldsymbol{A}^{-1}=$ $\underline{\boldsymbol{A}}$.

解 由 $\begin{pmatrix} & & & a_n \\ & & a_{n-1} & \\ & \iddots & & \\ a_1 & & & \end{pmatrix}^{-1}=\begin{pmatrix} & & & a_1^{-1} \\ & & \iddots & \\ & a_{n-1}^{-1} & & \\ a_n^{-1} & & & \end{pmatrix}$ $(a_i\neq 0, i=1,2,\cdots,n)$

即可得.

2. 设$\boldsymbol{A}$,$\boldsymbol{B}$均为三阶方阵,$\boldsymbol{A}=2\boldsymbol{B}$,且$|\boldsymbol{A}|=3$,则$|\boldsymbol{B}|=$ $\underline{\dfrac{3}{8}}$.

解 因为$|\boldsymbol{A}|=|2\boldsymbol{B}|=2^3|\boldsymbol{B}|$,于是$|\boldsymbol{B}|=\dfrac{|\boldsymbol{A}|}{8}=\dfrac{3}{8}$.

3. 设$\boldsymbol{A}$,$\boldsymbol{B}$,$\boldsymbol{C}$为同阶方阵,且$\boldsymbol{ABC}=\boldsymbol{E}$,则$\boldsymbol{A}^{-1}=$ $\underline{\boldsymbol{BC}}$.

解 由$\boldsymbol{A}(\boldsymbol{BC})=\boldsymbol{E}$直接可得$\boldsymbol{A}$可逆,且$\boldsymbol{A}^{-1}=\boldsymbol{BC}$.

4. 设$\boldsymbol{A}=\begin{pmatrix} a_1 & b_1 & c_1 \\ a_2 & b_2 & c_2 \\ a_3 & b_3 & c_3 \end{pmatrix}$,$\boldsymbol{B}=\begin{pmatrix} a_1 & b_1 & d_1 \\ a_2 & b_2 & d_2 \\ a_3 & b_3 & d_3 \end{pmatrix}$,$|\boldsymbol{A}|=2$,$|\boldsymbol{B}|=3$,则$|2\boldsymbol{A}-\boldsymbol{B}|=$ $\underline{1}$.

解
$$|2\boldsymbol{A}-\boldsymbol{B}|=\begin{vmatrix} a_1 & b_1 & 2c_1-d_1 \\ a_2 & b_2 & 2c_2-d_2 \\ a_3 & b_3 & 2c_3-d_3 \end{vmatrix}=2\begin{vmatrix} a_1 & b_1 & c_1 \\ a_2 & b_2 & c_2 \\ a_3 & b_3 & c_3 \end{vmatrix}-\begin{vmatrix} a_1 & b_1 & d_1 \\ a_2 & b_2 & d_2 \\ a_3 & b_3 & d_3 \end{vmatrix}$$
$$=2|\boldsymbol{A}|-|\boldsymbol{B}|=1.$$

5. 设$\boldsymbol{A}$为n阶方阵,且$|\boldsymbol{A}|=-2$,则$\left|\left(-\dfrac{1}{3}\boldsymbol{A}\right)^{-1}+\boldsymbol{A}^*\right|=$ $\underline{\dfrac{(-1)^{n-1}5^n}{2}}$.

解 $\left|\left(-\dfrac{1}{3}\boldsymbol{A}\right)^{-1}+\boldsymbol{A}^*\right|=|-3\boldsymbol{A}^{-1}+\boldsymbol{A}^*|=|-3\boldsymbol{A}^{-1}-2\boldsymbol{A}^{-1}|=|-5\boldsymbol{A}^{-1}|$

$$=(-5)^n\frac{1}{|\boldsymbol{A}|}=\frac{(-1)^{n-1}5^n}{2}.$$

6. $\boldsymbol{A}$ 为三阶矩阵，$\boldsymbol{A}^*$ 为 $\boldsymbol{A}$ 的伴随矩阵，已知 $|\boldsymbol{A}|=-2$，则 $|\boldsymbol{A}^*|=$ __4__.

解 $|\boldsymbol{A}^*|=|\boldsymbol{A}|^{n-1}=(-2)^2=4$.

7. 设 $\boldsymbol{A}^{-1}=\begin{pmatrix}1&3\\-1&5\end{pmatrix}$，则 $(8\boldsymbol{A})^{\mathrm{T}}=$ __$\begin{pmatrix}5&1\\-3&1\end{pmatrix}$__.

解 由 $\boldsymbol{A}=(\boldsymbol{A}^{-1})^{-1}=\begin{pmatrix}1&3\\-1&5\end{pmatrix}^{-1}=\frac{1}{8}\begin{pmatrix}5&-3\\1&1\end{pmatrix}$，得 $(8\boldsymbol{A})^{\mathrm{T}}=\begin{pmatrix}5&1\\-3&1\end{pmatrix}$.

8. 设 $\boldsymbol{A}=\begin{pmatrix}1&2\\4&4\end{pmatrix}$，$\boldsymbol{B}=\begin{pmatrix}2&1\\2&x\end{pmatrix}$，如果 $\boldsymbol{AB}=\boldsymbol{BA}$，则 $x=$ __$\frac{7}{2}$__.

解 因为 $\boldsymbol{AB}=\boldsymbol{BA}$，即

$$\begin{pmatrix}6&1+2x\\16&4+4x\end{pmatrix}=\begin{pmatrix}6&8\\2+4x&4+4x\end{pmatrix},$$

根据矩阵相等的定义，可得 $x=\frac{7}{2}$.

9. 设方阵 $\boldsymbol{A}$ 满足 $\boldsymbol{A}^2=\boldsymbol{A}$，则 $|\boldsymbol{A}|=$ __0 或 1__.

解 $\boldsymbol{A}^2=\boldsymbol{A}$，则 $|\boldsymbol{A}^2|=|\boldsymbol{A}|$，即 $|\boldsymbol{A}|(|\boldsymbol{A}|-1)=0$，于是 $|\boldsymbol{A}|=0$ 或 $|\boldsymbol{A}|=1$.

三、计算题

1. 设 $\boldsymbol{A}=\begin{pmatrix}3&0&7\\0&2&1\\1&6&0\end{pmatrix}$，$\boldsymbol{B}=\begin{pmatrix}0&4&2\\0&-1&0\\1&0&6\end{pmatrix}$，$\boldsymbol{C}=\begin{pmatrix}1&0&4\\-1&1&6\\2&0&6\end{pmatrix}$，

(1) 若 $\boldsymbol{A}-3(\boldsymbol{B}-\boldsymbol{X})=\boldsymbol{X}-\boldsymbol{C}$，求矩阵 $\boldsymbol{X}$；

(2) 求 $(\boldsymbol{AB})\boldsymbol{C}^{\mathrm{T}}$；

(3) 求 $\boldsymbol{A}^2$.

解 (1) 由 $\boldsymbol{A}-3(\boldsymbol{B}-\boldsymbol{X})=\boldsymbol{X}-\boldsymbol{C}$ 解得

$$\boldsymbol{X}=\frac{1}{2}(3\boldsymbol{B}-\boldsymbol{A}-\boldsymbol{C})=\frac{1}{2}\left[\begin{pmatrix}0&12&6\\0&-3&0\\3&0&18\end{pmatrix}-\begin{pmatrix}3&0&7\\0&2&1\\1&6&0\end{pmatrix}-\begin{pmatrix}1&0&4\\-1&1&6\\2&0&6\end{pmatrix}\right]$$

$$=\frac{1}{2}\begin{pmatrix}-4&12&-5\\1&-6&-7\\0&-6&12\end{pmatrix}=\begin{pmatrix}-2&6&-\frac{5}{2}\\\frac{1}{2}&-3&-\frac{7}{2}\\0&-3&6\end{pmatrix}.$$

(2) $$(\boldsymbol{AB})\boldsymbol{C}^{\mathrm{T}}=\left[\begin{pmatrix}3&0&7\\0&2&1\\1&6&0\end{pmatrix}\begin{pmatrix}0&4&2\\0&-1&0\\1&0&6\end{pmatrix}\right]\begin{pmatrix}1&-1&2\\0&1&0\\4&6&6\end{pmatrix}$$

$$=\begin{pmatrix}7&12&48\\1&-2&6\\0&-2&2\end{pmatrix}\begin{pmatrix}1&-1&2\\0&1&0\\4&6&6\end{pmatrix}=\begin{pmatrix}199&293&302\\25&33&38\\8&10&12\end{pmatrix}.$$

(3) $A^2=\begin{pmatrix}3&0&7\\0&2&1\\1&6&0\end{pmatrix}\begin{pmatrix}3&0&7\\0&2&1\\1&6&0\end{pmatrix}=\begin{pmatrix}16&42&21\\1&10&2\\3&12&13\end{pmatrix}.$

2. 设 $A^2-AB=E$，且 $A=\begin{pmatrix}1&1&-1\\0&1&1\\0&0&-1\end{pmatrix}$，求矩阵 B.

解 因为 $A^2-AB=E$，即 $A(A-B)=E$. 所以 $A^{-1}=A-B$，故

$$B=A-A^{-1}=\begin{pmatrix}1&1&-1\\0&1&1\\0&0&-1\end{pmatrix}-\begin{pmatrix}1&-1&-2\\0&1&1\\0&0&-1\end{pmatrix}=\begin{pmatrix}0&2&1\\0&0&0\\0&0&0\end{pmatrix}.$$

3. 设 $A=\begin{pmatrix}1&0&0\\2&2&0\\3&4&5\end{pmatrix}$，$A^*$ 是 A 的伴随矩阵，求 $(A^*)^{-1}$.

解 由于 $AA^*=|A|E$，$|A|=1\times2\times5=10\neq0$，故 $\dfrac{A}{|A|}A^*=E$，即

$$(A^*)^{-1}=\frac{A}{|A|}=\frac{1}{10}\begin{pmatrix}1&0&0\\2&2&0\\3&4&5\end{pmatrix}=\begin{pmatrix}\frac{1}{10}&0&0\\\frac{1}{5}&\frac{1}{5}&0\\\frac{3}{10}&\frac{2}{5}&\frac{1}{2}\end{pmatrix}.$$

4. 求矩阵 $\begin{pmatrix}1&4&1&0&0\\2&1&-1&-3&3\\1&0&-3&-1&2\\0&2&-6&3&0\end{pmatrix}$ 的秩.

解 $A=\begin{pmatrix}1&4&1&0&0\\2&1&-1&-3&3\\1&0&-3&-1&2\\0&2&-6&3&0\end{pmatrix}\xrightarrow[r_2-2r_3]{r_1-r_3}\begin{pmatrix}0&4&4&1&-2\\0&1&5&-1&-1\\1&0&-3&-1&2\\0&2&-6&3&0\end{pmatrix}$

$$\xrightarrow{r_1\leftrightarrow r_3}\begin{pmatrix}1&0&-3&-1&2\\0&1&5&-1&-1\\0&4&4&1&-2\\0&2&-6&3&0\end{pmatrix}\xrightarrow[r_4-2r_2]{r_3-4r_2}\begin{pmatrix}1&0&-3&-1&2\\0&1&5&-1&-1\\0&0&-16&5&2\\0&0&-16&5&2\end{pmatrix}$$

$$\xrightarrow{r_4-r_3}\begin{pmatrix}1 & 0 & -3 & -1 & 2\\ 0 & 1 & 5 & -1 & -1\\ 0 & 0 & -16 & 5 & 2\\ 0 & 0 & 0 & 0 & 0\end{pmatrix},$$

所以,$r(\boldsymbol{A})=3$.

5. 设$\boldsymbol{A},\boldsymbol{B}$为三阶矩阵,$\boldsymbol{E}$为三阶单位矩阵,满足$\boldsymbol{AB}+\boldsymbol{E}=\boldsymbol{A}^2+\boldsymbol{B}$,又知

$$\boldsymbol{A}=\begin{pmatrix}1 & 0 & 1\\ 0 & 2 & 0\\ -1 & 0 & 1\end{pmatrix},$$

求矩阵$\boldsymbol{B}$.

解 由$\boldsymbol{AB}+\boldsymbol{E}=\boldsymbol{A}^2+\boldsymbol{B}$,得$\boldsymbol{AB}-\boldsymbol{B}=\boldsymbol{A}^2-\boldsymbol{E}$,即$(\boldsymbol{A}-\boldsymbol{E})\boldsymbol{B}=\boldsymbol{A}^2-\boldsymbol{E}$. 而$|\boldsymbol{A}-\boldsymbol{E}|=1\neq 0$,即$\boldsymbol{A}-\boldsymbol{E}$可逆. 于是

$$(\boldsymbol{A}-\boldsymbol{E})^{-1}(\boldsymbol{A}-\boldsymbol{E})\boldsymbol{B}=(\boldsymbol{A}-\boldsymbol{E})^{-1}(\boldsymbol{A}^2-\boldsymbol{E})=(\boldsymbol{A}-\boldsymbol{E})^{-1}(\boldsymbol{A}-\boldsymbol{E})(\boldsymbol{A}+\boldsymbol{E}),$$

从而$\boldsymbol{B}=\boldsymbol{A}+\boldsymbol{E}=\begin{pmatrix}2 & 0 & 1\\ 0 & 3 & 0\\ -1 & 0 & 2\end{pmatrix}$.

6. 设$\boldsymbol{A}=\begin{pmatrix}2 & 1 & -1\\ 2 & 1 & 0\\ 1 & -1 & 1\end{pmatrix}$,$\boldsymbol{B}=\begin{pmatrix}1 & -1 & 3\\ 4 & 3 & 2\end{pmatrix}$,求满足$\boldsymbol{XA}=\boldsymbol{B}$的矩阵$\boldsymbol{X}$.

解 因为$|\boldsymbol{A}|=3\neq 0$,所以矩阵$\boldsymbol{A}$可逆,从而

$$\boldsymbol{X}=\boldsymbol{BA}^{-1}=\begin{pmatrix}1 & -1 & 3\\ 4 & 3 & 2\end{pmatrix}\begin{pmatrix}\frac{1}{3} & 0 & \frac{1}{3}\\ -\frac{2}{3} & 1 & -\frac{2}{3}\\ -1 & 1 & 0\end{pmatrix}=\begin{pmatrix}-2 & 2 & 1\\ -\frac{8}{3} & 5 & -\frac{2}{3}\end{pmatrix}.$$

四、证明题

1. 已知n阶方阵$\boldsymbol{A}$满足矩阵方程$\boldsymbol{A}^2-3\boldsymbol{A}-3\boldsymbol{E}=\boldsymbol{O}$,证明$\boldsymbol{A}$可逆,并求出其逆矩阵$\boldsymbol{A}^{-1}$.

证 因为$\boldsymbol{A}^2-3\boldsymbol{A}-3\boldsymbol{E}=\boldsymbol{A}(\boldsymbol{A}-3\boldsymbol{E})-3\boldsymbol{E}=\boldsymbol{O}$,所以$\boldsymbol{A}\dfrac{\boldsymbol{A}-3\boldsymbol{E}}{3}=\boldsymbol{E}$,从而$\boldsymbol{A}$可逆,且

$$\boldsymbol{A}^{-1}=\frac{\boldsymbol{A}-3\boldsymbol{E}}{3}.$$

2. 证明:如果$\boldsymbol{A}^2=\boldsymbol{A}$,但$\boldsymbol{A}$不是单位矩阵,则$\boldsymbol{A}$必为不可逆矩阵.

证 假设矩阵$\boldsymbol{A}$可逆,由$\boldsymbol{A}^2=\boldsymbol{A}$可得$\boldsymbol{A}^{-1}\boldsymbol{A}^2=\boldsymbol{A}^{-1}\boldsymbol{A}=\boldsymbol{E}$,即$\boldsymbol{A}=\boldsymbol{E}$,这与题设

矛盾.于是 $\boldsymbol{A}$ 必为不可逆矩阵.

第3章 线性方程组

习题 3.1

1. 用高斯消元法解下列方程组:

$$(1)\begin{cases}4x_1+2x_2-x_3=2\\3x_1-2x_2+2x_3=10\\11x_1+x_2=8\end{cases}.$$

解 $$\overline{\boldsymbol{A}}=\left(\begin{array}{ccc:c}4&2&-1&2\\3&-2&2&10\\11&1&0&8\end{array}\right)\xrightarrow{c_1\leftrightarrow c_3}\left(\begin{array}{ccc:c}-1&2&4&2\\2&-2&3&10\\0&1&11&8\end{array}\right)$$

$$\xrightarrow{r_2+2r_1}\left(\begin{array}{ccc:c}-1&2&4&2\\0&2&11&14\\0&1&11&8\end{array}\right)\xrightarrow{r_2\leftrightarrow r_3}\left(\begin{array}{ccc:c}-1&2&4&2\\0&1&11&8\\0&2&11&14\end{array}\right)$$

$$\xrightarrow{r_3-2r_2}\left(\begin{array}{ccc:c}-1&2&4&2\\0&1&11&8\\0&0&-11&-2\end{array}\right),$$

由于 $r(\overline{\boldsymbol{A}})=r(\boldsymbol{A})=3$,所以方程组有唯一解,还原成同解方程组的形式

$$\begin{cases}-x_3+2x_2+4x_1=2\\x_2+11x_1=8\\-11x_1=-2\end{cases},$$

解之得

$$\begin{cases}x_1=\dfrac{2}{11}\\x_2=6\\x_3=\dfrac{118}{11}\end{cases}.$$

$$(2)\begin{cases}2x_1+3x_2+x_3=4\\x_1-2x_2+4x_3=-5\\3x_1+8x_2-2x_3=13\\4x_1-x_2+9x_3=-16\end{cases}.$$

解 $\overline{\mathbf{A}}=\left(\begin{array}{cccc}2 & 3 & 1 & 4 \\ 1 & -2 & 4 & -5 \\ 3 & 8 & -2 & 13 \\ 4 & -1 & 9 & -16\end{array}\right) \xrightarrow{r_1 \leftrightarrow r_2}\left(\begin{array}{cccc}1 & -2 & 4 & -5 \\ 2 & 3 & 1 & 4 \\ 3 & 8 & -2 & 13 \\ 4 & -1 & 9 & -16\end{array}\right)$

$\xrightarrow[\substack{r_3-3r_1 \\ r_4-4r_1}]{r_2-2r_1}\left(\begin{array}{cccc}1 & -2 & 4 & -5 \\ 0 & 7 & -7 & 14 \\ 0 & 14 & -14 & 28 \\ 0 & 7 & -7 & 4\end{array}\right) \xrightarrow[r_4-r_2]{r_3-2r_2}\left(\begin{array}{cccc}1 & -2 & 4 & -5 \\ 0 & 7 & -7 & 14 \\ 0 & 0 & 0 & 0 \\ 0 & 0 & 0 & -10\end{array}\right)$

$\xrightarrow{r_3 \leftrightarrow r_4}\left(\begin{array}{cccc}1 & -2 & 4 & -5 \\ 0 & 7 & -7 & 14 \\ 0 & 0 & 0 & -10 \\ 0 & 0 & 0 & 0\end{array}\right),$

由于 $r(\overline{\mathbf{A}})=3\neq r(\mathbf{A})=2$，从而方程组无解.

(3) $\left\{\begin{array}{l}x_1+5x_2-x_3-x_4=-1 \\ x_1-2x_2+x_3+3x_4=3 \\ 3x_1+8x_2-x_3+x_4=1 \\ x_1-9x_2+3x_3+7x_4=7\end{array}\right.$.

解 $\overline{\mathbf{A}}=\left(\begin{array}{ccccc}1 & 5 & -1 & -1 & -1 \\ 1 & -2 & 1 & 3 & 3 \\ 3 & 8 & -1 & 1 & 1 \\ 1 & -9 & 3 & 7 & 7\end{array}\right) \xrightarrow[\substack{r_3-r_1 \\ r_4-r_1}]{r_2-r_1}\left(\begin{array}{ccccc}1 & 5 & -1 & -1 & -1 \\ 0 & -7 & 2 & 4 & 4 \\ 0 & -7 & 2 & 4 & 4 \\ 0 & -14 & 4 & 8 & 8\end{array}\right)$

$\xrightarrow[r_4-2r_2]{r_3-r_2}\left(\begin{array}{ccccc}1 & 5 & -1 & -1 & -1 \\ 0 & -7 & 2 & 4 & 4 \\ 0 & 0 & 0 & 0 & 0 \\ 0 & 0 & 0 & 0 & 0\end{array}\right),$

由于 $r(\overline{\mathbf{A}})=r(\mathbf{A})=2<4$，于是有无穷多个解.还原成方程组的形式，得

$$\left\{\begin{array}{l}x_1+5x_2-x_3-x_4=-1 \\ -7x_2+2x_3+4x_4=4\end{array}\right.,$$

解之得

$$\left\{\begin{array}{l}x_1=\dfrac{1}{7}(13-3x_3-13x_4) \\ x_2=-\dfrac{1}{7}(4-2x_3-4x_4)\end{array}\right.(x_3, x_4\text{ 为自由变量}).$$

2. 确定 a,b 的值使下列线性方程组有解并求解：

$$(1)\begin{cases} x_1+x_2\ \ +x_3=a \\ ax_1+x_2\ \ +x_3=1 \\ x_1+x_2+ax_3=1 \end{cases}.$$

解 $\overline{\mathbf{A}}=\left(\begin{array}{ccc:c} 1 & 1 & 1 & a \\ a & 1 & 1 & 1 \\ 1 & 1 & a & 1 \end{array}\right)\xrightarrow[r_3-r_1]{r_2-ar_1}\left(\begin{array}{ccc:c} 1 & 1 & 1 & a \\ 0 & 1-a & 1-a & 1-a^2 \\ 0 & 0 & a-1 & 1-a \end{array}\right).$

当 $a\neq 1$ 时，$r(\overline{\mathbf{A}})=r(\mathbf{A})=3$，方程组有唯一解，且

$$\begin{cases} x_1=-1 \\ x_2=a+2 \\ x_3=-1 \end{cases}.$$

当 $a=1$ 时，$r(\overline{\mathbf{A}})=r(\mathbf{A})=1<3$，方程组有无解多解，且

$$\overline{\mathbf{A}}=\left(\begin{array}{ccc:c} 1 & 1 & 1 & 1 \\ 0 & 0 & 0 & 0 \\ 0 & 0 & 0 & 0 \end{array}\right),$$

还原成方程组的形式即 $x_1+x_2+x_3=1$，此时方程组的解为

$$x_1=1-x_2-x_3\ (x_2, x_3\ \text{为自由未知量}).$$

$$(2)\begin{cases} x_1\ \ +x_2\ \ +x_3\ \ +x_4\ \ +x_5=1 \\ 3x_1+2x_2\ \ +x_3\ \ +x_4-3x_5=a \\ \qquad\ \ x_2+2x_3+2x_4+6x_5=3 \\ 5x_1+4x_2+3x_3+3x_4\ \ -x_5=b \end{cases}.$$

解 $\overline{\mathbf{A}}=\left(\begin{array}{ccccc:c} 1 & 1 & 1 & 1 & 1 & 1 \\ 3 & 2 & 1 & 1 & -3 & a \\ 0 & 1 & 2 & 2 & 6 & 3 \\ 5 & 4 & 3 & 3 & -1 & b \end{array}\right)\xrightarrow[r_4-5r_1]{r_2-3r_1}\left(\begin{array}{ccccc:c} 1 & 1 & 1 & 1 & 1 & 1 \\ 0 & -1 & -2 & -2 & -6 & a-3 \\ 0 & 1 & 2 & 2 & 6 & 3 \\ 0 & -1 & -2 & -2 & -6 & b-5 \end{array}\right)$

$$\xrightarrow[r_4-r_2]{r_3+r_2}\left(\begin{array}{ccccc:c} 1 & 1 & 1 & 1 & 1 & 1 \\ 0 & -1 & -2 & -2 & -6 & a-3 \\ 0 & 0 & 0 & 0 & 0 & a \\ 0 & 0 & 0 & 0 & 0 & b-a-2 \end{array}\right),$$

所以，当 $a=0$ 且 $b-a-2=0$ 即 $a=0, b=2$，$r(\overline{\mathbf{A}})=r(\mathbf{A})=2<5$，这时方程组有无穷多解. 还原成方程组的形式

$$\begin{cases} x_1+x_2\ \ +x_3\ \ +x_4\ \ +x_5=1 \\ \qquad x_2+2x_3+2x_4+6x_5=3 \end{cases},$$

解之得

$$\begin{cases}x_1=-2+x_3+x_4+5x_5\\x_2=3-2x_3-2x_4-6x_5\end{cases}(x_3,x_4,x_5 \text{ 为自由未知量}).$$

习题 3.2

1. 设 $\boldsymbol{\alpha}=(2,1,3)$，$\boldsymbol{\beta}=(-1,3,6)$，$\boldsymbol{\gamma}=(2,-1,4)$，求向量 $2\boldsymbol{\alpha}+3\boldsymbol{\beta}-\boldsymbol{\gamma}$.

解
$$\begin{aligned}2\boldsymbol{\alpha}+3\boldsymbol{\beta}-\boldsymbol{\gamma}&=2(2,1,3)+3(-1,3,6)-(2,-1,4)\\&=(4,2,6)+(-3,9,18)-(2,-1,4)\\&=(-1,12,20).\end{aligned}$$

2. 已知向量 $\boldsymbol{\alpha}_1=(4,5,-5,3)$，$\boldsymbol{\alpha}_2=(10,1,5,10)$，$\boldsymbol{\alpha}_3=(4,1,-1,1)$，如果

$$3(\boldsymbol{\alpha}_1-\boldsymbol{\alpha})+2(\boldsymbol{\alpha}_2+\boldsymbol{\alpha})-5(\boldsymbol{\alpha}_3-\boldsymbol{\alpha})=\mathbf{0},$$

求 $\boldsymbol{\alpha}$.

解 由 $3(\boldsymbol{\alpha}_1-\boldsymbol{\alpha})+2(\boldsymbol{\alpha}_2+\boldsymbol{\alpha})-5(\boldsymbol{\alpha}_3-\boldsymbol{\alpha})=\mathbf{0}$ 解得

$$\boldsymbol{\alpha}=\frac{1}{4}(-3\boldsymbol{\alpha}_1-2\boldsymbol{\alpha}_2+5\boldsymbol{\alpha}_3)=(-3,-3,0,-6).$$

习题 3.3

1. 判断以下向量 $\boldsymbol{\beta}$ 是否用向量组 $\boldsymbol{\alpha}_1,\boldsymbol{\alpha}_2,\boldsymbol{\alpha}_3$ 线性表示？若能，则写出其所有的线性表示式.

(1) $\boldsymbol{\beta}=(4,0)$，$\boldsymbol{\alpha}_1=(-1,2)$，$\boldsymbol{\alpha}_2=(3,2)$，$\boldsymbol{\alpha}_3=(6,4)$.

分析 一个向量 $\boldsymbol{\beta}$ 能否由 $\boldsymbol{\alpha}_1,\cdots,\boldsymbol{\alpha}_m$ 线性表示，相当于一个线性方程组是否有解；有多少种表示方式，相当于方程组有唯一解还是无穷多组解，而该方程组的增广矩阵由向量 $\boldsymbol{\alpha}_1,\cdots,\boldsymbol{\alpha}_m$ 及 $\boldsymbol{\beta}$ 竖排组成.

解 设 $k_1\boldsymbol{\alpha}_1+k_2\boldsymbol{\alpha}_2+k_3\boldsymbol{\alpha}_3=\boldsymbol{\beta}$，即

$$\begin{cases}-k_1+3k_2+6k_3=4\\2k_1+2k_2+4k_3=0\end{cases}.$$

又

$$\begin{aligned}\overline{\mathbf{A}}=(\boldsymbol{\alpha}_1^{\mathrm{T}},\boldsymbol{\alpha}_2^{\mathrm{T}},\boldsymbol{\alpha}_3^{\mathrm{T}},\boldsymbol{\beta}^{\mathrm{T}})=\left(\begin{array}{ccc:c}-1&3&6&4\\2&2&4&0\end{array}\right)\to\left(\begin{array}{ccc:c}-1&3&6&4\\0&8&16&8\end{array}\right)\\\to\left(\begin{array}{ccc:c}-1&0&0&1\\0&1&2&1\end{array}\right)\to\left(\begin{array}{ccc:c}1&0&0&-1\\0&1&2&1\end{array}\right),\end{aligned}$$

由于 $r(\overline{\mathbf{A}})=r(\mathbf{A})=2$，所以方程组有无穷多解，也即 $\boldsymbol{\beta}$ 可由 $\boldsymbol{\alpha}_1,\boldsymbol{\alpha}_2,\boldsymbol{\alpha}_3$ 线性表示，且表示法有无穷多种. 此时还原成方程组

$$\begin{cases} k_1=-1 \\ k_2=1-2k_3 \end{cases},$$

令 $k_3=k$，则有

$$\boldsymbol{\beta}=-\boldsymbol{\alpha}_1+(1-2k)\boldsymbol{\alpha}_2+k\boldsymbol{\alpha}_3(k\ 为任意实数).$$

(2) $\boldsymbol{\beta}=(-3,3,7)$，$\boldsymbol{\alpha}_1=(1,-1,2)$，$\boldsymbol{\alpha}_2=(2,1,0)$，$\boldsymbol{\alpha}_3=(-1,2,1)$.

解 设 $k_1\boldsymbol{\alpha}_1+k_2\boldsymbol{\alpha}_2+k_3\boldsymbol{\alpha}_3=\boldsymbol{\beta}$，即

$$\begin{cases} k_1+2k_2-k_3=-3 \\ -k_1+k_2+2k_3=3 \\ 2k_1+k_3=7 \end{cases},$$

则

$$\overline{\boldsymbol{A}}=\left(\begin{array}{ccc:c} 1 & 2 & -1 & -3 \\ -1 & 1 & 2 & 3 \\ 2 & 0 & 1 & 7 \end{array}\right)\to\left(\begin{array}{ccc:c} 1 & 2 & -1 & -3 \\ 0 & 3 & -1 & 0 \\ 0 & 0 & 1 & 3 \end{array}\right)\to\left(\begin{array}{ccc:c} 1 & 0 & 0 & 2 \\ 0 & 1 & 0 & -1 \\ 0 & 0 & 1 & 3 \end{array}\right),$$

由 $r(\overline{\boldsymbol{A}})=r(\boldsymbol{A})=3$ 知，方程组有唯一解.因此 $\boldsymbol{\beta}$ 可由 $\boldsymbol{\alpha}_1,\boldsymbol{\alpha}_2,\boldsymbol{\alpha}_3$ 唯一线性表示，且

$$\boldsymbol{\beta}=2\boldsymbol{\alpha}_1-\boldsymbol{\alpha}_2+3\boldsymbol{\alpha}_3.$$

(3) $\boldsymbol{\beta}=(3,5,-6)$，$\boldsymbol{\alpha}_1=(1,0,1)$，$\boldsymbol{\alpha}_2=(1,1,1)$，$\boldsymbol{\alpha}_3=(0,-1,-1)$.

解 设 $k_1\boldsymbol{\alpha}_1+k_2\boldsymbol{\alpha}_2+k_3\boldsymbol{\alpha}_3=\boldsymbol{\beta}$，即

$$\begin{cases} k_1+k_2=3 \\ k_2-k_3=5 \\ k_1+k_2-k_3=-6 \end{cases},$$

又

$$\overline{\boldsymbol{A}}=\left(\begin{array}{ccc:c} 1 & 1 & 0 & 3 \\ 0 & 1 & -1 & 5 \\ 1 & 1 & -1 & -6 \end{array}\right)\to\left(\begin{array}{ccc:c} 1 & 1 & 0 & 3 \\ 0 & 1 & -1 & 5 \\ 0 & 0 & -1 & -9 \end{array}\right)\to\left(\begin{array}{ccc:c} 1 & 0 & 0 & -11 \\ 0 & 1 & 0 & 14 \\ 0 & 0 & 1 & 9 \end{array}\right),$$

由 $r(\overline{\boldsymbol{A}})=r(\boldsymbol{A})=3$ 知，方程组有唯一解.因此 $\boldsymbol{\beta}$ 可由 $\boldsymbol{\alpha}_1,\boldsymbol{\alpha}_2,\boldsymbol{\alpha}_3$ 唯一线性表示，且

$$\boldsymbol{\beta}=-11\boldsymbol{\alpha}_1+14\boldsymbol{\alpha}_2+9\boldsymbol{\alpha}_3.$$

2. 已知 $\boldsymbol{\alpha}_1=(1,\ 0,\ 2,\ 3)^{\mathrm{T}}$，$\boldsymbol{\alpha}_2=(1,\ 1,\ 3,\ 5)^{\mathrm{T}}$，$\boldsymbol{\alpha}_3=(1,-1,\ a+2,\ 1)^{\mathrm{T}}$，$\boldsymbol{\alpha}_4=(1\ 2,\ 4,\ a+8)^{\mathrm{T}}$ 及 $\boldsymbol{\beta}=(1,1,b+3,5)^{\mathrm{T}}$，问：

(1) a,b 取何值时，$\boldsymbol{\beta}$ 不能表示成 $\boldsymbol{\alpha}_1,\boldsymbol{\alpha}_2,\boldsymbol{\alpha}_3,\boldsymbol{\alpha}_4$ 的线性组合？

(2) a,b 取何值时，$\boldsymbol{\beta}$ 能由 $\boldsymbol{\alpha}_1,\boldsymbol{\alpha}_2,\boldsymbol{\alpha}_3,\boldsymbol{\alpha}_4$ 唯一线性表出？并写出该表示式.

解法 1 设 $\boldsymbol{\beta}=x_1\boldsymbol{\alpha}_1+x_2\boldsymbol{\alpha}_2+x_3\boldsymbol{\alpha}_3+x_4\boldsymbol{\alpha}_4$，则有线性方程组

$$\begin{cases} x_1+x_2+x_3+x_4=1 \\ x_2-x_3+2x_4=1 \\ 2x_1+3x_2+(a+2)x_3+4x_4=b+3 \\ 3x_1+5x_2+x_3+(a+8)x_4=5 \end{cases}, \tag{*}$$

对线性非齐次方程组的增广矩阵作初等行变换

$$\overline{A}=\begin{pmatrix}1&1&1&1&\vdots&1\\0&1&-1&2&\vdots&1\\2&3&a+2&4&\vdots&b+3\\3&5&1&a+8&\vdots&5\end{pmatrix}\xrightarrow{\text{行初等变换}}\begin{pmatrix}1&0&2&-1&\vdots&0\\0&1&-1&2&\vdots&1\\0&0&a+1&0&\vdots&b\\0&0&0&a+1&\vdots&0\end{pmatrix}.$$

(1) 当 $a=-1$ 且 $b\neq 0$ 时,系数矩阵的秩为 2,而增广矩阵的秩为 3,则方程组无解.故 $\boldsymbol{\beta}$ 不能表示成 $\boldsymbol{\alpha}_1,\boldsymbol{\alpha}_2,\boldsymbol{\alpha}_3,\boldsymbol{\alpha}_4$ 的线性组合.

(2) 当 $a\neq -1$ 时,系数矩阵的秩与增广矩阵的秩都为 4,方程组有唯一解.故 $\boldsymbol{\beta}$ 能有 $\boldsymbol{\alpha}_1,\boldsymbol{\alpha}_2,\boldsymbol{\alpha}_3,\boldsymbol{\alpha}_4$ 的唯一线性表示式,且有

$$\boldsymbol{\beta}=-\frac{2b}{a+1}\boldsymbol{\alpha}_1+\frac{a+b+1}{a+1}\boldsymbol{\alpha}_2+\frac{b}{a+1}\boldsymbol{\alpha}_3+0\cdot\boldsymbol{\alpha}_4.$$

解法 2 由方程组(*)可知,方程组(*)的未知量个数恰好与方程个数相等,故直接可计算系数行列式的值.

$$|\boldsymbol{A}|=\begin{vmatrix}1&1&1&1\\0&1&-1&2\\2&3&a+2&4\\3&5&1&a+8\end{vmatrix}=(a+1)^2.$$

(1) 当 $a\neq -1$,即 $|\boldsymbol{A}|\neq 0$,方程组有唯一解.故 $\boldsymbol{\beta}$ 能有 $\boldsymbol{\alpha}_1,\boldsymbol{\alpha}_2,\boldsymbol{\alpha}_3,\boldsymbol{\alpha}_4$ 的唯一线性表示式,且有

$$\boldsymbol{\beta}=-\frac{2b}{a+1}\boldsymbol{\alpha}_1+\frac{a+b+1}{a+1}\boldsymbol{\alpha}_2+\frac{b}{a+1}\boldsymbol{\alpha}_3+0\cdot\boldsymbol{\alpha}_4.\text{(此解可用克莱姆法则求得)}$$

(2) 当 $a=-1$,即 $|\boldsymbol{A}|=0$,再由方程组(*)的增广矩阵判定方程组解的情况.即

$$\overline{A}=\begin{pmatrix}1&1&1&1&\vdots&1\\0&1&-1&2&\vdots&1\\2&3&1&4&\vdots&b+3\\3&5&1&7&\vdots&5\end{pmatrix}\xrightarrow{\text{行初等变换}}\begin{pmatrix}1&1&1&1&\vdots&1\\0&1&-1&2&\vdots&1\\0&0&0&0&\vdots&b\\0&0&0&0&\vdots&0\end{pmatrix},$$

从最后一个矩阵可知,当 $b\neq 0$ 时增广矩阵的秩为 3 不等于系数矩阵的秩 2,此时方程组无解,故当 $a=-1$ 且 $b\neq 0$ 时,$\boldsymbol{\beta}$ 不能表示成 $\boldsymbol{\alpha}_1,\boldsymbol{\alpha}_2,\boldsymbol{\alpha}_3,\boldsymbol{\alpha}_4$ 的线性组合.

3. 判别下列向量组的线性相关性:

(1) $\boldsymbol{\alpha}_1=(3,2,0),\boldsymbol{\alpha}_2=(-1,2,1)$.

解 由 $\boldsymbol{\alpha}_1,\boldsymbol{\alpha}_2$ 对应分量不成比例知其线性无关.

(2) $\boldsymbol{\alpha}_1=(2,1)$, $\boldsymbol{\alpha}_2=(3,3)$, $\boldsymbol{\alpha}_3=(5,2)$.

解 $\boldsymbol{\alpha}_1,\boldsymbol{\alpha}_2,\boldsymbol{\alpha}_3$ 是三个二维向量,向量的个数大于向量的维数,所以 $\boldsymbol{\alpha}_1,\boldsymbol{\alpha}_2,\boldsymbol{\alpha}_3$

线性相关.

(3) $\boldsymbol{\beta}_1=(1,\ 1,-1,\ 1)$，$\boldsymbol{\beta}_2=(1,-1,\ 2,-1)$，$\boldsymbol{\beta}_3=(3,\ 1,\ 0,\ 1)$.

解 作齐次线性方程组 $k_1\boldsymbol{\beta}_1+k_2\boldsymbol{\beta}_2+k_3\boldsymbol{\beta}_3=\mathbf{0}$,则有

$$\begin{cases} k_1+k_2+3k_3=0 \\ k_1-k_2+k_3=0 \\ -k_1+2k_2=0 \\ k_1-k_2+k_3=0 \end{cases},$$

其系数矩阵

$$\mathbf{A}=\begin{pmatrix} 1 & 1 & 3 \\ 1 & -1 & 1 \\ -1 & 2 & 0 \\ 1 & -1 & 1 \end{pmatrix}\rightarrow\begin{pmatrix} 1 & 1 & 3 \\ 0 & -2 & -2 \\ 0 & 3 & 3 \\ 0 & -2 & -2 \end{pmatrix}\rightarrow\begin{pmatrix} 1 & 1 & 3 \\ 0 & 1 & 1 \\ 0 & 0 & 0 \\ 0 & 0 & 0 \end{pmatrix},$$

因为 $r(\mathbf{A})=2<n=3$,方程组有非零解,所以 $\boldsymbol{\beta}_1,\boldsymbol{\beta}_2,\boldsymbol{\beta}_3$ 线性相关.

(4) $\boldsymbol{\gamma}_1=(2,1,3)$，$\boldsymbol{\gamma}_2=(-1,3,1)$，$\boldsymbol{\gamma}_3=(1,1,-2)$.

解 $\boldsymbol{\gamma}_1,\boldsymbol{\gamma}_2,\boldsymbol{\gamma}_3$ 是三个三维向量,其行列式为

$$\begin{vmatrix} 2 & 1 & 3 \\ -1 & 3 & 1 \\ 1 & 1 & -2 \end{vmatrix}=-27\neq 0,$$

所以 $\boldsymbol{\gamma}_1$，$\boldsymbol{\gamma}_2$，$\boldsymbol{\gamma}_3$ 线性无关.

4. 证明:线性无关的向量组的任何一部分向量所组成的向量组也是线性无关的.

证 设向量组 $\boldsymbol{\alpha}_1,\boldsymbol{\alpha}_2,\cdots,\boldsymbol{\alpha}_s$ 的一部分向量所组成的向量组为 $\boldsymbol{\alpha}_1,\boldsymbol{\alpha}_2,\cdots,\boldsymbol{\alpha}_r$($r\leqslant s$),我们用反证法证明 $\boldsymbol{\alpha}_1,\boldsymbol{\alpha}_2,\cdots,\boldsymbol{\alpha}_r$ 线性无关.假设 $\boldsymbol{\alpha}_1,\boldsymbol{\alpha}_2,\cdots,\boldsymbol{\alpha}_r$ 线性相关,则存在不全为零的数 $k_1,\cdots,k_r$,使

$$k_1\boldsymbol{\alpha}_1+k_2\boldsymbol{\alpha}_2+\cdots+k_r\boldsymbol{\alpha}_r=\mathbf{0},$$

从而

$$k_1\boldsymbol{\alpha}_1+\cdots+k_r\boldsymbol{\alpha}_r+0\boldsymbol{\alpha}_{r+1}+\cdots+0\boldsymbol{\alpha}_s=\mathbf{0},$$

其中系数 $k_1,\cdots,k_r,0,\cdots,0$ 不全为零,这与条件 $\boldsymbol{\alpha}_1,\boldsymbol{\alpha}_2,\cdots,\boldsymbol{\alpha}_s$ 线性无关矛盾,从而向量组 $\boldsymbol{\alpha}_1,\boldsymbol{\alpha}_2,\cdots,\boldsymbol{\alpha}_r$ 线性无关.

5. 设 $\boldsymbol{\beta}_1=\boldsymbol{\alpha}_1+\boldsymbol{\alpha}_2,\boldsymbol{\beta}_2=\boldsymbol{\alpha}_2+\boldsymbol{\alpha}_3,\boldsymbol{\beta}_3=\boldsymbol{\alpha}_3+\boldsymbol{\alpha}_4,\boldsymbol{\beta}_4=\boldsymbol{\alpha}_4+\boldsymbol{\alpha}_1$,证明 $\boldsymbol{\beta}_1,\boldsymbol{\beta}_2,\boldsymbol{\beta}_3,\boldsymbol{\beta}_4$ 线性相关.

分析 要证明向量组 $\boldsymbol{\beta}_1,\boldsymbol{\beta}_2,\boldsymbol{\beta}_3,\boldsymbol{\beta}_4$ 线性相关,只要存在一组不全为零的数 k_1,k_2,k_3,k_4 使等式 $k_1\boldsymbol{\beta}_1+k_2\boldsymbol{\beta}_2+k_3\boldsymbol{\beta}_3+k_4\boldsymbol{\beta}_4=\mathbf{0}$ 成立.

证法 1 直接观察有下列等式:

$$\boldsymbol{\beta}_1-\boldsymbol{\beta}_2+\boldsymbol{\beta}_3-\boldsymbol{\beta}_4=(\boldsymbol{\alpha}_1+\boldsymbol{\alpha}_2)-(\boldsymbol{\alpha}_2+\boldsymbol{\alpha}_3)+(\boldsymbol{\alpha}_3+\boldsymbol{\alpha}_4)-(\boldsymbol{\alpha}_4+\boldsymbol{\alpha}_1)=\mathbf{0},$$

即存在不全零的数 1，-1，1，-1，使 $\boldsymbol{\beta}_1-\boldsymbol{\beta}_2+\boldsymbol{\beta}_3-\boldsymbol{\beta}_4=\mathbf{0}$ 成立，故向量组 $\boldsymbol{\beta}_1,\boldsymbol{\beta}_2,\boldsymbol{\beta}_3,\boldsymbol{\beta}_4$ 线性相关.

证法 2 用线性相关的定义.设

$$k_1\boldsymbol{\beta}_1+k_2\boldsymbol{\beta}_2+k_3\boldsymbol{\beta}_3+k_4\boldsymbol{\beta}_4=\mathbf{0}, \tag{*}$$

即

$$k_1(\boldsymbol{\alpha}_1+\boldsymbol{\alpha}_2)+k_2(\boldsymbol{\alpha}_2+\boldsymbol{\alpha}_3)+k_3(\boldsymbol{\alpha}_3+\boldsymbol{\alpha}_4)+k_4(\boldsymbol{\alpha}_4+\boldsymbol{\alpha}_1)=\mathbf{0},$$

整理得

$$(k_1+k_4)\boldsymbol{\alpha}_1+(k_1+k_2)\boldsymbol{\alpha}_2+(k_2+k_3)\boldsymbol{\alpha}_3+(k_4+k_3)\boldsymbol{\alpha}_4=\mathbf{0},$$

令

$$\begin{cases} k_1 \qquad\qquad +k_4=0 \\ k_1+k_2 \qquad\quad =0 \\ \qquad k_2+k_3 \quad =0 \\ \qquad\qquad k_3+k_4=0 \end{cases},$$

由于方程组的系数行列式

$$\begin{vmatrix} 1 & 0 & 0 & 1 \\ 1 & 1 & 0 & 0 \\ 0 & 1 & 1 & 0 \\ 0 & 0 & 1 & 1 \end{vmatrix}=0,$$

即存在不全为零的数 k_1,k_2,k_3,k_4 使(*)成立，故向量组 $\boldsymbol{\beta}_1,\boldsymbol{\beta}_2,\boldsymbol{\beta}_3,\boldsymbol{\beta}_4$ 线性相关.

6. 设向量组 $\boldsymbol{\alpha}_1,\boldsymbol{\alpha}_2,\boldsymbol{\alpha}_3$ 线性无关，向量组 $\boldsymbol{\alpha}_2,\boldsymbol{\alpha}_3,\boldsymbol{\alpha}_4$ 线性相关，试证：

(1) $\boldsymbol{\alpha}_4$ 可由 $\boldsymbol{\alpha}_1,\boldsymbol{\alpha}_2,\boldsymbol{\alpha}_3$ 线性表示；

(2) $\boldsymbol{\alpha}_1$ 不能由 $\boldsymbol{\alpha}_2,\boldsymbol{\alpha}_3,\boldsymbol{\alpha}_4$ 线性表示.

分析 利用向量组整体线性无关必部分线性无关的性质.

证 (1) 因向量组 $\boldsymbol{\alpha}_1,\boldsymbol{\alpha}_2,\boldsymbol{\alpha}_3$ 线性无关，所以其部分组向量组 $\boldsymbol{\alpha}_2,\boldsymbol{\alpha}_3$ 也线性无关，又由已知向量组 $\boldsymbol{\alpha}_2,\boldsymbol{\alpha}_3,\boldsymbol{\alpha}_4$ 线性相关，故 $\boldsymbol{\alpha}_4$ 可由 $\boldsymbol{\alpha}_2,\boldsymbol{\alpha}_3$ 线性表示，也可由 $\boldsymbol{\alpha}_1,\boldsymbol{\alpha}_2,\boldsymbol{\alpha}_3$ 线性表示.

(2) 用反证法.假设 $\boldsymbol{\alpha}_1$ 能由 $\boldsymbol{\alpha}_2,\boldsymbol{\alpha}_3,\boldsymbol{\alpha}_4$ 线性表示，即有数 k_2,k_3,k_4 使

$$\boldsymbol{\alpha}_1=k_2\boldsymbol{\alpha}_2+k_3\boldsymbol{\alpha}_3+k_4\boldsymbol{\alpha}_4,$$

又由(1)结论，$\boldsymbol{\alpha}_4$ 可由 $\boldsymbol{\alpha}_2,\boldsymbol{\alpha}_3$ 线性表示，即有 $\boldsymbol{\alpha}_4=a\boldsymbol{\alpha}_2+b\boldsymbol{\alpha}_3$，代入上式得

$$\boldsymbol{\alpha}_1=k_2\boldsymbol{\alpha}_2+k_3\boldsymbol{\alpha}_3+k_4\boldsymbol{\alpha}_4=(k_2+ak_4)\boldsymbol{\alpha}_2+(k_3+bk_4)\boldsymbol{\alpha}_3,$$

说明 $\boldsymbol{\alpha}_1$ 能由 $\boldsymbol{\alpha}_2,\boldsymbol{\alpha}_3$ 线性表示，即 $\boldsymbol{\alpha}_1,\boldsymbol{\alpha}_2,\boldsymbol{\alpha}_3$ 线性相关，与题设矛盾，所以 $\boldsymbol{\alpha}_1$ 不能由 $\boldsymbol{\alpha}_2,\boldsymbol{\alpha}_3,\boldsymbol{\alpha}_4$ 线性表示.

习题 3.4

1. 求下列向量组的秩及极大无关组，并将其余向量用该极大无关组线性表示：

(1) $\boldsymbol{\alpha}_1=(2,4,2)$, $\boldsymbol{\alpha}_2=(1,1,0)$, $\boldsymbol{\alpha}_3=(2,3,1)$, $\boldsymbol{\alpha}_4=(3,5,2)$.

分析 求向量组的秩及极大无关组，可以先将向量作为矩阵的列向量写成矩阵形式，再用初等行变换把矩阵化为阶梯阵，进而可确定秩和极大无关组及向量间的线性关系.

解 $$\boldsymbol{A}=(\boldsymbol{\alpha}_1^{\mathrm{T}},\boldsymbol{\alpha}_2^{\mathrm{T}},\boldsymbol{\alpha}_3^{\mathrm{T}},\boldsymbol{\alpha}_4^{\mathrm{T}})=\begin{pmatrix}2&1&2&3\\4&1&3&5\\2&0&1&2\end{pmatrix}\rightarrow\begin{pmatrix}1&0&\frac{1}{2}&1\\0&1&1&1\\0&0&0&0\end{pmatrix},$$

由 $r(\boldsymbol{A})=2$ 知 $r(\boldsymbol{\alpha}_1,\boldsymbol{\alpha}_2,\boldsymbol{\alpha}_3,\boldsymbol{\alpha}_4)=2$，同时 $\boldsymbol{\alpha}_1,\boldsymbol{\alpha}_2$ 是一个极大无关组，且

$$\boldsymbol{\alpha}_3=\frac{1}{2}\boldsymbol{\alpha}_1+\boldsymbol{\alpha}_2,\quad \boldsymbol{\alpha}_4=\boldsymbol{\alpha}_1+\boldsymbol{\alpha}_2.$$

(2) $\boldsymbol{\alpha}_1=(2,0,1,1)$, $\boldsymbol{\alpha}_2=(-1,-1,-1,-1)$, $\boldsymbol{\alpha}_3=(1,-1,0,0)$, $\boldsymbol{\alpha}_4=(0,-2,-1,-1)$.

解 $$\boldsymbol{A}=(\boldsymbol{\alpha}_1^{\mathrm{T}},\boldsymbol{\alpha}_2^{\mathrm{T}},\boldsymbol{\alpha}_3^{\mathrm{T}},\boldsymbol{\alpha}_4^{\mathrm{T}})=\begin{pmatrix}2&-1&1&0\\0&-1&-1&-2\\1&-1&0&-1\\1&-1&0&-1\end{pmatrix}\rightarrow\begin{pmatrix}1&0&1&1\\0&1&1&2\\0&0&0&0\\0&0&0&0\end{pmatrix},$$

由 $r(\boldsymbol{A})=2$ 知 $r(\boldsymbol{\alpha}_1,\boldsymbol{\alpha}_2,\boldsymbol{\alpha}_3,\boldsymbol{\alpha}_4)=2$，同时 $\boldsymbol{\alpha}_1,\boldsymbol{\alpha}_2$ 是一个极大无关组，且

$$\boldsymbol{\alpha}_3=\boldsymbol{\alpha}_1+\boldsymbol{\alpha}_2,\quad \boldsymbol{\alpha}_4=\boldsymbol{\alpha}_1+2\boldsymbol{\alpha}_2.$$

2. 求 x,y 的值，使向量组 $\boldsymbol{\alpha}_1=(1,3,0,5)$, $\boldsymbol{\alpha}_2=(1,2,1,4)$, $\boldsymbol{\alpha}_3=(1,1,2,3)$, $\boldsymbol{\alpha}_4=(1,x,3,y)$ 的秩等于 2.

解 $$\boldsymbol{A}=(\boldsymbol{\alpha}_1^{\mathrm{T}},\boldsymbol{\alpha}_2^{\mathrm{T}},\boldsymbol{\alpha}_3^{\mathrm{T}},\boldsymbol{\alpha}_4^{\mathrm{T}})=\begin{pmatrix}1&1&1&1\\3&2&1&x\\0&1&2&3\\5&4&3&y\end{pmatrix}\rightarrow\begin{pmatrix}1&1&1&1\\0&1&2&3-x\\0&0&0&x\\0&0&0&y-x-2\end{pmatrix},$$

由于 $r(\boldsymbol{\alpha}_1,\boldsymbol{\alpha}_2,\boldsymbol{\alpha}_3,\boldsymbol{\alpha}_4)=r(\boldsymbol{A})=2$，所以 $x=0$, $y-x-2=0$，从而 $x=0$, $y=2$.

3. 判断向量组 $\boldsymbol{\alpha}_1=(1,0,1,2)$, $\boldsymbol{\alpha}_2=(1,0,2,2)$, $\boldsymbol{\alpha}_3=(0,0,2,0)$ 的线性相关性.

解 由$(\boldsymbol{\alpha}_1^{\mathrm{T}},\boldsymbol{\alpha}_2^{\mathrm{T}},\boldsymbol{\alpha}_3^{\mathrm{T}})=\begin{pmatrix}1&1&0\\0&0&0\\1&2&2\\2&2&0\end{pmatrix}\rightarrow\begin{pmatrix}1&1&0\\0&1&2\\0&0&0\\0&0&0\end{pmatrix}$知 $r(\boldsymbol{\alpha}_1,\boldsymbol{\alpha}_2,\boldsymbol{\alpha}_3)=2<3$,即

$\boldsymbol{\alpha}_1,\boldsymbol{\alpha}_2,\boldsymbol{\alpha}_3$

线性相关.

4. 已知向量组 $\boldsymbol{\beta}_1=(0,1,-1)$,$\boldsymbol{\beta}_2=(a,2,1)$,$\boldsymbol{\beta}_3=(b,1,0)$与向量组 $\boldsymbol{\alpha}_1=(1,2,-3)$,$\boldsymbol{\alpha}_2=(3,0,1)$,$\boldsymbol{\alpha}_3=(9,6,-7)$具有相同的秩,且 $\boldsymbol{\beta}_3$ 可由 $\boldsymbol{\alpha}_1,\boldsymbol{\alpha}_2,\boldsymbol{\alpha}_3$ 线性表示,

(1) 判断向量组 $\boldsymbol{\alpha}_1,\boldsymbol{\alpha}_2,\boldsymbol{\alpha}_3$ 线性相关性;

(2) 求 a,b 的值.

解 由于向量组 $\boldsymbol{\alpha}_1,\boldsymbol{\alpha}_2,\boldsymbol{\alpha}_3$ 中向量的个数等于向量的维数,因此,我们可以把每一个向量 $\boldsymbol{\alpha}_i(i=1,2,3)$作为一列(或一行)组成一个三阶行列式,

$$D=\begin{vmatrix}1&3&9\\2&0&6\\-3&1&-7\end{vmatrix},$$

经计算得 $D=0$,因此向量组 $\boldsymbol{\alpha}_1,\boldsymbol{\alpha}_2,\boldsymbol{\alpha}_3$ 线性相关.

由于向量组 $\boldsymbol{\alpha}_1,\boldsymbol{\alpha}_2,\boldsymbol{\alpha}_3$ 的秩与 $\boldsymbol{\beta}_1,\boldsymbol{\beta}_2,\boldsymbol{\beta}_3$ 的秩相同,因此 $\boldsymbol{\beta}_1,\boldsymbol{\beta}_2,\boldsymbol{\beta}_3$ 也线性相关,因此

$$\begin{vmatrix}0&a&b\\1&2&1\\-1&1&0\end{vmatrix}=-a+3b=0,$$

即 $a=3b$.

由于 $\boldsymbol{\beta}_3$ 可由 $\boldsymbol{\alpha}_1,\boldsymbol{\alpha}_2,\boldsymbol{\alpha}_3$ 线性表示,因此存在一组数 k_1,k_2,k_3,使

$$\boldsymbol{\beta}_3=k_1\boldsymbol{\alpha}_1+k_2\boldsymbol{\alpha}_2+k_3\boldsymbol{\alpha}_3,$$

即线性方程组

$$\begin{cases}x_1+3x_2+9x_3=b\\2x_1\quad\quad+6x_3=1\\-3x_1+x_2-7x_3=0\end{cases}$$

有解.对增广矩阵作初等行变换:

$$\overline{\boldsymbol{A}}=\begin{pmatrix}1&3&9&b\\2&0&6&1\\-3&1&-7&0\end{pmatrix}\xrightarrow[r_3+3r_1]{r_2-2r_1}\begin{pmatrix}1&3&9&b\\0&-6&-12&1-2b\\0&10&20&3b\end{pmatrix}$$

$$\rightarrow\begin{pmatrix}1&3&9&b\\0&1&2&\dfrac{2b-1}{6}\\0&1&2&\dfrac{3b}{10}\end{pmatrix}\xrightarrow{r_3-r_2}\begin{pmatrix}1&3&9&b\\0&1&2&\dfrac{2b-1}{6}\\0&0&0&\dfrac{3b}{10}-\dfrac{2b-1}{6}\end{pmatrix},$$

由于方程组有解，可得$\dfrac{3b}{10}-\dfrac{2b-1}{6}=0$，解得 $b=5$，从而 $a=15$.

习题 3.5

1. 求下列齐次线性方程组的一个基础解系及全部解：

(1)$\begin{cases}x_1-x_2-x_3+x_4=0\\x_1-x_2+x_3-3x_4=0\\x_1-x_2-2x_3+3x_4=0\end{cases}$.

解 由$A=\begin{pmatrix}1&-1&-1&1\\1&-1&1&-3\\1&-1&-2&3\end{pmatrix}\rightarrow\begin{pmatrix}1&-1&0&-1\\0&0&1&-2\\0&0&0&0\end{pmatrix}$知 $r(A)=2$，故齐次方程组的基础解系含有 $4-2=2$ 个解向量，取 x_2,x_4 为自由变量，则还原为方程组的形式为

$$\begin{cases}x_1=x_2+x_4\\x_2=2x_4\end{cases}.$$

令 $x_2=1,x_4=0$，得解向量 $\boldsymbol{\eta}_1=(1,\ 1,\ 0,\ 0)^{\mathrm{T}}$；

令 $x_2=0,x_4=1$，得解向量 $\boldsymbol{\eta}_2=(1,\ 0,\ 2,\ 1)^{\mathrm{T}}$.

因此，齐次线性方程组的一个基础解系为 $\boldsymbol{\eta}_1,\ \boldsymbol{\eta}_2$，此方程组的全部解为

$\boldsymbol{x}=k_1\boldsymbol{\eta}_1+k_2\boldsymbol{\eta}_2=k_1(1,\ 1,\ 0,\ 0)^{\mathrm{T}}+k_2(1,\ 0,\ 2,\ 1)^{\mathrm{T}}$，其中 k_1,k_2 为任意实数.

(2)$\begin{cases}x_1+x_2-3x_3-x_4=0\\x_1+2x_2-4x_3-x_4=0\\x_1-x_2-x_3+x_4=0\end{cases}$.

解 由$A=\begin{pmatrix}1&1&-3&-1\\1&2&-4&-1\\1&-1&-1&1\end{pmatrix}\rightarrow\begin{pmatrix}1&0&-2&0\\0&1&-1&0\\0&0&0&1\end{pmatrix}$知 $r(A)=3$，齐次方程组的基础解系含有 $4-3=1$ 个解向量，取 x_3 为自由变量，则还原为方程组的形式为

$$\begin{cases}x_1=2x_3\\x_2=x_3\\x_4=0\end{cases}.$$

令 $x_3=1$,得解向量 $\boldsymbol{\eta}_1=(2,\ 1,\ 1,\ 0)^{\mathrm{T}}$. 因此,齐次线性方程组的一个基础解系为 $\boldsymbol{\eta}_1$,此方程组的全部解为

$$\boldsymbol{x}=k_1\boldsymbol{\eta}_1=k_1(2,\ 1,\ 1,\ 0)^{\mathrm{T}},\text{其中 } k_1 \text{ 为任意实数}.$$

(3) $\begin{cases} x_1+x_2+x_3=0 \\ 2x_1+x_2-3x_3=0 \end{cases}$.

解 由 $\boldsymbol{A}=\begin{pmatrix}1 & 1 & 1\\ 2 & 1 & -3\end{pmatrix}\to\begin{pmatrix}1 & 0 & -4\\ 0 & 1 & 5\end{pmatrix}$知 $r(\boldsymbol{A})=2$,齐次方程组的基础解系含有 $3-2=1$ 个解向量,取 x_3 为自由变量,则还原为方程组的形式为

$$\begin{cases} x_1=4x_3 \\ x_2=-5x_3 \end{cases}.$$

令 $x_3=1$,得解向量 $\boldsymbol{\eta}=(4,-5,\ 1)^{\mathrm{T}}$. 因此,齐次线性方程组的一个基础解系为 $\boldsymbol{\eta}$,此方程组的全部解为

$$\boldsymbol{x}=k\boldsymbol{\eta}=k(4,-5,\ 1)^{\mathrm{T}},\text{其中 } k \text{ 为任意实数}.$$

2. 设有方程组

$$\begin{cases} x_1+x_2+x_3+x_4+x_5=0 \\ 3x_1+2x_2+x_3+x_4-3x_5=0 \\ x_2+2x_3+2x_4+6x_5=0 \\ 5x_1+4x_2+3x_3+3x_4-x_5=0 \end{cases},$$

问:(1) $\boldsymbol{\alpha}_1=(1,-2,\ 1,0,0)^{\mathrm{T}}$,$\boldsymbol{\alpha}_2=(0,0,-2,2,\ 0)^{\mathrm{T}}$,$\boldsymbol{\alpha}_3=(4,0,0,-6,2)^{\mathrm{T}}$ 是否是上述方程组的基础解系?

(2) $\boldsymbol{\beta}_1=(1,-2,\ 1,0,0)^{\mathrm{T}}$,$\boldsymbol{\beta}_2=(0,0,-1,1,0)^{\mathrm{T}}$,$\boldsymbol{\beta}_3=(1,-2,0,1,0)^{\mathrm{T}}$ 是否是上述方程组的基础解系?

解 注意到

$$\boldsymbol{A}=\begin{pmatrix}1 & 1 & 1 & 1 & 1\\ 3 & 2 & 1 & 1 & -3\\ 0 & 1 & 2 & 2 & 6\\ 5 & 4 & 3 & 3 & -1\end{pmatrix}\xrightarrow[r_4-5r_1]{r_2-3r_1}\begin{pmatrix}1 & 1 & 1 & 1 & 1\\ 0 & -1 & -2 & -2 & -6\\ 0 & 1 & 2 & 2 & 6\\ 0 & -1 & -2 & -2 & -6\end{pmatrix}$$

$$\xrightarrow[r_4-r_2]{r_3+r_2}\begin{pmatrix}1 & 1 & 1 & 1 & 1\\ 0 & -1 & -2 & -2 & -6\\ 0 & 0 & 0 & 0 & 0\\ 0 & 0 & 0 & 0 & 0\end{pmatrix}.$$

因为 $r(\boldsymbol{A})=2$,所以基础解系个数是 $5-r(\boldsymbol{A})=3$.

(1) 因向量组 $\boldsymbol{\alpha}_1=(1,-2,\ 1,0,0)^{\mathrm{T}}$,$\boldsymbol{\alpha}_2=(0,0,-2,2,\ 0)^{\mathrm{T}}$,$\boldsymbol{\alpha}_3=(4,0,0,-6,2)^{\mathrm{T}}$ 是线性无关的且又是方程组的解,所以是基础解系.

(2) 虽然 $\boldsymbol{\beta}_1=(1,-2,1,0,0)^{\mathrm{T}}$，$\boldsymbol{\beta}_2=(0,0,-1,1,0)^{\mathrm{T}}$，$\boldsymbol{\beta}_3=(1,-2,0,1,0)^{\mathrm{T}}$ 是方程组的解，但它们线性相关，且 $\boldsymbol{\beta}_3=\boldsymbol{\beta}_1+\boldsymbol{\beta}_2$，向量组的秩是 2，所以不是基础解系.

3. 求下列非齐次线性方程组的全部解(用基础解系表示)：

(1) $\begin{cases}2x_1+x_2-x_3+x_4=1\\ x_1+2x_2+x_3-x_4=2\\ x_1+x_2+2x_3+x_4=3\end{cases}$.

解 由 $\overline{\boldsymbol{A}}=\left(\begin{array}{cccc:c}2&1&-1&1&1\\1&2&1&-1&2\\1&1&2&1&3\end{array}\right)\to\left(\begin{array}{cccc:c}1&0&-3&0&-2\\0&1&3&0&3\\0&0&2&1&2\end{array}\right)$ 知 $r(\boldsymbol{A})=3<n=4$，方程组有无穷多解. 相应的同解方程组为

$$\begin{cases}x_1=-2+3x_3\\ x_2=3-3x_3\\ x_4=2-2x_3\end{cases}\quad(x_3\text{ 为自由未知量}).$$

令 $x_3=0$ 得方程组的一个特解为 $\boldsymbol{\eta}^*=(-2,3,0,2)^{\mathrm{T}}$.

另一方面，原方程组的导出组为

$$\begin{cases}x_1=3x_3\\ x_2=-3x_3\\ x_4=-2x_3\end{cases}(x_3\text{ 为自由未知量}).$$

令 $x_3=1$，得 $\boldsymbol{\eta}_1=(3,-3,1,-2)^{\mathrm{T}}$，$\boldsymbol{\eta}_1$ 即为导出组的一个基础解系. 因此原方程组的全部解为

$$\boldsymbol{\eta}^*+k\boldsymbol{\eta}_1=(-2,3,0,2)^{\mathrm{T}}+k(3,-3,1,-2)^{\mathrm{T}}(k\text{ 为任意实数}).$$

(2) $\begin{cases}x_1+2x_2+x_3-3x_4+2x_5=1\\ 2x_1+x_2+x_3+x_4-3x_5=6\\ x_1+x_2+2x_3+2x_4-2x_5=2\\ 2x_1+3x_2-5x_3-17x_4+10x_5=5\end{cases}$.

解 由 $\overline{\boldsymbol{A}}=\left(\begin{array}{ccccc:c}1&2&1&-3&2&1\\2&1&1&1&-3&6\\1&1&2&2&-2&2\\2&3&-5&-17&10&5\end{array}\right)\to\left(\begin{array}{ccccc:c}1&0&0&1&-\frac{9}{4}&\frac{15}{4}\\0&1&0&-3&\frac{11}{4}&-\frac{5}{4}\\0&0&1&2&-\frac{5}{4}&-\frac{1}{4}\\0&0&0&0&0&0\end{array}\right)$ 知 $r(\boldsymbol{A})=3<n=5$，故方程组有无穷多解. 相应的同解方程组为

$$\begin{cases} x_1=\dfrac{15}{4}-x_4+\dfrac{9}{4}x_5 \\ x_2=-\dfrac{5}{4}+3x_4-\dfrac{11}{4}x_5 \\ x_3=-\dfrac{1}{4}-2x_4+\dfrac{5}{4}x_5 \end{cases}(x_4, x_5 \text{为自由未知量}).$$

令 $x_4=x_5=0$,得方程组的一个特解为 $\boldsymbol{\eta}^*=\left(\dfrac{15}{4},-\dfrac{5}{4},-\dfrac{1}{4},0,0\right)^{\mathrm{T}}$.

另一方面,原方程组的导出组为

$$\begin{cases} x_1=-x_4+\dfrac{9}{4}x_5 \\ x_2=3x_4-\dfrac{11}{4}x_5 \\ x_3=-2x_4+\dfrac{5}{4}x_5 \end{cases}\quad(x_4, x_5 \text{为自由未知量}).$$

令 $x_4=1,x_5=0$,得导出组的解 $\boldsymbol{\eta}_1=(-1,3,-2,1,0)^{\mathrm{T}}$;

令 $x_4=0,x_5=1$,得导出组的解 $\boldsymbol{\eta}_2=\left(\dfrac{9}{4},-\dfrac{11}{4},\dfrac{5}{4},0,1\right)^{\mathrm{T}}$,

从而导出方程组的基础解系为 $\boldsymbol{\eta}_1,\boldsymbol{\eta}_2$,故原方程组的全部解可表示为

$$\begin{aligned} \boldsymbol{x}&=\boldsymbol{\eta}^*+k_1\boldsymbol{\eta}_1+k_2\boldsymbol{\eta}_2 \\ &=\left(\frac{15}{4},-\frac{5}{4},-\frac{1}{4},0,0\right)^{\mathrm{T}}+k_1(-1,3,-2,1,0)^{\mathrm{T}}+k_2\left(\frac{9}{4},-\frac{11}{4},\frac{5}{4},0,1\right)^{\mathrm{T}}, \end{aligned}$$

其中 k_1,k_2 为任意常数.

4. 证明线性方程组 $\begin{cases} x_1-x_2=a_1 \\ x_2-x_3=a_2 \\ x_3-x_4=a_3 \\ x_4-x_5=a_4 \\ x_5-x_1=a_5 \end{cases}$ 有解的充分必要条件是 $a_1+a_2+a_3+a_4+a_5=0$,并在有解的情况下求出它的全部解.

证 $\overline{A}=\left(\begin{array}{ccccc:c} 1 & -1 & 0 & 0 & 0 & a_1 \\ 0 & 1 & -1 & 0 & 0 & a_2 \\ 0 & 0 & 1 & -1 & 0 & a_3 \\ 0 & 0 & 0 & 1 & -1 & a_4 \\ -1 & 0 & 0 & 0 & 1 & a_5 \end{array}\right)$

$$\to\begin{pmatrix}1&0&0&0&-1&\vdots&a_1+a_2+a_3+a_4\\0&1&0&0&-1&\vdots&a_2+a_3+a_4\\0&0&1&0&-1&\vdots&a_3+a_4\\0&0&0&1&-1&\vdots&a_4\\0&0&0&0&0&\vdots&a_1+a_2+a_3+a_4+a_5\end{pmatrix},$$

方程组要有解须 $r(\mathbf{A})=r(\overline{\mathbf{A}})$，即

$$a_1+a_2+a_3+a_4+a_5=0,$$

此时 $r(\mathbf{A})=r(\overline{\mathbf{A}})=4<5$，方程组有无穷多解. 相应的同解方程组为

$$\begin{cases}x_1=a_1+a_2+a_3+a_4+x_5\\x_2=a_2+a_3+a_4+x_5\\x_3=a_3+a_4+x_5\\x_4=a_4+x_5\end{cases}\quad(x_5\text{ 为自由未知量}).$$

令 $x_5=0$，得方程组的一个特解

$$\boldsymbol{\eta}^*=(a_1+a_2+a_3+a_4,\ a_2+a_3+a_4,\ a_3+a_4,\ a_4,\ 0)^{\mathrm{T}}.$$

原方程组的导出组为

$$\begin{cases}x_1=x_5\\x_2=x_5\\x_3=x_5\\x_4=x_5\end{cases}(x_5\text{ 为自由未知量}).$$

令 $x_5=1$，得 $\boldsymbol{\eta}=(1,1,1,1,1)^{\mathrm{T}}$. 因此，原方程组的全部解为

$$\boldsymbol{x}=(a_1+a_2+a_3+a_4,\ a_2+a_3+a_4,\ a_3+a_4,\ a_4,\ 0)^{\mathrm{T}}+k(1,1,1,1,1)^{\mathrm{T}}(k\text{ 为任意常数}).$$

5. 设线性方程组为 $\begin{cases}kx_1+x_2+x_3=1\\x_1+kx_2+x_3=1\\x_1+x_2+kx_3=1\end{cases}$，问 k 为何值时，方程组有唯一解、无解、有无穷多组解？在有无穷多组解的情况下求出其全部解，用基础解系表示.

解 $\overline{\mathbf{A}}=\begin{pmatrix}k&1&1&\vdots&1\\1&k&1&\vdots&1\\1&1&k&\vdots&1\end{pmatrix}\to\begin{pmatrix}1&1&k&\vdots&1\\0&k-1&1-k&\vdots&0\\0&0&(k+2)(k-1)&\vdots&1-k\end{pmatrix}.$

(1) 当 $k\neq-2$ 且 $k\neq1$ 时，$r(\overline{\mathbf{A}})=r(\mathbf{A})=3$，故方程组有唯一解；

(2) 当 $k=-2$ 时，$\overline{\mathbf{A}}=\begin{pmatrix}1&1&-2&\vdots&1\\0&-3&3&\vdots&0\\0&0&0&\vdots&-3\end{pmatrix}$，因 $r(\overline{\mathbf{A}})\neq r(\mathbf{A})$，故方程组无解；

(3) 当 $k=1$ 时，$\bar{\mathbf{A}}=\left(\begin{array}{ccc:c}1 & 1 & 1 & 1\\ 0 & 0 & 0 & 0\\ 0 & 0 & 0 & 0\end{array}\right)$，因 $r(\bar{\mathbf{A}})=r(\mathbf{A})=1<3$，故方程组有无穷多组解，且同解方程组为：$x_1=1-x_2-x_3$（$x_2$，$x_3$ 为自由未知量），故所求方程组的全部解为

$$\boldsymbol{x}=(1,\ 0,\ 0)^{\mathrm{T}}+k_1(-1,\ 1,\ 0)^{\mathrm{T}}+k_2(-1,\ 0,\ 1)^{\mathrm{T}}\ (k_1, k_2 \text{ 为任意常数}).$$

复习题 3

一、单项选择题

1. 若向量组 $\boldsymbol{\alpha}_1,\boldsymbol{\alpha}_2,\cdots,\boldsymbol{\alpha}_s$ 线性相关，则一定有　　(B)

A. $\boldsymbol{\alpha}_1,\boldsymbol{\alpha}_2,\cdots,\boldsymbol{\alpha}_{s-1}$ 线性相关　　B. $\boldsymbol{\alpha}_1,\boldsymbol{\alpha}_2,\cdots,\boldsymbol{\alpha}_{s+1}$ 线性相关

C. $\boldsymbol{\alpha}_1,\boldsymbol{\alpha}_2,\cdots,\boldsymbol{\alpha}_{s-1}$ 线性无关　　D. $\boldsymbol{\alpha}_1,\boldsymbol{\alpha}_2,\cdots,\boldsymbol{\alpha}_{s+1}$ 线性无关

解　由“部分相关，整体相关；整体无关，部分无关”知本题应选 B.

2. 设 $\boldsymbol{\xi}_1$，$\boldsymbol{\xi}_2$ 是齐次线性方程组 $\mathbf{A}\boldsymbol{x}=\mathbf{0}$ 的解，$\boldsymbol{\eta}_1$，$\boldsymbol{\eta}_2$ 是非齐次线性方程组 $\mathbf{A}\boldsymbol{x}=\boldsymbol{b}$ 的解，则　　(A)

A. $2\boldsymbol{\xi}_1+\boldsymbol{\xi}_2$ 为 $\mathbf{A}\boldsymbol{x}=\mathbf{0}$ 的解　　B. $\boldsymbol{\eta}_1+\boldsymbol{\eta}_2$ 为 $\mathbf{A}\boldsymbol{x}=\boldsymbol{b}$ 的解

C. $\boldsymbol{\eta}_1+\boldsymbol{\xi}_2$ 为 $\mathbf{A}\boldsymbol{x}=\mathbf{0}$ 的解　　D. $\boldsymbol{\eta}_1-\boldsymbol{\eta}_2$ 为 $\mathbf{A}\boldsymbol{x}=\boldsymbol{b}$ 的解

解　由题设可知 $\mathbf{A}\boldsymbol{\xi}_1=\mathbf{0},\mathbf{A}\boldsymbol{\xi}_2=\mathbf{0},\mathbf{A}\boldsymbol{\eta}_1=\boldsymbol{b},\mathbf{A}\boldsymbol{\eta}_2=\boldsymbol{b}$.

A. 由 $\mathbf{A}(2\boldsymbol{\xi}_1+\boldsymbol{\xi}_2)=2\mathbf{A}\boldsymbol{\xi}_1+\mathbf{A}\boldsymbol{\xi}_2=\mathbf{0}$，知 $2\boldsymbol{\xi}_1+\boldsymbol{\xi}_2$ 为 $\mathbf{A}\boldsymbol{x}=\mathbf{0}$ 的解.

B. 由 $\mathbf{A}(\boldsymbol{\eta}_1+\boldsymbol{\eta}_2)=\mathbf{A}\boldsymbol{\eta}_1+\mathbf{A}\boldsymbol{\eta}_2=2\boldsymbol{b}$，知 $\boldsymbol{\eta}_1+\boldsymbol{\eta}_2$ 为 $\mathbf{A}\boldsymbol{x}=2\boldsymbol{b}$ 的解.

C. 由 $\mathbf{A}(\boldsymbol{\eta}_1+\boldsymbol{\xi}_2)=\mathbf{A}\boldsymbol{\eta}_1+\mathbf{A}\boldsymbol{\xi}_2=\boldsymbol{b}$，知 $\boldsymbol{\eta}_1+\boldsymbol{\xi}_2$ 为 $\mathbf{A}\boldsymbol{x}=\boldsymbol{b}$ 的解.

D. 由 $\mathbf{A}(\boldsymbol{\eta}_1-\boldsymbol{\eta}_2)=\mathbf{A}\boldsymbol{\eta}_1-\mathbf{A}\boldsymbol{\eta}_2=\mathbf{0}$，知 $\boldsymbol{\eta}_1-\boldsymbol{\eta}_2$ 为 $\mathbf{A}\boldsymbol{x}=\mathbf{0}$ 的解.

故本题应选 A.

3. 具有 s 个向量的向量组 $\boldsymbol{\alpha}_1,\boldsymbol{\alpha}_2,\cdots,\boldsymbol{\alpha}_s$ 中有 r 个向量线性无关，则向量组的秩　　(B)

A. $=r$　　B. $\geqslant r$　　C. $\leqslant r$　　D. $>r$

解　r 个线性无关的向量所组成的向量组的秩为 r，而该向量组是向量组 $\boldsymbol{\alpha}_1$，$\boldsymbol{\alpha}_2,\cdots,\boldsymbol{\alpha}_s$ 的一个部分组，于是 $\boldsymbol{\alpha}_1,\boldsymbol{\alpha}_2,\cdots,\boldsymbol{\alpha}_s$ 的秩必定大于或等于 r，故应选 B.

4. 设 $\mathbf{A}$ 是 $m\times n$ 矩阵，$\mathbf{A}\boldsymbol{x}=\mathbf{0}$，是非齐次线性方程组 $\mathbf{A}\boldsymbol{x}=\boldsymbol{b}$ 所对应的齐次线性方程组，则下列结论正确的是　　(D)

A. 若 $\mathbf{A}\boldsymbol{x}=\mathbf{0}$ 仅有零解，则 $\mathbf{A}\boldsymbol{x}=\boldsymbol{b}$ 有唯一解

B. 若 $\mathbf{A}\boldsymbol{x}=0$ 有非零解，则 $\mathbf{A}\boldsymbol{x}=\boldsymbol{b}$ 有无穷多解

C. 若 $\mathbf{A}\boldsymbol{x}=\boldsymbol{b}$ 有无穷多个解，则 $\mathbf{A}\boldsymbol{x}=0$ 仅有零解

D. 若 $\mathbf{A}\boldsymbol{x}=\boldsymbol{b}$ 有无穷多个解，则 $\mathbf{A}\boldsymbol{x}=0$ 有非零解

解 A. $\boldsymbol{Ax}=\boldsymbol{0}$ 仅有零解$\Leftrightarrow r(\boldsymbol{A})=n$,并不能推出 $r(\boldsymbol{A})=r(\overline{\boldsymbol{A}})$.

B. $\boldsymbol{Ax}=0$ 有非零解$\Leftrightarrow r(\boldsymbol{A})<n$,同样不能推出 $r(\boldsymbol{A})=r(\overline{\boldsymbol{A}})$.

C. $\boldsymbol{Ax}=\boldsymbol{b}$ 有无穷多解$\Leftrightarrow r(\boldsymbol{A})=r(\overline{\boldsymbol{A}})<n$,不能推出 $r(\boldsymbol{A})=n$.

D. $\boldsymbol{Ax}=\boldsymbol{b}$ 有无穷多个解$\Leftrightarrow r(\boldsymbol{A})=r(\overline{\boldsymbol{A}})<n$,所以 $r(\boldsymbol{A})<n$,从而 $\boldsymbol{Ax}=0$ 有非零解.

综上分析知,本题应选 D.

5. 向量组 $\boldsymbol{\alpha}_1,\boldsymbol{\alpha}_2,\cdots,\boldsymbol{\alpha}_s$ 线性无关的充分条件是 (C)

A. $\boldsymbol{\alpha}_1,\boldsymbol{\alpha}_2,\cdots,\boldsymbol{\alpha}_s$ 均不是零向量

B. $\boldsymbol{\alpha}_1,\boldsymbol{\alpha}_2,\cdots,\boldsymbol{\alpha}_s$ 中有部分向量线性无关

C. $\boldsymbol{\alpha}_1,\boldsymbol{\alpha}_2,\cdots,\boldsymbol{\alpha}_s$ 中任意一个向量均不能由其余 $s-1$ 个向量线性表示

D. 有一组数 $k_1=k_2=\cdots=k_s=0$,使得 $k_1\boldsymbol{\alpha}_1+\cdots+k_s\boldsymbol{\alpha}_s=\boldsymbol{0}$

解 A. 反例:$\boldsymbol{\alpha}_1=(1,0)$,$\boldsymbol{\alpha}_2=(2,0)$,两者不是零向量,但是线性相关.

B. 反例:$\boldsymbol{\alpha}_1=(1,0)$,$\boldsymbol{\alpha}_2=(0,1)$,$\boldsymbol{\alpha}_3=(1,1)$,部分向量 $\boldsymbol{\alpha}_1$,$\boldsymbol{\alpha}_2$ 线性无关,但是向量组 $\boldsymbol{\alpha}_1$,$\boldsymbol{\alpha}_2$,$\boldsymbol{\alpha}_3$ 线性相关.

C. 向量组 $\boldsymbol{\alpha}_1,\boldsymbol{\alpha}_2,\cdots,\boldsymbol{\alpha}_m(m\geqslant 2)$线性相关的充分必要条件是其中至少有一个向量可由其余 $m-1$ 个向量线性表示.

D. 只有当 $k_1=k_2=\cdots=k_s=0$ 时,$k_1\boldsymbol{\alpha}_1+\cdots+k_s\boldsymbol{\alpha}_s=\boldsymbol{0}$ 才成立.

故本题应选 C.

6. 设 $\boldsymbol{A}$ 是方阵,且$|\boldsymbol{A}|=0$,则 $\boldsymbol{A}$ 中 (C)

A. 必有一列元素全为零　　　　B. 必有两列元素成比例

C. 必有一列向量是其余列向量的线性组合　D. 任一列向量是其余列向量的线性组合

解 设 $\boldsymbol{A}=\begin{pmatrix}1&0&1\\0&1&1\\1&1&2\end{pmatrix}$,而$|\boldsymbol{A}|=0$,由此可见 A、B 不正确. D 中正确的说法应是至少有一列向量是其余列向量的线性组合.

7. 设 x_1,x_2 是齐次线性方程组 $\boldsymbol{Ax}=\boldsymbol{0}$ 的两个线性无关的解向量,则(B)

A. x_1,x_2 一定是齐次线性方程组 $\boldsymbol{Ax}=\boldsymbol{0}$ 的一个基础解系

B. x_1,x_2 有可能是齐次线性方程组 $\boldsymbol{Ax}=\boldsymbol{0}$ 的一个基础解系

C. $k_1x_1+k_2x_2$ 不是齐次线性方程组 $\boldsymbol{Ax}=\boldsymbol{0}$ 的解

D. $k_1x_1-k_2x_2$ 不是齐次线性方程组 $\boldsymbol{Ax}=\boldsymbol{0}$ 的解

解 齐次线性方程组解的线性组合仍是齐次线性方程组的解,故应选 B.

8. 设 $\boldsymbol{A}$ 是 $m\times n$ 矩阵,则齐次线性方程组 $\boldsymbol{Ax}=\boldsymbol{0}$ 有非零解的充分必要条件为 (D)

A. $r(\mathbf{A})\leqslant m$　　B. $r(\mathbf{A})\leqslant n$　　C. $r(\mathbf{A})<m$　　D. $r(\mathbf{A})<n$

解　由线性齐次方程组 $\mathbf{A}\mathbf{x}=\mathbf{0}$ 的解的性质知本题应选 D.

9. 如果向量组 $\boldsymbol{\alpha}_1$，$\boldsymbol{\alpha}_2$ 线性无关，则向量组 $\boldsymbol{\alpha}_1+\boldsymbol{\alpha}_2$，$\boldsymbol{\alpha}_2$　　(B)

A. 线性相关　　B. 线性无关

C. 有可能线性相关　　D. 以上结论都不正确

解　$k_1(\boldsymbol{\alpha}_1+\boldsymbol{\alpha}_2)+k_2\boldsymbol{\alpha}_2=\mathbf{0}\Rightarrow k_1\boldsymbol{\alpha}_1+(k_1+k_2)\boldsymbol{\alpha}_2=\mathbf{0}\Rightarrow k_1=k_2=0$，即 $\boldsymbol{\alpha}_1+\boldsymbol{\alpha}_2$，$\boldsymbol{\alpha}_2$ 线性无关，故本题应选 B.

二、填空题

1. 同一个向量组中有两个不同的极大无关组，那么这两个极大无关组所含的向量个数__相等__.

2. 设齐次线性方程组为 $x_1+x_2+\cdots+x_n=0$，则它的基础解系中所含向量的个数为__$n-1$__.

解　齐次线性方程组系数矩阵 $\mathbf{A}$ 的秩为 $r(\mathbf{A})=1$，于是基础解系中所含向量的个数为 $n-r(\mathbf{A})=n-1$ 个.

3. 如果一个向量组的秩等于该向量组中所含向量个数，则这个向量组的线性相关性是__线性无关__.

解　向量组的秩等于其所含向量的个数，则该向量组本身是一个极大无关线性组，从而线性无关.

4. 设 $\boldsymbol{\alpha}_1=(-1,3,1)$，$\boldsymbol{\alpha}_2=(2,1,0)$，$\boldsymbol{\alpha}_3=(1,4,1)$，则 $\boldsymbol{\alpha}_1,\boldsymbol{\alpha}_2,\boldsymbol{\alpha}_3$ 线性__相__关.

解　由 $|\boldsymbol{\alpha}_1,\boldsymbol{\alpha}_2,\boldsymbol{\alpha}_3|=\begin{vmatrix}-1&2&1\\3&1&4\\1&0&1\end{vmatrix}=0$ 知 $\boldsymbol{\alpha}_1,\boldsymbol{\alpha}_2,\boldsymbol{\alpha}_3$ 线性相关.

5. 设 $\boldsymbol{\alpha}_1=(1,0,1)$，$\boldsymbol{\alpha}_2=(0,-1,-1)$，$\boldsymbol{\alpha}_3=(1,1,1)$，$\boldsymbol{\beta}=(3,5,6)$，且有 $\boldsymbol{\beta}=x_1\boldsymbol{\alpha}_1+x_2\boldsymbol{\alpha}_2+x_3\boldsymbol{\alpha}_3$，则 $x_1=$__1__，$x_2=$__-3__，$x_3=$__2__.

解　由 $\boldsymbol{\beta}=x_1\boldsymbol{\alpha}_1+x_2\boldsymbol{\alpha}_2+x_3\boldsymbol{\alpha}_3$ 得 $\begin{cases}x_1+x_3=3\\-x_2+x_3=5\\x_1-x_2+x_3=6\end{cases}$，解之得 $\begin{cases}x_1=1\\x_2=-3.\\x_3=2\end{cases}$

6. 设 $\boldsymbol{\alpha}_1=(1,1,1)$，$\boldsymbol{\alpha}_2=(a,0,b)$，$\boldsymbol{\alpha}_3=(1,3,2)$，若 $\boldsymbol{\alpha}_1$，$\boldsymbol{\alpha}_2$，$\boldsymbol{\alpha}_3$ 线性相关，则 a，b 满足关系式__$a=2b$__.

解　由 $|\boldsymbol{\alpha}_1,\boldsymbol{\alpha}_2,\boldsymbol{\alpha}_3|=\begin{vmatrix}1&a&1\\1&0&3\\1&b&2\end{vmatrix}=0$，得 $a=2b$.

7. 已知 $\mathbf{A}$ 是 5×4 矩阵且线性方程组 $\mathbf{A}\mathbf{X}=\boldsymbol{b}$ 有唯一解，则 $r(\mathbf{A})=$__4__.

解 由于线性方程组 $\boldsymbol{AX}=\boldsymbol{b}$ 有唯一解，所以 $r(\boldsymbol{A})=\boldsymbol{A}$ 的列数.

8. 已知 $\boldsymbol{A}$ 是 6×7 矩阵，且 $r(\boldsymbol{A})=6$，则 $\boldsymbol{A}$ 的列向量组必线性__相__关，行向量组必线性__无__关.

解 $r(\boldsymbol{A})=6$，则行向量组和列向量组极大无关组所含向量个数都为 6，而 $\boldsymbol{A}$ 是 6×7 矩阵，所以 $\boldsymbol{A}$ 的列向量组必线性相关，行向量组必线性无关.

9. 设 $\boldsymbol{\eta}_1$，$\boldsymbol{\eta}_2$ 是非齐次线性方程组 $\boldsymbol{Ax}=\boldsymbol{b}$ 的两个解，则 $\boldsymbol{\eta}_1-\boldsymbol{\eta}_2$ __是__齐次线性方程组 $\boldsymbol{Ax}=\boldsymbol{0}$ 的解.

解 由线性非齐次方程组 $\boldsymbol{Ax}=\boldsymbol{b}$ 解的性质即知.

10. 非齐次线性方程组 $\begin{cases} x_1+x_2+ax_3=1 \\ ax_1+x_2+x_3=-1 \\ x_1+ax_2+x_3=1 \end{cases}$ 无解，则 $a=$__-2 或 1__.

解 $$\overline{\boldsymbol{A}}=\left(\begin{array}{ccc:c} 1 & 1 & a & 1 \\ a & 1 & 1 & -1 \\ 1 & a & 1 & 1 \end{array}\right)\to\left(\begin{array}{ccc:c} 1 & 1 & a & 1 \\ 0 & 1-a & 1-a^2 & -1-a \\ 0 & 0 & (1-a)(2+a) & -1-a \end{array}\right),$$

当 $a=-2$ 时，$r(\boldsymbol{A})=2\neq 3=r(\overline{\boldsymbol{A}})$，非齐次线性方程组无解.

当 $a=1$ 时，$r(\boldsymbol{A})=1\neq 2=r(\overline{\boldsymbol{A}})$，非齐次线性方程组也无解.

三、计算题

1. 判断 $\boldsymbol{\beta}=(4,4,1,2)$ 能否由下列向量线性表示，若能，则把 $\boldsymbol{\beta}$ 表示成 $\boldsymbol{\alpha}_1$，$\boldsymbol{\alpha}_2$，$\boldsymbol{\alpha}_3$，$\boldsymbol{\alpha}_4$ 线性组合：$\boldsymbol{\alpha}_1=(2,-1,0,5)$，$\boldsymbol{\alpha}_2=(-4,-2,3,0)$，$\boldsymbol{\alpha}_3=(-1,0,1,0)$，$\boldsymbol{\alpha}_4=(0,-1,2,5)$.

解 设 $\boldsymbol{\beta}=k_1\boldsymbol{\alpha}_1+k_2\boldsymbol{\alpha}_2+k_3\boldsymbol{\alpha}_3+k_4\boldsymbol{\alpha}_4$，则

$$\begin{cases} 2k_1-4k_2-k_3=4 \\ -k_1-2k_2-k_4=4 \\ 3k_2+k_3+2k_4=1 \\ 5k_1+5k_4=2 \end{cases},$$

由

$$\overline{\boldsymbol{A}}=\left(\begin{array}{cccc:c} 2 & -4 & -1 & 0 & 4 \\ -1 & -2 & 0 & -1 & 4 \\ 0 & 3 & 1 & 2 & 1 \\ 5 & 0 & 0 & 5 & 2 \end{array}\right)\to\left(\begin{array}{cccc:c} -1 & -2 & 0 & -1 & 4 \\ 0 & -8 & -1 & -2 & 20 \\ 0 & -5 & 0 & 0 & 11 \\ 0 & 0 & 0 & 0 & -4 \end{array}\right)$$

知 $r(\overline{\boldsymbol{A}})=4\neq r(\boldsymbol{A})=3$，所以方程组无解，因此 $\boldsymbol{\beta}$ 不可以由 $\boldsymbol{\alpha}_1$，$\boldsymbol{\alpha}_2$，$\boldsymbol{\alpha}_3$，$\boldsymbol{\alpha}_4$ 线性表示.

2. 求向量组 $\boldsymbol{\alpha}_1=(1,-1,2,1,0)$，$\boldsymbol{\alpha}_2=(2,1,4,-2,0)$，$\boldsymbol{\alpha}_3=(3,0,6,-1,0)$，$\boldsymbol{\alpha}_4=(0,3,0,0,1)$ 的一个极大无关组，并将其余向量用该极大无关组线性表示.

解 将向量 $\boldsymbol{\alpha}_1, \boldsymbol{\alpha}_2, \boldsymbol{\alpha}_3, \boldsymbol{\alpha}_4$ 作为矩阵的列向量，再对矩阵作初等行变换，化为行最简阶梯形矩阵.

$$(\boldsymbol{\alpha}_1^{\mathrm{T}}, \boldsymbol{\alpha}_2^{\mathrm{T}}, \boldsymbol{\alpha}_3^{\mathrm{T}}, \boldsymbol{\alpha}_4^{\mathrm{T}})=\begin{pmatrix} 1 & 2 & 3 & 0 \\ -1 & 1 & 0 & 3 \\ 2 & 4 & 6 & 0 \\ 1 & -2 & -1 & 0 \\ 0 & 0 & 0 & 1 \end{pmatrix} \to \begin{pmatrix} 1 & 0 & 1 & 0 \\ 0 & 1 & 1 & 0 \\ 0 & 0 & 0 & 1 \\ 0 & 0 & 0 & 0 \\ 0 & 0 & 0 & 0 \end{pmatrix},$$

$r(\boldsymbol{\alpha}_1, \boldsymbol{\alpha}_2, \boldsymbol{\alpha}_3, \boldsymbol{\alpha}_4)=3$，从而取 $\boldsymbol{\alpha}_1, \boldsymbol{\alpha}_2, \boldsymbol{\alpha}_4$ 是向量组的一个极大线性无关组，且

$$\boldsymbol{\alpha}_3=\boldsymbol{\alpha}_1+\boldsymbol{\alpha}_2+0\cdot\boldsymbol{\alpha}_4.$$

3. 已知：$\boldsymbol{\alpha}_1=(a,1,1)$，$\boldsymbol{\alpha}_2=(1,b,3b)$，$\boldsymbol{\alpha}_3=(1,1,1)$ 及 $\boldsymbol{\beta}=(4,3,9)$，问：

(1) a, b 何值时，$\boldsymbol{\beta}$ 有 $\boldsymbol{\alpha}_1, \boldsymbol{\alpha}_2, \boldsymbol{\alpha}_3$ 的唯一线性表示，并写出该表示式；

(2) a, b 何值时，$\boldsymbol{\beta}$ 能表示成 $\boldsymbol{\alpha}_1, \boldsymbol{\alpha}_2, \boldsymbol{\alpha}_3$ 的线性组合，但不唯一；

(3) a, b 何值时，$\boldsymbol{\beta}$ 不能表示成 $\boldsymbol{\alpha}_1, \boldsymbol{\alpha}_2, \boldsymbol{\alpha}_3$ 的线性组合.

解 设 $\boldsymbol{\beta}=k_1\boldsymbol{\alpha}_1+k_2\boldsymbol{\alpha}_2+k_3\boldsymbol{\alpha}_3$，则

$$\begin{cases} ak_1+k_2+k_3=4 \\ k_1+bk_2+k_3=3. \\ k_1+3bk_2+k_3=9 \end{cases}$$

$$\bar{\mathbf{A}}=\left(\begin{array}{ccc:c} a & 1 & 1 & 4 \\ 1 & b & 1 & 3 \\ 1 & 3b & 1 & 9 \end{array}\right) \xrightarrow{r_1 \leftrightarrow r_2} \left(\begin{array}{ccc:c} 1 & b & 1 & 3 \\ a & 1 & 1 & 4 \\ 1 & 3b & 1 & 9 \end{array}\right)$$

$$\xrightarrow[r_3-r_1]{r_2-ar_1} \left(\begin{array}{ccc:c} 1 & b & 1 & 3 \\ 0 & 1-ab & 1-a & 4-3a \\ 0 & 2b & 0 & 6 \end{array}\right) \xrightarrow{r_3 \leftrightarrow r_2} \left(\begin{array}{ccc:c} 1 & b & 1 & 3 \\ 0 & 2b & 0 & 6 \\ 0 & 1-ab & 1-a & 4-3a \end{array}\right)$$

$$\xrightarrow{\frac{1}{2}\times r_2} \left(\begin{array}{ccc:c} 1 & b & 1 & 3 \\ 0 & b & 0 & 3 \\ 0 & 1-ab & 1-a & 4-3a \end{array}\right),$$

(1) 当 $b\neq0$ 且 $a\neq1$ 时，$r(\mathbf{A})=r(\bar{\mathbf{A}})=3$，方程组有唯一解. 因此 $\boldsymbol{\beta}$ 由 $\boldsymbol{\alpha}_1, \boldsymbol{\alpha}_2, \boldsymbol{\alpha}_3$ 的唯一线性表示，且表示式为

$$\boldsymbol{\beta}=\frac{4b-3}{b(a-1)}\boldsymbol{\alpha}_1+\frac{3}{b}\boldsymbol{\alpha}_2+\frac{3-4b}{b(a-1)}\boldsymbol{\alpha}_3;$$

(2) 当 $a=1, b=\frac{3}{4}$ 时，$r(\mathbf{A})=r(\bar{\mathbf{A}})=2<3$，方程组有无穷多解. 因此 $\boldsymbol{\beta}$ 能表示成 $\boldsymbol{\alpha}_1, \boldsymbol{\alpha}_2, \boldsymbol{\alpha}_3$ 线性组合，但表示式不唯一；

(3) 当 $b=0$ 或 $a=1$ 且 $b\neq\frac{3}{4}$ 时，$r(\mathbf{A})=2\neq r(\bar{\mathbf{A}})=3$，方程组无解. 因此 $\boldsymbol{\beta}$ 不能

表示成 $\boldsymbol{\alpha}_1,\boldsymbol{\alpha}_2,\boldsymbol{\alpha}_3$ 线性组合.

4. 当 a 取何值时,线性方程组

$$\begin{cases} x_1+x_2-x_3=1 \\ 2x_1+3x_2+ax_3=3 \\ x_1+ax_2+3x_3=2 \end{cases}$$

无解？有唯一解？有无穷多组解？在方程有解时,求出它的解.

解 $\overline{\mathbf{A}}=\left(\begin{array}{ccc:c} 1 & 1 & -1 & 1 \\ 2 & 3 & a & 3 \\ 1 & a & 3 & 2 \end{array}\right)\to\left(\begin{array}{ccc:c} 1 & 1 & -1 & 1 \\ 0 & 1 & a+2 & 1 \\ 0 & 0 & (2-a)(3+a) & 2-a \end{array}\right).$

(1) 当 $a\neq 2$ 且 $a\neq -3$ 时,$r(\overline{\mathbf{A}})=r(\mathbf{A})=3$,方程组有唯一解,且

$$x_1=1,\ x_2=x_3=\frac{1}{a+3};$$

(2) 当 $a=-3$ 时,$r(\overline{\mathbf{A}})\neq r(\mathbf{A})$,方程组无解;

(3) 当 $a=2$ 时,$r(\overline{\mathbf{A}})=r(\mathbf{A})=2<3$,方程组有无穷多组解,解为

$$k(5,-4,1)^{\mathrm{T}}+(0,1,0)^{\mathrm{T}}(k\text{ 为任意常数}).$$

5. 求齐次线性方程组 $\begin{cases} 2x_1+x_2-x_3+x_4=0 \\ 3x_1-2x_2+x_3-3x_4=0 \\ x_1+4x_2-3x_3+5x_4=0 \end{cases}$ 的一个基础解系.

解 $\mathbf{A}=\begin{pmatrix} 2 & 1 & -1 & 1 \\ 3 & -2 & 1 & -3 \\ 1 & 4 & -3 & 5 \end{pmatrix}\to\begin{pmatrix} 1 & 0 & -\frac{1}{7} & -\frac{1}{7} \\ 0 & 1 & -\frac{5}{7} & \frac{9}{7} \\ 0 & 0 & 0 & 0 \end{pmatrix}.$

因为 $r(\mathbf{A})=2<n=4$,方程组有无穷多解.

令 $x_3=7,x_4=0$,得 $\boldsymbol{\eta}_1=(1,5,7,0)^{\mathrm{T}}$;令 $x_3=0,x_4=7$,得 $\boldsymbol{\eta}_2=(1,-9,0,7)^{\mathrm{T}}$.

$\boldsymbol{\eta}_1,\boldsymbol{\eta}_2$ 是原方程组的一个基础解系,其全部解为

$$\boldsymbol{x}=k_1(1,5,7,0)^{\mathrm{T}}+k_2(1,-9,0,7)^{\mathrm{T}}(k_1,k_2\text{ 为任意常数}).$$

6. 求线性方程组 $\begin{cases} 2x+y-z+w=1 \\ 4x+2y-2z+w=2 \\ 2x+y-z-w=1 \end{cases}$ 的全部解,并用基础解系表示.

解 $\overline{\mathbf{A}}=\left(\begin{array}{cccc:c} 2 & 1 & -1 & 1 & 1 \\ 4 & 2 & -2 & 1 & 2 \\ 2 & 1 & -1 & -1 & 1 \end{array}\right)\to\left(\begin{array}{cccc:c} 1 & \frac{1}{2} & -\frac{1}{2} & 0 & \frac{1}{2} \\ 0 & 0 & 0 & 1 & 0 \\ 0 & 0 & 0 & 0 & 0 \end{array}\right).$

因为 $r(\mathbf{A})=r(\bar{\mathbf{A}})=2<n=4$,所以方程组有无穷多解.

令 $y=0,z=0$ 得方程组的一个特解 $\boldsymbol{\eta}^*=(\frac{1}{2},0,0,0)^T$.

令 $y=1,z=0$,得导出组的解 $\boldsymbol{\eta}_1=(-\frac{1}{2},1,0,0)^T$;

令 $y=0,z=1$,得导出组的解 $\boldsymbol{\eta}_2=(\frac{1}{2},0,1,0)^T$.

$\boldsymbol{\eta}_1,\boldsymbol{\eta}_2$ 是方程组对应导出组的一个基础解系,从而原方程组的全部解为

$$\boldsymbol{x}=\left(\frac{1}{2},0,0,0\right)^T+k_1\left(-\frac{1}{2},1,0,0\right)^T+k_2\left(\frac{1}{2},0,1,0\right)^T(k_1,k_2\text{ 为任意常数}).$$

四、证明题

设 $\boldsymbol{\alpha}_1,\boldsymbol{\alpha}_2,\boldsymbol{\alpha}_3$ 是一向量组的极大无关组,且 $\boldsymbol{\beta}_1=\boldsymbol{\alpha}_1+\boldsymbol{\alpha}_2+\boldsymbol{\alpha}_3$,$\boldsymbol{\beta}_2=\boldsymbol{\alpha}_1+\boldsymbol{\alpha}_2+2\boldsymbol{\alpha}_3$,$\boldsymbol{\beta}=\boldsymbol{\alpha}_1+2\boldsymbol{\alpha}_2+3\boldsymbol{\alpha}_3$ 均为该向量组的向量,证明:$\boldsymbol{\beta}_1,\boldsymbol{\beta}_2,\boldsymbol{\beta}_3$ 也是该向量组的极大无关组.

证 设 $k_1\boldsymbol{\beta}_1+k_2\boldsymbol{\beta}_2+k_3\boldsymbol{\beta}_3=\mathbf{0}$,则

$$k_1(\boldsymbol{\alpha}_1+\boldsymbol{\alpha}_2+\boldsymbol{\alpha}_3)+k_2(\boldsymbol{\alpha}_1+\boldsymbol{\alpha}_2+2\boldsymbol{\alpha}_3)+k_3(\boldsymbol{\alpha}_1+2\boldsymbol{\alpha}_2+3\boldsymbol{\alpha}_3)=\mathbf{0},$$

即

$$(k_1+k_2+k_3)\boldsymbol{\alpha}_1+(k_1+k_2+2k_3)\boldsymbol{\alpha}_2+(k_1+2k_2+3k_3)\boldsymbol{\alpha}_3=\mathbf{0}.$$

又 $\boldsymbol{\alpha}_1,\boldsymbol{\alpha}_2,\boldsymbol{\alpha}_3$ 是向量组的极大无关组,所以 $\boldsymbol{\alpha}_1,\boldsymbol{\alpha}_2,\boldsymbol{\alpha}_3$ 线性无关,于是

$$\begin{cases}k_1+k_2+k_3=0\\k_1+k_2+2k_3=0\\k_1+2k_2+3k_3=0\end{cases},$$

此时系数行列式为 $D=-1\neq0$,所以方程组只有零解,从而 $\boldsymbol{\beta}_1,\boldsymbol{\beta}_2,\boldsymbol{\beta}_3$ 线性无关.

又因为向量组 $\boldsymbol{\beta}_1,\boldsymbol{\beta}_2,\boldsymbol{\beta}_3$ 同样含有 3 个向量,所以 $\boldsymbol{\beta}_1,\boldsymbol{\beta}_2,\boldsymbol{\beta}_3$ 也是该向量组的极大无关组.

第 4 章　矩阵的特征值和特征向量

习题 4.1

1. 求下列矩阵的特征值与特征向量:

(1) $\begin{pmatrix}2&-4\\-3&3\end{pmatrix}$.

解 矩阵 $\mathbf{A}$ 的特征方程为

$$|\lambda \boldsymbol{E}-\boldsymbol{A}|=\begin{vmatrix}\lambda-2 & 4\\ 3 & \lambda-3\end{vmatrix}=(\lambda-6)(\lambda+1)=0,$$

故 $\boldsymbol{A}$ 的特征值为 $\lambda_1=6$，$\lambda_2=-1$.

当 $\lambda_1=6$ 时，解齐次线性方程组 $(6\boldsymbol{E}-\boldsymbol{A})\boldsymbol{x}=\boldsymbol{0}$，其系数矩阵为

$$\begin{pmatrix}4 & 4\\ 3 & 3\end{pmatrix}\to\begin{pmatrix}1 & 1\\ 0 & 0\end{pmatrix},$$

得方程组的一个基础解系为 $\boldsymbol{\alpha}_1=(-1,\ 1)^{\mathrm{T}}$，所以 $\boldsymbol{A}$ 的属于特征值 $\lambda_1=6$ 的全部特征向量为

$$k_1\boldsymbol{\alpha}_1=k_1(-1,1)^{\mathrm{T}}\ (k_1\ 为任意非零常数).$$

当 $\lambda_2=-1$ 时，解齐次线性方程组 $(-\boldsymbol{E}-\boldsymbol{A})\boldsymbol{x}=\boldsymbol{0}$，其系数矩阵为

$$\begin{pmatrix}-3 & 4\\ 3 & -4\end{pmatrix}\to\begin{pmatrix}3 & -4\\ 0 & 0\end{pmatrix},$$

得方程组的一个基础解系为 $\boldsymbol{\alpha}_2=(4,3)^{\mathrm{T}}$，所以 $\boldsymbol{A}$ 的属于特征值 $\lambda_2=-1$ 的全部特征向量为

$$k_2\boldsymbol{\alpha}_2=k_2(4,3)^{\mathrm{T}}\ (k_2\ 为任意非零常数).$$

(2) $\begin{pmatrix}2 & 1\\ -1 & 4\end{pmatrix}$.

解 矩阵 $\boldsymbol{A}$ 的特征方程为

$$|\lambda \boldsymbol{E}-\boldsymbol{A}|=\begin{vmatrix}\lambda-2 & -1\\ 1 & \lambda-4\end{vmatrix}=(\lambda-3)^2=0,$$

故 $\boldsymbol{A}$ 的特征值为 $\lambda=3$(二重根).

当 $\lambda=3$ 时，解齐次线性方程组 $(3\boldsymbol{E}-\boldsymbol{A})\boldsymbol{x}=\boldsymbol{0}$，其系数矩阵为

$$\begin{pmatrix}1 & -1\\ 1 & -1\end{pmatrix}\to\begin{pmatrix}1 & -1\\ 0 & 0\end{pmatrix},$$

得方程组的一个基础解系为 $\boldsymbol{\alpha}=(1,\ 1)^{\mathrm{T}}$，所以 $\boldsymbol{A}$ 的属于特征值 $\lambda=3$ 的全部特征向量为

$$k\boldsymbol{\alpha}=k(1,\ 1)^{\mathrm{T}}\ (k\ 为任意非零常数).$$

(3) $\begin{pmatrix}0 & 0 & 1\\ 0 & 1 & 0\\ 1 & 0 & 0\end{pmatrix}$.

解 矩阵 $\boldsymbol{A}$ 的特征方程为

$$|\lambda \boldsymbol{E}-\boldsymbol{A}|=\begin{vmatrix}\lambda & 0 & -1\\ 0 & \lambda-1 & 0\\ -1 & 0 & \lambda\end{vmatrix}=(\lambda-1)^2(\lambda+1)=0,$$

故 $\boldsymbol{A}$ 的特征值为 $\lambda_1=\lambda_2=1,\lambda_3=-1$.

当 $\lambda_1=\lambda_2=1$ 时，解齐次线性方程组 $(\boldsymbol{E}-\boldsymbol{A})\boldsymbol{x}=\boldsymbol{0}$，其系数矩阵为

$$\begin{pmatrix}1&0&-1\\0&0&0\\-1&0&1\end{pmatrix}\to\begin{pmatrix}1&0&-1\\0&0&0\\0&0&0\end{pmatrix},$$

得方程组的一个基础解系为 $\boldsymbol{\alpha}_1=(0,\ 1,\ 0)^{\mathrm{T}}$，$\boldsymbol{\alpha}_2=(1,\ 0,\ 1)^{\mathrm{T}}$，所以 $\boldsymbol{A}$ 的属于特征值 $\lambda_1=\lambda_2=1$ 的全部特征向量为

$$k_1\boldsymbol{\alpha}_1+k_2\boldsymbol{\alpha}_2=k_1(0,1,0)^{\mathrm{T}}+k_2(1,0,1)^{\mathrm{T}}\ (k_1,\ k_2\text{ 为不全为零的任意常数}).$$

当 $\lambda_3=-1$ 时，解齐次线性方程组 $(-\boldsymbol{E}-\boldsymbol{A})\boldsymbol{x}=\boldsymbol{0}$，其系数矩阵为

$$\begin{pmatrix}-1&0&-1\\0&-1&0\\-1&0&-1\end{pmatrix}\to\begin{pmatrix}1&0&1\\0&1&0\\0&0&0\end{pmatrix},$$

得方程组的一个基础解系为 $\boldsymbol{\alpha}_3=(-1,\ 0,\ 1)^{\mathrm{T}}$，所以 $\boldsymbol{A}$ 的属于特征值 $\lambda_3=-1$ 的全部特征向量为

$$k_3\boldsymbol{\alpha}_3=k_3(-1,0,1)^{\mathrm{T}}\ (k_3\text{ 为任意非零常数}).$$

(4) $\begin{pmatrix}3&-1&1\\2&0&1\\1&-1&2\end{pmatrix}$.

解 矩阵 $\boldsymbol{A}$ 的特征方程为

$$|\lambda\boldsymbol{E}-\boldsymbol{A}|=\begin{vmatrix}\lambda-3&1&-1\\-2&\lambda&-1\\-1&1&\lambda-2\end{vmatrix}=(\lambda-2)^2(\lambda-1)=0,$$

故 $\boldsymbol{A}$ 的特征值为 $\lambda_1=\lambda_2=2,\lambda_3=1$.

当 $\lambda_1=\lambda_2=2$ 时，解齐次线性方程组 $(2\boldsymbol{E}-\boldsymbol{A})\boldsymbol{x}=\boldsymbol{0}$，其系数矩阵为

$$\begin{pmatrix}-1&1&-1\\-2&2&-1\\-1&1&0\end{pmatrix}\to\begin{pmatrix}1&-1&0\\0&0&1\\0&0&0\end{pmatrix},$$

得方程组的一个基础解系为 $\boldsymbol{\alpha}_1=(1,\ 1,\ 0)^{\mathrm{T}}$，所以 $\boldsymbol{A}$ 的属于特征值 $\lambda_1=\lambda_2=2$ 的全部特征向量为

$$k_1\boldsymbol{\alpha}_1=k_1(1,\ 1,\ 0)^{\mathrm{T}}\ (k_1\text{ 为任意非零常数}).$$

当 $\lambda_3=1$ 时，解齐次线性方程组 $(\boldsymbol{E}-\boldsymbol{A})\boldsymbol{x}=\boldsymbol{0}$，其系数矩阵为

$$\begin{pmatrix}-2&1&-1\\-2&1&-1\\-1&1&-1\end{pmatrix}\to\begin{pmatrix}1&0&0\\0&1&-1\\0&0&0\end{pmatrix},$$

得方程组的一个基础解系为 $\boldsymbol{\alpha}_2=(0,1,1)^{\mathrm{T}}$,所以 $\boldsymbol{A}$ 的属于特征值 $\lambda_3=1$ 的全部特征向量为

$$k_2\boldsymbol{\alpha}_2=k_2(0,1,1)^{\mathrm{T}}\ (k_2\text{ 为任意非零常数}).$$

(5) $\begin{pmatrix}1&1&1&1\\1&1&-1&-1\\1&-1&1&-1\\1&-1&-1&1\end{pmatrix}$.

解 矩阵 $\boldsymbol{A}$ 的特征方程为

$$|\lambda\boldsymbol{E}-\boldsymbol{A}|=\begin{vmatrix}\lambda-1&-1&-1&-1\\-1&\lambda-1&1&1\\-1&1&\lambda-1&1\\-1&1&1&\lambda-1\end{vmatrix}=(\lambda+2)(\lambda-2)^3=0,$$

故 $\boldsymbol{A}$ 的特征值为 $\lambda_1=-2,\lambda_2=\lambda_3=\lambda_4=2$.

当 $\lambda_1=-2$ 时,解齐次线性方程组 $(-2\boldsymbol{E}-\boldsymbol{A})\boldsymbol{x}=\boldsymbol{0}$,其系数矩阵为

$$\begin{pmatrix}-3&-1&-1&-1\\-1&-3&1&1\\-1&1&-3&1\\-1&1&1&-3\end{pmatrix}\to\begin{pmatrix}1&0&0&1\\0&1&0&-1\\0&0&1&-1\\0&0&0&0\end{pmatrix},$$

得方程组的一个基础解系为 $\boldsymbol{\alpha}_1=(-1,1,1,1)^{\mathrm{T}}$,所以 $\boldsymbol{A}$ 的属于特征值 $\lambda_1=-2$ 的全部特征向量为

$$k_1\boldsymbol{\alpha}_1=k_1(-1,1,1,1)^{\mathrm{T}}\ (k_1\text{ 为任意非零常数}).$$

当 $\lambda_2=\lambda_3=\lambda_4=2$ 时,解齐次线性方程组 $(-\boldsymbol{E}-\boldsymbol{A})\boldsymbol{x}=\boldsymbol{0}$,其系数矩阵为

$$\begin{pmatrix}1&-1&-1&-1\\-1&1&1&1\\-1&1&1&1\\-1&1&1&1\end{pmatrix}\to\begin{pmatrix}1&-1&-1&-1\\0&0&0&0\\0&0&0&0\\0&0&0&0\end{pmatrix},$$

得方程组的一个基础解系为 $\boldsymbol{\alpha}_2=(1,1,0,0)^{\mathrm{T}}$, $\boldsymbol{\alpha}_3=(1,0,1,0)^{\mathrm{T}}$, $\boldsymbol{\alpha}_4=(1,0,0,1)^{\mathrm{T}}$,所以 $\boldsymbol{A}$ 的属于特征值 $\lambda_2=\lambda_3=\lambda_4=2$ 的全部特征向量为

$$k_2\boldsymbol{\alpha}_2+k_3\boldsymbol{\alpha}_3+k_4\boldsymbol{\alpha}_4=k_2(1,1,0,0)^{\mathrm{T}}+k_3(1,0,1,0)^{\mathrm{T}}+k_4(1,0,0,1)^{\mathrm{T}},$$

其中 k_2,k_3,k_4 为不全为零的任意常数.

2. 已知 $\boldsymbol{\alpha}=(1,1,-1)^{\mathrm{T}}$ 是矩阵 $\boldsymbol{A}=\begin{pmatrix}2&-1&2\\5&a&3\\-1&b&-2\end{pmatrix}$ 的属于特征值 λ 的特征向量,求 a,b,λ.

解 由题意知 $\boldsymbol{A\alpha}=\lambda\boldsymbol{\alpha}$，即

$$\begin{pmatrix} 2 & -1 & 2 \\ 5 & a & 3 \\ -1 & b & -2 \end{pmatrix}\begin{pmatrix} 1 \\ 1 \\ -1 \end{pmatrix}=\lambda\begin{pmatrix} 1 \\ 1 \\ -1 \end{pmatrix},$$

也即

$$\begin{pmatrix} -1 \\ a+2 \\ b+1 \end{pmatrix}=\begin{pmatrix} \lambda \\ \lambda \\ -\lambda \end{pmatrix},$$

从而解得 $a=-3$，$b=0$，$\lambda=-1$.

3. 设 $\boldsymbol{\alpha},\boldsymbol{\beta}$ 是矩阵 $\boldsymbol{A}$ 的属于不同特征值的特征向量，证明 $\boldsymbol{\alpha}+\boldsymbol{\beta}$ 不是 $\boldsymbol{A}$ 的特征向量.

证 设 $\boldsymbol{\alpha},\boldsymbol{\beta}$ 是 $\boldsymbol{A}$ 的分属于不同特征值 λ_1,λ_2 的特征向量，$\lambda_1\neq\lambda_2$.

反证法. 设 $\boldsymbol{\alpha}+\boldsymbol{\beta}$ 为 $\boldsymbol{A}$ 的属于特征值 λ 的特征向量，于是 $\boldsymbol{A}(\boldsymbol{\alpha}+\boldsymbol{\beta})=\lambda(\boldsymbol{\alpha}+\boldsymbol{\beta})$，又由已知，有 $\boldsymbol{A\alpha}=\lambda_1\boldsymbol{\alpha}$，$\boldsymbol{A\beta}=\lambda_2\boldsymbol{\beta}$. 代入上式，整理得

$$(\lambda_1-\lambda)\boldsymbol{\alpha}+(\lambda_2-\lambda)\boldsymbol{\beta}=\boldsymbol{0}.$$

因为 $\lambda_1\neq\lambda_2$，所以向量 $\boldsymbol{\alpha},\boldsymbol{\beta}$ 线性无关，故

$$\lambda_1-\lambda=0,\ \lambda_2-\lambda=0,$$

由此可得 $\lambda_1=\lambda_2=\lambda$，与已知条件矛盾. 所以 $\boldsymbol{\alpha}+\boldsymbol{\beta}$ 不是 $\boldsymbol{A}$ 的特征向量.

4. 设 n 阶 $\boldsymbol{A}$ 是幂等矩阵，即 $\boldsymbol{A}^2=\boldsymbol{A}$，则 $\boldsymbol{A}$ 的特征值只能为 0 和 1.

证 设 $\boldsymbol{\alpha}$ 是 $\boldsymbol{A}$ 的属于特征值 λ 的特征向量，由定义知

$$\boldsymbol{A}^2\boldsymbol{\alpha}=\boldsymbol{A}(\boldsymbol{A\alpha})=\boldsymbol{A}(\lambda\boldsymbol{\alpha})=\lambda\boldsymbol{A\alpha}=\lambda^2\boldsymbol{\alpha},$$

而 $\boldsymbol{A}^2=\boldsymbol{A}$，因此 $\boldsymbol{A}^2\boldsymbol{\alpha}=\boldsymbol{A\alpha}=\lambda\boldsymbol{\alpha}$，于是 $\lambda^2\boldsymbol{\alpha}=\lambda\boldsymbol{\alpha}$，即

$$(\lambda^2-\lambda)\boldsymbol{\alpha}=\boldsymbol{0},$$

由于 $\boldsymbol{\alpha}\neq\boldsymbol{0}$，因此 $\lambda^2-\lambda=0$，从而解得 $\lambda=0$ 或 $\lambda=1$.

5. 已知三阶矩阵 $\boldsymbol{A}=\begin{pmatrix} -3 & 1 & -1 \\ -7 & 5 & -1 \\ -6 & 6 & -2 \end{pmatrix}$，试求 $\boldsymbol{A}^{-1}$ 的特征值与特征向量.

解 矩阵 $\boldsymbol{A}$ 的特征方程为

$$|\lambda\boldsymbol{E}-\boldsymbol{A}|=\begin{vmatrix} \lambda+3 & -1 & 1 \\ 7 & \lambda-5 & 1 \\ 6 & -6 & \lambda+2 \end{vmatrix}=(\lambda+2)^2(\lambda-4)=0,$$

故 $\boldsymbol{A}$ 的特征值为 $\lambda_1=4$，$\lambda_2=\lambda_3=-2$.

当 $\lambda_1=4$ 时，解齐次线性方程组 $(4\boldsymbol{E}-\boldsymbol{A})\boldsymbol{x}=\boldsymbol{0}$，得方程组的一个基础解系为 $\boldsymbol{\alpha}_1=$

$(0,1,1)^T$，相应的 $\boldsymbol{A}^{-1}$ 的特征值为 $\lambda_1=\frac{1}{4}$，其全部特征向量为

$$k_1\boldsymbol{\alpha}_1=k_1(0,1,1)^T\ (k_1\text{ 为任意非零常数}).$$

当 $\lambda_2=\lambda_3=-2$ 时，解齐次线性方程组 $(-2\boldsymbol{E}-\boldsymbol{A})\boldsymbol{x}=\boldsymbol{0}$，得方程组的一个基础解系为 $\boldsymbol{\alpha}_2=(1,1,0)^T$，相应的 $\boldsymbol{A}^{-1}$ 的特征值为 $\lambda_2=\lambda_3=-\frac{1}{2}$，其全部特征向量为

$$k_2\boldsymbol{\alpha}_2=k_2(1,1,0)^T\ (k_2\text{ 为任意非零常数}).$$

6. 假设二阶矩阵 $\boldsymbol{A}$ 满足方程 $\boldsymbol{A}^2-5\boldsymbol{A}+6\boldsymbol{E}=\boldsymbol{0}$，其中 $\boldsymbol{E}$ 为单位矩阵，试求 $\boldsymbol{A}$ 的特征值.

解 设 λ 为 $\boldsymbol{A}$ 的特征值，对应的特征向量为 $\boldsymbol{\alpha}(\boldsymbol{\alpha}\neq\boldsymbol{0})$，则有 $\boldsymbol{A}\boldsymbol{\alpha}=\lambda\boldsymbol{\alpha}$，于是

$$(\boldsymbol{A}^2-5\boldsymbol{A}+6\boldsymbol{E})\boldsymbol{\alpha}=\boldsymbol{A}^2\boldsymbol{\alpha}-5\boldsymbol{A}\boldsymbol{\alpha}+6\boldsymbol{\alpha}=\lambda^2\boldsymbol{\alpha}-5\lambda\boldsymbol{\alpha}+6\boldsymbol{\alpha}=(\lambda^2-5\lambda+6)\boldsymbol{\alpha}=\boldsymbol{0},$$

由此可解得 $\lambda_1=2,\lambda_2=3$ 即为 $\boldsymbol{A}$ 的特征值.

7. 已知三阶方阵 $\boldsymbol{A}$ 的特征值为 1，1，-2，试求下列行列式的值：

(1) $|\boldsymbol{A}-\boldsymbol{E}|$；　(2) $|\boldsymbol{A}+2\boldsymbol{E}|$；　(3) $|\boldsymbol{A}^2+3\boldsymbol{A}-4\boldsymbol{E}|$.

解 (1) 由于 $\lambda=1$ 是 $\boldsymbol{A}$ 的特征值，所以 $|\boldsymbol{A}-\boldsymbol{E}|=|1\cdot\boldsymbol{A}-\boldsymbol{E}|=0$.

(2) 因为 $\boldsymbol{A}+2\boldsymbol{E}$ 的特征值是 3，3，0，所以 $|\boldsymbol{A}+2\boldsymbol{E}|=3\times3\times0=0$.

(3) 因为 $\boldsymbol{A}^2+3\boldsymbol{A}-4\boldsymbol{E}$ 的特征值是 0，0，-6，所以 $|\boldsymbol{A}^2+3\boldsymbol{A}-4\boldsymbol{E}|=0\times0\times(-6)=0$.

习题 4.2

1. 判断下列矩阵能否对角化，若能对角化，求可逆矩阵 $\boldsymbol{P}$ 及对角矩阵 $\boldsymbol{\Lambda}$，使得 $\boldsymbol{P}^{-1}\boldsymbol{A}\boldsymbol{P}=\boldsymbol{\Lambda}$.

(1) $\begin{pmatrix}1&0\\1&-1\end{pmatrix}$.

解 矩阵 $\boldsymbol{A}$ 的特征方程为

$$|\lambda\boldsymbol{E}-\boldsymbol{A}|=\begin{vmatrix}\lambda-1&0\\-1&\lambda+1\end{vmatrix}=(\lambda+1)(\lambda-1)=0,$$

故 $\boldsymbol{A}$ 的特征值为 $\lambda_1=1,\lambda_2=-1$. 全部是单根，所以 $\boldsymbol{A}$ 可以对角化.

当 $\lambda_1=1$ 时，解对应的齐次线性方程组 $(\boldsymbol{E}-\boldsymbol{A})\boldsymbol{x}=\boldsymbol{0}$，得 $\lambda_1=1$ 所对应的特征向量 $\boldsymbol{\alpha}_1=(2,\ 1)^T$.

当 $\lambda_2=-1$ 时，解对应的齐次线性方程组 $(-\boldsymbol{E}-\boldsymbol{A})\boldsymbol{x}=\boldsymbol{0}$，得 $\lambda_2=-1$ 所对应的特征向量 $\boldsymbol{\alpha}_2=(0,\ 1)^T$.

令

$$\boldsymbol{P}=(\boldsymbol{\alpha}_1,\ \boldsymbol{\alpha}_2)=\begin{pmatrix}2&0\\1&1\end{pmatrix},\quad \boldsymbol{\Lambda}=\begin{pmatrix}1&\\&-1\end{pmatrix},$$

则有 $\boldsymbol{P}^{-1}\boldsymbol{A}\boldsymbol{P}=\boldsymbol{\Lambda}$.

(2) $\begin{pmatrix} 0 & 1 & -1 \\ -2 & 0 & 2 \\ -1 & 1 & 0 \end{pmatrix}$.

解 矩阵 $\boldsymbol{A}$ 的特征方程为

$$|\lambda\boldsymbol{E}-\boldsymbol{A}|=\begin{vmatrix} \lambda & -1 & 1 \\ 2 & \lambda & -2 \\ 1 & -1 & \lambda \end{vmatrix}=\lambda(\lambda+1)(\lambda-1)=0,$$

故 $\boldsymbol{A}$ 的特征值为 $\lambda_1=0,\lambda_2=-1,\lambda_3=1$. 全部是单根,所以 $\boldsymbol{A}$ 可以对角化.

当 $\lambda_1=0$ 时,解对应的齐次线性方程组 $(0\boldsymbol{E}-\boldsymbol{A})\boldsymbol{x}=\boldsymbol{0}$,得 $\lambda_1=0$ 所对应的特征向量 $\boldsymbol{\alpha}_1=(1,1,1)^{\mathrm{T}}$.

当 $\lambda_2=-1$ 时,解对应的齐次线性方程组 $(-\boldsymbol{E}-\boldsymbol{A})\boldsymbol{x}=\boldsymbol{0}$,得 $\lambda_2=-1$ 所对应的特征向量 $\boldsymbol{\alpha}_2=(1,0,1)^{\mathrm{T}}$.

当 $\lambda_3=1$ 时,解对应的齐次线性方程组 $(\boldsymbol{E}-\boldsymbol{A})\boldsymbol{x}=\boldsymbol{0}$,得 $\lambda_3=1$ 所对应的特征向量 $\boldsymbol{\alpha}_3=(1,4,3)^{\mathrm{T}}$.

令

$$\boldsymbol{P}=(\boldsymbol{\alpha}_1,\boldsymbol{\alpha}_2,\boldsymbol{\alpha}_3)=\begin{pmatrix} 1 & 1 & 1 \\ 1 & 0 & 4 \\ 1 & 1 & 3 \end{pmatrix},\quad \boldsymbol{\Lambda}=\begin{pmatrix} 0 & & \\ & -1 & \\ & & 1 \end{pmatrix},$$

则有 $\boldsymbol{P}^{-1}\boldsymbol{A}\boldsymbol{P}=\boldsymbol{\Lambda}$.

(3) $\begin{pmatrix} 3 & -1 & -2 \\ 2 & 0 & -2 \\ 2 & -1 & -1 \end{pmatrix}$.

解 矩阵 $\boldsymbol{A}$ 的特征方程为

$$|\lambda\boldsymbol{E}-\boldsymbol{A}|=\begin{vmatrix} \lambda-3 & 1 & 2 \\ -2 & \lambda & 2 \\ -2 & 1 & \lambda+1 \end{vmatrix}=\lambda(\lambda-1)^2=0,$$

故 $\boldsymbol{A}$ 的特征值为 $\lambda_1=\lambda_2=1,\lambda_3=0$.

当 $\lambda_1=\lambda_2=1$ 时,解对应的齐次线性方程组 $(\boldsymbol{E}-\boldsymbol{A})\boldsymbol{x}=\boldsymbol{0}$,得 $\lambda_1=\lambda_2=1$ 所对应的特征向量 $\boldsymbol{\alpha}_1=(1,2,0)^{\mathrm{T}},\boldsymbol{\alpha}_2=(0,-2,1)^{\mathrm{T}}$.

当 $\lambda_3=0$ 时,解对应的齐次线性方程组 $(0\boldsymbol{E}-\boldsymbol{A})\boldsymbol{x}=\boldsymbol{0}$,得 $\lambda_3=1$ 所对应的特征向量 $\boldsymbol{\alpha}_3=(1,1,1)^{\mathrm{T}}$.

由于矩阵 $\boldsymbol{A}$ 有 3 个线性无关的特征向量,所以可以对角化,令

$$P=(\boldsymbol{\alpha}_1,\boldsymbol{\alpha}_2,\boldsymbol{\alpha}_3)=\begin{pmatrix}1&0&1\\2&-2&1\\0&1&1\end{pmatrix},\quad \boldsymbol{\Lambda}=\begin{pmatrix}1&&\\&1&\\&&0\end{pmatrix},$$

则有 $\boldsymbol{P}^{-1}\boldsymbol{AP}=\boldsymbol{\Lambda}$.

(4) $\begin{pmatrix}1&2&3\\2&1&3\\3&3&6\end{pmatrix}$.

解 矩阵 $\boldsymbol{A}$ 的特征方程为

$$|\lambda\boldsymbol{E}-\boldsymbol{A}|=\begin{vmatrix}\lambda-1&-2&-3\\-2&\lambda-1&-3\\-3&-3&\lambda-6\end{vmatrix}=\lambda(\lambda+1)(\lambda-9)=0,$$

故 $\boldsymbol{A}$ 的特征值为 $\lambda_1=-1,\lambda_2=0,\lambda_3=9$. 全部是单根,所以 $\boldsymbol{A}$ 可以对角化.

当 $\lambda_1=-1$ 时,解对应的齐次线性方程组 $(-\boldsymbol{E}-\boldsymbol{A})\boldsymbol{x}=\boldsymbol{0}$,得 $\lambda_2=-1$ 所对应的特征向量 $\boldsymbol{\alpha}_1=(1,-1,0)^{\mathrm{T}}$.

当 $\lambda_2=0$ 时,解对应的齐次线性方程组 $(0\boldsymbol{E}-\boldsymbol{A})\boldsymbol{x}=\boldsymbol{0}$,得 $\lambda_2=0$ 所对应的特征向量 $\boldsymbol{\alpha}_2=(1,1,-1)^{\mathrm{T}}$.

当 $\lambda_3=9$ 时,解对应的齐次线性方程组 $(9\boldsymbol{E}-\boldsymbol{A})\boldsymbol{x}=\boldsymbol{0}$,得 $\lambda_3=9$ 所对应的特征向量 $\boldsymbol{\alpha}_3=(1,1,2)^{\mathrm{T}}$.

令

$$P=(\boldsymbol{\alpha}_1,\boldsymbol{\alpha}_2,\boldsymbol{\alpha}_3)=\begin{pmatrix}1&1&1\\-1&1&1\\0&-1&2\end{pmatrix},\quad \boldsymbol{\Lambda}=\begin{pmatrix}-1&&\\&0&\\&&9\end{pmatrix},$$

则有 $\boldsymbol{P}^{-1}\boldsymbol{AP}=\boldsymbol{\Lambda}$.

(5) $\begin{pmatrix}5&3&1&1\\-3&-1&1&-1\\0&0&1&0\\0&0&2&2\end{pmatrix}$.

解 矩阵 $\boldsymbol{A}$ 的特征方程为

$$|\lambda\boldsymbol{E}-\boldsymbol{A}|=\begin{pmatrix}\lambda-5&-3&-1&-1\\3&\lambda+1&-1&1\\0&0&\lambda-1&0\\0&0&-2&\lambda-2\end{pmatrix}=(\lambda-2)^3(\lambda-1)=0,$$

故 $\boldsymbol{A}$ 的特征值为 $\lambda_1=\lambda_2=\lambda_3=2,\lambda_4=1$.

当 $\lambda_1=\lambda_2=\lambda_3=2$ 时,解对应的齐次线性方程组 $(2\boldsymbol{E}-\boldsymbol{A})\boldsymbol{x}=\boldsymbol{0}$,由于

$$2E-A=\begin{pmatrix}-3&-3&-1&-1\\3&3&-1&1\\0&0&1&0\\0&0&-2&0\end{pmatrix}\to\begin{pmatrix}3&3&1&1\\0&0&1&0\\0&0&0&0\\0&0&0&0\end{pmatrix},$$

秩为 2,故矩阵 A 不能对角化.

2. 设矩阵 $A=\begin{pmatrix}2&0&1\\3&1&x\\4&0&5\end{pmatrix}$ 可相似对角化,求 x.

解 矩阵 A 的特征方程为

$$|\lambda E-A|=\begin{vmatrix}\lambda-2&0&-1\\-3&\lambda-1&-x\\-4&0&\lambda-5\end{vmatrix}=(\lambda-1)^2(\lambda-6)=0,$$

故 A 的特征值为 $\lambda_1=\lambda_2=1,\lambda_3=6$.

由于 A 可相似对角化,所以对应于 $\lambda_1=\lambda_2=1$ 应有两个线性无关的特征向量,因此矩阵 $E-A$ 的秩应为 1,从而由

$$E-A=\begin{pmatrix}-1&0&-1\\-3&0&-x\\-4&0&-4\end{pmatrix}\to\begin{pmatrix}1&0&1\\0&0&3-x\\0&0&0\end{pmatrix},$$

可得 $x=3$.

3. 设矩阵 $A=\begin{pmatrix}2&0&0\\0&0&1\\0&1&x\end{pmatrix}$ 与 $B=\begin{pmatrix}2&&\\&y&\\&&-1\end{pmatrix}$ 相似,求:(1) x, y 的值;(2) 相应的可逆矩阵 P,使 $P^{-1}AP=B$.

解 (1) 因为 A,B 相似,所以行列式相等,即

$$|A|=\begin{vmatrix}2&0&0\\0&0&1\\0&1&x\end{vmatrix}=2=|B|=\begin{vmatrix}2&&\\&y&\\&&-1\end{vmatrix}=-2y,$$

故 $y=1$.

又因为相似矩阵的迹相等,所以

$$\mathrm{tr}(A)=2+x=\mathrm{tr}(B)=2+y-1,$$

于是 $x=0$.

(2) 矩阵 A 的特征值即为 $2,1,-1$.

当 $\lambda_1=2$ 时,解对应的齐次线性方程组 $(2E-A)x=0$,得 $\lambda_1=2$ 所对应的特征向量 $\alpha_1=(1,0,0)^T$.

当 $\lambda_2=1$ 时,解对应的齐次线性方程组 $(\boldsymbol{E}-\boldsymbol{A})\boldsymbol{x}=\boldsymbol{0}$,得 $\lambda_2=1$ 所对应的特征向量 $\boldsymbol{\alpha}_2=(0,1,1)^{\mathrm{T}}$.

当 $\lambda_3=-1$ 时,解对应的齐次线性方程组 $(-\boldsymbol{E}-\boldsymbol{A})\boldsymbol{x}=\boldsymbol{0}$,得 $\lambda_3=-1$ 所对应的特征向量 $\boldsymbol{\alpha}_3=(0,1,-1)^{\mathrm{T}}$.

从而令

$$\boldsymbol{P}=(\boldsymbol{\alpha}_1,\ \boldsymbol{\alpha}_2,\ \boldsymbol{\alpha}_3)=\begin{pmatrix}1&0&0\\0&1&1\\0&1&-1\end{pmatrix},$$

则有 $\boldsymbol{P}^{-1}\boldsymbol{AP}=\boldsymbol{B}$.

4. 设 $\boldsymbol{A}=\begin{pmatrix}1&0\\-1&2\end{pmatrix}$,计算 $\boldsymbol{A}^{10}$.

解 由 $|\lambda\boldsymbol{E}-\boldsymbol{A}|=\begin{vmatrix}\lambda-1&0\\1&\lambda-2\end{vmatrix}=(\lambda-1)(\lambda-2)=0$ 得 $\boldsymbol{A}$ 的特征值为 $\lambda_1=1$, $\lambda_2=2$.

当 $\lambda_1=1$ 时,解齐次线性方程组 $(\boldsymbol{E}-\boldsymbol{A})\boldsymbol{x}=\boldsymbol{0}$,得 $\lambda_1=1$ 所对应的特征向量 $\boldsymbol{\alpha}_1=(1,1)^{\mathrm{T}}$.

当 $\lambda_2=2$ 时,解齐次线性方程组 $(2\boldsymbol{E}-\boldsymbol{A})\boldsymbol{x}=\boldsymbol{0}$,得 $\lambda_2=2$ 所对应的特征向量 $\boldsymbol{\alpha}_2=(0,1)^{\mathrm{T}}$.

令 $\boldsymbol{P}=(\boldsymbol{\alpha}_1,\ \boldsymbol{\alpha}_2)=\begin{pmatrix}1&0\\1&1\end{pmatrix}$,$\boldsymbol{\Lambda}=\begin{pmatrix}1&0\\0&2\end{pmatrix}$,则有 $\boldsymbol{P}^{-1}\boldsymbol{AP}=\boldsymbol{\Lambda}$,于是

$$\boldsymbol{A}^{10}=(\boldsymbol{P\Lambda P}^{-1})^{10}=\boldsymbol{P\Lambda}^{10}\boldsymbol{P}^{-1}=\begin{pmatrix}1&0\\1&1\end{pmatrix}\begin{pmatrix}1&0\\0&2\end{pmatrix}^{10}\begin{pmatrix}1&0\\1&1\end{pmatrix}^{-1}$$

$$=\begin{pmatrix}1&0\\1&1\end{pmatrix}\begin{pmatrix}1&0\\0&2^{10}\end{pmatrix}\begin{pmatrix}1&0\\-1&1\end{pmatrix}=\begin{pmatrix}1&0\\1-2^{10}&2^{10}\end{pmatrix}.$$

5. 设 $\boldsymbol{A}$, $\boldsymbol{B}$ 都是 n 阶方阵,且 $|\boldsymbol{A}|\neq0$,证明 $\boldsymbol{AB}$ 与 $\boldsymbol{BA}$ 相似.

证 因为 $|\boldsymbol{A}|\neq0$,所以 $\boldsymbol{A}$ 可逆. 令 $\boldsymbol{P}=\boldsymbol{A}$,则 $\boldsymbol{P}^{-1}\boldsymbol{ABP}=\boldsymbol{A}^{-1}\boldsymbol{ABA}=\boldsymbol{BA}$,即 $\boldsymbol{AB}$ 与 $\boldsymbol{BA}$ 相似.

6. 已知三阶矩阵 $\boldsymbol{A}$ 的特征值为 2,1,−1,对应的特征向量分别为 $(1,0,-1)^{\mathrm{T}}$, $(1,-1,0)^{\mathrm{T}}$, $(1,0,1)^{\mathrm{T}}$,求矩阵 $\boldsymbol{A}$.

解 依题意知,矩阵 $\boldsymbol{A}$ 相似于对角矩阵. 令

$$\boldsymbol{P}=\begin{pmatrix}1&1&1\\0&-1&0\\-1&0&1\end{pmatrix},\quad \boldsymbol{\Lambda}=\begin{pmatrix}2&&\\&1&\\&&-1\end{pmatrix},$$

则有 $\boldsymbol{P}^{-1}\boldsymbol{AP}=\boldsymbol{\Lambda}$,从而

$$A=P\Lambda P^{-1}=\begin{pmatrix}1&1&1\\0&-1&0\\-1&0&1\end{pmatrix}\begin{pmatrix}2&0&0\\0&1&0\\0&0&-1\end{pmatrix}\begin{pmatrix}1&1&1\\0&-1&0\\-1&0&1\end{pmatrix}^{-1}$$

$$=\frac{1}{2}\begin{pmatrix}1&-1&-3\\0&2&0\\-3&-3&1\end{pmatrix}.$$

习题 4.3

1. 计算向量 $\boldsymbol{\alpha}$ 与 $\boldsymbol{\beta}$ 的内积,并判断它们是否正交.

(1) $\boldsymbol{\alpha}=(-1,0,3,5)^{\mathrm{T}},\boldsymbol{\beta}=(4,-2,0,-1)^{\mathrm{T}}$;

(2) $\boldsymbol{\alpha}=\left(\frac{\sqrt{3}}{2},-\frac{1}{3},\frac{\sqrt{3}}{4},-1\right)^{\mathrm{T}},\boldsymbol{\beta}=\left(-\frac{\sqrt{3}}{2},-2,\sqrt{3},\frac{2}{3}\right)^{\mathrm{T}}$.

解 (1) $(\boldsymbol{\alpha},\boldsymbol{\beta})=-1\times4+5\times(-1)=-9$,故 $\boldsymbol{\alpha}$ 与 $\boldsymbol{\beta}$ 不正交;

(2) $(\boldsymbol{\alpha},\boldsymbol{\beta})=\frac{\sqrt{3}}{2}\times\left(-\frac{\sqrt{3}}{2}\right)-\frac{1}{3}\times(-2)+\frac{\sqrt{3}}{4}\times\sqrt{3}-1\times\frac{2}{3}=0$,故 $\boldsymbol{\alpha}$ 与 $\boldsymbol{\beta}$ 正交.

2. 将下列向量单位化:

(1) $\boldsymbol{\alpha}=(1,-1,-1,1)^{\mathrm{T}}$;　　(2) $\boldsymbol{\beta}=(\frac{1}{2},-2,0,1)^{\mathrm{T}}$.

解 (1) $\frac{1}{\|\boldsymbol{\alpha}\|}\boldsymbol{\alpha}=\frac{1}{\sqrt{1^2+(-1)^2+(-1)^2+1^2}}(1,-1,-1,1)^{\mathrm{T}}=\frac{1}{2}(1,-1,-1,1)^{\mathrm{T}}$;

(2) $\frac{1}{\|\boldsymbol{\beta}\|}\boldsymbol{\beta}=\frac{2}{\sqrt{21}}\left(\frac{1}{2},-2,0,1\right)^{\mathrm{T}}$.

3. 利用施密特正交化方法,将下列各向量组化为正交的单位向量组:

(1) $\boldsymbol{\alpha}_1=(2,0)^{\mathrm{T}},\boldsymbol{\alpha}_2=(1,1)^{\mathrm{T}}$;

(2) $\boldsymbol{\alpha}_1=(2,0,0)^{\mathrm{T}},\boldsymbol{\alpha}_2=(0,1,-1)^{\mathrm{T}},\boldsymbol{\alpha}_3=(3,4,0)^{\mathrm{T}}$.

解 (1) 令 $\boldsymbol{\beta}_1=\boldsymbol{\alpha}_1=(2,0)^{\mathrm{T}}$,

$$\boldsymbol{\beta}_2=\boldsymbol{\alpha}_2-\frac{(\boldsymbol{\alpha}_2,\boldsymbol{\beta}_1)}{(\boldsymbol{\beta}_1,\boldsymbol{\beta}_1)}\boldsymbol{\beta}_1=(1,1)^{\mathrm{T}}-\frac{2}{4}(2,0)^{\mathrm{T}}=(0,1)^{\mathrm{T}},$$

再单位化:

$$\boldsymbol{\gamma}_1=\frac{1}{\|\boldsymbol{\beta}_1\|}\boldsymbol{\beta}_1=(1,0)^{\mathrm{T}},\quad \boldsymbol{\gamma}_2=\frac{1}{\|\boldsymbol{\beta}_2\|}\boldsymbol{\beta}_2=(0,1)^{\mathrm{T}}.$$

(2) $\boldsymbol{\beta}_1=\boldsymbol{\alpha}_1=(2,0,0)^{\mathrm{T}}$,

$$\boldsymbol{\beta}_2=\boldsymbol{\alpha}_2-\frac{(\boldsymbol{\alpha}_2,\boldsymbol{\beta}_1)}{(\boldsymbol{\beta}_1,\boldsymbol{\beta}_1)}\boldsymbol{\beta}_1=(0,1,-1)^{\mathrm{T}}-\frac{0}{4}(2,0,0)^{\mathrm{T}}=(0,1,-1)^{\mathrm{T}},$$

$\boldsymbol{\beta}_3=\boldsymbol{\alpha}_3-\frac{(\boldsymbol{\alpha}_3,\boldsymbol{\beta}_1)}{(\boldsymbol{\beta}_1,\boldsymbol{\beta}_1)}\boldsymbol{\beta}_1-\frac{(\boldsymbol{\alpha}_3,\boldsymbol{\beta}_2)}{(\boldsymbol{\beta}_2,\boldsymbol{\beta}_2)}\boldsymbol{\beta}_2=(3,4,0)^{\mathrm{T}}-\frac{6}{4}(2,0,0)^{\mathrm{T}}-\frac{4}{2}(0,1,-1)^{\mathrm{T}}=(0,2,2)^{\mathrm{T}}$.

再单位化：

$$\boldsymbol{\gamma}_1=\frac{1}{\|\boldsymbol{\beta}_1\|}\boldsymbol{\beta}_1=(1,0,0)^{\mathrm{T}},$$

$$\boldsymbol{\gamma}_2=\frac{1}{\|\boldsymbol{\beta}_2\|}\boldsymbol{\beta}_2=\left(0,\frac{1}{\sqrt{2}},-\frac{1}{\sqrt{2}}\right)^{\mathrm{T}},$$

$$\boldsymbol{\gamma}_3=\frac{1}{\|\boldsymbol{\beta}_3\|}\boldsymbol{\beta}_3=\left(0,\frac{1}{\sqrt{2}},\frac{1}{\sqrt{2}}\right)^{\mathrm{T}}.$$

4. 判别下列矩阵是否为正交阵：

(1) $\frac{1}{\sqrt{2}}\begin{pmatrix}1&0&1\\-1&0&1\\0&\sqrt{2}&0\end{pmatrix}$.

解 由 $\boldsymbol{A}\boldsymbol{A}^{\mathrm{T}}=\frac{1}{\sqrt{2}}\begin{pmatrix}1&0&1\\-1&0&1\\0&\sqrt{2}&0\end{pmatrix}\frac{1}{\sqrt{2}}\begin{pmatrix}1&-1&0\\0&0&\sqrt{2}\\1&1&0\end{pmatrix}=\boldsymbol{E}$ 知所给是正交矩阵.

(2) $\begin{pmatrix}1&-\frac{1}{2}&\frac{1}{3}\\-\frac{1}{2}&1&-\frac{1}{2}\\\frac{1}{3}&-\frac{1}{2}&-1\end{pmatrix}$.

解 由 $\boldsymbol{A}\boldsymbol{A}^{\mathrm{T}}=\begin{pmatrix}1&-\frac{1}{2}&\frac{1}{3}\\-\frac{1}{2}&1&-\frac{1}{2}\\\frac{1}{3}&-\frac{1}{2}&-1\end{pmatrix}\begin{pmatrix}1&-\frac{1}{2}&\frac{1}{3}\\-\frac{1}{2}&1&-\frac{1}{2}\\\frac{1}{3}&-\frac{1}{2}&-1\end{pmatrix}\neq\boldsymbol{E}$ 知所给矩阵不是正交矩阵.

5. 求下列矩阵的正交矩阵 $\boldsymbol{P}$，使 $\boldsymbol{P}^{-1}\boldsymbol{A}\boldsymbol{P}$ 为对角阵.

(1) $\begin{pmatrix}2&0&0\\0&3&2\\0&2&3\end{pmatrix}$.

解 由$|\lambda \boldsymbol{E}-\boldsymbol{A}|=\begin{vmatrix}\lambda-2 & 0 & 0\\ 0 & \lambda-3 & -2\\ 0 & -2 & \lambda-3\end{vmatrix}=(\lambda-1)(\lambda-2)(\lambda-5)=0$,得$\boldsymbol{A}$的特征值为$\lambda_1=1,\lambda_2=2,\lambda_3=5$.

当$\lambda_1=1$时,解齐次线性方程组$(\boldsymbol{E}-\boldsymbol{A})\boldsymbol{x}=\boldsymbol{0}$,得$\lambda_1=1$所对应的特征向量$\boldsymbol{\alpha}_1=(0,-1,1)^{\mathrm{T}}$,单位化:$\boldsymbol{\beta}_1=\left(0,-\frac{1}{\sqrt{2}},\frac{1}{\sqrt{2}}\right)^{\mathrm{T}}$.

当$\lambda_2=2$时,解对应的齐次线性方程组$(2\boldsymbol{E}-\boldsymbol{A})\boldsymbol{x}=\boldsymbol{0}$,得$\lambda_2=2$所对应的特征向量$\boldsymbol{\alpha}_2=(1,0,0)^{\mathrm{T}}$,单位化:$\boldsymbol{\beta}_2=(1,0,0)^{\mathrm{T}}$.

当$\lambda_3=5$时,解对应的齐次线性方程组$(5\boldsymbol{E}-\boldsymbol{A})\boldsymbol{x}=\boldsymbol{0}$,得$\lambda_3=5$所对应的特征向量$\boldsymbol{\alpha}_3=(0,1,1)^{\mathrm{T}}$,单位化:$\boldsymbol{\beta}_3=\left(0,\frac{1}{\sqrt{2}},\frac{1}{\sqrt{2}}\right)^{\mathrm{T}}$.

令

$$\boldsymbol{P}=(\boldsymbol{\beta}_1,\boldsymbol{\beta}_2,\boldsymbol{\beta}_3)=\begin{pmatrix}0 & 1 & 0\\ -\frac{1}{\sqrt{2}} & 0 & \frac{1}{\sqrt{2}}\\ \frac{1}{\sqrt{2}} & 0 & \frac{1}{\sqrt{2}}\end{pmatrix},\quad \boldsymbol{\Lambda}=\begin{pmatrix}1 & & \\ & 2 & \\ & & 5\end{pmatrix},$$

则$\boldsymbol{P}$为正交矩阵,且$\boldsymbol{P}^{-1}\boldsymbol{A}\boldsymbol{P}=\boldsymbol{\Lambda}$.

(2) $\begin{pmatrix}0 & -1 & 1\\ -1 & 0 & 1\\ 1 & 1 & 0\end{pmatrix}$.

解 由$|\lambda \boldsymbol{E}-\boldsymbol{A}|=\begin{vmatrix}\lambda & 1 & -1\\ 1 & \lambda & -1\\ -1 & -1 & \lambda\end{vmatrix}=(\lambda-1)^2(\lambda+2)=0$,得$\boldsymbol{A}$的特征值为$\lambda_1=\lambda_2=1,\lambda_3=-2$.

当$\lambda_1=\lambda_2=1$时,解齐次线性方程组$(\boldsymbol{E}-\boldsymbol{A})\boldsymbol{x}=\boldsymbol{0}$,得$\lambda_1=\lambda_2=1$所对应的特征向量$\boldsymbol{\alpha}_1=(-1,1,0)^{\mathrm{T}},\boldsymbol{\alpha}_2=(1,0,1)^{\mathrm{T}}$.由于$\boldsymbol{\alpha}_1,\boldsymbol{\alpha}_2$不是正交向量组,将$\boldsymbol{\alpha}_1,\boldsymbol{\alpha}_2$正交化:

$\boldsymbol{\beta}_1=\boldsymbol{\alpha}_1=(-1,1,0)^{\mathrm{T}}$,

$\boldsymbol{\beta}_2=\boldsymbol{\alpha}_2-\frac{(\boldsymbol{\alpha}_2,\boldsymbol{\beta}_1)}{(\boldsymbol{\beta}_1,\boldsymbol{\beta}_1)}\boldsymbol{\beta}_1=(1,0,1)^{\mathrm{T}}+\frac{1}{2}(-1,1,0)^{\mathrm{T}}=\left(\frac{1}{2},\frac{1}{2},1\right)^{\mathrm{T}}$,

再将$\boldsymbol{\beta}_1,\boldsymbol{\beta}_2$单位化:

$$\boldsymbol{\gamma}_1=\left(-\frac{1}{\sqrt{2}},\frac{1}{\sqrt{2}},0\right)^{\mathrm{T}},\qquad \boldsymbol{\gamma}_2=\left(\frac{1}{\sqrt{6}},\frac{1}{\sqrt{6}},\frac{2}{\sqrt{6}}\right)^{\mathrm{T}}.$$

当 $\lambda_3=-2$ 时,解对应的齐次线性方程组 $(-2\boldsymbol{E}-\boldsymbol{A})\boldsymbol{x}=\boldsymbol{0}$,得 $\lambda_2=2$ 所对应的特征向量 $\boldsymbol{\alpha}_3=(-1,-1,1)^{\mathrm{T}}$,将 $\boldsymbol{\alpha}_3$ 单位化,得 $\boldsymbol{\gamma}_3=\left(-\frac{1}{\sqrt{3}},-\frac{1}{\sqrt{3}},\frac{1}{\sqrt{3}}\right)^{\mathrm{T}}$.

令

$$\boldsymbol{P}=(\boldsymbol{\gamma}_1,\boldsymbol{\gamma}_2,\boldsymbol{\gamma}_3)=\begin{pmatrix}-\frac{1}{\sqrt{2}} & \frac{1}{\sqrt{6}} & -\frac{1}{\sqrt{3}}\\ \frac{1}{\sqrt{2}} & \frac{1}{\sqrt{6}} & -\frac{1}{\sqrt{3}}\\ 0 & \frac{2}{\sqrt{6}} & \frac{1}{\sqrt{3}}\end{pmatrix},\quad \boldsymbol{\Lambda}=\begin{pmatrix}1 & & \\ & 1 & \\ & & -2\end{pmatrix},$$

则 $\boldsymbol{P}$ 为正交矩阵,且 $\boldsymbol{P}^{-1}\boldsymbol{A}\boldsymbol{P}=\boldsymbol{\Lambda}$.

6. 设 $\boldsymbol{A}$ 是三阶实对称矩阵,其特征值 $\lambda_1=\lambda_2=2,\lambda_3=1$,已知属于 $\lambda_1=\lambda_2=2$ 的特征向量 $\boldsymbol{\alpha}_1=(1,-1,1)^{\mathrm{T}},\boldsymbol{\alpha}_2=(1,1,1)^{\mathrm{T}}$,求出属于 $\lambda_3=1$ 的特征向量 $\boldsymbol{\alpha}_3$ 和矩阵 $\boldsymbol{A}$.

解 设 $\boldsymbol{\alpha}_3=(x_1,x_2,x_3)^{\mathrm{T}}$,由于 $\boldsymbol{\alpha}_3$ 与 $\boldsymbol{\alpha}_1,\boldsymbol{\alpha}_2$ 均正交,故 x_1,x_2,x_3 是齐次线性方程组

$$\begin{cases}x_1-x_2+x_3=0\\ x_1+x_2+x_3=0\end{cases}$$

的非零解,解上述方程组,得其基础解系为 $\boldsymbol{\alpha}_3=(-1,0,1)^{\mathrm{T}}$,因此,$\boldsymbol{A}$ 的属于 $\lambda_3=1$ 的特征向量为

$$k(-1,0,1)^{\mathrm{T}}\ (k\ 为任意非零实数).$$

又令 $\boldsymbol{P}=(\boldsymbol{\alpha}_1,\boldsymbol{\alpha}_2,\boldsymbol{\alpha}_3)=\begin{pmatrix}1 & 1 & -1\\ -1 & 1 & 0\\ 1 & 1 & 1\end{pmatrix},\boldsymbol{\Lambda}=\begin{pmatrix}2 & & \\ & 2 & \\ & & 1\end{pmatrix}$,则

$$\boldsymbol{A}=\boldsymbol{P}\boldsymbol{\Lambda}\boldsymbol{P}^{-1}=\begin{pmatrix}1 & 1 & -1\\ -1 & 1 & 0\\ 1 & 1 & 1\end{pmatrix}\begin{pmatrix}2 & & \\ & 2 & \\ & & 1\end{pmatrix}\begin{pmatrix}\frac{1}{4} & -\frac{1}{2} & \frac{1}{4}\\ \frac{1}{4} & \frac{1}{2} & \frac{1}{4}\\ \frac{1}{2} & 0 & \frac{1}{2}\end{pmatrix}=\begin{pmatrix}\frac{3}{2} & 0 & \frac{1}{2}\\ 0 & 2 & 0\\ \frac{1}{2} & 0 & \frac{3}{2}\end{pmatrix}.$$

7. 设 $\boldsymbol{A},\boldsymbol{B}$ 和 $\boldsymbol{A}+\boldsymbol{B}$ 都是 n 阶正交矩阵,证明 $(\boldsymbol{A}+\boldsymbol{B})^{-1}=\boldsymbol{A}^{-1}+\boldsymbol{B}^{-1}$.

证 由正交矩阵的定义知,

$$(\boldsymbol{A}+\boldsymbol{B})^{-1}=(\boldsymbol{A}+\boldsymbol{B})^{\mathrm{T}}=\boldsymbol{A}^{\mathrm{T}}+\boldsymbol{B}^{\mathrm{T}}=\boldsymbol{A}^{-1}+\boldsymbol{B}^{-1}.$$

复习题 4

一、单项选择题

1. 设 $\boldsymbol{A}$ 为 n 阶矩阵，下列叙述正确的是　　（ C ）

A. $\boldsymbol{A}$ 有 n 个不同的特征值

B. $\boldsymbol{A}$ 与 $\boldsymbol{A}^{\mathrm{T}}$ 有相同的特征值和特征向量

C. $\boldsymbol{A}$ 对应于不同特征值的特征向量线性无关

D. $\boldsymbol{A}$ 特征向量的线性组合仍是 $\boldsymbol{A}$ 的特征向量

解　A. $\boldsymbol{A}$ 有 n 个不同的特征值，特征值可以不同的.

B. $\boldsymbol{A}$ 与 $\boldsymbol{A}^{\mathrm{T}}$ 有相同的特征值和特征向量，特征值相同，但是特征向量不一定相同.

D. $\boldsymbol{A}$ 特征向量的线性组合仍是 $\boldsymbol{A}$ 的特征向量. 应该是属于同一个特征值的特征向量的线性组合仍是其特征向量.

本题应选 C.

2. 若 n 阶矩阵 $\boldsymbol{A}\sim\boldsymbol{B}$，则以下各项不正确的是　　（ D ）

A. $r(\boldsymbol{A})=r(\boldsymbol{B})$　　B. $\boldsymbol{A}$ 与 $\boldsymbol{B}$ 有相同的特征值

C. $|\boldsymbol{A}|=|\boldsymbol{B}|$　　D. $\boldsymbol{A}$ 与 $\boldsymbol{B}$ 有相同的特征向量

解　由矩阵相似的性质知，本题应选 D. 需要注意的是，$\boldsymbol{A}$ 与 $\boldsymbol{B}$ 有相同的特征值，但不一定有相同的特征向量.

3. n 阶矩阵 $\boldsymbol{A}$ 相似于对角阵的充要条件是　　（ D ）

A. $\boldsymbol{A}$ 有 n 个特征值　　B. $\boldsymbol{A}$ 的行列式不等于零

C. $\boldsymbol{A}$ 的特征多项式无重根　　D. $\boldsymbol{A}$ 有 n 个线性无关的特征向量

解　由矩阵可对角化的有关定理知本题应选 D.

4. 已知矩阵 $\boldsymbol{A}$ 相似于对角矩阵 $\boldsymbol{\Lambda}=\begin{pmatrix}1&0&0\\0&2&0\\0&0&3\end{pmatrix}$，则下列各矩阵中可逆的是　　（ A ）

A. $\boldsymbol{E}+\boldsymbol{A}$　　B. $\boldsymbol{E}-\boldsymbol{A}$　　C. $2\boldsymbol{E}-\boldsymbol{A}$　　D. $3\boldsymbol{E}-\boldsymbol{A}$

解　依题意，$\boldsymbol{A}$ 的特征值为 1,2,3. 选项 A 中，$\boldsymbol{E}+\boldsymbol{A}$ 的特征值为 2,3,4，故其行列式 $|\boldsymbol{E}+\boldsymbol{A}|=24\neq0$，从而 $\boldsymbol{E}+\boldsymbol{A}$ 可逆. 而 B、C、D 选项中所涉及的矩阵都有 0 特征值，故它们的行列式均为 0，因此不可逆. 本题应选 A.

5. 如果方阵 $\boldsymbol{A}$ 与对角矩阵 $\boldsymbol{B}=\begin{pmatrix}1&&\\&1&\\&&-1\end{pmatrix}$ 相似，则 $\boldsymbol{A}^{10}=$　　（ A ）

A. $\boldsymbol{E}$　　B. $\boldsymbol{A}$　　C. $-\boldsymbol{E}$　　D. $10\boldsymbol{E}$

解　由于 $\boldsymbol{A}\sim\boldsymbol{B}$，故存在可逆矩阵 $\boldsymbol{P}$，使得 $\boldsymbol{A}=\boldsymbol{PBP}^{-1}$，于是

$$\boldsymbol{A}^{10}=(\boldsymbol{PBP}^{-1})^{10}=\boldsymbol{PB}^{10}\boldsymbol{P}^{-1}=\boldsymbol{PEP}^{-1}=\boldsymbol{PP}^{-1}=\boldsymbol{E},$$

从而本题应选 A.

6. 下列矩阵不是正交矩阵的是　　(B)

A. $\begin{pmatrix}0&-1\\1&0\end{pmatrix}$　　B. $\frac{1}{2}\begin{pmatrix}\sqrt{3}+1&\sqrt{3}-1\\\sqrt{3}-1&-\sqrt{3}-1\end{pmatrix}$

C. $\frac{1}{6}\begin{pmatrix}1&5&\sqrt{10}\\5&1&-\sqrt{10}\\\sqrt{10}&-\sqrt{10}&4\end{pmatrix}$　　D. $\begin{pmatrix}\cos\theta&\sin\theta&0\\-\sin\theta&\cos\theta&0\\0&0&-1\end{pmatrix}$

解　四个选项中，只有 B 选项满足正交矩阵的充要条件 $\boldsymbol{AA}^{\mathrm{T}}=\boldsymbol{E}$，故本题应选 B.

7. 下列关于正交矩阵的命题正确的是　　(C)

A. 正交矩阵的行列式都等于 1　　B. 正交矩阵的和必是正交矩阵

C. 正交矩阵的积必是正交矩阵　　D. 特征值为 1 的矩阵即是正交矩阵

解　A. 正交矩阵的行列式都等于 1，应该是 ±1.

B. 正交矩阵的和必是正交矩阵，$(\boldsymbol{A}+\boldsymbol{B})(\boldsymbol{A}+\boldsymbol{B})^{\mathrm{T}}\neq\boldsymbol{E}$.

C. 正交矩阵的积必是正交矩阵，$(\boldsymbol{AB})(\boldsymbol{AB})^{\mathrm{T}}=\boldsymbol{ABB}^{\mathrm{T}}\boldsymbol{A}^{\mathrm{T}}=\boldsymbol{E}$.

D. 特征值为 1 的矩阵即是正交矩阵，正交矩阵的特征值为 ±1，但是反之不成立.

本题应选 C.

二、填空题

1. 若 $\lambda=0$ 是方阵 $\boldsymbol{A}$ 的一个特征值，则 $|\boldsymbol{A}|=$ <u>0</u>.

解　因为 $\boldsymbol{A}$ 的行列式的值等于所有特征值的乘积，而其中有 0 特征值，故行列式的值为 0.

2. 若 $\lambda=2$ 是可逆方阵 $\boldsymbol{A}$ 的一个特征值，则方阵 $\left(\frac{1}{2}\boldsymbol{A}^2\right)^{-1}$ 必有一个特征值为 $\underline{\frac{1}{2}}$.

解　由矩阵特征值的性质值，$\frac{1}{2}\boldsymbol{A}^2$ 的一个特征值为 $\frac{1}{2}\times2^2=2$，故其逆的特征值为 $\frac{1}{2}$.

3. 若方阵 $\boldsymbol{A}$ 与方阵 $\boldsymbol{B}=\begin{pmatrix}1&3&0\\1&-1&0\\0&0&2\end{pmatrix}$ 相似，则 $\boldsymbol{A}$ 的特征值为__2，2，-2__.

解 由于 $\boldsymbol{A}$ 与 $\boldsymbol{B}$ 相似，因而它们有相同的特征值，故只需要求出 $\boldsymbol{B}$ 的特征值即可. 由

$$|\lambda\boldsymbol{E}-\boldsymbol{A}|=|\lambda\boldsymbol{E}-\boldsymbol{B}|=\begin{vmatrix}\lambda-1&-3&0\\-1&\lambda+1&0\\0&0&\lambda-2\end{vmatrix}=(\lambda-2)^2(\lambda+2)=0,$$

从而 $\boldsymbol{A}$ 的特征值为 2，2，-2.

4. 若 $\boldsymbol{A}=\begin{pmatrix}2&0&0\\0&0&1\\0&1&x\end{pmatrix}$ 与 $\boldsymbol{B}=\begin{pmatrix}2&&\\&y&\\&&-1\end{pmatrix}$ 相似，则 $x=$__0__，$y=$__1__.

解 由于 $\boldsymbol{A}$ 与 $\boldsymbol{B}$ 相似，故 $\boldsymbol{A}$ 与 $\boldsymbol{B}$ 的行列式与迹都相等，故有

$$|\boldsymbol{A}|=-2=|\boldsymbol{B}|=-2y,\quad \mathrm{tr}(\boldsymbol{A})=2+x=2+y-1=\mathrm{tr}(\boldsymbol{B}),$$

从而解得 $x=0$，$y=1$.

5. 设 $\boldsymbol{A}$ 为实对称矩阵，$\boldsymbol{\alpha}_1=(1,1,3)^{\mathrm{T}}$ 与 $\boldsymbol{\alpha}_2=(4,5,a)^{\mathrm{T}}$ 分别是属于 $\boldsymbol{A}$ 的互异特征值 λ_1 与 λ_2 的特征向量，则 $a=$__-3__.

解 由 $\boldsymbol{\alpha}_1$ 与 $\boldsymbol{\alpha}_2$ 正交，可得 $(\boldsymbol{\alpha}_1,\boldsymbol{\alpha}_2)=1\times4+1\times5+3a=0$，从而解得 $a=-3$.

三、计算、证明题

1. 求方阵 $\boldsymbol{A}=\begin{pmatrix}2&-1&2\\5&-3&3\\-1&0&-2\end{pmatrix}$ 的特征值与特征向量，并指出 $\boldsymbol{A}$ 能否相似于对角矩阵.

解 由 $|\lambda\boldsymbol{E}-\boldsymbol{A}|=\begin{vmatrix}\lambda-2&1&-2\\-5&\lambda+3&-3\\1&0&\lambda+2\end{vmatrix}=(\lambda+1)^3=0$，解得 $\boldsymbol{A}$ 的特征值为 $\lambda_1=\lambda_2=\lambda_3=-1$，此时解对应的齐次线性方程组 $(-\boldsymbol{E}-\boldsymbol{A})\boldsymbol{x}=\boldsymbol{0}$，得属于 $\lambda_1=\lambda_2=\lambda_3=-1$ 的特征向量为 $\boldsymbol{\alpha}=(-1,-1,1)^{\mathrm{T}}$.

由于 $\boldsymbol{A}$ 只有一个线性无关的特征向量，所以 $\boldsymbol{A}$ 不能对角化.

2. 找出一个单位向量，使它同时与向量 $\boldsymbol{\alpha}=(1,1,-1,1)^{\mathrm{T}}$，$\boldsymbol{\beta}=(1,-1,-1,1)^{\mathrm{T}}$，$\boldsymbol{\gamma}=(2,1,1,3)^{\mathrm{T}}$ 中每一个都正交.

解 设向量 $\boldsymbol{x}=(x_1,x_2,x_3,x_4)^{\mathrm{T}}$ 与向量 $\boldsymbol{\alpha},\boldsymbol{\beta},\boldsymbol{\gamma}$ 都正交，则

$$\begin{cases}x_1+x_2-x_3+x_4=0\\x_1-x_2-x_3+x_4=0,\\2x_1+x_2+x_3+3x_4=0\end{cases}$$

解得一个解向量为 $x=(4,0,1,-3)^{T}$，单位化得 $\left(\frac{4}{\sqrt{26}},0,\frac{1}{\sqrt{26}},-\frac{3}{\sqrt{26}}\right)^{T}$.

3. 设矩阵 $A=\begin{pmatrix}1&1&1\\1&1&1\\1&1&1\end{pmatrix}$，求一个正交矩阵 Q，使 $Q^{-1}AQ$ 称为对角矩阵，并写出相应的对角矩阵.

解 由 $|\lambda E-A|=\begin{vmatrix}\lambda-1&-1&-1\\-1&\lambda-1&-1\\-1&-1&\lambda-1\end{vmatrix}=\lambda^{2}(\lambda-3)=0$，解得 A 的特征值为 $\lambda_1=\lambda_2=0$，
$\lambda_3=3$.

当 $\lambda_1=\lambda_2=0$ 时，解齐次线性方程组 $(0E-A)x=\mathbf{0}$，得 $\lambda_1=\lambda_2=0$ 所对应的特征向量 $\alpha_1=(-1,1,0)^{T}$，$\alpha_2=(-1,0,1)^{T}$. 由于 α_1，α_2 不是正交向量组，将 α_1，α_2 正交化.

$$\beta_1=\alpha_1=(-1,1,0)^{T},\qquad \beta_2=\alpha_2-\frac{(\alpha_2,\beta_1)}{(\beta_1,\beta_1)}\beta_1=\left(-\frac{1}{2},-\frac{1}{2},1\right)^{T}.$$

再将 β_1，β_2 单位化，得

$$\gamma_1=\left(-\frac{1}{\sqrt{2}},\frac{1}{\sqrt{2}},0\right)^{T},\qquad \gamma_2=\left(-\frac{1}{\sqrt{6}},-\frac{1}{\sqrt{6}},\frac{2}{\sqrt{6}}\right)^{T}.$$

当 $\lambda_3=3$ 时，解对应的齐次线性方程组 $(3E-A)x=\mathbf{0}$，得 $\lambda_3=3$ 所对应的特征向量 $\alpha_3=(1,1,1)^{T}$，将 α_3 单位化，得 $\gamma_3=\left(\frac{1}{\sqrt{3}},\frac{1}{\sqrt{3}},\frac{1}{\sqrt{3}}\right)^{T}$.

令 $Q=(\gamma_1,\gamma_2,\gamma_3)=\begin{pmatrix}-\frac{1}{\sqrt{2}}&-\frac{1}{\sqrt{6}}&\frac{1}{\sqrt{3}}\\\frac{1}{\sqrt{2}}&-\frac{1}{\sqrt{6}}&\frac{1}{\sqrt{3}}\\0&\frac{2}{\sqrt{6}}&\frac{1}{\sqrt{3}}\end{pmatrix}$，$\Lambda=\begin{pmatrix}0&&\\&0&\\&&3\end{pmatrix}$，则 Q 为正交矩阵，且 $Q^{-1}AQ=\Lambda$.

4. 设二阶矩阵 A 的特征值为 $\lambda_1=-1$，$\lambda_2=2$，对应的特征向量分别为 $\alpha_1=(1,2)^{T}$，$\alpha_2=(2,5)^{T}$，求方阵 A.

解 依题意可知，A 相似于对角阵 $\Lambda=\begin{pmatrix}-1&0\\0&2\end{pmatrix}$，且对应的可逆矩阵 $P=\begin{pmatrix}1&2\\2&5\end{pmatrix}$，即有 $P^{-1}AP=\Lambda$，而 $P^{-1}=\begin{pmatrix}5&-2\\-2&1\end{pmatrix}$，所以

$$A=P\Lambda P^{-1}=\begin{pmatrix}1&2\\2&5\end{pmatrix}\begin{pmatrix}-1&0\\0&2\end{pmatrix}\begin{pmatrix}5&-2\\-2&1\end{pmatrix}=\begin{pmatrix}-13&6\\-30&14\end{pmatrix}.$$

5. 若 n 阶方阵 $\boldsymbol{A}$ 是对合矩阵，即 $\boldsymbol{A}^2=\boldsymbol{E}$，则 $\boldsymbol{A}$ 的特征值只能为 ±1.

证 由 $\boldsymbol{A}^2=\boldsymbol{E}$ 得 $\lambda^2=1$，从而 $\lambda=\pm1$.

6. 设方阵 $\boldsymbol{A}$ 满足 $\boldsymbol{A}^2=E$，且 $\boldsymbol{A}$ 与 $\boldsymbol{B}$ 相似，证明：$\boldsymbol{B}^2=\boldsymbol{E}$.

证 由于 $\boldsymbol{A}\sim\boldsymbol{B}$，故存在可逆矩阵 $\boldsymbol{P}$，使得 $\boldsymbol{P}^{-1}\boldsymbol{AP}=\boldsymbol{B}$，于是

$$\boldsymbol{B}^2=(\boldsymbol{P}^{-1}\boldsymbol{AP})(\boldsymbol{P}^{-1}\boldsymbol{AP})=\boldsymbol{P}^{-1}\boldsymbol{A}^2\boldsymbol{P}=\boldsymbol{P}^{-1}\boldsymbol{EP}=\boldsymbol{E}.$$

第5章 实二次型

习题 5.1

1. 写出下列二次型的矩阵表达式：

(1) $f(x_1,x_2,x_3)=2x_1^2-x_2^2+4x_1x_3-2x_2x_3$.

解 显然，$a_{11}=2,a_{22}=-1,a_{33}=0,a_{12}=a_{21}=0,a_{13}=a_{31}=2,a_{23}=a_{32}=-1$，于是

$$f(x_1,x_2,x_3)=(x_1,x_2,x_3)\begin{pmatrix}2&0&2\\0&-1&-1\\2&-1&0\end{pmatrix}\begin{pmatrix}x_1\\x_2\\x_3\end{pmatrix}.$$

(2) $f(x, y, z)=x^2+y^2-7z^2-2xy-4xz-4yz$.

解 显然，$a_{11}=1,a_{22}=1,a_{33}=-7,a_{12}=a_{21}=-1,a_{13}=a_{31}=-2,a_{23}=a_{32}=-2$，于是

$$f(x,y,z)=(x,y,z)\begin{pmatrix}1&-1&-2\\-1&1&-2\\-2&-2&-7\end{pmatrix}\begin{pmatrix}x\\y\\z\end{pmatrix}.$$

2. 写出下列对称矩阵所对应的二次型：

(1) $\begin{pmatrix}0&0&2\\0&2&0\\2&0&0\end{pmatrix}$；　(2) $\begin{pmatrix}2&1&1\\1&0&3\\1&3&1\end{pmatrix}$；　(3) $\begin{pmatrix}0&\frac{1}{2}&-1&0\\\frac{1}{2}&-1&\frac{1}{2}&\frac{1}{2}\\-1&\frac{1}{2}&0&\frac{1}{2}\\0&\frac{1}{2}&\frac{1}{2}&1\end{pmatrix}$.

解 矩阵所对应的二次型为：

(1) $f(x_1, x_2, x_3)=2x_2^2+4x_1x_3$;

(2) $f(x_1, x_2, x_3)=2x_1^2+x_3^2+2x_1x_2+2x_1x_3+6x_2x_3$;

(3) $f(x_1, x_2, x_3, x_4)=-x_2^4+x_4^2+x_1x_2-2x_1x_3+x_2x_3+x_2x_4+x_3x_4$.

3. 写出下列二次型的矩阵并求其秩：

(1) $f(\boldsymbol{x})=\boldsymbol{x}^{\mathrm{T}}\begin{pmatrix}1&2&3\\4&5&6\\7&8&9\end{pmatrix}\boldsymbol{x}$.

解 $f(\boldsymbol{x})=\boldsymbol{x}^{\mathrm{T}}\begin{pmatrix}1&2&3\\4&5&6\\7&8&9\end{pmatrix}\boldsymbol{x}=(x_1,x_2,x_3)\begin{pmatrix}1&2&3\\4&5&6\\7&8&9\end{pmatrix}\begin{pmatrix}x_1\\x_2\\x_3\end{pmatrix}$

$=x_1^2+5x_2^2+9x_3^2+6x_1x_2+10x_1x_3+14x_2x_3$,

二次型所对应的矩阵为 $\boldsymbol{A}=\begin{pmatrix}1&3&5\\3&5&7\\5&7&9\end{pmatrix}$. 由

$$\boldsymbol{A}=\begin{pmatrix}1&3&5\\3&5&7\\5&7&9\end{pmatrix}\to\begin{pmatrix}1&3&5\\0&-4&-8\\0&-8&-16\end{pmatrix}\to\begin{pmatrix}1&3&5\\0&1&1\\0&0&0\end{pmatrix},$$

知 $r(\boldsymbol{A})=2$.

(2) $f(x_1, x_2, x_3, x_4)=2x_1x_2+2x_1x_3+2x_1x_4+2x_3x_4$.

解 二次型所对应的矩阵为 $\boldsymbol{A}=\begin{pmatrix}0&1&1&1\\1&0&0&0\\1&0&0&1\\1&0&1&0\end{pmatrix}$. 由

$$\boldsymbol{A}=\begin{pmatrix}0&1&1&1\\1&0&0&0\\1&0&0&1\\1&0&1&0\end{pmatrix}\to\begin{pmatrix}1&0&0&0\\0&1&1&1\\1&0&0&1\\1&0&1&0\end{pmatrix}\to\begin{pmatrix}1&0&0&0\\0&1&1&1\\0&0&0&1\\0&0&1&0\end{pmatrix}$$

知 $r(\boldsymbol{A})=4$.

4. 已知二次型 $f=5x_1^2+5x_2^2+cx_3^2-2x_1x_2+6x_1x_3-6x_2x_3$ 的秩为 2，求参数 c.

解 二次型的矩阵为 $\boldsymbol{A}=\begin{pmatrix}5&-1&3\\-1&5&-3\\3&-3&c\end{pmatrix}$，由于二次型的秩为 2，所以 $\boldsymbol{A}$ 的秩为 2，从而

$$|\boldsymbol{A}|=\begin{vmatrix}5 & -1 & 3\\ -1 & 5 & -3\\ 3 & -3 & c\end{vmatrix}=24(c-3)=0,$$

解得 $c=3$.

5. 设 $\boldsymbol{A}$, $\boldsymbol{B}$, $\boldsymbol{C}$, $\boldsymbol{D}$ 均为 n 阶对称矩阵,且 $\boldsymbol{A}$ 与 $\boldsymbol{B}$ 合同,$\boldsymbol{C}$ 与 $\boldsymbol{D}$ 合同,证明 $\begin{pmatrix}\boldsymbol{A} & \boldsymbol{O}\\ \boldsymbol{O} & \boldsymbol{C}\end{pmatrix}$ 与 $\begin{pmatrix}\boldsymbol{B} & \boldsymbol{O}\\ \boldsymbol{O} & \boldsymbol{D}\end{pmatrix}$ 合同.

证 $\boldsymbol{A}$ 与 $\boldsymbol{B}$ 合同,$\boldsymbol{C}$ 与 $\boldsymbol{D}$ 合同,故存在可逆矩阵 $\boldsymbol{P}_1$ 及 $\boldsymbol{P}_2$,使

$$\boldsymbol{B}=\boldsymbol{P}_1^{\mathrm{T}}\boldsymbol{A}\boldsymbol{P}_1,\quad \boldsymbol{D}=\boldsymbol{P}_2^{\mathrm{T}}\boldsymbol{C}\boldsymbol{P}_2,$$

令 $\boldsymbol{P}=\begin{bmatrix}\boldsymbol{P}_1 & \boldsymbol{O}\\ \boldsymbol{O} & \boldsymbol{P}_2\end{bmatrix}$,则有

$$\begin{pmatrix}\boldsymbol{B} & \boldsymbol{O}\\ \boldsymbol{O} & \boldsymbol{D}\end{pmatrix}=\boldsymbol{P}^{\mathrm{T}}\begin{pmatrix}\boldsymbol{A} & \boldsymbol{O}\\ \boldsymbol{O} & \boldsymbol{C}\end{pmatrix}\boldsymbol{P},$$

即 $\begin{pmatrix}\boldsymbol{A} & \boldsymbol{O}\\ \boldsymbol{O} & \boldsymbol{C}\end{pmatrix}$ 与 $\begin{pmatrix}\boldsymbol{B} & \boldsymbol{O}\\ \boldsymbol{O} & \boldsymbol{D}\end{pmatrix}$ 合同.

习题 5.2

1. 用正交变换化下列二次型为标准形,并写出所用的正交变换.

(1) $f(x_1,x_2,x_3)=2x_1^2+3x_2^2+3x_3^2+4x_2x_3$.

解 二次型的对应矩阵为 $\boldsymbol{A}=\begin{bmatrix}2 & 0 & 0\\ 0 & 3 & 2\\ 0 & 2 & 3\end{bmatrix}$,其特征方程为

$$|\lambda\boldsymbol{E}-\boldsymbol{A}|=\begin{vmatrix}\lambda-2 & 0 & 0\\ 0 & \lambda-3 & -2\\ 0 & -2 & \lambda-3\end{vmatrix}=(\lambda-2)(\lambda-5)(\lambda-1)=0,$$

则 $\boldsymbol{A}$ 的特征值为 $\lambda_1=2,\lambda_2=5,\lambda_3=1$.

当 $\lambda_1=2$ 时,解齐次线性方程组 $(2\boldsymbol{E}-\boldsymbol{A})\boldsymbol{x}=\boldsymbol{0}$,得它的一个基础解系 $\boldsymbol{\alpha}_1=(1,0,0)^{\mathrm{T}}$,其本身为单位向量,记 $\boldsymbol{\beta}_1=\boldsymbol{\alpha}_1$.

当 $\lambda_2=5$ 时,解齐次线性方程组 $(5\boldsymbol{E}-\boldsymbol{A})\boldsymbol{x}=\boldsymbol{0}$,得它的一个基础解系 $\boldsymbol{\alpha}_2=(0,1,1)^{\mathrm{T}}$,将其单位化,得 $\boldsymbol{\beta}_2=\left(0,\frac{1}{\sqrt{2}},\frac{1}{\sqrt{2}}\right)^{\mathrm{T}}$.

当 $\lambda_3=1$ 时,解齐次线性方程组 $(\boldsymbol{E}-\boldsymbol{A})\boldsymbol{x}=\boldsymbol{0}$,得它的一个基础解系 $\boldsymbol{\alpha}_3=(0,-1,1)^{\mathrm{T}}$,将其单位化,得 $\boldsymbol{\beta}_3=\left(0,-\frac{1}{\sqrt{2}},\frac{1}{\sqrt{2}}\right)^{\mathrm{T}}$.

令矩阵

$$Q=(\boldsymbol{\beta}_1,\boldsymbol{\beta}_2,\boldsymbol{\beta}_3)=\begin{pmatrix}1&0&0\\0&\frac{1}{\sqrt{2}}&-\frac{1}{\sqrt{2}}\\0&\frac{1}{\sqrt{2}}&\frac{1}{\sqrt{2}}\end{pmatrix},$$

则 Q 为所求正交矩阵,且有 $Q^{\mathrm{T}}AQ=\begin{pmatrix}2&&\\&5&\\&&1\end{pmatrix}$. 此时,作正交线性变换 $x=Qy$,则原二次型化为标准形 $f=2y_1^2+5y_2^2+y_3^2$.

(2) $f(x_1,x_2,x_3)=2x_1^2+5x_2^2+5x_3^2+4x_1x_2-4x_1x_3-8x_2x_3$.

解 二次型的对应矩阵为 $A=\begin{pmatrix}2&2&-2\\2&5&-4\\-2&-4&5\end{pmatrix}$,其特征方程为

$$|\lambda E-A|=\begin{vmatrix}\lambda-2&-2&2\\-2&\lambda-5&4\\2&4&\lambda-5\end{vmatrix}=(\lambda-1)^2(\lambda-10)=0,$$

则 A 的特征值为 $\lambda_1=\lambda_2=1$ 和 $\lambda_3=10$.

当 $\lambda_1=\lambda_2=1$ 时,解齐次线性方程组 $(E-A)x=0$,得它的一个基础解系 $\boldsymbol{\alpha}_1=(-2,1,0)^{\mathrm{T}}$, $\boldsymbol{\alpha}_2=(2,0,1)^{\mathrm{T}}$.

将 $\boldsymbol{\alpha}_1$, $\boldsymbol{\alpha}_2$ 正交化,得

$$\boldsymbol{\beta}_1=\boldsymbol{\alpha}_1=(-2,1,0)^{\mathrm{T}},\qquad \boldsymbol{\beta}_2=\boldsymbol{\alpha}_2-\frac{(\boldsymbol{\alpha}_2,\boldsymbol{\beta}_1)}{(\boldsymbol{\beta}_1,\boldsymbol{\beta}_1)}\boldsymbol{\beta}_1=\frac{1}{5}(2,4,5)^{\mathrm{T}}.$$

再将 $\boldsymbol{\beta}_1$, $\boldsymbol{\beta}_2$ 单位化,得

$$\boldsymbol{\gamma}_1=\left(-\frac{2}{\sqrt{5}},\frac{1}{\sqrt{5}},0\right)^{\mathrm{T}},\qquad \boldsymbol{\gamma}_2=\left(\frac{2}{3\sqrt{5}},\frac{4}{3\sqrt{5}},\frac{5}{3\sqrt{5}}\right)^{\mathrm{T}}.$$

当 $\lambda_3=10$ 时,解齐次线性方程组 $(10E-A)x=0$,得它的一个基础解系 $\boldsymbol{\alpha}_3=(1,2,-2)^{\mathrm{T}}$,将其单位化,得 $\boldsymbol{\gamma}_3=\left(\frac{1}{3},\frac{2}{3},-\frac{2}{3}\right)^{\mathrm{T}}$.

令矩阵

$$Q=(\boldsymbol{\gamma}_1,\boldsymbol{\gamma}_2,\boldsymbol{\gamma}_3)=\begin{pmatrix}-\frac{2}{\sqrt{5}}&\frac{2}{3\sqrt{5}}&\frac{1}{3}\\\frac{1}{\sqrt{5}}&\frac{4}{3\sqrt{5}}&\frac{2}{3}\\0&\frac{5}{3\sqrt{5}}&-\frac{2}{3}\end{pmatrix},$$

则 $\boldsymbol{Q}$ 为所求正交矩阵，且有 $\boldsymbol{Q}^{\mathrm{T}}\boldsymbol{A}\boldsymbol{Q}=\begin{pmatrix}1&&\\&1&\\&&10\end{pmatrix}$. 此时，作正交线性变换 $\boldsymbol{x}=\boldsymbol{Q}\boldsymbol{y}$，则原二次型化为标准形 $f=y_1^2+y_2^2+10y_3^2$.

(3) $f(x_1,x_2,x_3)=2x_1x_2+2x_1x_3+2x_2x_3$.

解 二次型的对应矩阵为 $\boldsymbol{A}=\begin{pmatrix}0&1&1\\1&0&1\\1&1&0\end{pmatrix}$，其特征方程为

$$|\lambda\boldsymbol{E}-\boldsymbol{A}|=\begin{vmatrix}\lambda&-1&-1\\-1&\lambda&-1\\-1&-1&\lambda\end{vmatrix}=(\lambda+1)^2(\lambda-2)=0,$$

则 $\boldsymbol{A}$ 的特征值为 $\lambda_1=\lambda_2=-1$ 和 $\lambda_3=2$.

当 $\lambda_1=\lambda_2=-1$ 时，解齐次线性方程组 $(-\boldsymbol{E}-\boldsymbol{A})\boldsymbol{x}=\boldsymbol{0}$，得它的一个基础解系 $\boldsymbol{\alpha}_1=(-1,\ 1,\ 0)^{\mathrm{T}}$，$\boldsymbol{\alpha}_2=(-1,\ 0,\ 1)^{\mathrm{T}}$.
将 $\boldsymbol{\alpha}_1$，$\boldsymbol{\alpha}_2$ 正交化，得

$$\boldsymbol{\beta}_1=\boldsymbol{\alpha}_1=(-1,\ 1,\ 0)^{\mathrm{T}},\qquad \boldsymbol{\beta}_2=\boldsymbol{\alpha}_2-\frac{(\boldsymbol{\alpha}_2,\ \boldsymbol{\beta}_1)}{(\boldsymbol{\beta}_1,\ \boldsymbol{\beta}_1)}\boldsymbol{\beta}_1=\frac{1}{2}(-1,-1,\ 2)^{\mathrm{T}}.$$

再将 $\boldsymbol{\beta}_1$，$\boldsymbol{\beta}_2$ 单位化，得

$$\boldsymbol{\gamma}_1=\left(-\frac{1}{\sqrt{2}},\ \frac{1}{\sqrt{2}},\ 0\right)^{\mathrm{T}},\qquad \boldsymbol{\gamma}_2=\left(-\frac{1}{\sqrt{6}},-\frac{1}{\sqrt{6}},\ \frac{2}{\sqrt{6}}\right)^{\mathrm{T}}.$$

当 $\lambda_3=2$ 时，解齐次线性方程组 $(2\boldsymbol{E}-\boldsymbol{A})\boldsymbol{x}=\boldsymbol{0}$，得它的一个基础解系 $\boldsymbol{\alpha}_3=(1,1,1)^{\mathrm{T}}$，将其单位化，得 $\boldsymbol{\gamma}_3=\left(\frac{1}{\sqrt{3}},\ \frac{1}{\sqrt{3}},\ \frac{1}{\sqrt{3}}\right)^{\mathrm{T}}$.

令矩阵

$$\boldsymbol{Q}=(\boldsymbol{\gamma}_1,\boldsymbol{\gamma}_2,\boldsymbol{\gamma}_3)=\begin{pmatrix}-\frac{1}{\sqrt{2}}&-\frac{1}{\sqrt{6}}&\frac{1}{\sqrt{3}}\\\frac{1}{\sqrt{2}}&-\frac{1}{\sqrt{6}}&\frac{1}{\sqrt{3}}\\0&\frac{2}{\sqrt{6}}&\frac{1}{\sqrt{3}}\end{pmatrix},$$

则 $\boldsymbol{Q}$ 为所求正交矩阵，且有 $\boldsymbol{Q}^{\mathrm{T}}\boldsymbol{A}\boldsymbol{Q}=\begin{pmatrix}-1&&\\&-1&\\&&2\end{pmatrix}$. 此时，作正交线性变换 $\boldsymbol{x}=\boldsymbol{Q}\boldsymbol{y}$，则原二次型化为标准形 $f=-y_1^2-y_2^2+2y_3^2$.

2. 用配方法化下列二次型为标准形,并写出所用的变换.

(1) $f(x_1,x_2,x_3)=x_1^2+2x_2^2+2x_1x_2-2x_1x_3+2x_2x_3$.

解 $f(x_1,x_2,x_3)=x_1^2+2x_1(x_2-x_3)+2x_2^2++2x_2x_3$

$=(x_1+x_2-x_3)^2+x_2^2+4x_2x_3-x_3^2$

$=(x_1+x_2-x_3)^2+(x_2+2x_3)^2-5x_3^2$.

令$\begin{cases}y_1=x_1+x_2-x_3\\y_2=x_2+2x_3\\y_3=x_3\end{cases}$,即变换$\begin{cases}x_1=y_1-y_2+3y_3\\x_2=y_2-2y_3\\x_3=y_3\end{cases}$,所用非退化线性变换的矩阵为

$$\boldsymbol{C}=\begin{pmatrix}1&-1&3\\0&1&-2\\0&0&1\end{pmatrix},$$

原二次型化成标准形 $f=y_1^2+y_2^2-5y_3^2$.

(2) $f(x_1,x_2,x_3)=x_1x_2+x_1x_3+x_2x_3$.

解 因为 $f(x_1,x_2,x_3)$中没有平方项,先做一次变换$\begin{cases}x_1=y_1+y_2\\x_2=y_1-y_2\\x_3=y_3\end{cases}$,则二次型化为

$$f=y_1^2-y_2^2+2y_1y_3=(y_1+y_3)^2-y_2^2-y_3^2.$$

令$\begin{cases}z_1=y_1+y_3\\z_2=y_2\\z_3=y_3\end{cases}$,即变换$\begin{cases}y_1=z_1+z_3\\y_2=z_2\\y_3=z_3\end{cases}$,故得$\begin{cases}x_1=z_1+z_2-z_3\\x_2=z_1-z_2-z_3\\x_3=z_3\end{cases}$,所用非退化线性变换的矩阵为

$$\boldsymbol{C}=\begin{pmatrix}1&1&-1\\1&-1&-1\\0&0&1\end{pmatrix},$$

原二次型化成标准形 $f=z_1^2-z_2^2-z_3^2$.

3. 设二次型 $f(x_1,\ x_2,\ x_3)=x_1^2+x_2^2+x_3^2+2ax_1x_2+2x_1x_3+2bx_2x_3$ 经过正交变换 $\boldsymbol{x}=\boldsymbol{Q}\boldsymbol{y}$ 可化为标准形 $f=y_2^2+2y_3^2$,求参数 a, b 的值.

解 由题意知,矩阵 $\boldsymbol{A}=\begin{pmatrix}1&a&1\\a&1&b\\1&b&1\end{pmatrix}$与矩阵 $\boldsymbol{B}=\begin{pmatrix}0&0&0\\0&1&0\\0&0&2\end{pmatrix}$相似. 由于 $\boldsymbol{Q}^{\mathrm{T}}\boldsymbol{A}\boldsymbol{Q}=\boldsymbol{B}$,

$\boldsymbol{Q}$ 为正交矩阵,故 $\boldsymbol{Q}^{-1}\boldsymbol{A}\boldsymbol{Q}=\boldsymbol{B}$,因此$|\lambda\boldsymbol{E}-\boldsymbol{A}|=|\lambda\boldsymbol{E}-\boldsymbol{B}|$,即

$$\begin{vmatrix} \lambda-1 & -a & -1 \\ -a & \lambda-1 & -b \\ -1 & -b & \lambda-1 \end{vmatrix} = \begin{vmatrix} \lambda & 0 & 0 \\ 0 & \lambda-1 & 0 \\ 0 & 0 & \lambda-2 \end{vmatrix}$$

从而

$$\lambda^3-3\lambda^2+(2-a^2-b^2)\lambda+(a-b)^2=\lambda^3-3\lambda^2+2\lambda,$$

令 $\lambda=0$,知 $a=b$,令 $\lambda=1$ 知,$a^2+b^2=0$,从而解得 $a=b=0$.

习题 5.3

1. 将下列二次型化为规范形,并写出相应的可逆变换,正惯性指数和负惯性指数.

(1) $f(x_1,x_2,x_3)=x_1^2-x_2^2+2x_3^2-2x_1x_2+2x_1x_3-2x_2x_3$.

解 用配方法求规范形

$$f=(x_1-x_2+x_3)^2-2x_2^2+x_3^2,$$

作可逆变换 $\begin{cases} y_1=x_1-x_2+x_3 \\ y_2=\sqrt{2}x_2 \\ y_3=x_3 \end{cases}$,也即 $\begin{cases} x_1=y_1+\dfrac{1}{\sqrt{2}}y_2-y_3 \\ x_2=\dfrac{1}{\sqrt{2}}y_2 \\ x_3=y_3 \end{cases}$,

此时,原二次型的规范形为 $f=y_1^2-y_2^2+y_3^2$,正惯性指数为 2,负惯性指数为 1.

(2) $f(x_1,x_2,x_3)=-4x_1x_2+2x_1x_3+2x_2x_3$.

解 先作一次变换 $\begin{cases} x_1=y_1+y_2 \\ x_2=y_1-y_2 \\ x_3=y_3 \end{cases}$,则二次型化为

$$f=-4y_1^2+4y_2^2+4y_1y_3=-(2y_1-y_3)^2+4y_2^2+y_3^2,$$

作可逆变换 $\begin{cases} z_1=2y_1-y_3 \\ z_2=2y_2 \\ z_3=y_3 \end{cases}$,也即 $\begin{cases} y_1=\dfrac{1}{2}z_1+\dfrac{1}{2}z_3 \\ y_2=\dfrac{1}{2}z_2 \\ y_3=z_3 \end{cases}$,故得 $\begin{cases} x_1=\dfrac{1}{2}z_1+\dfrac{1}{2}z_2+\dfrac{1}{2}z_3 \\ x_2=\dfrac{1}{2}z_1-\dfrac{1}{2}z_2+\dfrac{1}{2}z_3 \\ x_3=z_3 \end{cases}$.

此时,原二次型的规范形为 $f=-z_1^2+z_2^2+z_3^2$,正惯性指数为 2,负惯性指数为 1.

(3) $f(x_1,x_2,x_3)=x_1^2+2x_2^2+5x_3^2+2x_1x_2+2x_1x_3+6x_2x_3$.

解 $f=(x_1+x_2+x_3)^2+x_2^2+4x_3^2+4x_2x_3=(x_1+x_2+x_3)^2+(x_2+2x_3)^2$,

作可逆变换 $\begin{cases} y_1=x_1+x_2+x_3 \\ y_2=x_2+2x_3 \\ y_3=x_3 \end{cases}$,也即 $\begin{cases} x_1=y_1-y_2+y_3 \\ x_2=y_2-2y_3 \\ x_3=y_3 \end{cases}$.

此时,原二次型的规范形为 $f=y_1^2+y_2^2$,正惯性指数为 2,负惯性指数为 0.

2. 设实二次型 $f=x_1^2-2x_2^2+x_3^2+x_4^2-3x_5^2$,求 f 的秩 r,正惯性指数 p,负惯性指数 q 及符号差 $p-q$.

解 二次型 $f=x_1^2-2x_2^2+x_3^2+x_4^2-3x_5^2$ 为标准形,所以 f 的秩 $r=5$,正惯性指数 $p=3$,负惯性指数 $q=2$,符号差 $p-q=1$.

习题 5.4

1. 判断下列矩阵是否为正定矩阵:

(1) $\begin{pmatrix} 2 & 1 & 2 \\ 1 & 1 & 1 \\ 2 & 1 & 5 \end{pmatrix}$.

解 由于矩阵的顺序主子式

$$\Delta_1=2>0,\quad \Delta_2=\begin{vmatrix} 2 & 1 \\ 1 & 1 \end{vmatrix}=1>0,\quad \Delta_3=\begin{vmatrix} 2 & 1 & 2 \\ 1 & 1 & 1 \\ 2 & 1 & 5 \end{vmatrix}=3>0,$$

故矩阵为正定的.

(2) $\begin{pmatrix} 1 & 0 & 2 \\ 0 & 0 & 1 \\ 2 & 1 & 3 \end{pmatrix}$.

解 由于矩阵的二阶顺序主子式 $\Delta_2=\begin{vmatrix} 1 & 0 \\ 0 & 0 \end{vmatrix}=0$,故矩阵不正定.

(3) $\begin{pmatrix} -5 & 2 & 2 \\ 2 & -6 & 1 \\ 2 & 1 & -4 \end{pmatrix}$.

解 由于矩阵的一阶顺序主子式 $\Delta_1=-5<0$,故矩阵不正定.

(4) $\begin{pmatrix} 1 & 1 & 0 \\ 1 & 2 & -2 \\ 0 & -2 & 4 \end{pmatrix}$.

解 由于矩阵的三阶顺序主子式 $\Delta_3=\begin{vmatrix} 1 & 1 & 0 \\ 1 & 2 & -2 \\ 0 & -2 & 4 \end{vmatrix}=0$,故矩阵不正定.

2. 判断下列二次型是否为正定二次型:

(1) $f(x_1,x_2,x_3)=x_1^2+2x_2^2+x_3^2-2x_1x_2+2x_1x_3$.

解 f 的矩阵为$\boldsymbol{A}=\begin{pmatrix}1&-1&1\\-1&2&0\\1&0&1\end{pmatrix}$,其顺序主子式

$$\Delta_1=1>0,\quad \Delta_2=\begin{vmatrix}1&-1\\-1&2\end{vmatrix}=1>0,\quad \Delta_3=\begin{vmatrix}1&-1&1\\-1&2&0\\1&0&1\end{vmatrix}=1>0,$$

故二次型 f 为正定二次型.

(2) $f(x_1,x_2,x_3)=2x_1^2+x_2^2+2x_1x_2-2x_1x_3$.

解 f 的矩阵为$\boldsymbol{A}=\begin{pmatrix}2&1&-1\\1&1&0\\-1&0&0\end{pmatrix}$,其顺序主子式

$$\Delta_1=2>0,\quad \Delta_2=\begin{vmatrix}2&1\\1&1\end{vmatrix}=1>0,\quad \Delta_3=\begin{vmatrix}2&1&-1\\1&1&0\\-1&0&0\end{vmatrix}=-1<0,$$

故二次型 f 不是正定二次型.

(3) $f(x_1,x_2,x_3)=x_1^2-x_2^2-x_3^2+4x_1x_2+6x_1x_3+8x_2x_3$.

解 f 的矩阵为$\boldsymbol{A}=\begin{pmatrix}1&2&3\\2&-1&4\\3&4&-1\end{pmatrix}$,由于其二阶顺序主子式

$$\Delta_2=\begin{vmatrix}1&2\\2&-1\end{vmatrix}=-5<0,$$

故二次型 f 不是正定二次型.

3. 讨论参数 t 满足什么条件时,下列二次型是正定二次型?

(1) $f(x_1,x_2,x_3)=x_1^2+4x_2^2+2x_3^2+2tx_1x_2+2x_1x_3$.

解 f 的矩阵为$\boldsymbol{A}=\begin{pmatrix}1&t&1\\t&4&0\\1&0&2\end{pmatrix}$,由顺序主子式

$$\Delta_2=\begin{vmatrix}1&t\\t&4\end{vmatrix}=4-t^2>0,\quad \Delta_3=\begin{vmatrix}1&t&1\\t&4&0\\1&0&2\end{vmatrix}=-2t^2+4>0,$$

解得$-\sqrt{2}<t<\sqrt{2}$.

(2) $f(x_1,x_2,x_3)=5x_1^2+x_2^2+tx_3^2+4x_1x_2-2x_1x_3+2x_2x_3$.

解 f 的矩阵为$\boldsymbol{A}=\begin{pmatrix}5&2&-1\\2&1&1\\-1&1&t\end{pmatrix}$,由顺序主子式

$$\Delta_3=\begin{vmatrix}5&2&-1\\2&1&1\\-1&1&t\end{vmatrix}=t-10>0,$$

解得 $t>10$.

4. 设 $\boldsymbol{A}$ 是正定矩阵,证明 $\boldsymbol{A}^{\mathrm{T}}\boldsymbol{A},\boldsymbol{A}^*$ 也是正定矩阵.

证 显然 $\boldsymbol{A}^{\mathrm{T}}\boldsymbol{A}$ 为对称矩阵,又因为 $\boldsymbol{A}^{\mathrm{T}}\boldsymbol{A}=(\boldsymbol{A}^{\mathrm{T}})\boldsymbol{A}$,且 $\boldsymbol{A}$ 是可逆的,所以 $\boldsymbol{A}^{\mathrm{T}}\boldsymbol{A}$ 为正定矩阵.

又 $(\boldsymbol{A}^*)^{\mathrm{T}}=(\boldsymbol{A}^{\mathrm{T}})^*=\boldsymbol{A}^*$,即 $\boldsymbol{A}^*$ 也是对称矩阵. 由于 $\boldsymbol{A}$ 正定,所以存在可逆矩阵 $\boldsymbol{C}$,使得 $\boldsymbol{A}=\boldsymbol{C}^{\mathrm{T}}\boldsymbol{C}$,于是

$$\begin{aligned}\boldsymbol{A}^*&=|\boldsymbol{A}|\boldsymbol{A}^{-1}=|\boldsymbol{A}|(\boldsymbol{C}^{\mathrm{T}}\boldsymbol{C})^{-1}=|\boldsymbol{A}|\boldsymbol{C}^{-1}(\boldsymbol{C}^{\mathrm{T}})^{-1\mathrm{T}}\\&=|\boldsymbol{A}|\boldsymbol{C}^{-1}(\boldsymbol{C}^{-1})=(|\boldsymbol{A}|\boldsymbol{C}^{-1})(\sqrt{|\boldsymbol{A}|}\boldsymbol{C}^{-1})^{\mathrm{T}}=\boldsymbol{P}^{\mathrm{T}}\boldsymbol{P},\end{aligned}$$

这里 $\boldsymbol{P}=(\sqrt{|\boldsymbol{A}|}\boldsymbol{C}^{-1})^{\mathrm{T}}$,所以 $\boldsymbol{A}^*$ 是正定的.

5. 设 $\boldsymbol{A},\boldsymbol{B}$ 都是 n 阶正定矩阵,证明 $\boldsymbol{A}+\boldsymbol{B}$ 也是正定矩阵.

证 由于 $\boldsymbol{A},\boldsymbol{B}$ 是正定的,所以 $\boldsymbol{A},\boldsymbol{B}$ 是对称矩阵,从而 $\boldsymbol{A}+\boldsymbol{B}$ 也为对称矩阵.

又 $f=\boldsymbol{x}^{\mathrm{T}}\boldsymbol{A}\boldsymbol{x},g=\boldsymbol{x}^{\mathrm{T}}\boldsymbol{B}\boldsymbol{x}$ 为正定二次型,对于任意的 $\boldsymbol{x}\neq\boldsymbol{0}$,有

$$f=\boldsymbol{x}^{\mathrm{T}}\boldsymbol{A}\boldsymbol{x}>0,\quad g=\boldsymbol{x}^{\mathrm{T}}\boldsymbol{B}\boldsymbol{x}>0,$$

所以

$$h=\boldsymbol{x}^{\mathrm{T}}(\boldsymbol{A}+\boldsymbol{B})\boldsymbol{x}=\boldsymbol{x}^{\mathrm{T}}\boldsymbol{A}\boldsymbol{x}+\boldsymbol{x}^{\mathrm{T}}\boldsymbol{B}\boldsymbol{x}>0,$$

即二次型 $h=\boldsymbol{x}^{\mathrm{T}}(\boldsymbol{A}+\boldsymbol{B})\boldsymbol{x}$ 为正定的,故 $\boldsymbol{A}+\boldsymbol{B}$ 为正定矩阵.

6. 设 $\boldsymbol{A}$ 是 n 阶实对称的幂等矩阵($\boldsymbol{A}^{\mathrm{T}}=\boldsymbol{A},\boldsymbol{A}^2=\boldsymbol{A}$),证明 $\boldsymbol{A}+\boldsymbol{E}$ 是正定矩阵.

证 因为 $(\boldsymbol{A}+\boldsymbol{E})^{\mathrm{T}}=\boldsymbol{A}^{\mathrm{T}}+\boldsymbol{E}=\boldsymbol{A}+\boldsymbol{E}$,所以 $\boldsymbol{A}+\boldsymbol{E}$ 为对称矩阵.

又由 $\boldsymbol{A}^2=\boldsymbol{A}$ 知,$\boldsymbol{A}$ 的特征值为 0 或 1,从而可知 $\boldsymbol{A}+\boldsymbol{E}$ 的特征值为 1 或 2,即 $\boldsymbol{A}+\boldsymbol{E}$ 的特征值都大于零. 因此 $\boldsymbol{A}+\boldsymbol{E}$ 正定.

复习题 5

一、单项选择题

1. 二次型 $f(x_1,x_2)=x_1^2-3x_2^2-6x_1x_2$ 的矩阵是 (D)

A. $\begin{pmatrix}1&-2\\-4&-3\end{pmatrix}$　　B. $\begin{pmatrix}1&-3\\-3&3\end{pmatrix}$

C. $\begin{pmatrix}1&-1\\-5&-3\end{pmatrix}$　　D. $\begin{pmatrix}1&-3\\-3&-3\end{pmatrix}$

解 由于二次型的矩阵为对称矩阵,所以首先排除 A、C 选项. 本题应选 D.

2. 矩阵 $\boldsymbol{A}=\begin{pmatrix}2&0&0\\0&3&0\\0&0&-1\end{pmatrix}$,则 $\boldsymbol{A}$ 合同于矩阵 (C)

A. $\begin{pmatrix}2&0&0\\0&3&0\\0&0&1\end{pmatrix}$　　　　B. $\begin{pmatrix}-2&0&0\\0&-3&0\\0&0&1\end{pmatrix}$

C. $\begin{pmatrix}1&0&0\\0&1&0\\0&0&-1\end{pmatrix}$　　　　D. $\begin{pmatrix}-2&0&0\\0&3&0\\0&0&-1\end{pmatrix}$

解　四个选项中的秩都为3,只有C选项的正惯性指数与$\boldsymbol{A}$相同,故本题应选C.

3. 下列各矩阵中,正定矩阵是　　　　(B)

A. $\begin{pmatrix}0&1&1\\1&0&-2\\1&-2&0\end{pmatrix}$　　　　B. $\begin{pmatrix}1&-2&0\\-2&5&1\\0&1&10\end{pmatrix}$

C. $\begin{pmatrix}1&1&0\\1&2&2\\0&2&4\end{pmatrix}$　　　　D. $\begin{pmatrix}1&-1&2\\-1&1&3\\2&3&2\end{pmatrix}$

解　矩阵是正定的充分必要条件是它们的顺序主子式均大于零. 本题应选B.

4. 设$\boldsymbol{A}$为n阶对称矩阵,$\boldsymbol{A}$是正定矩阵的充要条件是　　　　(C)

A. 二次型$\boldsymbol{x}^{\mathrm{T}}\boldsymbol{A}\boldsymbol{x}$的负惯性指数为零　　　　B. $\boldsymbol{A}$无负特征值

C. $\boldsymbol{A}$与单位矩阵合同　　　　D. 存在n阶矩阵$\boldsymbol{C}$,使得$\boldsymbol{A}=\boldsymbol{C}^{\mathrm{T}}\boldsymbol{C}$

解　选项A中,矩阵正定不仅是负惯性指数为零,还需要正惯性指数$p=n$. 选项B中,若$\boldsymbol{A}$有零特征值,$\boldsymbol{A}$就为非正定的. 选项D中,矩阵$\boldsymbol{C}$要求是非退化的才行. 本题应选C.

5. 若$\boldsymbol{A},\boldsymbol{B}$均为$n$阶正定矩阵,则　　　　(D)

A. $\boldsymbol{AB},\boldsymbol{A}+\boldsymbol{B}$都正定　　　　B. $\boldsymbol{AB}$正定,$\boldsymbol{A}+\boldsymbol{B}$非正定

C. $\boldsymbol{AB}$非正定,$\boldsymbol{A}+\boldsymbol{B}$正定　　　　D. $\boldsymbol{AB}$不一定正定,$\boldsymbol{A}+\boldsymbol{B}$正定

解　本题应选D. $\boldsymbol{A}+\boldsymbol{B}$正定的证明见习题5.4第5题,而$\boldsymbol{AB}$不一定是对称矩阵,因此不一定正定.

二、填空题

1. 对称矩阵$\begin{pmatrix}0&-1&\frac{1}{2}\\-1&1&2\\\frac{1}{2}&2&-1\end{pmatrix}$所对应的二次型为$\underline{f=x_2^2-x_3^2-2x_1x_2+x_1x_3+4x_2x_3}$.

解 $f(x_1,x_2,x_3)=(x_1,x_2,x_3)\begin{pmatrix}0 & -1 & \frac{1}{2}\\ -1 & 1 & 2\\ \frac{1}{2} & 2 & -1\end{pmatrix}\begin{pmatrix}x_1\\ x_2\\ x_3\end{pmatrix}$

$$=x_2^2-x_3^2-2x_1x_2+x_1x_3+4x_2x_3.$$

2. 二次型 $f(x_1,x_2,x_3)=3x_1^2+3x_2^2+9x_3^2+10x_1x_2+12x_1x_3+12x_2x_3$ 的秩为 $\underline{\quad 2\quad}$.

解 二次型 f 对应的矩阵为 $\boldsymbol{A}=\begin{pmatrix}3 & 5 & 6\\ 5 & 3 & 6\\ 6 & 6 & 9\end{pmatrix}$,其秩为 2,故二次型 f 的秩为 2.

3. 二次型 $f(x_1,x_2)=x_1^2+6x_1x_2+2x_2^2$ 的标准形为 $\underline{\quad f=y_1^2-7y_2^2\quad}$.

解 由配方法知,$f(x_1,x_2)=(x_1+3x_2)^2-7x_2^2$,作变换

$$\begin{cases}y_1=x_1+3x_2\\ y_2=x_2\end{cases} \text{即} \begin{cases}x_1=y_1-3y_2,\\ x_2=y_2\end{cases}$$

则原二次型的标准形为 $f=y_1^2-7y_2^2$.

4. 二次型 $f(x_1,x_2,x_3)=x_1^2+4x_1x_2+x_2^2+x_3^2$ 的正惯性指数为 $\underline{\quad 2\quad}$,负惯性指数为 $\underline{\quad 1\quad}$,符号差为 $\underline{\quad 1\quad}$,秩为 $\underline{\quad 3\quad}$.

解 由配方法知,$f=(x_1+2x_2)^2-3x_2^2+x_3^2=y_1^2-3y_2^2+y_3^2=z_1^2+z_2^2-z_3^2$,从而二次型的秩 $r=3$,正惯性指数 $p=2$,负惯性指数 $r-p=1$,符号差 $2p-r=1$.

5. 对称矩阵 $\begin{pmatrix}1 & a\\ a & 2\end{pmatrix}$ 为正定矩阵的充分必要条件是 $\underline{\quad -\sqrt{2}<a<\sqrt{2}\quad}$.

解 由 $\begin{vmatrix}1 & a\\ a & 2\end{vmatrix}=2-a^2>0$,解得 $-\sqrt{2}<a<\sqrt{2}$.

6. 二次型 $f(x_1,x_2,x_3)=2x_1^2+x_2^2+x_3^2-2tx_1x_2+2x_1x_3$ 正定时,t 应满足的条件是 $\underline{\quad -1<t<1\quad}$.

解 二次型所对应的矩阵为 $\begin{pmatrix}2 & -t & 1\\ -t & 1 & 0\\ 1 & 0 & 1\end{pmatrix}$,由顺序主子式

$$\Delta_2=\begin{vmatrix}2 & -t\\ -t & 1\end{vmatrix}=2-t^2>0,\quad \Delta_3=\begin{vmatrix}2 & -t & 1\\ -t & 1 & 0\\ 1 & 0 & 1\end{vmatrix}=1-t^2>0,$$

解得 $-1<t<1$.

7. 二次型 $f(x_1,x_2,\cdots,x_n)=x_1^2+x_2^2+\cdots+x_r^2$,则当 $r=\underline{\quad n\quad}$ 时 f 正定.

解 二次型 f 正定的充分必要条件是它的正惯性指数等于 n.

8. $f(x_1,x_2,x_3)=x_1^2+2x_1x_2+2x_2^2+2x_3^2$，则二次型矩阵为 $\begin{pmatrix}1&1&0\\1&2&0\\0&0&2\end{pmatrix}$，其顺序主子式 $\Delta_1=$ __1__，$\Delta_2=$ __1__，$\Delta_3=$ __2__，$f(x_1,x_2,x_3)$是 __正定__ 二次型.

解 二次型 f 所对应的矩阵为 $\begin{pmatrix}1&1&0\\1&2&0\\0&0&2\end{pmatrix}$，由顺序主子式

$$\Delta_1=1>0,\quad \Delta_2=\begin{vmatrix}1&1\\1&2\end{vmatrix}=1>0,\quad \Delta_3=\begin{vmatrix}1&1&0\\1&2&0\\0&0&2\end{vmatrix}=2>0,$$

所以二次型 f 是正定的.

三、计算题

1. 已知二次型 $f(x_1,x_2,x_3)=2x_1^2+3x_2^2+3x_3^2+2ax_2x_3\,(a>0)$ 通过正交变换化为标准形 $f=y_1^2+2y_2^2+5y_3^2$，求 a 的值及所作的正交变换的矩阵.

解 二次型 f 所对应的矩阵 $\boldsymbol{A}=\begin{pmatrix}2&0&0\\0&3&a\\0&a&3\end{pmatrix}$，经正交变换后的标准形所对应的矩阵 $\boldsymbol{B}=\begin{pmatrix}1&0&0\\0&2&0\\0&0&5\end{pmatrix}$，故 $\boldsymbol{A}$ 和 $\boldsymbol{B}$ 既是合同又是相似的，所以 $|\boldsymbol{A}|=2(9-a^2)=|\boldsymbol{B}|=10$，解得 $a=2(a>0)$. 又 $\boldsymbol{A}$ 的特征值为 $\lambda_1=1,\lambda_2=2,\lambda_3=5$.

当 $\lambda_1=1$ 时，解齐次线性方程组 $(\boldsymbol{E}-\boldsymbol{A})\boldsymbol{x}=\boldsymbol{0}$，得它的一个基础解系 $\boldsymbol{\alpha}_1=(0,-1,1)^{\mathrm{T}}$，将其单位化，得 $\boldsymbol{\beta}_1=\left(0,-\frac{1}{\sqrt{2}},\frac{1}{\sqrt{2}}\right)^{\mathrm{T}}$.

当 $\lambda_2=2$ 时，解齐次线性方程组 $(2\boldsymbol{E}-\boldsymbol{A})\boldsymbol{x}=\boldsymbol{0}$，得它的一个基础解系 $\boldsymbol{\alpha}_2=(1,0,0)^{\mathrm{T}}$，其本身为单位向量，记 $\boldsymbol{\beta}_2=\boldsymbol{\alpha}_2$.

当 $\lambda_3=5$ 时，解齐次线性方程组 $(5\boldsymbol{E}-\boldsymbol{A})\boldsymbol{x}=\boldsymbol{0}$，得它的一个基础解系 $\boldsymbol{\alpha}_3=(0,1,1)^{\mathrm{T}}$，将其单位化，得 $\boldsymbol{\beta}_3=\left(0,\frac{1}{\sqrt{2}},\frac{1}{\sqrt{2}}\right)^{\mathrm{T}}$.

令矩阵 $\boldsymbol{Q}=\begin{pmatrix}1&0&0\\0&\frac{1}{\sqrt{2}}&-\frac{1}{\sqrt{2}}\\0&\frac{1}{\sqrt{2}}&\frac{1}{\sqrt{2}}\end{pmatrix}$，则 $\boldsymbol{Q}$ 为所求正交矩阵.

2. 用配方法化二次型 $f(x_1,x_2,x_3)=(x_1-x_2)^2+(x_2-x_3)^2+(x_3-x_1)^2$ 为标准形,并求相应的可逆变换矩阵 $\boldsymbol{C}$.

解 $f(x_1,x_2,x_3)=2(x_1^2+x_2^2+x_3^2-x_1x_2-x_1x_3-x_2x_3)$

$$=2\left[\left(x_1-\frac{1}{2}x_2-\frac{1}{2}x_3\right)^2+\frac{3}{4}x_2^2+\frac{3}{4}x_3^2-\frac{3}{2}x_2x_3\right]$$

$$=2\left(x_1-\frac{1}{2}x_2-\frac{1}{2}x_3\right)^2+\frac{3}{2}(x_2-x_3)^2.$$

令 $\begin{cases}y_1=x_1-\frac{1}{2}x_2-\frac{1}{2}x_3\\y_2=x_2-x_3\\y_3=x_3\end{cases}$,即变换 $\begin{cases}x_1=y_1+\frac{1}{2}y_2+y_3\\x_2=y_2+y_3\\x_3=y_3\end{cases}$.

所用非退化线性变换的矩阵为

$$\boldsymbol{C}=\begin{pmatrix}1&\frac{1}{2}&1\\0&1&1\\0&0&1\end{pmatrix},$$

原二次型化成标准形 $f=2y_1^2+\frac{3}{2}y_2^2$.

3. 设 $\boldsymbol{A}=\begin{pmatrix}0&1&0&0\\1&0&0&0\\0&0&2&1\\0&0&1&2\end{pmatrix}$,

(1) 分别写出以 $\boldsymbol{A}$ 和 $\boldsymbol{A}^{-1}$ 为系数矩阵的二次型;

(2) 求 $\boldsymbol{A}$ 和 $\boldsymbol{A}^{-1}$ 的特征值;

(3) 判断 $\boldsymbol{A}$ 是否为正定矩阵;

(4) 求相应于 $\boldsymbol{A}$ 和 $\boldsymbol{A}^{-1}$ 的二次型的标准形.

解 (1) 由分块矩阵求逆矩阵的方法易得

$$\boldsymbol{A}^{-1}=\left(\begin{array}{cc:cc}0&1&0&0\\1&0&0&0\\\hdashline 0&0&2&1\\0&0&1&2\end{array}\right)^{-1}=\left(\begin{array}{cc:cc}0&1&0&0\\1&0&0&0\\\hdashline 0&0&\frac{2}{3}&-\frac{1}{3}\\0&0&-\frac{1}{3}&\frac{2}{3}\end{array}\right),$$

故 $f=\boldsymbol{x}^{\mathrm{T}}\boldsymbol{A}\boldsymbol{x}=2x_1x_2+2x_3^2+2x_3x_4+2x_4^2$,

$g=\boldsymbol{x}^{\mathrm{T}}\boldsymbol{A}^{-1}\boldsymbol{x}=2x_1x_2+\frac{2}{3}x_3^2-\frac{2}{3}x_3x_4+\frac{2}{3}x_4^2$.

(2) 由 $\boldsymbol{A}$ 的特征方程

$$|\lambda\boldsymbol{E}-\boldsymbol{A}|=\begin{vmatrix}\lambda & -1 & 0 & 0\\ -1 & \lambda & 0 & 0\\ 0 & 0 & \lambda-2 & -1\\ 0 & 0 & -1 & \lambda-2\end{vmatrix}=(\lambda-1)^2(\lambda+1)(\lambda-3)=0,$$

解得矩阵 $\boldsymbol{A}$ 的特征值为 $1,1,3,-1$. 从而 $\boldsymbol{A}^{-1}$ 的特征值为 $1,1,\frac{1}{3},-1$.

(3) 由于 $\boldsymbol{A}$ 的特征值不全大于零,故 $\boldsymbol{A}$ 为不是正定矩阵.

(4) 由 $\boldsymbol{A}$ 和 $\boldsymbol{A}^{-1}$ 的特征值可直接得相应的二次型的标准形为

$$f=y_1^2+y_2^2+3y_3^2-y_4^2;\quad g=y_1^2+y_2^2+\frac{1}{3}y_3^2-y_4^2.$$

4. 将二次型 $f=4x_1^2+2x_2^2+6x_3^2+8\lambda x_1x_2+4x_2x_3$ 化为标准型,并讨论当 λ 为何值时,二次型为正定.

解
$$\begin{aligned}f&=4x_1^2+2x_2^2+6x_3^2+8\lambda x_1x_2+4x_2x_3\\&=4x_1^2+8\lambda x_1x_2+4(\lambda x_2)^2-4(\lambda x_2)^2+2x_2^2+4x_2x_3+2x_3^2-2x_3^2+6x_3^2\\&=4(x_1+\lambda x_2)^2-(\lambda x_2)^2+6\left(x_3^2+\frac{2}{3}x_2x_3+\frac{1}{9}x_2^2\right)+\left(\frac{4}{3}-4\lambda^2\right)x_2^2\\&=4(x_1+\lambda x_2)^2+6\left(x_3+\frac{1}{3}x_2\right)^2+\left(\frac{4}{3}-4\lambda^2\right)x_2^2\\&=4y_1^2+6y_2^2+4\left(\frac{1}{3}-\lambda^2\right)y_3^2.\end{aligned}$$

二次型为正定,故 $\frac{1}{3}-\lambda^2>0$,从而解得 $-\frac{1}{\sqrt{3}}<\lambda<\frac{1}{\sqrt{3}}$.

四、证明题

1. 已知 $\boldsymbol{A}$ 为反对称矩阵,试证 $\boldsymbol{E}-\boldsymbol{A}^2$ 为正定矩阵.

证 因为 $\boldsymbol{A}$ 为反对称矩阵,所以 $\boldsymbol{A}^{\mathrm{T}}=-\boldsymbol{A}$,从而 $\boldsymbol{E}-\boldsymbol{A}^2$ 为对称矩阵,因此

$$\boldsymbol{E}-\boldsymbol{A}^2=(\boldsymbol{E}-\boldsymbol{A})(\boldsymbol{E}+\boldsymbol{A})=(\boldsymbol{E}+\boldsymbol{A}^{\mathrm{T}})(\boldsymbol{E}+\boldsymbol{A})=(\boldsymbol{E}+\boldsymbol{A})^{\mathrm{T}}(\boldsymbol{E}+\boldsymbol{A}),$$

所以 $\boldsymbol{E}-\boldsymbol{A}^2$ 为正定矩阵.

2. 设 $\boldsymbol{A}$ 为 n 阶正定矩阵,$\boldsymbol{E}$ 是 n 阶单位矩阵,证明 $|\boldsymbol{A}+\boldsymbol{E}|>1$.

证 设 $\boldsymbol{A}$ 的特征值为 $\lambda_i\ (i=1,2,\cdots,n)$,则 $\boldsymbol{A}+\boldsymbol{E}$ 的特征值为 $\lambda_i+1\ (i=1,2,\cdots,n)$.

因为 $\boldsymbol{A}$ 是正定矩阵,所以 $\lambda_i>0\ (i=1,2,\cdots,n)$,所以 $\boldsymbol{A}+\boldsymbol{E}$ 的特征值 $\lambda_i+1>1$,于是

$$|\boldsymbol{A}+\boldsymbol{E}|=(\lambda_1+1)(\lambda_2+1)\cdots(\lambda_n+1)>1.$$

3. 设 $\boldsymbol{A}$ 为正定矩阵,证明 $\boldsymbol{A}$ 的主对角元素都大于零.

证法 1 因为 $\boldsymbol{A}$ 为正定的，所以二次型 $f=\boldsymbol{x}^{\mathrm{T}}\boldsymbol{A}\boldsymbol{x}$ 为正定的. 对任意的非零向量 $\boldsymbol{x}$，都有 $\boldsymbol{x}^{\mathrm{T}}\boldsymbol{A}\boldsymbol{x}>0$. 取 $\boldsymbol{x}=\boldsymbol{\varepsilon}_i=(0,\cdots,0,1,0,\cdots,0)^{\mathrm{T}}$，即第 i 个分量为 1，其他分量为 0，则

$$\boldsymbol{\varepsilon}_i^{\mathrm{T}}\boldsymbol{A}\boldsymbol{\varepsilon}_i=a_{ii}>0,\ i=1,2,\cdots,n.$$

证法 2 因为 $\boldsymbol{A}$ 正定，故存在可逆矩阵 $\boldsymbol{P}$，使得 $\boldsymbol{A}=\boldsymbol{P}^{\mathrm{T}}\boldsymbol{P}$. 设

$$\boldsymbol{P}=\begin{pmatrix} c_{11} & \cdots & c_{1i} & \cdots & c_{1n} \\ \vdots & & \vdots & & \vdots \\ c_{i1} & \cdots & c_{ii} & \cdots & c_{in} \\ \vdots & & \vdots & & \vdots \\ c_{n1} & \cdots & c_{ni} & \cdots & c_{nn} \end{pmatrix},$$

则由于 $\boldsymbol{P}$ 可逆，它的任何一行的元素不能全为零. 于是可知

$$a_{ii}=(c_{1i},c_{2i},\cdots,c_{ni})\begin{pmatrix} c_{1i} \\ c_{2i} \\ \vdots \\ c_{ni} \end{pmatrix}=c_{1i}^2+c_{2i}^2+\cdots+c_{ni}^2>0.$$